TASTING ITALY
義大利料理地圖

翁布里亞大區斯波列托市
（Spoleto）的托萊橋
（Ponte delle Torri）與阿
波諾沿拿要塞（Rocca
Albornoziana），建於14
世紀。

TASTING ITALY

A Culinary Journey

義大利
料理地圖

深度探訪
義大利飲食文化

序文◎傑克・畢夏普 Jack Bishop
撰文◎尤金妮亞・彭恩 Eugenia Bone
　　　茱莉亞・德拉・克羅斯 Julia della Croce
食譜◎美國實驗廚房
翻譯◎林凱雄

100道
經典義式
家常菜

NATIONAL GEOGRAPHIC　　Boulder Media 大石文化　　AMERICA'S TEST KITCHEN

一名在威尼斯大運河擺渡的貢多拉船夫正經過海關大樓博物館（Punta della Dogana）；這座舊時的海關建築如今已成為美術館。

目錄

食譜目錄

發現真正的義大利

我在廚房裡的初戀情人就是個義大利人——我的外婆凱瑟琳·皮札雷洛（Katherine Pizza-rello）；不過我也常常想起小時候吃的義大利菜。鑲了帕馬森乳酪、大蒜、葡萄乾、松子和歐芹的小牛肉捲；紫菊苣沙拉；夾著迷你肉丸、用料豪邁的千層麵；嚼勁十足的松子杏仁甜餅。這些料理教會我熱愛食物，也塑造了我最初的烹飪鑑別力。

即使是出身背景跟義大利無關的人，也會受到義式料理無遠弗屆的影響。不論是到了多明尼加共和國的偏遠海濱小村，或是像墨西哥市、斯德哥爾摩這樣的國際級都會，我都品嚐過令人驚嘆的義大利菜。這世界就是愛義大利人做的東西。

然而，不管我們自認多麼了解義大利菜，通常都沒有看到它的全貌。我在 20 歲那年首次前往義大利時就清楚認知到這一點（我實在太愛義大利了，結果一待就是六個月！）跟很多義裔美國人一樣，我也以為我外婆煮的是道地的義大利菜。然而我在這個國家旅行時，才領悟到義大利菜並非只有單一面貌；義大利並沒有「國菜」。而且我小時候喜愛的食物——雖然源於義大利南部，但到了美國因為豐富的食材與新興的財富而改頭換面——在當地任何地方的菜單上都找不到。

真正的義大利是這麼風情萬種又不同凡響，比普羅大眾想像中的義大利強太多了。對遊客來說，這種多樣性也代表在義大利能感受到的體驗與口味是極其豐富的，從阿巴（Alba）美味無比的白松露，到西西里帶麝香氣味的血橙，應有盡有。這些在地生產的食材——從翁布里亞的二粒小麥（farro），到奧斯塔谷地的芳提娜乳酪——形塑了當地的烹飪風貌，衍生出變化多端的地方菜系，這也是本書接下來要探索的主題。在物流昌盛的 21 世紀，這些手工食材很可能在你家附近的市場就買得到。

對美國實驗廚房團隊來說，和國家地理合作這個出版計畫是很大的鼓舞，讓我們得以把食譜與它所屬的文化連結起來，完整呈現義式料理的淵源。這本書的架構依照大區編排，目的也是為了反映義大利料理是由各種地方菜鬆散地匯聚而成。例

如從特倫提諾－上阿迪杰大區的麵包餃（canederli，以火腿肉〔speck〕、洋蔥與各種香草調味）就看得出來，它與奧地利和德國的某些菜色很相似。往南走 970 公里，當地的烹調語彙又大不相同：普利亞大區的蠶豆泥佐焗菊苣（Fava e scarola）和希臘與地中海東岸的菜餚系出同源。

基於這些原因，就不難了解我們採取的編排方式：把整本書分為義大利北、中、南三大部，再分章個別介紹義大利 20 個行政大區的食物與文化。我們在每一章都選出各區的代表菜色，並且提供人人都能在家裡做的食譜——就算你的祖母不是義大利阿嬤也沒問題。

這些食譜都經過實作測試，有的還試了幾十次，所用的食材也很容易取得。在美國實驗廚房，我們不排斥借助現代器材讓食譜更簡單可行，例如用微波爐蒸發茄子多餘的水分，以製作西西里的雙茄麵（pasta alla Norma）。每道食譜開場的「美味原理」會解釋這道菜的傳統，以及根據我們實驗廚房的實測，確認能在自家廚房取得最佳效果的烹調方式。例如我們發現，想讓玉米粥吃起來綿密滑順，其實不用無止盡地攪拌，加一小撮小蘇打粉也有同樣的效果；多加幾個蛋黃能讓新鮮麵團更好**擀**開；用鹽水取代白開水來浸泡乾燥豆類，能得到豆皮完整、中心綿滑的完美烹煮成果。

要選出僅僅 100 道食譜來代表廣博的義大利料理是很大的挑戰。有些食譜介紹的是風行全球的名菜，例如義式烤豬肉捲（porchetta）或羅勒青醬（pesto alla genovese）。不過也有一些是到了外地就鮮為人知的菜色，例如利古里亞大區美味的鷹嘴豆鬆餅（farinata）是用鷹嘴豆粉做成的，搭配迷迭香與橄欖油當成點心；馬凱大區的炸鑲橄欖（Olive all'ascolana）是把鑲了豬肉餡的大顆綠橄欖下鍋油炸，在馬凱和義大利東海岸都備受歡迎，說是全世界最棒的小菜也不為過。在這本書裡，我最喜歡的一道麵食是來自倫巴迪大區的倫巴迪蕎麥麵（Pizzoccheri della Valtellina）。蕎麥粉做成的麵條有一種土香與美妙的口感，跟莙薘菜、馬鈴薯和塔雷吉歐乳酪是絕配。

這些美食，配上歷史與當地食材生產者的故事，再佐以國家地理令人驚豔的照片，你就能完全掌握義大利的精髓。接下來你即將展開一趟處處驚喜的閱讀與飲食之旅，套一句我們每次享用超豐盛的週日大餐前外婆都會說的話：「Buon appetito!」（祝胃口大開！）

傑克・畢夏普 Jack Bishop
美國實驗廚房創意長

義大利的飲食之道

一場豐盛的筵席

....

義大利菜不僅僅是單一烹飪風格的成果，而是集合了琳瑯滿目的眾多料理傳統，根植於各個省分的地理、氣候、農業、歷史和文化。一頓義式正餐著重於新鮮在地的食材、多樣的菜式，以及以特定手法製作的甜點，是一種美味、有趣又健康的飲食方式。義大利菜也代表了某些意義，把用餐的人與他們身處的時空連結起來。食物是義大利人定義自己的一種方式。

義大利半島自古就極富多樣性。鐵器時代的義大利原由十幾個部族分據，後來羅馬帝國的版圖擴張到他們的領域。羅馬人併吞這些部族，透過軍事政府或派任當地省長施加政治管控，每一塊被征服的領地都獲准保留各自的風俗與文化認同。羅馬帝國瓦解後，義大利既無首都，也沒有權力中心，而是成為一個有許多不同首都與中心的國家。後來這種城邦體系強化了區域差異，這些差異甚至成了讓人引以為傲的特點。所以你要是在米蘭問服務生，他們餐廳供應的炸什錦（fritto misto）怎麼不像在烏爾比諾那樣搭配檸檬，他會告訴你馬凱人根本不懂得吃。在過去的義大利，各區的統治權經常在互相競爭的歐洲王國間易手，導致義大利某些地區的人更刻意強調本土性格，例如在托斯卡尼就會感受到這一點。然而在另外某些地區，外來政權的長期統治帶來了其他深遠的影響，例如弗留利大區的奧地利口味就很明顯。貿易商品也對烹飪文化造成影響，例如肉桂，自從威尼斯人進口肉桂到義大利，上了中世紀義大利人的餐桌，至今仍是香氣十足的維洛納燉肉（pastissada）的必備食材，通常搭配馬鈴薯麵疙瘩一起吃。今天的義大利分成 20 個行政大區，各有源遠流長的烹飪特色。然而因為國家統一後的發展、兩次世界大戰，還有最重要的是歐盟建立和經濟全球化的影響，義大利的烹飪也在改變。即使有「慢食」（Slow Food）這樣的機構致力於保存傳統飲食文化，進口食物與速食價值觀還是成為主流。

有火腿、新鮮阿西亞哥乳酪、麵包與葡萄酒的點心時間；這些都是南提羅爾的基本食品。

然而，義大利菜依然有如一幅令人讚嘆的拼貼畫，差別取決於各自的起源地區。「風土」（terroir）這個概念——指影響食物與葡萄酒風味的特定地理環境、土壤和氣候——是欣賞義大利烹飪多樣性的關鍵。除此之外，義大利人用餐的方式而也強化了地區傳統。有幾個特點確立了義式飲食的特色，可以追溯到過去居住在義大利中部的古伊特魯里亞人。首先，義大利人即使是吃簡單的輕食，也很少只吃一道菜，不過每道菜分量都很少。人腦最多要等 30 分鐘，才會認知到自己吃下了一口食物，而食用少量多道的餐點需時較長，也讓你的腦有機會在飲食過量前向胃傳遞飽足的訊息。所以說，義大利餐點雖然看起來似乎毫無節制，但實際吃下的量可能比較少。

義大利人一天最豐盛的一餐是午餐。遊客要是以為能隨手買個三明治充飢就去逛街，恐怕要失望了。義大利的店家在下午 1 點到 4 點之間會關門休息，好保留時間悠閒地在自己家裡或餐廳享用午餐，外加睡個午覺（儘管這種習慣正在改變）。午餐通常有兩道菜：第一道（primo）是湯、燉飯或麵食，第二道（secondo）分量比較小，以蛋白質類的肉或魚為主，加上配菜（contorni，蔬菜或沙拉），最後吃水果或乳酪（義大利人認為在主菜後吃沙拉能幫助消化）。義式晚餐通常比較簡單，一碗湯、一盤蔬菜、少許麵條（「due spaghetti」）或一塊披薩（不是分切過的小片，通常是每人一盤直徑約 25 公分的整塊披薩）。佐餐的絕不會是含糖的

有益健康的傳統義大利飲食習慣會在星期天或假日吃甜點。

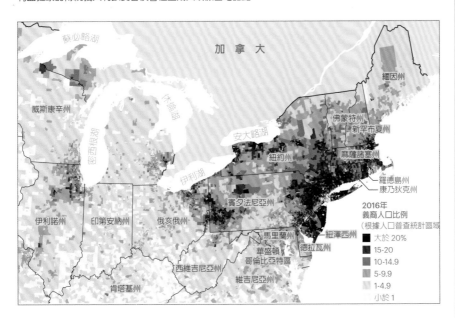

美國義裔人口 美國有超過1700萬國民有義大利血統。這裡的人口普查數據顯示義大利移民主要遷往美國哪些地方；他們大多在東岸落腳，像「小義大利」這樣的義裔人口集中的街廓也很快熱門起來。

無酒精飲料，而是葡萄酒、啤酒或水。

對義式烹飪最大的誤解之一，大概是認為他們的飲食以澱粉為主。雖然義大利人吃很多麵食（每一人分約 110 克），他們的第二道菜分量通常很少。在義大利南部的貧窮地區，麵食是主食，就像北部在窮困時代以玉米粥為主食一樣。當季蔬菜與小麥占了南義飲食的大宗，較富裕和寒冷的北義則以肉類、米飯和玉米為主。南部主要的烹飪用油是橄欖油，豬油通常用於烘焙。北部傳統上以動物性油脂為主，包括奶油和鮮奶油，不過近幾十年來也改變了，各地的基本食材愈來愈融入彼此的烹調方式：北部人會用橄欖油、吃乾燥麵條，而南部人烘焙甜點也不時會使用奶

是真是假：何謂正宗義大利？

閱讀本書時你會看到義大利人珍愛的物產，以及他們豪邁地使用這些食材的手法，兩者共同構成了義大利料理的面貌。換句話說，義大利菜是崇尚自然與手工製作的食物，不是風格單一的國族料理，而是在地傳統和風土的精采展現。長久以來，這些食材都是地方經濟或整個村莊的命脈，所用的原料反映出變化萬千的地貌，使用歷經數世紀、甚至上千年發展出來的古法製作，如今在世界各地都被視為珍寶：在莊園裡裝瓶的歷史悠久橄欖油；浸潤了阿爾卑斯山春季草原的芬芳、或地中海撩人的夏日氣息的傳統乳酪；在芳香的木桶裡陳放25年的醋——凡此種種義大利製造的食材，是當之無愧的文化之光。

為了宣揚與保護這些在地手工傳統的崇高地位，義大利政府在1963年立法通過了葡萄酒的原產地名稱控制認證（Denominazione di Origine Controllata, DOC），效法法國的管控措施，為義大利高級葡萄酒的製作與原產地保護建立嚴格的標準。比方說，只有在法國香檳地區使用當地種植的特定葡萄品種釀造的氣泡葡萄酒，才能稱為「香檳」（Champagne）。要是換個產地（例如加州）或葡萄，即使釀造過程相仿，也不能稱為香檳。1996年通過的原產地名稱保護法（Denominazione di Origine Protetta, DOP）也把許多手工食品納入法規管制，有些系出百年傳統的食物就獲得指定保護，例如哥岡卓拉乳酪（Gorgonzola）和帕馬森乳酪（Parmigiano-Reggiano）。DOP認證的哥岡卓拉乳酪只有一

傳統食品的政府認證標章會以標籤、蓋印，或戳記在產品上的方式呈現。

款，就是產於倫巴迪地區哥岡卓拉村的一種乳酪，而只有出自某幾個傳統產區的乳酪，才是DOP認證的帕馬森乳酪。這些食物的風味獨一無二，值得趁買得到的時候搶購。

原產地名稱控制認證系統保護的範圍愈來愈大，如今包括了針對葡萄酒的原產地名稱控制認證（Denominazione di Origine Controllata e Garantita, DOCG）與典型地理區域標章（Indicazione Geografica Tipica, IGT），以及地理區域保護標章（Indicazione Geografica Protetta, IGP）、傳統特產認證（Specialità Tradizionale Garantita, STG），還有前述針對食品的DOP認證（見364頁的名詞解釋），此外也對具有文化傳承意義的食譜加以定義，如同對文學與音樂創作提供著作權保護一般。其中一個例子就是有百年歷史的STG那不勒斯披薩（STG Neapolitan pizza）製作技藝，現在也名列聯合國教科文組織的無形文化遺產。這套源於地方層級的認證分類系統獲得歐盟認可，不只保護獨特的工法，也保全了一種生活方式。獲得這類認證的義大利南部物產比較少，不是它們品質不夠好，而是要進入這些官方認證體系需要遵循嚴格的強制規範，而南部的生產者通常缺乏足夠的經費和政治意願來集體申請這些認證。政府官方的真品認證標章會印在食品包裝或酒瓶標籤上，購買時可多加注意。

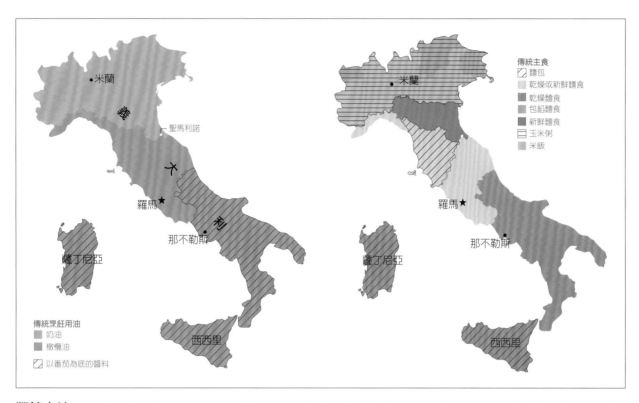

圖例（傳統主食）：
傳統主食
　麵包
　乾燥或新鮮麵食
　乾燥麵食
　包餡麵食
　新鮮麵食
　玉米粥
　米飯

地圖標示：米蘭、聖馬利諾、羅馬、那不勒斯、薩丁尼亞、西西里

傳統烹飪用油
　奶油
　橄欖油
　以番茄為底的醬料

豐饒之地 義大利的20個行政大區各有傳統的烹飪風格與主食。有些地區用橄欖油，有些用奶油；有些吃乾燥麵食，有些吃新鮮麵食；有些地區偏好玉米粥，有些是米飯。

油。義大利中部兼具南北的一些特色：你在這裡很可能會同時發現源於南部的蒜香橄欖油麵（spaghetti aglio e olio）和北部的雙奶油寬麵（tagliatelle al doppio burro）。

在義大利，你從餐點內容就可以知道現在是一年裡的什麼時候，因為這和當令食材以及宗教節日都有關係，而且兩者往往是結合在一起的。例如在南部某些地區，為聖若瑟瞻禮日（St. Joseph's Day）準備的菜餚會用麵包粉象徵鋸屑，因為聖若瑟的身分是木匠。16 世紀初，義大利每三天就有一位宗教人物的紀念日──過於頻繁的結果，連教會當局都想減少聖人紀念日，義大利政府也在 1970 年代施行縮減政策。聖瓦倫丁（St. Valentine）就是從此失去國定紀念日的聖人之一，然而民眾每到該紀念他的日子仍會繼續慶祝。

義大利人也會依照節慶吃相應的甜食。他們不會每餐都吃甜點，倒是喜歡在早上喝咖啡時配一些甜食。義大利人通常在早上站在「酒吧」裡吃類似布莉歐（brioche）的牛角麵包（cornetto）配卡布奇諾。義大利的酒吧是街坊鄰里聯絡感情的地方，在地居民會去酒吧喝咖啡，或者下午去吃個義式三明治（panino）或義式冰淇淋（gelato），晚餐前可能也會在這裡喝杯普羅賽克氣泡酒（prosecco）開胃。你不難看見店鋪老闆快談成一筆生意時，打電話給附近的酒吧，幾分鐘不到就有服

義大利人說懂得吃的人是「Buona forchetta」（「有根好叉子」）和「avere il naso」（鼻子很靈）。

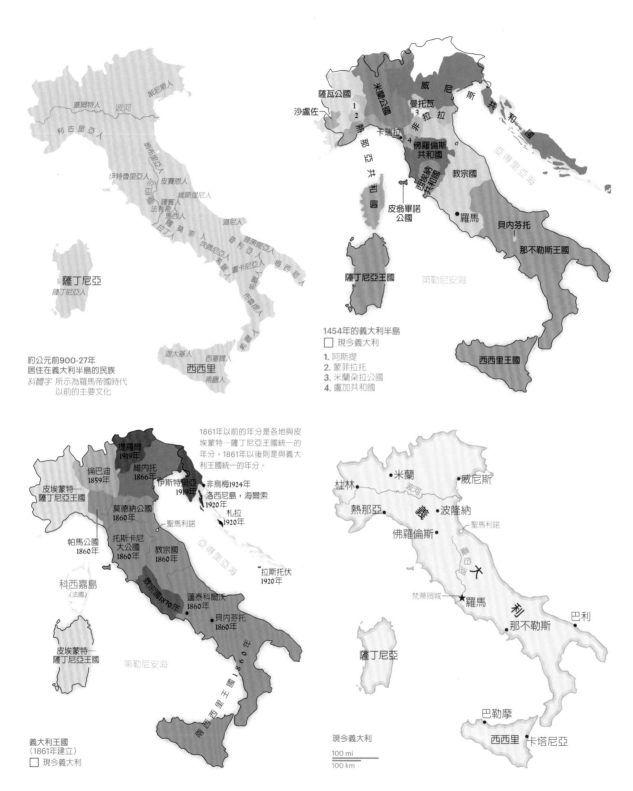

義大利的諸多統治者 近3000年來，義大利畫分成許多不同的政治統治時代，最主要為四個時期：前羅馬帝國時期（公元前900年至公元前27年）、文藝復興時期（約1454年）、統一時期（1861年），以及現今統一的義大利。

在巴西里卡塔大區波騰札市（Potenza）的歷史中心，民眾在夜色中享用晚餐。

務生端著一盤濃縮咖啡或金巴利酒（Campari）和蘇打水，從馬路對面走過來。

義大利人很有享受生活的天賦，從他們凸顯食物風味的才能就看得出來。的確，不論哪種義大利菜，都統合在這樣一個觀念底下：做菜時下的功夫，是為了保存與加強任何一種食材的自然本色。這個觀念也反映在義大利的農業與畜牧業上。雖然工業化農耕對義大利經濟的影響與日俱增，但這個多山的國家仍然偏好永續、傳統的農法，以及會悉心確保原料呈現出最佳風味的小規模農場。為什麼卡普里島上的番茄沙拉會那麼美味？因為這裡的番茄種子是經過數十年、甚至數百年的精心育種得來的；因為這些番茄是經過細心栽培，到成熟時才採收、運送到鄰近的市場販賣；也因為調理這道沙拉的廚師明白，這些番茄要發揮最棒的味道，絕不能放冰箱冷藏。這種對特定區域物產的感受力，就是義大利料理的終極定義。

義式烹飪的祕訣不在於特定的食譜，而是食譜背後的由來：一個地方與一群人的生活環境、農耕方式、歷史與文化。這也是我們想藉由本書闡述的事。傳統烹飪方式不只是我們討論的基礎，也讓我們看見義大利各地如何講述不同的飲食故事。義大利菜是千變萬化的地方風味，而不是單一的國族性格。然而，義式飲食之道卻很一致：崇尚在地食材，用敏銳而簡潔的手法調理，而且要與親朋好友一起，慢條斯理、津津有味地品嘗。

在特倫提諾——上阿迪杰大區的南提羅爾，從聖瑪德蓮娜教堂（Santa Maddalena）看到的歐朵山（Odle mountains）群峰。

第一部

義大利北部

北起阿爾卑斯山，南抵亞平寧山脈，東鄰亞得里亞海，西到利古里亞海，
義大利北部呈現出富裕階級的料理風格。

北義概觀

歐陸與義式風格的過渡地帶

如果只能用一個字來形容義大利北部的食物，那就是「油」。北義從白雪皚皚的多洛米提山（Dolomites）向下綿延到波河河谷，是義大利的「奶油帶」，乳製品遠比橄欖油更盛行，新鮮雞蛋麵也比乾燥麵條更常見，肉類的品質絕佳。除了利古里亞海沿岸的地中海氣候區之外，這裡並不是旅遊手冊上介紹的那種晴朗乾爽的義大利。北義的天氣比義大利其他地方寒冷潮溼，樹木比較多，人的氣質也相對沉著冷靜。這裡是義大利資本主義的發源地，居民比較成熟世故，重視職涯發展，個性嚴肅。然而，北義人雖然過的是步調快速的現代生活，他們的烹飪仍然源自這片土地的質樸風味。

這是個山地與平原交錯的地區，山區供養了發達的酪農文化，山上礦物質豐富的水源匯集成河川，使平原得到充分滋養。這些平原以波河為骨幹，是義大利最豐饒的農業區之一，並且擁有壯盛的工業景觀。北義由倫巴迪大區帶頭，有商務與金融中心米蘭，國內生產毛額居全義大利之冠。就像義大利人說的：「羅馬有幾間教堂，米蘭就有幾間銀行。」

不論在地理還是文化上，北義都和歐陸都有相當程度的淵源。這裡形形色色的人口組成，反映了歐洲大陸與東方世界數千年來的遷徙、融合、貿易與戰爭，從本地的食物更能看出這一點。 羅馬人從公元前 1 世紀開始主宰了義大利的所有部族，一直到公元 5 世紀，才由各地的國王與教宗取代了帝國的傳統，而北義也如同義大利的其他地方，分裂成許多敵對的城邦。因為地緣關係，北義處在與歐陸利益衝突的前線，疆界與統治者如走馬燈不斷變換，直到義大利在19 世紀統一才塵埃落定。這樣的歷史背景不只導致混亂的治理（直至今天都有這個

維洛納（Verona）的餐廳通常有種類繁多的本地產葡萄酒可以佐餐。

問題），也造就了驚人的食譜寶藏，讓人得以一窺充滿多樣性的在地——以及部分來自偏遠地帶的——食材與傳統。

義大利北部從與法國、瑞士、奧地利接壤的山區國界向南延伸，介於利古里亞海與亞得里亞海之間——也就是說，北義各地距海

薄荷

岸線最遠都不會超過120公里，所以即使在內陸的傳統菜色中也看得到鰻魚。這裡也是全義大利森林覆蓋率最高的地方，而只要有樹，就會有蕈菇、野生香草和野味，這些都是北義菜單上舉足輕重的食材。本區的山谷出產頂級的奶油、鮮奶油和乳酪，包括哥岡卓拉乳酪、芳提娜乳酪（義大利原產，不是丹麥和瑞典的仿品）、塔雷吉歐乳酪、羅比歐拉乳酪、阿西亞哥乳酪，以及無數乳製品。再往南走，位於波河河谷的艾米利亞─羅馬涅大區是乳酪界超級巨星：帕馬森乳酪的誕生地。

然而，即使這是一片流著奶與蜜的土地（蜂蜜是遍地野花的阿爾卑斯草原的另一項物產），少了豬肉還是不行。Che te possa morir el mascio!（你家的豬該死！）這句話曾經是維內托人最惡毒的詛咒。北義生產全世界最美味的火腿與醃肉（salumi）：帕馬和聖丹尼耶列的火腿（prosciutti）、火腿肉（speck）、摩塔戴拉香腸（mortadella）、古拉泰勒火腿（culatello）、科帕火腿（coppa），都是馳名國際的醃製肉品，此外每個城鎮又各有其他特產。

「玉米粥佬」的故鄉

北義主要的農產品是稻米跟玉米，倫巴迪和皮埃蒙特可說是歐洲的米缸。在義大利，稻米最知名的吃法是燉飯，玉米主要是做成玉米粥。北義人確實有個綽號叫「polentoni」，意思是「玉米粥佬」。過去的窮人只有玉米粥可以果腹，導致糙皮病盛行，現在的玉米則是一種基本的澱粉質來源。這

皮埃蒙特大區庫尼奧省阿巴市的一個乳酪市集。

北義慶典
義大利北部的重要美食節

想品嘗北義的當季食材，最佳方式之一就是參加當地的美食節慶。

弗留利聖丹尼耶列火腿節（Aria Di Festa San Daniele Del Friuli，弗留利）。每年6月最後一個週末舉行，有工作坊、試吃、工廠參觀與其他活動，全是出於對這種特產火腿的熱愛。

龍切尼奧栗子節（Festa Della Castagna Roncegno，特倫提諾—上阿迪杰）。每年10月第三週舉行，有漫步栗樹林導覽活動，以及在市中心廣場舉辦的栗子節市集。

曼托瓦維林彭塔燉飯節（Festa Del Risotto Villimpenta, Mantua，倫巴迪）。每年5月最後一個週日，維林彭塔市的主廣場上會搭起帳棚，烹煮足夠全市人民享用的大鍋燉飯。

阿巴國際松露節（Fiera Internazionale Del Tartufo Alba，皮埃蒙特）。每年10月和11月，全市所有餐廳都會推出特製松露餐點，也會舉辦採集松露的示範與研討會和松露市集。

托希涅諾玉米粥節（Polentata Tossignano，艾米利亞—羅馬涅）。狂歡節的最後一個週二，鎮民會在主廣場上升起熊熊柴火並架上巨大的銅鍋，現煮焗玉米粥（polenta pasticciata）分發給路過的人享用。

卡莫利炸魚節（Sagra Del Pesce Camogli，利古里亞）。每年5月第二個週日，主廣場上會架起直徑近4公尺的大煎鍋炸魚，與全體鎮民共享。

維洛納麵疙瘩星期五（Venerdì Gnocolar Verona，維內托）。在狂歡節最後一個週五舉行的熱鬧遊行，民眾會穿上中世紀服裝由「麵疙瘩王」領軍，間以五彩繽紛的花車和雜耍藝人。最後市政府在聖芝諾廣場（Piazza San Zeno）上準備麵疙瘩配上維洛納燉肉供大家盡情享用，為活動畫下句點。

維洛納的麵疙瘩王（Papà del Gnoco）。

裡也種植蕎麥、黑麥和其他穀物，用於製作麵條、麵包和糕點。在富裕的北方，用柔細的麵粉製成的新鮮雞蛋麵是包餡麵食的典型材料，如義式餛飩（tortellini），反觀比較貧窮的南方則以粗粒麵粉和水做成的乾燥麵食為主，如通心麵（maccheroni）。

雖然穀物在不同時代出於各種原因而成為北義的主食，不過說這裡的人是肉食主義者也不為過。北義的水煮、爛燉、燒烤肉類歷史悠久，非煮到軟爛不罷休。阿爾卑斯山區以根莖類蔬菜為主食，不過波河平原的農產很豐富，有花豆（主要是紅點豆〔borlotti〕或拉蒙〔Lamon〕地區的品種）、蠶豆、豌豆、蘆筍、朝鮮薊、各種紫菊苣、番茄、莓果、洋蔥和刺菜薊。這裡的山谷和山麓有品質絕佳的榛子、栗子、杏子、梨、李，以及釀造出全國頂尖好酒的葡萄，也盛產蘋果（上阿迪杰是歐洲的「蘋果籃」）。

在威尼斯共和國時期，總督會吃豌豆湯飯（risi e bisi）為聖馬可紀念日揭開序幕；如果當地春天的第一批豌豆來不及成熟採收，就會使用熱那亞的豌豆。

入門食材：義大利米

義大利統一後，稻米風行全國，至今仍是北義的經典主食，目前已經培育出 20 多個雜交品種作為各式烹飪用途。最普遍的是波河平原上種植的阿伯里歐（Arborio）、卡納羅利（Carnaroli）和維亞諾內 · 納諾（Vialone Nano）。這些米的澱粉含量高，在低溫湯汁裡拌煮時會溶解成濃滑的燉飯。

依米粒的長度、形狀、烹飪所需時間，義大利米分成四類：一般級（riso comune）主要是便宜的短粒米，通常用於甜點。中級（semifino）米粒長度中等且圓胖，適用於雜菜濃湯（minestrone）和維內托的湯飯料理。標準級（fino）是錐形的厚實米粒，較適用於燉飯和米沙拉。細長級（superfino）的米諸如阿伯里歐和卡納羅利，從米沙拉到義式米糕（timballi）皆宜，但主要還是用於燉飯。

歐陸風味的大熔爐

整體而言，奧斯塔谷地、弗留利和上阿迪杰這些地形較封閉的區域，烹飪手法也比較素樸，主要使用高熱量、易飽足的食材，好應付山區的生活型態。然而更往南就會發現，富裕的地方首府自古就有精緻的廚藝，例如杜林、米蘭、曼托瓦、熱那亞和波隆納。不過這些大區都和鄰國有共同的烹飪傳統：皮埃蒙特的高雅手法借鏡自法國菜，奧斯塔谷地的餐點則與法國和瑞士的阿爾卑斯山區相似。倫巴迪的菜色反映出它是多國之間的輻輳之地，料理受到法國和德國影響。上阿迪杰的食物與鄰近的奧地利關係深厚，弗留利─威尼斯朱利亞的烹飪則帶有東歐和巴爾幹性格。維內托憑著偉大的貿易傳統，因而有五花八門的進口食材可以運用，至於艾米利亞─羅馬涅大區，艾米利亞地區有外國貴族（法國、西班牙、歐洲中部）的遺風，羅馬涅地區則受拉丁民族和義大利中部的料理影響。最後，利古里亞和法國的蔚藍海岸一樣，菜色帶有享受「美好生活」（dolce vita）的性格。

雖然北義和歐洲的其他工業化社會有許多相似之處，同樣講求效率、現代性、企圖心，食物也很像──然而再怎麼說，終究是義大利式的。北義人不只十分樂於享受有美食、美酒和親友為伴的美好生活，也相當確信他們是唯一懂得箇中真諦的人。

上：一名莫德納的食品商正使用高級的片肉機切火腿。
右頁：籠罩在晨霧裡的皮埃蒙特朗格（Langhe）地區，是北義葡萄酒產區的心臟地帶。

北義葡萄酒
從巴羅洛到索亞維

1. 皮埃蒙特是義大利最出色的葡萄酒產區，全世界最佳的兩款紅酒就來自這裡：香氣馥郁的巴羅洛（Barolo）和口感滑順的巴巴瑞斯科（Barbaresco）。

2. 奧斯塔谷地是義大利面積最小的葡萄酒產區，主要生產新鮮又偏酸的紅酒，與當地多用奶製品的濃重食物是絕配。

3. 上阿迪杰有非常獨特的紅酒，其中最出名的是色深如墨的拉格蘭（Lagrein）和有香辛味的斯奇亞娃（Schiava）紅酒，知名的白酒有帶胡椒香的格烏茲塔明那（Gewürztraminer）。

4. 弗留利─威尼斯朱利亞使用在地或各國的葡萄釀酒，最出色的是白葡萄酒：白皮諾（Pinot Bianco）、麗絲玲（Riesling）、灰皮諾（Pinot Grigio）、細緻的托卡伊弗留利（Tocai Friulano）、甜度高的拉曼多羅（Ramandolo）、琥珀色的皮科里特（Picolit），以及帶強烈李子味的紅葡萄拉弗斯可（Refosco）。

5. 倫巴迪使用維蒂奇諾（**Verdicchio**）和白皮諾葡萄釀造白酒，以及美妙的氣泡酒佛朗奇亞科達（Franciacorta），裝瓶發酵的時間只有短短數年。

6. 維內托生產義大利最知名的幾款酒：帶桃子味的普羅賽克氣泡酒索亞維（Soave），口感爽脆的紅酒瓦坡里切拉（Valpolicella），以及有葡萄乾味的紅酒亞曼羅涅（Amarone）。

7. 利古里亞種植波斯科（Bosco）、皮加圖（Pigato，一般認為源於希臘），以及西班牙的維蒙蒂諾（Vermentino）這幾種白葡萄，風味刺激鮮活。

8. 艾米利亞─羅馬涅釀造紅氣泡酒藍布思科（**Lambrusco**），占全義大利葡萄酒產量的5%。

義大利北部的地理與物產

地理環境左右了北義的烹飪：山區出產頂級乳酪和肉品，丘陵孕育堅果、果樹和釀酒用葡萄，森林則以蕈菇聞名。廣袤的波河河谷盛產 DOP 認證的穀物與蔬菜，也有淡水魚和沿岸的海鮮。

倫巴迪

DOP 比托（Bitto）乳酪，DOP 加爾達（Garda）橄欖油，DOP 哥岡卓拉乳酪，DOP 帕達諾（Grana Padano）乳酪，DOP 瓦雷西諾（Varesino）蜂蜜，DOP 瓦達帕納波芙隆（Provolone Valpadana）乳酪，DOP 布里安薩沙拉米香腸（Brianza salami），DOP 塔雷吉歐乳酪，IGP 坎特洛（Cantello）蘆筍，IGP 牛肉乾，IGP 瓦爾特林納（Valtellina）蘋果，IGP 曼托瓦甜瓜與梨，IGP 特倫提諾鱒魚，田雞

奧斯塔谷地

DOP芳提娜乳酪，DOP香料醃火腿，DOP醃漬熟成豬油，黑麥麵包，家牛，奶油，芮內蘋果（Rennet apple），馬丁乾冬梨（Martin Sec pear），栗子

皮埃蒙特

DOP布拉乳酪，DOP庫尼奧生火腿（Crudo di Cuneo），DOP哥岡卓拉乳酪，DOP別拉與維爾切利巴里加米（Riso di Baraggia Biellese e Vercellese），DOP羅卡韋拉諾羅米歐拉乳酪（Robiola di Roccaverano），DOP塔雷吉歐乳酪，河鱒，DOP阿斯提氣泡白酒，DOP皮埃蒙特托馬（Toma）乳酪，IGP庫尼奧花豆，IGP蘇沙谷（Valle di Susa）栗子，IGP庫尼奧紅蘋果，IGP榛果，白松露、牛肝菌菇、苦艾酒

利古里亞

DOP熱那亞羅勒，DOP利古里亞海岸橄欖油，乾燥麵條，佛卡夏，杏子，柳橙，栗子，厚葉橙（chinotti），紫蘆筍，番茄，多刺朝鮮薊，大蒜、番紅花、馬鈴薯、牛肝菌菇、蜂蜜、DOP鹽漬鯷魚

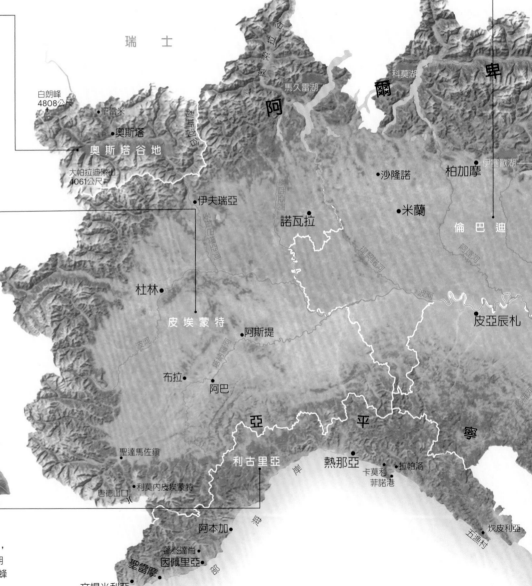

瑞　士

白朗峰
4808公尺

聖雷米

奧斯塔

奧斯塔谷地

大帕拉迪索山
4061公尺

伊夫瑞亞

諾瓦拉

馬久雷湖

科莫湖

阿　　爾

卑

沙隆諾

柏加摩

伊塞歐湖

米蘭

倫巴迪

皮亞辰札

杜林

皮埃蒙特

阿斯提

亞　　　平

寧

法　國

布拉

阿巴

聖達馬佐鎮

利古里亞

熱那亞

卡莫利

拉帕洛

菲諾港

唐德山口

利莫內皮埃蒙特

岸

阿本加

坎皮利亞

蓬泰達肖

五漁村

因佩里亞

聖雷摩

文提米利亞

西

部

利　古　里　亞　海

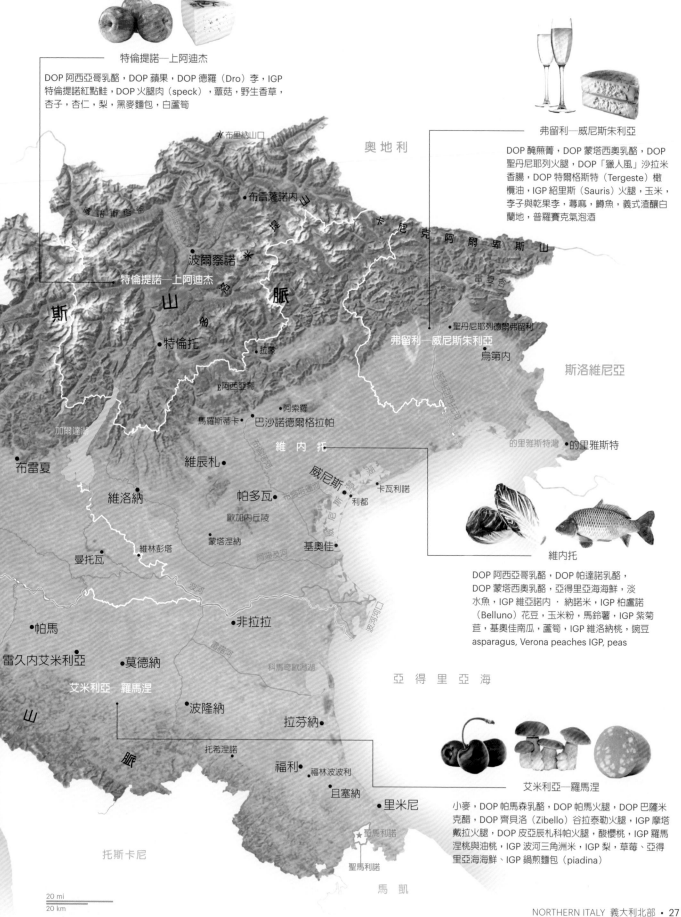

特倫提諾─上阿迪杰

DOP 阿西亞哥乳酪，DOP 蘋果，DOP 德羅（Dro）李，IGP
特倫提諾紅點鮭，DOP 火腿肉（speck），蕈菇，野生香草，
杏子，杏仁，梨，黑麥麵包，白蘆筍

弗留利─威尼斯朱利亞

DOP 醃蕪菁，DOP 蒙塔西奧乳酪，DOP
聖丹尼耶列火腿，DOP「獵人風」沙拉米
香腸，DOP 特爾格斯特（Tergeste）橄
欖油，IGP 紹里斯（Sauris）火腿，玉米，
李子與乾果李，蕎麻，鱒魚，義式渣釀白
蘭地，普羅賽克氣泡酒

維內托

DOP 阿西亞哥乳酪，DOP 帕達諾乳酪，
DOP 蒙塔西奧乳酪，亞得里亞海鮮，淡
水魚，IGP 維亞諾米·納諾米，IGP 柏盧諾
（Belluno）花豆，玉米粉，馬鈴薯，IGP 紫菊
苣，基奧佳南瓜，蘆筍，IGP 維洛納桃，豌豆
asparagus, Verona peaches IGP, peas

艾米利亞─羅馬涅

小麥，DOP 帕馬森乳酪，DOP 帕馬火腿，DOP 巴薩米
克醋，DOP 齊貝洛（Zibello）谷拉泰勒火腿，IGP 摩塔
戴拉火腿，DOP 皮亞辰札科帕火腿，酸櫻桃，IGP 羅馬
涅桃與油桃，IGP 波河三角洲米，IGP 梨，草莓、亞得
里亞海海鮮、IGP 鍋煎麵包（piadina）

20 mi
20 km

大區巡禮

Valle d'Aosta
奧斯塔谷地

令旅客傾心的豐盛家常菜

．．．

奧斯塔谷地有句俗話說：「鍋愈老，湯愈香。」這個位於義大利西北角的谷地雖然地處偏遠，但旅遊活動熱絡，而且當地人有兩個好理由讓他們的湯鍋持續文火慢燉下去。奧斯塔谷地的氣候寒冷，地勢封閉，四周環繞著歐洲最雄偉的山脈，湯品在這裡能替人暖身。奧斯塔谷地也有許多通往法國和瑞士的山口，自古就是歐陸旅客的中途休息站，來到這裡手上總是要握一杯熱騰騰的東西。

這片谷地伸入連接皮埃蒙特和中歐的阿爾卑斯山脈，主要河川多拉巴提亞河（Dora Baltea）從山間湧出，先流經皮埃蒙特大區，再一路向南匯入波河。奧斯塔谷地其實是由眾多大大小小的谷地交織而成，美麗的小山谷如肋骨般從主要谷地伸向東西兩側，其間座落的城堡俯瞰阿爾卑斯山草原，草原上有花斑牛在吃草，以及零星散布的村莊，隱身在粉色杜鵑花叢、清澈見底的湖泊和長滿地衣的岩石之間。

奧斯塔谷地西臨法國，北接瑞士，東邊與皮埃蒙特大區交界。不論以人口或面積計，奧斯塔谷地都是義大利最小的大區，但因為地理位置的關係，具有重要的歷史意義。這片谷地從羅馬時代起一直是連接中歐與義大利半島的要道，形狀狹長，有如一條道路，來到這裡的人一般都是路過，目的地是別的地方。當地世世代代的居民早已習慣旅人在這片山區來來去去，與他們共享慰藉人心的食物。最好的例子就是他們賴以禦寒的湯品：奧斯塔捲心菜湯（soeupa alla valpellinentze），這是牛肉高湯慢燉的捲心菜，搭配黑麥麵包，抹上融化的芳提娜乳酪，以及豬肉大麥湯

奧斯塔谷地

◎奧斯塔
奧 斯 塔 谷 地

20 mi
20 km

───────────────────

乳牛在奧斯塔谷地高海拔的青翠山谷裡自由吃草。

孔尼（Pantaleone of Confienza）是中世紀的義大利醫生，在 1477 年出版過一本知名的乳酪專書。他在書中寫到奧斯塔山谷「乳酪很美味」，確實如此，尤以芳提娜乳酪最出眾。芳提娜以夏季在高山草原放牧的奧斯塔種（Valdostana）乳牛的牛奶製成，口味溫和，脂肪含量高，加熱融化後的質地絲滑。其他地區也會製造類似的乳酪，想確保買到的是原產地的芳提娜，要認明蓋在鏽紅色外皮上的 DOP 標章。濃郁淺黃的芳提娜是奧斯塔谷地的招牌菜乳酪火鍋的主要材料，在乳酪融化後摻入奶油和蛋黃，整鍋有如卡士達醬。

（大麥可能是羅馬人引進這裡的），和用乾燥栗子、米和奶油煮成的牛奶湯。

今天的遊客在山上玩了一天之後，還是能藉著這種營養又高熱量的飲食恢復精力。這片谷地有超過 150 條滑雪纜車道，和總長 800 多公里的步道，大多分布在拉特烏伊萊（La Thuile）、科馬耶爾（Courmayeur）、策維尼亞（Cervinia）、皮拉（Pila）、尚波呂克（Champoluc）和格雷索尼（Gressoney）這些小鎮的度假村附近。

山巔之間的農業

奧斯塔谷地是滑雪勝地，因為雪季在這裡的高海拔山谷可達 9 個月，但這也表示適合農耕的時間不多。在大約三個月的夏季裡，家牛、綿羊與山羊會被趕到高山草原上，享用短暫但營養豐富的植被。酪農業是本地農業的最大宗，產品也很出名。奧斯塔谷地出產北義品質最好的幾款奶油，還有許多當地原產的乳酪，包括馳名國際的芳提娜，以及質地細緻、有時帶有山區芳香類香料植物味的弗爾瑪佐（Fromadzo）乳酪。

本地種植的是適應山區生態環境的典型作物。這裡的栗樹與果樹能耐受夜間的低溫，特別出名的是芮內蘋果和果實偏小的馬丁乾冬梨。紅酒燉馬丁乾冬梨會搭配當地人最愛的「瓦片」（tegole）一起吃，這是一種用堅果與蛋白做成的薄脆餅乾。有適合在貧瘠土壤上栽種的黑麥和馬鈴薯，還有沿著雪線種植的萵苣，叫做雪萵苣。此外，就如同所有的山地文化，這裡也有食用野味的悠久傳統，居民會在阿爾卑斯森林狩獵野山羊、綿羊、野兔、野豬、雉雞和鷓鴣，或是進行「無聲狩獵」，也就是採菇。

滑雪產業支撐起高級餐飲業，幾乎所有當地產的葡萄酒都能在這些餐廳裡喝到，不過奧斯塔谷地的家常菜還是以高熱量食材為基礎：豬油、奶油與乳酪；捲心菜、馬鈴薯和玉米粥；牛肉、培根與野味；葡萄酒、栗子與黑麥麵包。這些食物反映出選擇性的不足，不過他們做出來的菜，已經演進到到足以滿足本區堅忍強健的居民的口味。

艱困的地形，堅毅的人民

奧斯塔谷地人跟這裡的山很相似。作家大衛・林區（David Lynch）曾說，這些人不是變老，只是顯出歲月的風霜。本區原本是凶殘的薩拉西（Salassi）部族的地盤，他們的祖先可能是凱爾特人或利古里亞人。薩拉西人的領土最南曾經遠達多拉巴提亞河的淘金城鎮伊夫瑞亞（Ivrea，位於奧斯塔谷口，今皮埃蒙特大區境內），直到公元前 25 年羅馬人進占為止。在環地中海地區，薩拉西人是最晚向羅馬帝國臣服的幾個部族之一，這一點或許也可以看出本區地形的艱困與民族性的堅毅。羅馬帝國在此建立了薩拉西奧古斯都首府（Augusta Praetoria Salassorum），就是現在的奧斯塔市，也是奧斯塔谷地這個名稱的由來，意思是「奧古斯都的谷地」。

在義大利阿爾卑斯山區的拉特烏伊萊穿雪鞋健行：這裡是冬季運動愛好者的天堂。

歐洲風的山野味

羅馬帝國在公元 5 世紀瓦解後，勃艮第人、法蘭克人，以及 11 世紀的法國薩瓦王朝都統治過這片具有戰略地位的谷地，也留下各自的印記。雖然奧斯塔谷地的料理主要是山區菜色，但是拿葡萄酒和奶製品入菜的作法，依然可看出法式和德式烹飪的遺風。本地人獵捕的野味——山羚、羱羊、野兔、雉雞等等——可能就是當年薩拉西人會獵捕的那些，通常會先用葡萄酒、香草和洋蔥醃入味再烹煮，而且多數都會用上本地產的頂級奶油。例如本區招牌菜奧斯塔燉肉（carbonade valdostana），材料有鹽漬牛肉、紅酒與奶油，而倫巴迪大區的名菜鑲小牛肉片（cotoletta）到了奧斯塔人手裡，變化成加入大量鮮奶油醬的版本。深受滑雪人士喜愛的奧斯塔谷地最廣為人知的或許是乳酪火鍋，這種使用芳提娜乳酪做成的乳酪火鍋，把奧斯塔谷地的料理連結到鄰近地區。

奧斯塔谷地沒有省分的畫分。從前它就是皮埃蒙特的一省，直到 1945 年因為獨特的語言與文化取向而成為獨立的大區。本地居民說義大利語跟法語，有超過一半的人口還會說一種法國方言「奧斯塔語」（Valdôtain），鄰近的利斯河谷（Valley of Lys）則住著瑞士的德語族群。所以說，這片擁有山區式木屋（chalet）建築和

奧斯塔谷地周邊山區步道遍布，勇敢的登山客可以在這裡徒步旅行。

氣味濃烈的奧斯塔藍乳酪（Bleu d'Aoste）是本地產的多款頂級乳酪之一。

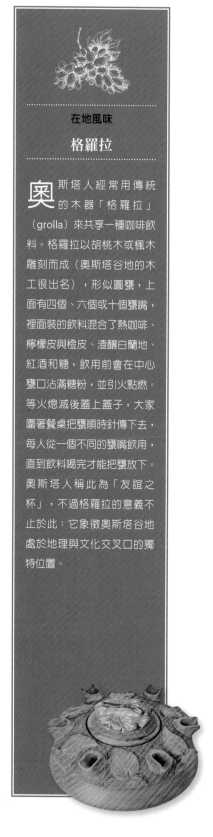

奧斯塔人經常用傳統的木器「格羅拉」（grolla）來共享一種咖啡飲料。格羅拉以胡桃木或楓木雕刻而成（奧斯塔谷地的木工很出名），形似圓甕，上面有四個、六個或十個甕嘴，裡面裝的飲料混合了熱咖啡、檸檬皮與橙皮、渣釀白蘭地、紅酒和糖，飲用前會在中心甕口沾滿糖粉，並引火點燃。等火熄滅後蓋上蓋子，大家圍著餐桌把甕順時針傳下去，每人從一個不同的甕嘴飲用，直到飲料喝完才能把甕放下。奧斯塔人稱此為「友誼之杯」，不過格羅拉的意義不止於此：它象徵奧斯塔谷地處於地理與文化交叉口的獨特位置。

歐風山地料理的谷地，是混合了多種文化、語言和烹飪風格的大熔爐。

然而這並不表示奧斯塔谷地就缺乏義式本色——它還是很義大利。就像義大利的各個地區，奧斯塔人也會醃製豬肉，最有名的是來自聖雷米—恩—包斯（Saint-Rhémy-en-Bosses）的 DOP 認證包斯火腿（Jambon de Bosses），以及存放在木箱裡熟成、甘甜的阿爾納德豬油（Lard d'Arnad）。不過這些頂級豬肉製品也無疑是奧斯塔獨有的產物，因為它們都是以當地的山地香草調味。

最後的圍爐傳統

就地理位置而言，奧斯塔谷地可謂中歐的門廳，不同的文化在這裡相遇、同桌共餐，過去旅人用來果腹的餐點也流傳至今：馬鈴薯麵疙瘩，裹著濃濃融化乳酪的奶汁湯餃，以及切成薄片、佐黑麵包與奶油的生醃羊肉乾（ibex bresaola），吃的時候滴上少許本區出產的優質蜂蜜。

這片谷地是你回家之路的終點站（或是第一點，視你的旅程方向而定），風塵僕僕的旅客在上山前，能在這裡喝一杯山地草藥酒（genepy）提神，一種以山區苦艾調味的草本渣釀白蘭地（不過現在大多是用人工栽培的苦艾）。在這裡，火爐上永遠有一鍋小火慢燉著的熱湯，讓人在啟程趕路或踏上雪地之前來上一杯暖暖身。

奧斯塔谷地的一座葡萄園沿山坡向上綿延，直達12世紀的聖皮耶城堡（castle of Saint Pierre）。

Gnocchi alla fontina

馬鈴薯麵疙瘩佐芳提娜乳酪醬 · 4-6人分

美味原理：馬鈴薯麵疙瘩是節儉之下的產物——只用簡樸的馬鈴薯和麵粉湊合成一餐。雖然這道菜在義大利各地有眾多變化版本（例如使用各種蔬菜、麵粉、麵包和乳酪），在奧斯塔谷地最可能吃到的馬鈴薯麵疙瘩，調味時只會用奶油與「本地之光」——氣味強烈又會牽絲的芳提娜乳酪。也因為有這種會融化的乳酪，這道菜又叫「流涎馬鈴薯麵疙瘩」（gnocchi alla bava），吃來既溫暖又舒心。雖然有些地方的作法是用蕎麥粉來揉合馬鈴薯，不過傳統上同樣會用通用（中筋）麵粉，也容易取得。我們使用通用麵粉，因為它不會搶了芳提娜的鋒頭。馬鈴薯是選用澱粉含量高的褐皮馬鈴薯（russet），做出來的麵疙瘩口感比較粉。此外我們以烘烤取代水煮，一來馬鈴薯不會吸收過多水分，二來也能算準麵粉的精確用量——很多食譜只給個大概範圍，可能導致麵疙瘩偏硬實。至於這道菜裡的乳酪，最簡單、最傳統的做法是直接把大塊奶油和芳提娜乳酪丟進鍋裡，與熱騰騰的麵疙瘩一起攪拌，但如此一來乳酪很容易散成不均勻的團塊。把融化的奶油、芳提娜乳酪和少許煮麵水先攪打均勻再倒進鍋裡，最後的醬汁會比較濃郁滑順。最後依傳統加一撮現磨的肉豆蔻，讓醬汁的味道更圓潤。

❶ 烤架置於中層，烤箱預熱至攝氏 230度。馬鈴薯各以削皮刀戳八個洞，微波加熱約 10 分鐘到外層略微軟化；中途取出翻面。把馬鈴薯直接放在烤架上烤 18-20 分鐘，直到可以用肉串針輕鬆刺穿且略施壓就會凹陷。

❷ 墊著擦碗布把馬鈴薯握在手裡，用削皮刀剝去表皮。用壓泥器或磨泥器把馬鈴薯磨成泥，盛在烤盤裡。輕柔地把馬鈴薯泥均勻推平，放涼五分鐘。

❸ 舀出 3 杯（454 克）仍有餘熱的馬鈴薯泥放進碗裡，其餘丟棄或留作他用。加入一顆蛋，用叉子輕柔攪拌至完全混合。把麵粉和 1 小匙鹽均勻撒在薯泥上，再用叉子輕柔攪拌，直到乾麵粉團塊完全消失。把馬鈴薯麵團壓成扎實的球狀，放到略撒過麵粉的流理臺上，輕輕揉麵一分鐘到麵團光滑但略為黏手的程度；可以在臺面上多撒點麵粉以免沾黏。

❹ 在兩個烤盤上鋪烘焙紙並撒上大量麵粉。把馬鈴薯麵團切分成八塊，在略撒過麵粉的流理臺上把每塊麵團輕輕揉成 1.3 公分粗的長條，有需要可再撒粉以避免沾黏，接著把長條分切成約 2 公分長的小塊。

❺ 一手把叉子背朝上握著，另一手用拇指把小塊麵團的切面壓向叉齒，並沿著叉齒向下滾動，把麵團側面都壓出凹痕。如果會沾黏，在拇指或叉子上撒點麵粉。把壓好的麵疙瘩放到備好的烤盤上。

❻ 在大湯鍋裡煮沸 3.8 公升的水。用烘焙紙兜住麵疙瘩，把一半的麵疙瘩和 1 大匙鹽加入沸水裡，小火慢煮大約 90 秒並不時攪拌（麵疙瘩應該會在大約一分鐘後浮到水面），直到麵疙瘩變硬且剛好熟透。

❼ 同一時間，在直徑 30 公分的平底鍋裡以中火融化奶油，加入 1/4 杯煮麵疙瘩的水、芳提娜乳酪與肉豆蔻粉攪拌，直到乳酪融化且質地變得滑順。用篩勺撈起麵疙瘩放進平底鍋，輕輕甩鍋以裹上醬汁；蓋上鍋蓋保溫。煮麵水回滾，繼續煮剩下的麵疙瘩再放進乳酪醬汁的平底鍋輕輕甩鍋混合。立即享用。

900克褐皮馬鈴薯，未削皮

1顆大蛋，大略打散

¾ 杯又1大匙（113克）通用麵粉

鹽

3大匙無鹽奶油

113克芳提娜乳酪，刨絲（1杯）

⅛ 小匙肉豆蔻粉

為馬鈴薯麵疙瘩 壓凹痕

把叉子背朝上握在手裡，用另一手的拇指把小麵團的切面壓進叉齒，然後沿叉齒向下滾動，把麵團側面都壓出凹痕。

Soeupa alla valpellinentze

奧斯塔捲心菜湯 · 6-8人分

美味原理：奧斯塔谷地位於高海拔的義大利阿爾卑斯山區，而這道湯品是當地盛名遠播的冬季菜色，結合了濃郁的牛肉高湯、培根捲（pancetta）、捲心菜、黑麥麵包，以及有堅果香的芳提娜乳酪，令人無法抗拒。soeupa 直譯的意思是湯，不過這道菜比湯更扎實，令人聯想到法式洋蔥湯表面的那層乳酪，吃完還想再來第二碗。皺葉捲心菜是當地人的心頭好，它細緻的甜味跟黑麥麵包的土香是絕配。我們把黑麥麵包切塊再低溫烘乾，皺葉捲心菜則是與培根捲、洋蔥、月桂葉與牛肉高湯一起燉煮到軟爛入味，然後與脆麵包塊層疊在砂鍋烤盆裡，最後整盤撒上炙烤後會融化冒泡的乳酪。任何一種扎實的黑麥麵包都很適用。你會需要一個 33x22 公分、可用於炙烤的烤盆來做這道菜。

340克扎實的黑麥麵包，切成約4公
　分見方的小塊
2大匙特級初榨橄欖油
1大匙無鹽奶油
113克培根捲，切小丁
1個洋蔥，剖半切細絲
½小匙鹽
3瓣大蒜，切末
1個皺葉捲心菜（680克），去菜
　心，切片成2.5公分見方
4杯牛肉高湯
2片月桂葉
113克芳提娜乳酪，刨絲（1杯）
1大匙新鮮歐芹末

❶ 烤架置於中層，烤箱加熱到攝氏 120 度。把麵包塊平鋪在烤盤上烘烤約 45 分鐘，不時翻面，直到徹底乾燥酥脆。完全放涼備用。

❷ 在鑄鐵鍋裡以中小火加熱橄欖油與奶油，直到奶油完全融化。加入培根捲翻炒約八分鐘到上色且油脂被逼出。加入洋蔥與鹽，轉中火拌炒約 5-7 分鐘到洋蔥軟化並略微上色。加入大蒜拌炒約 30 秒到冒出蒜香。

❸ 加入皺葉捲心菜、牛肉高湯和月桂葉拌勻，煮沸後轉小火，蓋上鍋蓋慢燉 45 分鐘，直到捲心菜軟爛。

❹ 烤架置於距炙烤火源約 15 公分處，開啓炙烤功能。取出燉鍋裡的月桂葉丟棄，把一半分量的捲心菜湯平鋪在可用於炙烤、尺寸 33x22 公分的烤盆底部，再鋪上一半分量的脆麵包；以同樣方式鋪上剩餘的捲心菜湯與脆麵包。以橡膠刮勺輕壓脆麵包，讓麵包吸滿湯汁。撒上芳提娜乳酪，炙烤約四分鐘，直到乳酪融化並烤出褐色小點。出爐撒上歐芹，即可享用。

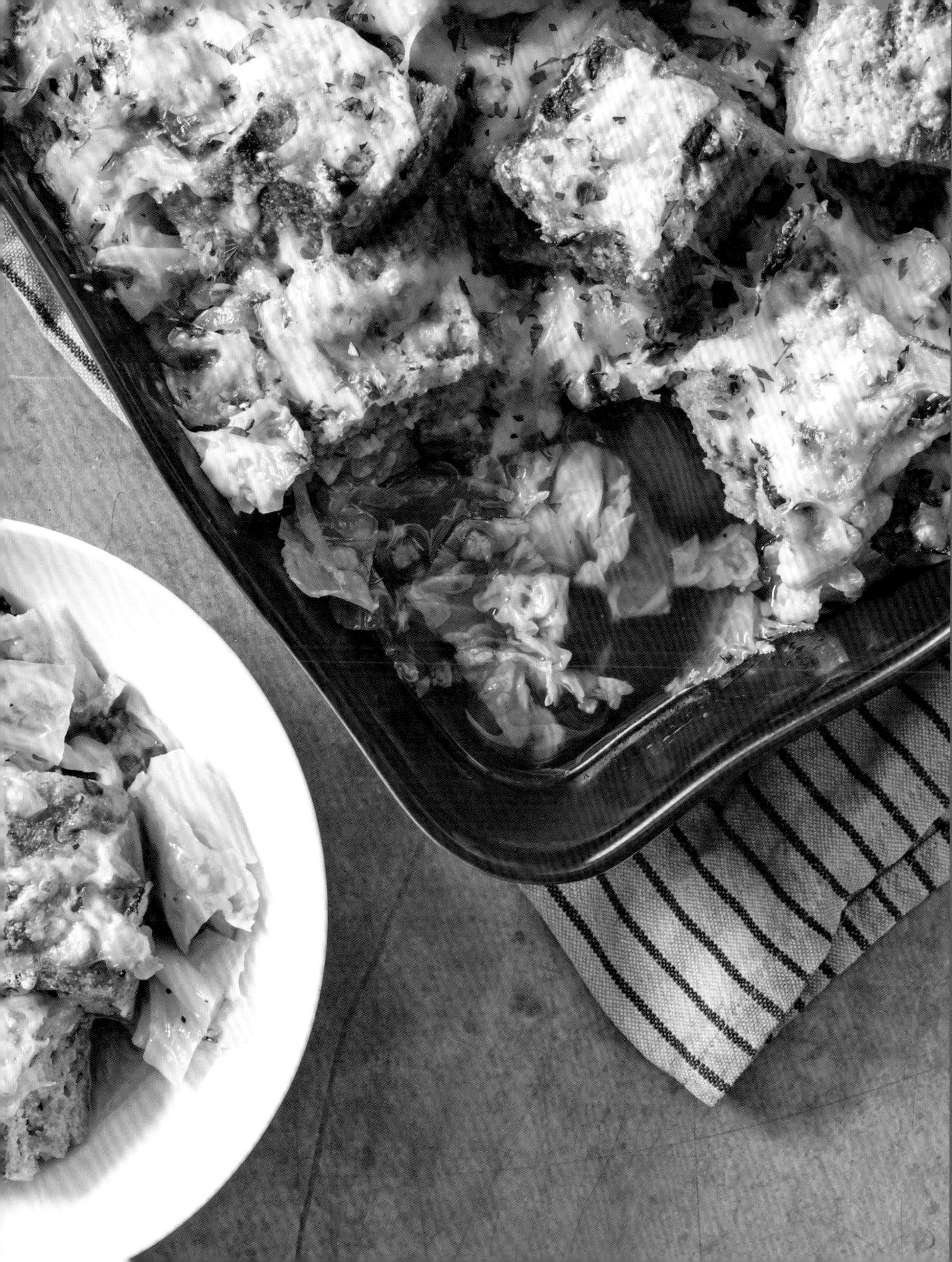

Polenta concia

乳酪奶油玉米粥 · 6-8人分

美味原理：玉米粥是義大利各地都會享用的農家菜，變化多端，不過這類粥品的根源可以追溯到北義的山區。煮粥可以用斯卑爾脫小麥（spelt）、黑麥或蕎麥等等穀物，不過最常見的材料還是粗玉米粉。這道添加乳酪和奶油的玉米粥在奧斯塔谷地廣為人所食用。傳統的作法簡單但耗時：水滾後加入玉米粉打散，然後拼命攪拌，最多需要攪拌一小時以避免玉米粉結塊，整鍋粥煮軟後再加入乳酪和奶油。我們想要減少所需的時間與力氣，所以加入一種且非傳統的材料：一撮小蘇打。小蘇打能裂解玉米的結構，成品會變得濃滑，烹煮時間也不到傳統做法的一半。此外小蘇打還能幫助玉米粒分解、均勻地釋出澱粉，把所需的攪拌工夫降到最低。這道粥要用顆粒與庫司庫司（couscous）相當的粗磨玉米粉來做。要是整鍋粥剛加熱10分鐘就開始冒泡或噴濺，即使只有一點點，也表示火力過強，你可能需要一個火力調節盤，購買現成品或自己動手做都可以：把一張強化鋁箔紙捏成厚2.5公分、剛好能蓋住瓦斯爐火口的環，要確定厚度平均。乳酪奶油玉米粥既濃郁又有飽足感，可以當成義式餐點的第一道菜，或是作為燉什錦菇（見98頁）等燉菜的美味基底，也是巴羅洛紅酒燉牛肉（見58頁）這些燜燉肉的理想配菜。

7又½ 杯水
鹽與胡椒
1撮小蘇打粉
1又½ 杯粗磨玉米粉
113克帕馬森乳酪，刨粉（2杯），
　　另備部分於食用時添加
2大匙無鹽奶油

❶ 在一個大口深平底鍋裡以中大火把水燒開，加入 1 又 1/2 小匙鹽與小蘇打。把玉米粉緩慢且穩定地倒進水裡，一邊不斷攪拌。沸騰後把爐火降至最小，蓋上鍋蓋悶煮 30 分鐘，每隔幾分鐘攪拌一下，直到玉米粉軟化（玉米粥應該呈稀軟且幾乎不成形的狀態，會隨著冷卻變得濃稠。）

❷ 熄火，加入帕馬森乳酪和奶油攪打均勻，以胡椒調味。蓋上鍋蓋悶 5 分鐘。盛盤上桌，各人依喜好撒上帕馬森乳酪享用。

Cotoletta alla valdostana

奧斯塔鑲小牛肉片 · 4人分

美味原理：奧斯塔谷地阿爾卑斯地區的食物油膩、分量大，這和這裡的歷史有關，因為山區生活的勞動量大，要夠豐厚的食物才吃得飽。本地人偏好奶油勝於橄欖油，濃郁的乳酪（盛產牛奶的關係）也備受喜愛。奧斯塔小牛肉片就是這種高熱量飲食的絕佳範例：少量的小牛肉中鑲入肥美的火腿和芳提娜乳酪，就成為一道分量十足的正餐。傳統作法各有不同，我們用的是最簡潔的方式：把小牛肉片捶打至薄軟，鋪上乳酪與火腿，再疊上另一片小牛肉薄片，然後把這個小牛肉「三明治」裹上麵包粉，以奶油煎脆。這道很有飽足感的菜色只需要佐上幾角檸檬，不過盛盤時也可以先鋪上一層芝麻菜。

4片約6公釐厚的小牛肉排（每片85
　　克），橫片成兩半

57克芳提娜乳酪，刨絲（½ 杯）

4片帕馬火腿薄片（共57克）

2顆大蛋

2大匙通用麵粉

1又½ 杯麵包粉

8大匙無鹽奶油

鹽與胡椒

檸檬角

❶ 取兩片切半的小牛肉片用紙巾拍乾，並排在兩張保鮮膜之間。用肉槌把肉片打成大約 13x10 公分、3公釐厚的長方形薄片。把 2 大匙芳提娜乳酪屑鋪在其中一片小牛肉中央，周圍留 6 公釐寬的邊緣。在乳酪上鋪一片火腿，可略為折疊以免突出於肉片之外。用另一半小牛肉片蓋住火腿，稍微施力把內層食材壓緊，再沿著邊緣壓一圈黏合兩片小牛肉。重複以上步驟組合其餘的切半小牛肉片、芳提娜乳酪與火腿。

❷ 在淺盤裡把雞蛋與麵粉打勻。在另一個淺盤裡鋪上麵包粉。每次取一分鑲餡的小牛肉排，小心浸入蛋麵混合液再瀝去多餘汁液。把沾了蛋液的肉排兩面均勻裹上麵包粉，輕壓使麵包粉固著。之後把裹好粉的肉排鋪在烤盤上，靜置五分鐘。

❸ 在直徑 30 公分的不沾煎鍋裡以中火加熱融化奶油，直到泡沫消退（不要讓奶油變成褐色）。肉排入鍋，第一面先煎 3-6 分鐘到酥脆焦黃。用兩個鍋鏟輕輕夾住肉排翻面，續煎第二面約 4 分鐘，同樣煎到酥脆焦黃；視情況調節火力以避免煎焦。取出肉排置於鋪了紙巾的盤子上，拍乾油脂。依喜好用鹽與胡椒調味，佐上檸檬角，立即享用。

大區巡禮

Piedmont
皮埃蒙特

頌揚鄉土本色的精緻料理

⋯⋯⋯⋯⋯⋯⋯⋯⋯⋯⋯⋯⋯⋯⋯⋯⋯⋯

皮埃蒙特是義大利五個不靠海的大區之一，但你如果在春季來到這些内陸地方，看到的會是一片處處淺水的土地，水面波光粼粼，映照著楊樹、紅瓦農舍與蔚藍的天空。皮埃蒙特的稻田區位於壯麗的波河平原北端，這片廣袤肥沃的平原從皮埃蒙特向東綿延至亞得里亞海，是歐洲最大的產米區，其中超過一半產量來自皮埃蒙特。

多變的地貌

義大利菜裡最滑口的菜色要屬燉飯了，做燉飯所用的結實、高澱粉質稻米，就產自皮埃蒙特。皮埃蒙特是義大利面積第二大的大區，約與美國馬里蘭州相當，雖然大區的核心是農地和水田，但地形卻是以高山和丘陵為主。皮埃蒙特位於義大利西北角，南側、西側與北側被利古里亞的亞平寧山脈和阿爾卑斯山脈的西段環繞，許多匯入波河的河川源頭與高山湖泊就位於這些山區。「皮埃蒙特」這個地名源於中世紀的拉丁文 pedemontium，意思是山麓，指的是波河南方綿延起伏、占地廣大的丘陵，全義大利最知名的葡萄園就環繞在半山腰上。

如此多變的地形造就了多樣化的農業。肉牛與乳牛在亞高山的草地上放牧，尤其是幾乎全白的原生種皮埃蒙特牛（Piemontese）。這些高山草原上的野草與香草孕育出發達的酪農業，本地的烹飪也以奶油、鮮奶油和乳酪為基礎，有許多乳酪獲得 DOP 認證，例如細緻又有濃濃奶香的布拉乳酪、甜美的托馬乳酪（可直接吃或用於烹飪）和高級的羅比歐拉乳酪。湍急的溪流裡可以捕撈鱒魚，森林裡有大量

遊客與當地居民在杜林的一家餐廳露天用餐。

野禽、松露與蕈菇。釀酒用葡萄和榛果種植在丘陵地，稻米、小麥、其他穀類和蔬菜在平原上生長。這片土地不只盛產牛肉和稻米，也有乳酪、松露與紅酒，還有巧克力和榛果（是的，能多益可可榛果醬〔Nutella〕也是本地的名產）。

戰爭與承平時期的料理

自古以來，連接皮埃蒙特與高盧地區的山口既是這裡的不利條件，同時也是資產。凱爾特部族之所以能夠帶著家畜穿越高山向南遷移，建立本地最初的酪農文化，就有賴這些山口。只不過，羅馬政府也盯上了這些交通要道。他們在高盧戰爭裡征服凱爾特人，擴張了帝國北界並因此得以進入高盧地區，也就是現今的法國。與高盧的連通確實影響了皮埃蒙特後續的政治與烹飪文化，然而羅馬帝國在 5 世紀瓦解之後，這個具有戰略意義的地區也在幾世紀間成為蠻族入侵的目標。皮埃蒙特分裂成多個自治城邦，長期交戰，政局很不穩定，但仍然孕育出許多與產地同名的著名食品，例如布拉鎮（Bra）的布拉乳酪，阿斯提鎮（Asti）的阿斯提氣泡酒等。然而到了 11 世紀，本區大多被薩瓦王朝統一，這個古老的王朝發源於法國、義大利、瑞士交界處的阿爾卑斯山脈西部。

在薩瓦王朝統治下，皮埃蒙特度過相對穩定的幾個世紀。在那段期間發達起來的皮埃蒙特上層階級，尤其是薩瓦首都杜林的居民，既不排斥來自高地的濃重飲食，也不嫌棄低地農家的粗陋餐點──他們只是把這些菜色加以改造，以反映更精緻奢華的品味。例如水煮肉（bollito misto）在傳統上是用無力勞動的老邁牲口來做，

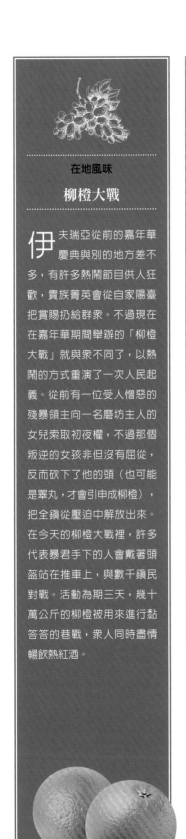

拉科尼吉城堡（Racconigi Castle）是薩瓦王室的官邸之一。

庫尼奧省喀拉斯科鎮（Cherasco）的巴貝羅甜點店（Pasticceria Barbero）；皮埃蒙特有很多像這樣的店，調製令人驚豔的巧克力。

所以肉質很老，得燉上很長時間。現代的水煮肉作法雖然不變，但用料變的很奢華，有牛肉、小牛肉、禽肉，和甜而肥美的寇特奇諾香腸（cotechino），佐以各種開胃醬料。皮埃蒙特的烹飪因此融合了兩種傳統：樸素扎實的農家菜，與貴族家裡發展出來的功夫菜，將法式廚藝融入以乳製品為主的本地料理。

如今這個大區居於烹飪界的領導地位，對如何保護傳統飲食文化並支持新一代的農民、釀酒師與廚師，提出許多進步的觀念。話說回來，皮埃蒙特自古就有領袖本色。有句俗話說：是皮埃蒙特生下了義大利。本地政權曾多次嘗試統一全國，最後薩瓦國王維克多・艾曼紐二世（Victor Emmanuel II）於 1861 年建立首個統一的義大利王國並加冕登基，總算大功告成。薩瓦家族在義大利共和國於 1946 年成立後失去冠冕，不過他們對於誰有權登上那個不復存在的王位仍彼此爭論不休，也正是八卦雜誌樂見的事。

現今的皮埃蒙特有八個省：亞力山德（Alessandria）、阿斯提和庫尼奧（Cuneo）以葡萄酒聞名；韋爾巴諾─庫西奧─奧索拉（Verbano-Cusio-Ossola）是壯闊的馬久雷湖（Lake Maggiore）所在地，湖區的微氣候使得橄欖樹和檸檬樹得以在人間天堂般的園圃裡生長；杜林省是本區的工業中心，出產美味的巧克力，

位於阿巴的金莎巧克力工廠一天生產 2400 萬顆榛果巧克力，每年在全球 40 個國家銷售約 36 億顆。

首府杜林市有種冷調的優雅；最後的諾瓦拉（Novara）、維爾切利（Vercelli）與別拉（Biella）三省是義大利稻米的重要產區。

馥郁、精緻、扎實

沒有人確知稻米是怎麼引進義大利的，不過一般認為是西班牙人在中世紀時經由義大利南部地區帶過來的。從前的皮埃蒙特處心積慮地保護自家稻米，帶稻米種子出境甚至是犯法行為。不過曾任美國第三任總統的湯瑪斯・傑佛遜（Thomas Jefferson）顯然冒了這個險，他在 1787 年偷帶稻米離開皮埃蒙特，想知道這種作物能不能適應美國土壤。結果長得非常好。

在皮埃蒙特，稻米主要是做成燉飯，做法是在緩緩加入高湯的同時不斷攪拌米飯，促使稻米釋出澱粉以產生濃稠的口感。燉飯質地稀軟，可以用湯匙吃，並以乳酪、肉類、紅酒或松露增添風味。至於皮埃蒙特的另一個澱粉類主食玉米粥，會加入乳酪並以許多富含蛋白質的食材提味，例如鹹香的燉肉與燉菇。大區北部種植的軟質小麥很適合製作麵包與膨發麵食，例如糕點和披薩，也能用來製作新鮮雞蛋麵，例如包著燜煮或燉肉餡、類似義式餃子（ravioli）的皮埃蒙特方餃（agnolotti）。另一個例子是塔佳琳麵（tajarin），這種蛋黃細麵可以先用牛肉高湯小火慢煮再拌入奶油醬汁，或是與一大鍋熱騰騰的豆子、洋蔥、馬鈴薯和醃肥豬肉（lardo，有些廚師因為它的美味而稱它是白色火腿）一起燉煮。然而皮埃蒙特最出名的小麥食品，

位於皮埃蒙特大區葛拉西安阿爾卑斯山區（Gracian Alps）的阿格內湖（Lake Agnel）、瑟魯湖（Lake Serru）與尼沃雷（Nivolet）山區。

乾杯：：杜林的酒類特產

皮埃蒙特自 1700 年代起就是苦艾酒的主要產地。苦艾酒的配方是不傳之密，知名酒廠最初都是從家族事業起步，數十年來守口如瓶以確保商業機密不外流。基本配方是選用沒有強烈氣味的白葡萄酒，例如阿斯提蜜思嘉（Moscato d'Asti），泡入香草、香料、植物根莖和木頭調味，再冷熱交替處理，得出酒精度 15% 上下的加烈酒。最出名的苦艾酒廠全來自杜林，例如辛札諾（Cinzano）、科拉（Cora）和馬丁尼—羅西（Martini & Rossi）。甜苦艾酒添加了焦糖而呈紅色，是曼哈頓（Manhattan）這種雞尾酒的基酒，馬丁尼（martini）的基酒則是不甜的苦艾酒。

經典的曼哈頓雞尾酒。

義大利的白鑽石：
松露

白松露（Tuber magnatum pico）究竟有什麼能耐，讓世人為它心醉神馳，願意為每 454 公克付出高達 3600 美金（約合 11 萬臺幣）的天價，並且專程遠赴皮埃蒙特的阿巴市，就為一嘗當地燉飯上撒的那一、兩片松露屑？一言以蔽之，就是為了它的香氣。松露是一種蕈菇，或許是為了避免環境壓力而演化成在地底的型態，不過也因此無法藉由風力這種主要方式來傳播孢子。為了彌補這一點，松露改以動物為傳播媒介，在孢子成熟時散發出揮發性強烈的香氣物來吸引特定幾種動物，再藉著動物挖掘的過程傳播孢子。松露種類繁多，而我們喜歡吃的那些演化出的香氣特別吸引豬。松露香會讓豬和人類這麼難以抗拒，是因為它含有類似哺乳類性費洛蒙的化學物質，嗅聞松露有點像是被人下了藥。話雖如此，即使有人聲稱松露有催情效果，你的用餐夥伴並不會因為吃了松露就被你吸引。松露只會把別人吸引到它自己身上。

香氣為王

香氣就是松露的一切。在一盤炒蛋上撒幾片松露屑，芳香立刻被熱氣送進食客的鼻腔。不過松露的香氣只能持續幾天（別忘了，這是算準要吸引動物幫忙傳播孢子的），一旦不再產生香氣，松露獨特的風味也隨之消失。此外，松露的香氣也無法保存。大部分所謂的松露食品都是人工合成調味，使用一種化學物質來模仿某些松露的複合芳香化合物。

終極當令食材

松露是真菌的子實體，與活樹和周圍土壤的生態系形成複雜的共生關係。雖然已經有些種類的松露在果園裡進行人工栽培，不過人類仍無法掌握生長在橡樹、柳樹、楊樹和榛樹樹根上的白松露，也使得白松露成為終極的當令食材。

左頁：一名獵人正在讚賞自己的狗幫他找到了好東西：白松露。右：皮埃蒙特也產黑松露。

阿巴的松露大會

大多數老饕的一生必遊名單上都有國際松露大會（International Truffle Fair），這場盛會在每年10月與11月的松露採收季於阿巴舉行。松露大會起源於1920年代，節目有賽驢、松露獵人與狗助手的演出，以及松露市集，讓有興趣的買家當場品聞個別置於葡萄酒杯底的松露。大會還有各式各樣的烹飪餘興節目，大力宣揚庫尼奧省出色的葡萄酒、乳酪和榛果。當地的餐廳和攤販也會推出松露口味的特別餐點，不過對預算有限的人來說，能買票參觀市集也足夠了。一旦入場，你就能聞松露聞個過癮。

杜林的崗夏（Gancia）家族在 1865 年發明了氣泡酒（spumante），如今他們旗下的酒廠每年生產 2000 萬瓶這種冒著大量泡泡的佳釀。

非細長的麵包棒（grissini）莫屬，這種源於杜林的小點在世界各地的義大利餐廳都吃得到。

皮埃蒙特以肥美又不失高雅的牛肉與小牛肉菜色聞名，例如鮪魚醬小牛肉（vitello tonnato）是以高湯慢燉肉質纖細的小牛肉，冷卻後切薄片佐濃滑的美乃滋鮪魚醬食用。又例如豐美的巴羅洛紅酒燉牛肉（brasato al Barolo），把牛肉浸漬在本區特產的高級紅酒裡，再與香草和蔬菜一起爛煮。皮埃蒙特人也會享用內臟，皮埃蒙特炸什錦（fritto misto piemontese）是多種食材的油炸拼盤：肉、內臟、蔬菜、水果、乳酪，就連餅乾也可以拿來炸。另一道熱門的菜餚是引人垂涎的燉雜碎（finanziera），結合了內臟、西西里的瑪莎拉（Marsala）葡萄酒、大蒜和醋的美味。野兔、鵝、雞、火雞和驢子全上了皮埃蒙特人的餐桌，豬肉也不例外，例如充滿鄉村風的朗格玉米粥（puccia delle Langhe）是包心菜燉豬肉佐玉米小麥粥和豆子。皮埃蒙特的醃漬肉品包括庫尼奧地區口感柔軟的火腿（prosciutto），以及在裝滿豬油的陶甕裡熟成的一種沙拉米香腸。他們灌進香腸裡的材料遠不只有豬

在暮色中閃閃發亮的杜林，是皮埃蒙特大區的首府與高級餐飲界的重鎮。

俗稱「凱撒蘑菇」的橙蓋鵝膏菌一千年來一直是極致珍饈。

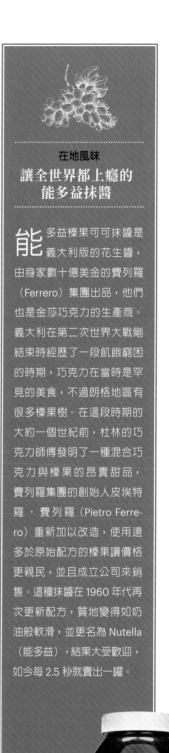

肉，還有鱒魚、牛肉、鵝肉，連馬鈴薯也軋上一角。

雖然義大利不論哪個內陸地區離海都不遠，但皮埃蒙特並沒有什麼海鮮傳統。不過本區還是有香蒜鯷魚熱沾醬（bagna cauda）這道招牌菜，一種用鯷魚、奶油和大蒜打成的醬料，用生蔬菜沾著吃。這裡最出名的野生食材，毫無疑問還是各種蕈菇與松露。蕈菇獵人會採集牛肝菌屬（Boletus，英文隨義大利文俗名稱為porcini）的多種菇類、俗稱「凱撒蘑菇」的橙蓋鵝膏菌（Amanita caesarea）以及其他優質的真菌。他們也會帶著狗尋找皮埃蒙特的白松露，這是真菌王國裡最昂貴、也可以說是最誘人的物種。牛肝菌能以生鮮或乾燥狀態食用，乾燥過的菌體糖分會濃縮，可以加強燜肉與燉肉的鮮味（umami）。松露則要生吃，削成紙一般的薄片撒在乳酪、蛋、米飯、玉米粥和麵點上；松露的香氣有如混合了大蒜、馬鈴薯和髒襪子，卻又意外地迷人。

皮埃蒙特種植的許多豆類與蘋果品種是本地特產，有自己的 DOP 認證，此外也出產刺菜薊、樹生水果、庫尼亞蘆筍（cugnà asparagus）與南瓜，以及許多蔬菜。庫尼奧省的栗子數世紀以來備受讚譽，不過這裡最知名的堅果還是獲 IGP 認證的皮埃蒙特榛果（Nocciola del Piemonte），因為細緻的風味與爽脆的口感而極受珍愛。本區各地都有榛果園，不過主要集中在庫尼奧、阿斯提和亞力山德這三省。大部分的榛果收成都被阿巴市的甜點工廠預訂，用來製作能多益抹醬和金莎巧克

瑞士人製作巧克力的技藝是向皮埃蒙特人學來的。

力。無怪乎皮埃蒙特人嗜吃甜食，這裡的榛果巧克力蛋糕、糖漬栗子和義式奶酪（panna cotta）等都非常誘人。

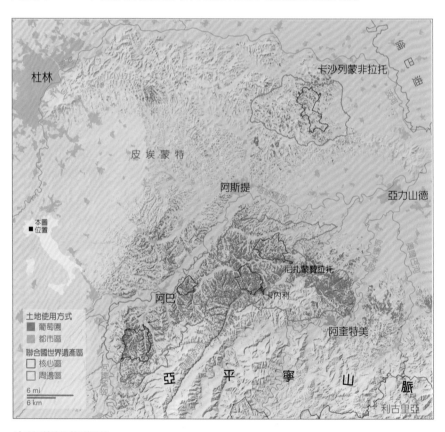

栗子

發揚過去，創造未來

皮埃蒙特的料理敬重傳統，也融合新的認同，發展出有趣又充滿活力的餐飲文化。杜林是美食大學（University of Gastronomy）所在地，世界各地的廚師與食品專業人士可以在這裡鑽研食物與文化的關係。這間學校由慢食運動之父卡羅 · 佩屈尼（Carlo Petrini）創立，針對高級食品的生產、配送、推廣與交流培育專才，是全世界第一所專門培育專業美食家的大學。美食大學之所以會落腳杜林，正是因為在皮埃蒙特，食物不只是用來維生的東西，而是藝術。

貝拉島（Isola Bella）博羅梅奧家族宮殿（Borromeo Palace）的雕像遙望著馬久雷湖。

皮埃蒙特葡萄酒 名列聯合國教科文組織世界文化遺產的朗格─洛埃洛（Langhe-Roero）和蒙非拉托（Monferrato）葡萄產區，優美的景觀展現出人類與自然合作的成果。

Grissini

麵包棒 · 可做32根

美味原理：在皮埃蒙特的餐廳吃飯，最先送上桌的會是一盤 grissini ——以手工塑形的細長麵包棒，最適合搭配開胃菜享用。義大利各地都有工廠大量生產麵包棒，真正好吃的還是發源地杜林的手工版本。美國的麵包棒軟黏缺乏嚼勁，義大利的麵包棒就雅致多了，口感鬆脆，味道是純粹的烤麥香、橄欖油和鹽——而且很容易在家自己做。做麵包棒用的是一種披薩麵團，用食物處理器就能輕鬆揉出來，再把麵團切分成條，然後最好在搓成形之前對折一次，麵條拉長時比較不會斷裂。此外麵條折半後可以短暫靜置鬆弛，拉成形時才不會彈縮。在進爐烘烤前，我們為麵包棒刷上橄欖油並撒上鹽與胡椒調味，也可以加入茴香籽。用攝氏 180 度的中溫可以烤出非常酥脆且整根輕微上色的麵包棒。手工搓揉的麵包棒自然會粗細不一，出爐後多花點時間放涼風乾（大約兩小時），可以確保比較粗的部分也徹底乾透。

2杯（283克）通用麵粉
1小匙速發酵母或即溶酵母
¾小匙鹽
1大匙特級初榨橄欖油，另備少許刷麵團用
¾杯冰水
1又½ 小匙粗海鹽或猶太鹽
1小匙胡椒
½ 小匙茴香籽，略磨碎（非必要）

❶ 使用食物處理器的瞬轉功能把麵粉、酵母與鹽混合均勻，大約瞬轉五次。接著讓處理器持續運轉 30-40 秒，同時先加入橄欖油、再加冰水，攪打至大致成團。靜置兩分鐘，再繼續攪打 30 秒。

❷ 把麵團移到略撒麵粉的流理臺上，揉麵約 30 秒，直到麵團成為光滑的圓球。把麵團放進略抹油的大碗或容器中，用保鮮膜密封開口，靜置發酵 1.5-2 小時到麵團體積膨脹到兩倍。（或是把未發酵的麵團放進冰箱發酵至少八小時，最多不要超過 16 小時；開始擀麵前要先於室溫靜置 30 分鐘回溫）。

❸ 烤架置於中上與中下層，烤箱預熱至 180 度。在兩個烤盤上鋪烘焙紙。在小碗裡混合鹽與胡椒，可依喜好加入茴香籽。

❹ 壓出發酵麵團的氣體。從容器裡取出麵團，在乾淨流理臺上分成兩半，分別擀成 30x20 公分的長方形麵皮，長邊與流理臺邊平行（還沒擀的麵團用保鮮膜蓋好）。用披薩切分器或主廚刀把麵皮垂直切成 16 條（20x2 公分），用抹油的保鮮膜鬆鬆地蓋住。把每根麵條對折，輕輕揉成 10 公分長的短麵條。蓋上保鮮膜靜置五分鐘。

❺ 在略為溼潤的流理臺上把每根麵條搓成 50 公分長的細棍子，移到備好的烤盤上，刷上橄欖油並撒上混合香料的海鹽，進爐烤 25-30 分鐘到金黃上色，中途轉換烤盤方向以利均勻受熱。出爐後用烘焙紙兜住麵包棒滑到成品架上，靜置約兩小時，完全冷卻後即可享用。（麵包棒在室溫下最多可存放兩星期。）

Bagna cauda

蒜香鯷魚熱沾醬 · 8人分

美味原理：bagna cauda 直譯的意思是「熱水澡」，北義各地通常在耶誕夜享用這種源於皮埃蒙特的沾醬。它像乳酪火鍋一樣溫熱舒心，又帶一抹鯷魚和大蒜的強烈風味。鯷魚對過去的皮埃蒙特人來說是不易取得的食材，不過他們跟利古里亞人以物易物，讓它進入了皮埃蒙特的廚房。雖然香蒜鯷魚熱沾醬源於農家，不過眾人圍聚一堂拿蔬菜和麵包沾熱醬汁享用的方式，感覺卻很特別又有歡慶氣氛。這種沾醬有鯷魚和大蒜的香氣，加上熱橄欖油或鮮奶油基底的濃郁口感，可以是你有過最美妙的烹飪體驗，然而必須調理得宜，否則可能魚腥味過重，或造成滑溜油膩的質感。我們偏好以鮮奶油做出比較濃稠的基底，而不是一般烹飪用油，因為鮮奶油的油脂感比較重，不會油水分離，也比較容易附著在蔬菜上；此外鮮奶油可以揉合鯷魚跟大蒜味，並在加熱後讓整體味道更溫和。在著手做這道醬汁前，我們先用果汁機很快攪打一下鯷魚和鮮奶油，因為魚身打碎後的味道更容易融入鮮奶油。最後我們需要以中小火加熱 15-20 分鐘以收汁到合適的稠度，才能漂亮地裹住伸進沾醬裡的各種食材。這道沾醬應該趁熱享用，如果你想的話可以把它放在乳酪鍋專用鍋具或水浴鍋裡保溫。吃的時候可以搭配生鮮蔬菜或麵包、麵包棒（做法見左頁）等等。

1杯重脂鮮奶油

85克鯷魚片，瀝乾（約35片）

1大匙特級初榨橄欖油

5大瓣大蒜，切末

一撮辣椒粉

鹽與胡椒

❶ 用食物處理器攪打鮮奶油與鯷魚約五秒鐘，直到滑順均勻。

❷ 在小口深平底鍋裡以中火炒橄欖油、蒜末與辣椒粉約兩分鐘，直到大蒜呈透明狀。減至中小火，加入鯷魚鮮奶油。繼續加熱 15-20 分鐘，不時攪拌，直到醬汁變得比最初略為濃稠。依喜好以鹽與胡椒調味。趁熱享用。

Paniscia

香腸花豆燉飯．8人分

美味原理：這道豐美的燉飯是皮埃蒙特最經典的菜色之一，結合了本區四大基本食材：高澱粉質的卡納羅利米，皮厚肉綿軟的紅點豆（義大利文叫 borlotti），醃肉（salumi），以及濃郁型的紅酒。在諾瓦拉市，香腸花豆燉飯的作法是先熬一鍋豐富的蔬菜和花豆高湯，再與用杜加臘腸（salam d'la duja，一種用豬油脂封的香腸）調味的燉飯混合。出了義大利就很難找到杜加臘腸，所以可用其他味道溫和的義式香腸取代。這道菜傳統上是用卡納羅利米，但也可以用阿伯里歐米。任何一種中等酒體的不甜的紅酒都很合用，例如巴貝拉（Barbera）。煮完燉飯後可能還會剩下一些蔬菜花豆高湯，這是因為各種米煮起來也不一樣，所以這道食譜準備的高湯量稍微偏多，以免不夠用。要是你把湯都用完了，飯還沒煮好，可以視需要加熱水取代。

花豆與高湯

- **227克（1又¼杯）乾紅點豆，剔選並沖洗乾淨**
- **1大匙特級初榨橄欖油**
- **57克培根捲（pancetta），切小丁**
- **1支韭蔥，只取蔥白與淺綠部分，縱剖兩半再切小丁，洗淨泥沙**
- **1根胡蘿蔔，削皮切小丁**
- **一支西洋芹，切小丁**
- **1個櫛瓜，切成1.3公分見方小塊**
- **1杯紫甘藍碎片**
- **1小支新鮮迷迭香**

燉飯

- **2大匙特級初榨橄欖油**
- **1個小洋蔥，切小丁**
- **2片1.3公分厚的沙拉米香腸（salame，170克），切成1.3公分見方小塊**
- **鹽與胡椒**
- **1又½杯卡納羅利米**
- **1大匙番茄糊**
- **1杯不甜紅酒**
- **2小匙紅酒醋**

❶ 準備花豆和高湯：在寬口容器裡把1又1/2大匙鹽溶於1.9公升冷水，於室溫下浸泡花豆至少八小時，最多不要超過24小時。瀝乾並沖淨鹽水。

❷ 開中小火，在大口深平底鍋裡以橄欖油翻炒培根捲約五到七分鐘，直到培根捲上色且油脂被逼出。轉中火，加入韭蔥、胡蘿蔔、芹菜、櫛瓜和紫甘藍翻炒約五到七分鐘，直到蔬菜軟化並略微上色。加入花豆與迷迭香拌勻，注入八杯水（1.9公升），加熱至沸騰後減為中小火，蓋上鍋蓋慢燉45分鐘到一小時，直到花豆軟化而且湯汁開始變濃，不時攪拌。

❸ 用細濾網把花豆蔬菜湯的湯汁過濾到大碗裡。取出迷迭香丟棄，花豆與蔬菜料置於另一碗備用。把高湯倒回空出來的深平底鍋裡，蓋上鍋蓋以文火保溫。

❹ 準備燉飯：在鑄鐵鍋裡加入一大匙橄欖油，中火加熱至起油紋。加入洋蔥、香腸與1/2小匙鹽翻炒約五分鐘至洋蔥軟化。加入米拌炒約三分鐘，直到米粒邊緣轉為透明。

❺ 加入番茄糊拌炒約一分鐘到冒出香氣。注入紅酒，繼續加熱約兩分鐘，不時攪拌，直到酒完全被米粒吸收。注入兩杯準備好的熱高湯，加熱至微滾烹煮約五分鐘，不時攪拌，直到湯汁幾乎完全被吸收。

❻ 繼續加熱並不時攪拌，每隔幾分鐘水分被吸收時就續加一杯熱高湯，如此烹煮約14-18分鐘，直到米飯呈濃稠狀態，米粒熟透但中心仍偏硬。

❼ 熄火，把花豆與蔬菜拌入燉飯，蓋上鍋蓋靜置五分鐘。視需要加入剩下的熱高湯調整稠度（燉飯完成後可能會有高湯剩下）。拌入紅酒醋和剩餘的一大匙橄欖油，依喜好以鹽和胡椒調味。盛盤上桌。

Agnolotti

皮埃蒙特方餃 · 8-10人分

美味原理：義大利菜有許多地域差異，但幾乎各地都有包餡麵食。每道包餡招牌菜的巧妙各有不同，也都有故事，因為那些內餡通常含有各地備受珍視的食材。味道濃厚且形似枕頭的皮埃蒙特方餃（agnolotti）就是突出的例子。它的內餡是入口即化、令人滿足的皮埃蒙特燜燉肉，餃子煮好後只用上色的奶油稍微翻炒即可。傳說有位貴族男子在打了一場勝仗之後，要求他的廚師準備慶功宴，廚師因為手頭材料有限，就把吃剩的燜燉肉權充餡料包進雞蛋麵皮裡。雖然傳統皮埃蒙特方餃的餡是用剩菜做的，不過我們未必有吃剩的燜牛肉能派上用場，所以還是從頭做起吧。我們選用風味濃郁、肉質柔軟

的去骨牛小排，以及皺葉捲心菜、奶油與迷迭香這些皮埃蒙特的在地食材來加強肉餡的口感和風味。傳統的捏方餃手法最簡單：與其把麵皮一一切成小塊再包餡捏成形，不如先把整片長麵皮填入內餡，包成有如水管再捏成一節一節，然後從捏扁的地方分切成小方餃。不過用這種方式要注意，如果分節處捏得不夠緊實，內餡可能會在烹煮時漏出來。大部分貨源齊全的超市乳酪區都找得到帕達諾乳酪，或者也可以用帕馬森乳酪代替。我們最愛用的製麵機是義大利品牌 Marcato 推出的 Altas 150 Wellness 型號，寬度設定在七級時能壓出半透明的薄麵皮。想更了解滾壓麵皮的方法，請見 365 頁。

餡料

680克去骨牛小排，修去油脂筋膜，切成約4公分見方小塊。

鹽與胡椒

2大匙無鹽奶油

2杯切碎的皺葉捲心菜

1個洋蔥，切丁

3瓣大蒜，切末

2小匙新鮮迷迭香末

½杯不甜紅酒

2杯牛肉高湯

28克帕達諾乳酪，刨粉（1/2杯）

1個大蛋

1/8小匙肉豆蔻粉

麵與醬料

1分新鮮雞蛋麵團（做法見364頁）

8大匙無鹽奶油

¼杯榛果，烘烤後去皮，略剁碎

¼小匙鹽

2小匙紅酒醋

2大匙新鮮歐芹末

1大匙鹽

❶ 準備內餡：用紙巾拍乾牛肉，以鹽與胡椒調味。用鑄鐵鍋以中大火融化奶油，牛肉下鍋煎七到十分鐘，每一面都上色後盛盤備用。

❷ 用鍋裡剩下的油汁以中火炒軟捲心菜與洋蔥，約三分鐘。加入大蒜與迷迭香拌炒約 30 秒，直到冒出香氣。注入葡萄酒刮洗鍋底焦香物質，再加入高湯拌勻。把牛肉與盤底肉汁倒回鑄鐵鍋裡，加熱至微滾後減為中低火，蓋上鍋蓋慢燉約一小時到牛肉軟爛。

❸ 把細濾網架在碗上過濾牛肉湯；保留 1/4 杯汁，其餘捨棄不用。用食物處理器絞打牛肉湯料和湯汁約一分鐘，直到呈細緻泥狀；視情況把沾在側面的食材往下刮。加入帕達諾乳酪、蛋和肉豆蔻，繼續絞打約 30 秒到混合均勻。把肉餡移到碗裡冷藏 30 分鐘。（肉餡最多可冷藏 24 小時，在繼續後續步驟前需先恢復到室溫。）

❹ 準備麵皮與醬料：麵團置於乾淨流理臺上，分成五分後以保鮮膜覆蓋。取一分麵團擀成約 1.3 公分厚的圓麵皮。把有滾筒的製麵器開口設定到最寬，滾壓麵皮兩次。把麵皮兩頭尖細的部分向中央交疊壓合，再從麵皮折邊開口那端送進製麵器滾壓一次。接下來不用對折，重複把麵皮從壓尖那頭送進製麵器滾壓（仍設定成最寬），直到光滑不沾手。（如果麵皮會沾手或黏在滾筒上，可以撒些麵粉再壓一次）。

❺ 把製麵器調窄一級，再滾壓麵皮兩次，接著逐級調窄，每一級滾壓兩次麵皮，直到麵皮薄到半透光的程度（如果麵皮長到難以掌握，可以攔腰對折再滾壓）。把麵皮放到撒了大量麵粉的烘焙紙上，蓋上另一張烘焙紙，再覆蓋一條溼擦碗布以避免麵皮乾燥。繼續滾壓剩餘的四分麵團，把壓好的麵皮依前述方式疊置於撒粉的烘焙紙之間備用。

❻ 取兩個烤盤撒上大量麵粉。把肉餡裝進容量 4.5 公升的夾鏈袋，剪去袋底一角使成為長約 2 公分的開口。把一片麵皮放到略撒麵粉的流理臺上，麵皮長邊與臺邊平行（其他麵皮繼續蓋好備用）。用披薩切分器或鋒利的刀子把麵皮橫切成 10 公分寬的窄長麵皮。順著麵皮長邊的方向把肉餡擠到麵皮中央，四邊各留 2.5 公分寬。在麵皮邊緣抹點水，把下緣的長邊掀起來蓋過肉餡，與上緣對齊。輕輕捏合長邊，但兩端保持開放。雙手朝下，用食指跟拇指把包餡的麵皮管招出 2.5 公分寬的小節（大約會有 15 節）。

❼ 用波浪輪刀或披薩切分器把多餘麵皮從填餡部分的外緣切掉，只在兩端各留 6 公釐、長邊留 2.5 公分的邊。從靠近自己的下側長邊開始，用輪刀向外一推一切，從捏扁的地方把長管狀的餃子分切成小方餃，同時切出摺邊並封口。把每個方餃的四角確實捏緊，放到預備好的烤盤上。把剩餘的麵皮依同樣方法填餡捏成形（最後應該會得到大約 75 個方餃）。不用覆蓋，讓方餃陰乾大約 30 分鐘，直到麵皮觸手感覺乾燥且略為變硬。（方餃可以用保鮮膜包起來冷藏最多四小時，或是先凍硬再裝進夾鏈袋冷凍，最多可保存一個月。烹煮前不要解凍，只要小火多煮四到五分鐘即可。）

❽ 開中大火，在直徑 30 公分的平底鍋裡放入奶油、1/4 小匙鹽與榛果，輕輕晃轉鍋子，直到奶油融化並轉為焦黃色、榛果散發出香氣，需時大約三分鐘。離火，加入紅酒醋拌勻備用。在大湯鍋裡煮沸 3.8 公升水，加入一半分量的方餃與 1 大匙鹽，小火慢煮並不時攪拌，約三到四分鐘，直到餃子邊的麵皮有彈牙口感。用篩勺把煮好的方餃撈到榛果奶油的平底鍋裡，輕輕甩鍋讓榛果奶油均勻裹住餃子，蓋上鍋蓋靜置。煮餃子的水回滾，以同樣方法煮熟剩下的方餃、撈進平底鍋。最後在平底鍋裡加入兩大匙餃子水，輕輕甩鍋讓醬汁裹住方餃。撒上歐芹，立即盛盤享用。

方餃捏法

1. 把麵皮下緣的長邊掀起來蓋過肉餡，與上緣對齊。沿肉餡外側輕壓長邊麵皮封口。

2. 雙手朝下，用食指和拇指把麵皮填餡處捏成 2.5 公分寬的小節。

3. 把填餡部分外緣多餘的麵皮切掉。從靠近自己的下側長邊開始，用輪刀向外一推一切，從捏扁處分切成小方餃，同時切出摺邊並封口。把切分好的小方餃四角確實捏緊。

Brasato al Barolo

巴羅洛紅酒燉牛肉・6人分

美味原理：巴羅洛紅酒燉牛肉是豪邁又精緻的一道燜燉菜，皮埃蒙特的家家戶戶都會在節慶假日或特殊場合享用它。這道以砂鍋燜烤的菜色不同凡響，是因為要用一整瓶有「酒王」之稱的巴羅洛紅酒來做。巴羅洛的酒體飽滿厚重，口感柔潤，收汁後的醬汁既奢華又有繁複的味覺層次，是酒體比較輕盈的其他葡萄酒無法達到的效果。不過這道菜之所以特別，不只是因為高檔紅酒。皮埃蒙特是家牛放牧區，盛產牛肉，也以肉質精瘦、風味強烈而備受好評。巴羅洛紅酒燉牛肉就是為了凸顯這兩種食材，所以我們烹煮時也有雙重目標：要把美國牛肉煮得軟嫩多汁（雖然有些高級肉舖會供應皮埃蒙特牛肉，不過這在美國還是少見又昂貴），並且熬出最濃醇美味的紅酒醬汁。我們從我們最愛用來燜煮的胛心肉著手，因為這個部位的肉形狀平整、油花多、肉味渾厚，不會因為長時間燜煮變柴。不過胛心肉中央有一道不易取下的脂肪。把這塊肉沿縫隙剝開，就可以在下鍋前割去多餘脂肪；一大塊肉分成兩半，煮起來也比較快。我們只簡單用幾種香辛料，再倒進一整瓶巴羅洛紅酒。為了讓巴羅洛強勁的味道圓潤些，我們加入一罐番茄丁與1/2小匙的糖來平衡酒的酸味。用烤箱（可以持續又均勻地加熱）低溫燜烤3小時後，就能得到風味飽滿又充滿光澤的深色醬汁，把平凡的胛心肉化為高雅的菜色。這分食譜需要使用容量8公升或以上的鑄鐵鍋來做。

1塊（1.6-1.8公斤）去骨牛胛心肉，從縫隙處剝成兩半、修去油脂筋膜
鹽與胡椒
2片培根捲（pancetta）（約6公釐厚，共113克），切成6公釐見方小丁
2個洋蔥，切丁
2根胡蘿蔔，削皮切丁
2支西洋芹，切丁
3瓣大蒜，切末
1大匙番茄糊
1大匙通用麵粉
½小匙糖
1瓶（750毫升）巴羅洛紅酒
1罐（410克）番茄丁，瀝乾水分
10支新鮮歐芹
1支新鮮迷迭香
1支新鮮百里香，另備1小匙百里香末

❶ 烤架置於中層，烤箱預熱到150度。用紙巾拍乾牛肉，撒上大量胡椒。取三段廚用棉線橫向綑緊每塊肉。

❷ 用鑄鐵鍋以中小火翻炒培根捲約八分鐘，直到培根捲上色、油脂被逼出。用篩勺把培根捲撈到碗裡備用。把鑄鐵鍋裡的油脂倒掉，只留兩大匙的量。

❸ 中大火熱鍋，一冒油煙立刻放入牛肉塊把每一面都確實煎上色，約需八分鐘；盛出備用。

❹ 把洋蔥、胡蘿蔔、芹菜放入鑄鐵鍋裡，用煎牛肉剩餘的油脂以中火翻炒六到八分鐘，直到蔬菜軟化並略微上色。加入大蒜、番茄糊、麵粉、糖與培根捲翻炒出香氣，約一分鐘。緩緩加入紅酒攪打，刮起鍋底焦香物質並且把不均勻的結塊打散。加入番茄丁、歐芹、迷迭香和百里香梗拌勻。

❺ 把肉塊浸入紅酒醬汁，如果有流出的肉汁也一併倒回鍋裡，加熱至沸騰。取一大張鋁箔紙密封鑄鐵鍋口再蓋上鍋蓋，進烤箱烤大約三小時，直到牛肉軟到可以用叉子輕鬆刺穿與拔出的程度；每45分鐘翻面肉塊一次。

❻ 取出牛肉置於砧板上，用鋁箔紙折成罩子蓋住靜置；繼續完成醬汁。鑄鐵鍋靜置五分鐘，然後用大湯匙撇除醬汁表面的多餘油脂。加入百里香末攪勻。醬汁加熱至沸騰並續滾約18分鐘，同時用力攪打把蔬菜打碎，直到醬汁變稠且收汁到大約3又1/2杯。用細濾網把醬汁過濾到碗裡，擠壓剩餘的菜渣以盡可能逼出汁液。過濾後應該會得到1又1/2杯醬汁（有需要可以把過濾後的醬汁倒回鍋裡繼續煮沸加熱，以確實收汁到1又1/2杯）。丟棄菜渣。依喜好用鹽與胡椒調味。

❼ 移除棉線，把牛肉逆紋切成約1.3公分厚的肉片並盛盤。用湯匙把一半醬汁淋到肉片上即可上桌，傳下剩餘醬汁讓眾人隨喜好各自添加。

Torta gianduia

榛果巧克力蛋糕・8人分

....

美味原理：皮埃蒙特的榛果非常特別，不只風味細緻，口感也非常爽脆。雖然榛果以多種不同方式入菜都廣受喜愛，不過榛果與巧克力的組合是皮埃蒙特人的最愛，義大利文稱為 gianduia。有時 gianduia 指的是一種成塊出售、類似牛奶糖的甜點，有時說的是一種抹醬（例如能多益），有時候又是一種超人氣的義式冰淇淋口味。除此之外，這也是一種很受歡迎的蛋糕，任何一種來自皮埃蒙特又是榛果巧克力口味的糕點都可以稱做 torta gianduia ——有些加以花飾與多層夾心，有些則只是濃密溼潤的扁扁一層再淋上糖霜。我們中意的是傳統的鄉村風版本：表層烤得酥脆有裂縫，內層溼潤厚重，有如一種充滿堅果味且不用麵粉的巧克力蛋糕。這類蛋糕的味道與口感來自打發雞蛋（蛋糕質地與膨發的基礎）、奶油、糖、苦甜巧克力和榛果粉的微妙平衡，其中榛果的用量又特別關鍵。起初我們用 170 克巧克力和一杯榛果來做，卻發現巧克力的味道蓋過了比較細膩的榛果味，蛋糕也過於溼黏。改用 1 又 1/3 榛果得到的結果比較理想，但我們還是覺得蛋糕的口感可以更清爽，最後發現以少量麵粉（兩大匙）取代榛果粉可以得到濃郁、入口即化又不會太膩口的蛋糕。這類超濃郁的蛋糕最後都要撒上糖粉以營造一種鄉村魅力，並佐以微甜的打發鮮奶油享用。

170克苦甜巧克力，切碎
1又⅓ 杯榛果，烘烤去皮
1杯（198克）砂糖
2大匙通用麵粉
¼小匙鹽
5顆大蛋，分離蛋黃與蛋白，外加1
　顆大蛋黃
一撮塔塔粉
8大匙軟化無鹽奶油
糖粉

❶ 烤架置於中層，烤箱預熱至 180 度。取直徑 23 公分的側邊可拆式蛋糕模抹油並鋪上烘焙紙，然後在側邊再抹一次油。

❷ 巧克力置於碗中以 50P（50%）火力微波加熱二到四分鐘，不時取出攪拌，直到完全融化；完全放涼備用。把榛果、1/4 杯砂糖、麵粉、鹽以食物處理器瞬轉約十次，直到混合物呈細緻粉末狀。

❸ 把桌上型攪拌機接上打蛋器附件，以中低速打發蛋白與塔塔粉約一分鐘，呈泡沫狀後增為中高速打三到四分鐘直到乾性發泡。把打發蛋白移到大碗裡。

❹ 把空出來的打發盆裝回攪拌機，以中高速攪打奶油和剩餘的 3/4 杯砂糖約三分鐘，直到蓬鬆發白，然後一次加入一個蛋黃攪打均勻。攪拌機減至低速，加入冷卻的巧克力，攪打均勻即加入榛果混合粉末，繼續攪打至均勻即停止，中途可視情況把沾在攪拌盆側面的食材往下刮。

❺ 用橡膠刮勺把 1/3 的打發蛋白撥入巧克力榛果麵糊拌勻，然後把剩餘的蛋白加入麵糊，輕柔地翻拌到沒有白色殘留為止。把麵糊倒進預備好的烤模裡、抹平表層，在流理臺上輕輕震幾下烤模把氣泡震出來。進烤箱烤 45-50 分鐘；用牙籤戳進介於蛋糕中心和邊緣之間的位置，抽出時乾淨無沾黏即完成（蛋糕中心仍會很溼潤）。

❻ 把蛋糕連模置於成品架上完全放涼，約三小時（冷卻後的蛋糕可以包在保鮮膜裡冷藏最多四天，食用前提早 30 分鐘取出於室溫下回溫）。用削皮刀沿蛋糕邊緣畫一圈脫模，然後移除活動蛋糕模側邊。把蛋糕反轉置於一張烘焙紙上，撕下並丟棄黏在蛋糕上的烤模烘焙紙，再把蛋糕轉正盛盤，撒上糖粉即可享用。

大區巡禮

Liguria
利古里亞

義大利的北地中海天堂

利古里亞是一道狹窄多山的弧形海岸區，介於法國蔚藍海岸和托斯卡尼大區西北角之間，海岸線長 350 多公里，俯瞰燦爛的地中海，這片天賜的海洋也深刻影響了利古里亞精神。中世紀時，利古里亞的首府熱那亞，是當時已知世界裡最強大的四個海洋共和國之一。認識熱那亞當時的歷史，就能了解利古里亞的烹飪為何精妙。義大利人稱他們世故精明的水手為「Lupi di mare」，意思是「海狼」。就在中世紀號召東征的呼聲達到最高點，要從異教徒手中奪回基督聖墓的時候，西方各國群起響應，而熱那亞人與威尼斯人、亞馬菲人、

比薩人則忙著把船隻租給前往聖地的十字軍。商人的精明與水手的膽量，使熱那亞人具備了追求頂尖的品味。

　　利古里亞所在地是義大利的蔚藍海岸，從熱那亞向東西兩側延伸。距蒙地卡羅僅 16 公里遠的西部海岸（Riviera di Ponente）上遍布著像聖雷摩（San Remo）這樣繁華又引人入勝的城鎮。不過這裡也有野性的一面，海灣與金色沙灘的空氣裡浮動著野生香草的芳香。東部海岸（Riviera di Levante）上有迷人的小鎮林立，粉色與赭色的小屋坐落在濱海懸崖上，崖底是波光粼粼的蔚藍海灣。「天堂灣」（Golfo Paradiso）、「盡頭之港」（Portofino）、拉帕洛（Rapallo）、五漁村（Cinque Terre）、詩人灣（Gulf of Poets）……這些地名都為這條海岸線增添了色彩與浪漫情懷。

綠意盎然的文化

　　利古里亞人仍在大海與丘陵間的狹長平地上種植古老的作物，你會看到卡倫

合稱「五漁村」的五個古老村莊，如今名列聯合國教科文組織世界文化遺產。

佛卡夏跟披薩有什麼不同？佛卡夏是先在烤模裡烘烤，再分切成小片；披薩是直接把麵皮放在烤爐的底板上烘烤，再整片盛盤上桌。

提那馬鈴薯（Quarantina）、皮紐那洋蔥（Pignona）、塞波加（Seborga）黑番茄、奧科費利諾（Orco Feglino）紅鷹嘴豆，以及紫蘆筍、多刺朝鮮薊，還有阿本加鎮（Albenga）引以為榮的大蒜。坎皮利亞（Campiglia）的梯田被番紅花染上一層紫色，因佩里亞（Imperia）覆蓋著大片的薰衣草田。這裡的坡地曾經由原生的栗樹林主宰，如今遍布橄欖樹、葡萄藤與果樹——主要是杏子、柳橙、櫻桃、檸檬、蘋果、無花果和厚葉橙（一種調配飲料用的柳橙，果實小而味苦），景色有如伊甸園。

利古里亞是義大利面積較小的大區之一，有四個省，地形都是陡峭而崎嶇，也都以出色的農產品聞名於世。因佩里亞省的橄欖油馳名全國。沙弗納省（Savona）長滿了芳香的松樹林，奇貨可居的地中海松子就是採自其中的傘形松（Pinus pinea），也是為傳統青醬（pesto genovese）增添風味的功臣——這種源自利古里亞的醬料傳遍了世界。熱那亞港的水深足以讓來自俄羅斯塔干羅格（Taganrog）的巨型貨船停靠，這些船運來的小麥是製作乾燥麵條的必備原料，熱那亞也早從19世紀起就以優質的通心麵遠近馳名。斯佩吉亞（La Spezia）則是肥美的淡菜和各種海鮮的聖地。

利古里亞菜

除了加爾達湖（Lake Garda）和科莫湖（Lake Como）周圍近乎熱帶氣候的區域之外，利古里亞的烹飪跟北方鄰近地區相當不同。本區的靈魂來自海員和守候他們歸來的女人，但靈魂的歸宿卻是陸地上的菜園。這裡的廚房有「la cucina del ritorno」之稱，意思是「歸人的廚房」；水手在海上吃膩了魚和乾糧，上岸後就在這些廚房中得到慰藉。利古里亞菜以本地風土培養出來的香料植物提味，綜合法國、阿拉伯、希臘與西班牙的特色，是口味迷人無比的泛地中海饗宴。

利古里亞人大量使用新鮮香草，不過他們物盡其用的精神也在靈活運用食材的手法上表露無疑。以鑲包心菜為例——這應該是再平凡不過的菜色了吧？不過在利古里亞，鑲皺葉捲心菜的餡料混合了小牛肉、盧卡尼亞香腸（luganega）、摩塔戴拉香腸、帕馬森乳酪、牛肝菌、洋蔥和馬鬱蘭，再用線捆緊，以高湯、葡萄酒和少許番茄燜煮。

整體而言，利古里亞人什麼菜都拿來填餡，而且狂熱到光是吃餡料也滿心歡喜；香味四溢的炸茄子料理「史卡帕薩」（scarpassa）就是這麼誕生的。鑲小牛肉（cima

熱那亞舊城區裡一家氣氛溫馨的酒吧。

alla genovese）把這樣的偏好展現到極致：用麵包、香草和開心果做成的餡料包住白煮蛋，最外面再用去骨小牛胸肉裹起來，綁緊燜煮。這樣做不僅善用了牛肉的零碎部位，冷卻後切開的斷面也很美觀，是清寒人家的奢華享受。就連麵包跟派也被利古里亞人塞入餡料，例如復活節雞蛋派（torta pasqualina）的內餡就有煮熟的莙蓬菜、沛辛蘇娜乳酪（prescinsêua，一種氣味刺鼻的新鮮乳酪）、帕馬森乳酪、肉豆蔻與蛋。起初這種派要用有 33 層的酥皮來製作，象徵耶穌在人間的歲數，不過現代的版本簡化到 3 層，同樣是神聖的數字。除此之外還有美味的雷科佛卡夏（focaccia di Recco）；這種佛卡夏的麵皮薄如紙，裡面鑲了溼軟的史特拉奇諾乳酪（stracchino）。

　　利古里亞人跟其他地中海居民一樣，也吃大量的麵食和佛卡夏，只不過改成自己的風格。壓花圓麵（croxetti）這種壓印了皇家章紋的雞蛋麵形似大枚錢幣，可以看出這最初是專為貴族婚禮準備的美食。枕頭餃（pansöuti）鑲滿了前面提過的沛辛蘇娜乳酪與菊苣（或是琉璃苣），從前稱為「熱那亞手套」，後來才有了其他別名。從外型相似程度看來，它可能是所有包餡麵食之祖，例如皮埃蒙特方餃、小帽餃（cappelletti），以及所有這類義大利餃子。佛卡夏也可以有許多形式，最簡單的迷迭香佛卡夏（fügassa al rosmarino）是表面撒了迷迭香的麵餅，還有薩丁納拉（sardenara），這是公元 1500 年左右為海軍上將安德烈亞・多里亞（Adm. Andrea Doria）創作出來的另一款麵餅，上面鋪了番茄、洋蔥和鯷魚。此外還有鷹嘴豆鬆餅（farinata，法國的版本叫做 socca），一種不用麵粉、只用鷹嘴豆粉做成的鬆餅，散發著迷迭香的芬芳。

　　至少從第一個維京人在海上把魚片掛起來風乾以來，醃漬鱈魚就成了沿海居民的基本食材。利古里亞的醃漬鱈魚分成兩種：鹽漬鱈魚（baccalà）和鱈魚乾（stoccafisso）。該怎麼分辨這兩種食材引發了無窮困擾，又因為連製作的人都會講錯，更讓人摸不著頭緒。鹽漬鱈魚是先清除內臟、剝皮去骨之後橫片成兩半再鹽漬風乾。鱈魚乾則不用鹽，魚身清洗後不剝皮去骨，直接吊掛風乾。鹽漬鱈魚比較方便食用，不過鱈魚乾的風味比較細膩。利古里亞人在五花八門的香辛料助陣之下，發揮無限的想像力來料理這兩種醃漬鱈魚。當然塞餡料是免不了的。

神來之筆

　　利古里亞人「簡單就是美」的行事哲學確實有可觀之處。以 tôcchi 為例，利古里亞人把這種美國人稱為醬料（sauce）、義大利人稱為佐料（condimenti）的東西，當成麵食的澆頭或是給魚調味，無所不用。除了「醬料之后」羅勒青醬（pesto genovese）以外，利古里亞還有搭配包餡麵食的核桃醬（salsa di noci），氣味強烈的醋蒜醬（agliata），熬煮的烤肉肉汁（tôcco d'arrosto），以及使用蕈菇、朝鮮薊和小蛤蜊做成的各種醬料。利古里亞菜就像它輝煌的過去一樣豐美奢華，又像古老的望族後代那麼靈活多變、品味出眾。如同義大利人說的：「La necessità aguzza l'ingegno」，需求是創造之母。

從風土到餐桌

正宗的青醬

　羅勒集利古里亞菜的象徵與精華於一身，當地人對這種香草的迷戀有非常悠久的歷史。有一名為聖戰作記錄的史學家寫道，熱那亞軍隊在第一次十字軍東征期間於耶路撒冷城牆下紮營，結果因為嘴裡強烈的羅勒味曝光了身分。在返鄉的路上，他們循著從山坡飄來的野生羅勒香氣找到了進港的路線——直至今日，熱那亞青醬仍使用同一種羅勒製作。要是你以為所有的羅勒青醬都一樣，利古里亞人一定會糾正你：世界上的青醬只有兩種：熱那亞羅勒青醬，和仿冒青醬。2011 年成立的熱那亞青醬聯盟（Genovese Pesto Consortium）就頒布了正宗的食譜規範。根據傳統，這種油膏似的醬料只能搭配熱那亞細麵（trenette）、特飛麵（trofie），或是馬鈴薯麵疙瘩。別的都不行！

Focaccia alla genovese

迷迭香佛卡夏 · 製作兩塊直徑23公分圓麵包的分量

美味原理：幾世紀以前，佛卡夏（focaccia）只是一種烘焙副產品。focaccia 一字源於 focolare，意思是火爐，因為從前的麵包師傅為了調整柴窯火力，會掰下一塊麵團壓扁，淋上橄欖油，丟進爐裡烤烤看，當作一種能吃的烤爐溫度計。從此衍生出的變化有無數種——普利亞和卡拉布里亞有類似披薩的包餡佛卡夏，那不勒斯有環形的佛卡夏；有些佛卡夏的麵團富含油脂和乳製品，有些不含油，甚至還有甜的佛卡夏。話雖如此，源於熱那亞的這種佛卡夏還是最基本的一種：它嚼勁十足，在表面壓了凹洞並撒上香草，放在深烤盤裡烘烤。我們的食譜依循傳統，從「麵種」做起——這是麵粉、酵母和水的混合物，在與主麵團揉合前至少要發酵六小時。麵種能幫助麵團生成麵筋（讓麵包有組織結構與嚼勁），並且讓佛卡夏的味道有深度又帶一抹酸香。我們不揉麵，只是輕柔地摺疊麵團幾次，如此不僅能讓筋度更好，也可以把空氣包進麵團，讓內層更鬆軟。（這麼做還有個好處，因為麵團滿溼的，所以其實不好揉；麵團的水分愈多，麵包心就愈膨鬆、愈有孔洞，這是我們希望佛卡夏具備的特點，因為烘烤時水氣會生成泡泡，膨脹得比較快。）帶果香的橄欖油是必備材料，不過要是直接把油混進麵團，會讓佛卡夏的質地變得像蛋糕那樣濃密。所以我們改為把麵團放在蛋糕模裡烘烤，只在表面淋上幾大匙橄欖油。切記，把整形好的麵團放進烤箱後要立刻調低溫度。

麵種

½ 杯（71克）通用麵粉
⅓ 杯室溫水
¼ 小匙速發酵母或即溶酵母

麵團

2又½ 杯（354克）通用麵粉
1又¼ 杯室溫水
1 小匙速發酵母或即溶酵母
猶太鹽
¼ 杯特級初榨橄欖油
2 大匙新鮮迷迭香末

❶ 準備麵種：在大碗裡用木匙把所有材料混合均勻。用保鮮膜密封碗口，於室溫下靜置大約六小時，直到麵種膨脹又消氣（麵種可以在室溫下靜置最多 24 小時）。

❷ 準備麵團：把麵粉、水、酵母加入養麵種的碗裡，用木匙攪拌均勻。用保鮮膜密封碗口，靜置 15 分鐘。

❸ 用木匙把兩小匙鹽拌入麵團直到完全混合，約需一分鐘。用保鮮膜密封碗口，靜置 30 分鐘。

❹ 用抹過油的刮板（或橡膠刮勺）輕柔地把麵團的邊緣鏟起來往中心對折。把碗轉 45 度，以同樣方式再折疊麵團一次；繼續重複這個轉動摺疊的步驟六次（總共摺八次）。用保鮮膜密封碗口，靜置 30 分鐘。重複以上摺疊與靜置發酵的步驟。再次摺疊麵團，用保鮮膜密封碗口，靜置 30 分鐘到一小時，直到麵團膨脹到將近兩倍體積。

❺ 在烘烤前一小時把烤架移到中層位置並放上烘烤用石板，預熱至攝氏 260 度。取兩個直徑 22 公分的蛋糕模，分別抹上兩大匙橄欖油、各撒上 1/2 小匙鹽。把麵團移到略撒過麵粉的流理臺上，在麵團上撒粉。把麵團切成兩半，用抹油的保鮮膜鬆鬆地蓋住。一次取一塊麵團（另一塊繼續蓋好備用），輕柔地把邊緣往下收摺，塑成直徑 13 公分的圓形。

❻ 把圓麵團有摺邊的那一面朝上，放進預備好的蛋糕模裡，在麵團底部和邊緣塗油，然後翻面。用抹油的保鮮膜鬆鬆地蓋住麵團，靜置五分鐘。

❼ 用指尖把圓形麵團與蛋糕模的邊角輕輕地壓合，小心不要戳破麵團。（如果麵團伸展不開，繼續靜置五到十分鐘再壓。）用叉子戳麵團表面 25-30 次，把大氣泡全部刺破。在兩個模裡的麵團上各自平均地撒一大匙迷迭香，用保鮮膜鬆鬆地蓋好，靜置大約十分鐘，讓麵團略生氣泡。

❽ 把蛋糕模放到烘焙用石板上，立刻把烤箱降溫到 230 度，烤 25-30 分鐘，直到佛卡夏表面焦黃，中途可轉動蛋糕模以確保均溫。出爐後讓佛卡夏在模裡靜置五分鐘再脫模，移至成品架上。把蛋糕模裡剩餘的橄欖油（如果有的話）刷上佛卡夏，靜置冷卻 30 分鐘。趁佛卡夏仍有餘溫或室溫時食用。

Farinata

鷹嘴豆鬆餅 · 6-8人分

美味原理：如果你在熱那亞的小巷裡散步，一定會瞥見有人正把金黃色的鷹嘴豆鬆餅糊往寬大的銅製淺烤盤裡倒，再整盤送進披薩柴窯裡烘烤。鷹嘴豆鬆餅是用鷹嘴豆粉做成的鹹鬆餅，通常在上午或下午過半時拿來當點心吃。黃銅烤盤和柴窯是鬆餅表層鬆脆、邊緣酥薄的功臣（幾乎像是煎出來的），不過餅心仍然有濃稠的流質感。這種鬆餅的做法本身很簡單——用鷹嘴豆粉、水和鹽調出類似法式可麗餅的麵糊即可——但是要針對家用烤箱找出合適方法烤出同樣的成品，就是一大挑戰了。我們發現關鍵在於鑄鐵鍋——預熱過的直徑30公分鑄鐵煎鍋是我們找到最接近傳統烤盤的替代品，鑄鐵絕佳的保溫能力能讓鬆餅

底部和邊緣有美妙的酥脆口感，而且餅心受熱平均、質地濃稠。鷹嘴豆鬆餅通常不加任何調味料，或是只有簡單一、兩樣。我們偏好用新鮮的迷迭香再撒上少許現磨黑胡椒，兩種香料都跟這種鹹香的鬆餅很搭。在大部分貨源充足的超市裡都可以找到鷹嘴豆粉，此外你會需要一只經過適當養鍋、直徑30公分的鑄鐵煎鍋來做這道鬆餅。養鍋的方法是把鑄鐵煎鍋以中低火加熱大約五分鐘，然後加入一小匙植物油，接著用紙巾沾油把整個煎鍋內側均勻抹上薄薄一層油，讓鍋子的顏色變深而且略帶光澤，沒有任何不均或過多的油殘留。接下來你就能趁鍋子放涼的同時繼續食譜的其他步驟。

1杯（128克）鷹嘴豆粉
2杯水
¾小匙鹽
3大匙特級初榨橄欖油
1大匙新鮮迷迭香末
粗海鹽
胡椒

❶ 在大碗裡攪打鷹嘴豆粉、水和鹽，直到麵糊均勻滑順。把碗蓋住，在室溫下靜置至少四小時，最多24小時。

❷ 烤架置於中層，預熱烤箱至200度。取直徑30公分鑄鐵煎鍋以中火加熱三分鐘。加入橄欖油，晃轉煎鍋使油平均分布，加熱到起油紋。加入迷迭香翻炒約30秒，直到冒出香氣。

❸ 再次攪勻麵糊後倒入煎鍋，進烤箱烤35-40分鐘，直到鬆餅表面變乾呈金黃色，且邊緣略為剝離鍋身。取出煎鍋，打開烤箱的炙烤功能。

❹ 把煎鍋放回烤箱炙烤一到兩分鐘，烤出褐色小點。取出煎鍋，連鬆餅置於成品架上放涼約五分鐘。用薄鍋鏟把鬆餅的邊緣和底部從煎鍋上鏟開來，小心地把餅移到砧板上。依喜好撒上海鹽與胡椒調味，切片並趁熱食用。

Pasta con salsa di noci

核桃醬麵・6-8人分

美味原理：溫帶地中海氣候加上利古里亞森林遍布的丘陵地，非常適合各種野菜、香草與核果生長，其中有些就入菜成了核桃醬（salsa di noci），一種以核桃和香草為基底，用來拌麵的濃郁醬料。有些核桃醬食譜還加入松子（也是利古里亞盛產），不過我們偏好只用核桃的做法，以保留純淨又圓潤的核桃風味。把核桃先烤過，可以讓醬料的味道更有深度；混合核桃粉和略加剁碎的核桃，也能使濃郁的醬料基底與核果口感達成平衡的對比。麵條煮到將近彈牙的程度就撈起，然後在核桃醬裡繼續煮到位——同時拌入溶解了澱粉的大量煮麵水——可以讓每一口麵都軟韌適中又裹滿醬料。最後撒上少許新鮮的馬鬱蘭，這是本區山間常見的野生香料植物，能增添一抹柔和的香草韻味。在利古里亞，核桃醬傳統上是與枕頭餃，或是細而扁的熱那亞細麵一起享用。如果找不到熱那亞細麵，緞帶麵（fettucine）、細扁麵（linguine）、寬扁麵（tagliatelle）這三種更寬的扁麵條也是合適的替代品。我們覺得新鮮麵條的味道與質感跟這種醬料比較搭，不過乾燥麵條也行。自製新鮮麵條的方法請見 364 頁。

1又½杯烤核桃

1又¼杯重脂鮮奶油

28克帕馬森乳酪，刨粉（½杯）

鹽與胡椒

454克新鮮或乾燥熱那亞細麵（trenette）

1小匙新鮮馬鬱蘭或牛至末，另準備少許於盛盤時使用

❶ 用食物處理器把一杯核桃打成細粉，約需十秒鐘，移入碗裡備用。把剩下 1/2 杯核桃放入空出來的食物處理器裡瞬轉兩次，大致打碎。

❷ 用直徑 30 公分的煎鍋以中火加熱鮮奶油約兩分鐘，直到略為變濃。加入入核桃粉與碎塊、帕馬森乳酪、3/4 小匙鹽、1/2 小匙胡椒攪打均勻，蓋上鍋蓋保溫。

❸ 同一時間，在大湯鍋裡煮沸 3.8 公升水後加入麵條與一大匙鹽，不時攪拌，直到麵條吃起來比彈牙稍硬一點。留 1 又 1/2 杯煮麵水備用，其餘瀝乾，麵條倒回湯鍋，加入核桃醬、一杯煮麵水與馬鬱蘭翻拌均勻。以中火慢煮加熱、不時翻拌，直到麵條變軟並且吸收大部分的醬汁，約需兩分鐘。視需要以剩下的 1/2 杯煮麵水調整稠度。依喜好以鹽與胡椒調味，立即盛入溫熱過的碗裡，撒上馬鬱蘭即可享用。

Branzino al forno

烤挪威舌齒鱸全魚 · 4人分

美味原理：利古里亞有 350 多公里的海岸線，文化也深受海洋影響。但令人有點意外的是，海鮮未必是利古里亞最受稱道的菜色——畢竟漁夫返家後，會比較想念陸地上的新鮮物產——然而鹹鹹的海風，與戶外用餐的習慣，還是讓挪威舌齒鱸（branzino）成為本區、以及全義大利海岸地區常見的一道菜。義大利人比美國人喜歡整條魚一起料理。整條的烤挪威舌齒鱸把簡單之美展現到極致，簡易的烹調手法能帶出這種味道溫和的白肉魚深刻的滋味。把魚放在烤盤上能讓烘烤的熱氣充分流通，使魚肉緊實而酥軟，用高熱快速烤熟又能讓魚肉保持溼潤。在魚皮上淺淺畫幾刀，可以確保均勻的加熱與調味，從這些開口檢查熟度也很容易。我們用混合了檸檬皮、柳橙皮、鹽與胡椒的鹽抹在魚身上，使味道滲入，並在魚肚中塞入切片柳橙，盛盤時再灑上少許香草與柑橘的調味醋。如果買不到挪威舌齒鱸，可以用別種海鱸代替。超過 1 公斤重的魚比較難在烤盤上處理，最好避免。

6大匙特級初榨橄欖油

¼杯新鮮歐芹葉碎末，留梗備用

2小匙檸檬皮屑與2大匙檸檬汁

2個柳橙（1個切成6公釐圓片，另一個刨2小匙皮屑並搾出2大匙果汁）

1個紅蔥頭

⅛小匙紅辣椒碎

鹽與胡椒

2隻（680-910克）挪威舌齒鱸全魚，去除鱗片與內臟，剪去魚鰭

❶ 烤架置於中層，烤箱預熱到攝氏 260 度。在烤盤上鋪烘焙紙，給烘焙紙抹油。在碗裡把 1/4 杯橄欖油、歐芹末、檸檬汁、柳橙汁、紅蔥頭、黑胡椒碎片攪打均勻，依喜好用鹽與胡椒調味，於上桌時供各人添加。

❷ 另取一碗混合檸檬皮屑、柳橙皮屑、1 又 1/2 小匙鹽與 1/2 小匙胡椒。開水龍頭以冷水沖洗鱸魚，然後用紙巾把魚身內外都拍乾。用利刀在魚身兩側各畫三到四道淺淺的開口，每道相距約 5 公分。打開魚腹，均勻撒上一小匙柑橘胡椒鹽，再塞入柳橙切片和歐芹梗。在魚身兩側的表面各刷上一大匙橄欖油，並撒上剩餘的混合鹽。把魚移到預備好的烤盤上靜置十分鐘。

❸ 進烤箱烤 15-20 分鐘，直到用削皮刀輕刺時可輕鬆撥開魚肉、魚身中心溫度達到 60 度。

❹ 小心地把鱸魚移到砧板上，靜置五分鐘。在魚頭後方垂直下刀，往下切到腹部，再從頭沿著背部切到尾巴；丟棄柳橙片。用鍋鏟從魚頭那端開始，順著魚骨方向把魚肉片鏟起來。重複相同動作取下另一側魚肉。丟棄魚頭和魚骨。把調味醬汁再次打勻，和鱸魚一起上桌。

分切全魚

1. 在魚頭後方垂直下刀，然後往下切到腹部，再沿背部從頭切到魚尾。

2. 用金屬鍋鏟從頭往尾巴的方向，把魚肉從骨頭上鏟起來；以同樣方式取下另一側魚肉。

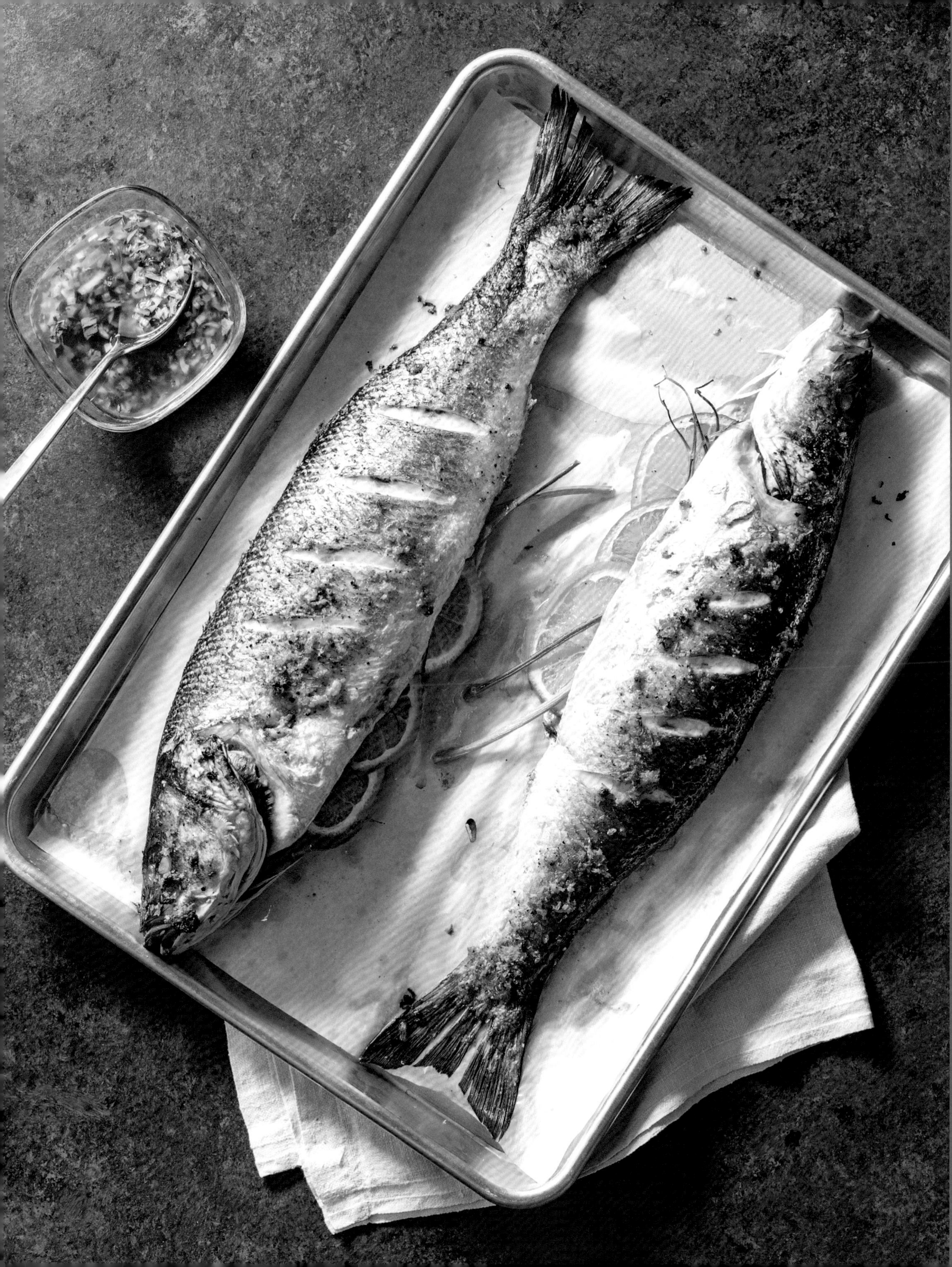

Trofie alla genovese

熱那亞特飛麵・6-8人分

美味原理：利古里亞盛產各種香草，凡標榜「熱那亞式」（alla genovese）的菜色並定用了其中幾種，從迷迭香佛卡夏（見66頁）到這道「熱那亞特飛麵」都是。這道麵食使用利古里亞最馳名的香草料理──羅勒青醬。特飛麵是一種細小捲曲的管狀麵，縫隙中會附著青醬、四季豆和馬鈴薯──四季豆滿足了利古里亞人對新鮮爽脆的蔬菜的喜愛，馬鈴薯則吸飽了風味十足的青醬，並賦予醬料濃稠感，使整盤麵融為一體。這道菜的關鍵在於馬鈴薯的處理方式。最成功的作法──成果必須是濃郁清爽，而非乏味膩口──是把馬鈴薯切塊，煮熟後與麵條和四季豆一起用力攪拌，使馬鈴薯塊的邊角化開，把青醬與煮麵水結合成為醬料。我們不用較常見的褐皮馬鈴薯，而是改用澱粉含量較低的紅皮馬鈴薯，因為褐皮馬鈴薯煮熟以後比較粉，會讓醬汁帶有粗糙的質地。特飛麵是傳統上用來做這道菜的選擇，但買不到的話用麻花捲麵（gemelli）也很適合。我們偏好新鮮麵條的風味與口感，不過用乾燥麵條也可以。

340克四季豆，去蒂頭，切成4公分小段

鹽與胡椒

454克紅皮馬鈴薯，切成1.3公分見方小塊

454克新鮮或乾燥特飛麵

2大匙無鹽奶油，切成1.3公分小塊，冷藏備用

1大匙檸檬汁

¾杯羅勒青醬（見右頁）

❶ 烤在大湯鍋裡煮沸 3.8 公升的水，放入四季豆與 1 大匙鹽煮 5-8 分鐘，豆子煮軟後用篩勺撈到烤盤上。

❷ 煮四季豆的水回滾，放入馬鈴薯塊煮 9-12 分鐘，直到馬鈴薯煮軟，但形狀仍保持完好。用篩勺把馬鈴薯撈到盛四季豆的烤盤上。

❸ 水再次回滾，放入特飛麵煮到彈牙程度，不時攪拌。保留1又1/2杯煮麵水備用，瀝去其餘煮麵水後把麵條倒回湯鍋，加入奶油、檸檬汁、四季豆、馬鈴薯、青醬、1/2 小匙胡椒、1又 1/4 杯煮麵水，用橡膠刮勺用力攪拌，直到醬料有濃稠感；視需要以剩餘 1/4 杯煮麵水調整稠度。依喜好用鹽與胡椒調味，立即盛盤享用。

Pesto alla genovese

羅勒青醬・約1又½杯，可用於910克的麵

美味原理：不同的地區會各用不同的香草與核果作出不同的青醬，不過純粹只用羅勒的青醬源自利古里亞，這個源流值得重視。沿岸地帶的溼氣與幾乎永遠普照的陽光，造就了熱那亞羅勒（basilico genovese），這個品種比其他地方的羅勒更出色，葉片比較小也比較甜，吃完不會留下刺涼的餘味。除此之外，熱那亞的羅勒青醬當然還用了本區產的香醇橄欖油。傳統做法要把所有的材料（羅勒、乳酪、大蒜、鹽，有時會加入本地產的松子）放入研缽裡搗碎，然後與橄欖油調和成糊狀。（青醬的pesto這個字源於義大利文動詞pestare，意思是「搗碎」。）為了更快完工，我們改派食物處理器上場，不過利古里亞人擔心這樣做出來的醬汁會比較粗糙。（他們認為果汁機或食物處理器的金屬刀鋒會破壞風味，手工搗碎才能釋放羅勒美味的精油）。幸好我們發現了完美的折衷方案：在放入食物處理器之前，先把羅勒用手工搗碎就好了。利古里亞羅勒比較香甜，做出來的青醬有種更清新的味道，所以我們在使用一般羅勒時加入少許歐芹以重現那種風味。雖然我們也想完整呈現大蒜的氣味，但還是建議先焙過大蒜以緩和強烈的味道，讓做出來的青醬就像熱那亞當地的版本一樣甜。那麼該用哪種堅果呢？各種食譜從松子到核桃都有，而我們覺得松子的甜味很宜人，也能為青醬帶來很棒的濃郁感與質地，所以這道食譜用了很多松子。把煮熟的麵條與青醬一起翻拌時，一定要加入少許煮麵水才能達到合適的稠度。

6枚帶皮蒜瓣
½杯松子
4杯新鮮羅勒葉
¼杯新鮮歐芹葉
1杯特級初榨橄欖油
28克帕馬森乳酪，刨成細末（½杯）
鹽與胡椒

❶ 在直徑 20 公分的煎鍋裡以中火焙大蒜約八分鐘，不時晃動鍋身，直到大蒜變軟、蒜皮起褐色小點。等大蒜不燙手後，去皮並略為剁碎。等待大蒜放涼時，用空出來的煎鍋以中火焙松子約四到五分鐘，不時翻炒，直到松子上色並發出香氣。

❷ 把羅勒和歐芹放在容量 3.8 公升的夾鏈袋裡，用肉槌平坦的那一側或擀麵棍把葉片全部打爛。

❸ 把大蒜、松子和打爛的香草放進食物處理器攪打約一分鐘，直到呈細緻泥狀，視情況把沾在側面的材料向下刮。在食物處理器一邊攪打時一邊緩緩加入橄欖油，直到混合均勻。把青醬移到碗裡，拌入帕馬森乳酪，依喜好用鹽與胡椒調味。（青醬最多能冷藏三天，或是冷凍保存最多三個月。想避免青醬氧化變黃，可以用保鮮膜緊貼醬料表面封好，或是澆上薄薄一層橄欖油以隔絕空氣。食用前先回溫到室溫。）

大區巡禮

Lombardy
倫巴迪

鄉村菜的行家

倫巴迪是義大利的產業中心，商業活動熱絡，而在大區首府米蘭，更是一切都與時尚產業有關。在時裝週期間，市內的高檔餐廳裡滿是光鮮亮麗的米蘭人，個個穿得彷彿剛從伸展臺上走下來。一眼望去，時髦的午餐地點人滿為患，全是一身高雅西裝的男性，他們面前的盤子裡全是再道地不過的本地菜，例如用奶油炸得酥脆的帶骨小牛肋排（Cotoletta Alla Milanese）。米蘭是義大利的股票交易中心，本地人顯得外表講究，個性果決，說的方言也很好懂，大家都遵守交通規則，女人天天穿高跟鞋出門。

倫巴迪也是義大利最大的主要農業區之一，出產許多備受世界各地喜愛的食材。他們在農業上的成功是基於兩個因素：第一是包含山區和平原的多變生態環境，並有精巧的供水系統，第二是他們的行銷頭腦。自古以來的貿易傳統加上對商業的熱情，撐起了倫巴迪大區特產的市場。倫巴迪人確實是善用在地食材的美食家。

人造天堂

倫巴迪的面積大約與佛蒙特州相當，北與瑞士接壤，除了偏遠的奧斯塔谷地和弗留利－威尼斯朱利亞之外，與北義所有的大區都相鄰。倫巴迪的北半部位於阿爾卑斯的丘陵與高山間，是出色的肉品與乳製品的家鄉。倫巴迪牛生產絕妙的乳酪以及獨特的肉品，例如許多義大利甜點的美味祕方馬斯卡彭乳酪（mascarpone），和舉世無雙的倫巴迪的生牛肉乾（bresaola）。倫巴迪北部也是許多冰川湖所在地，

典雅的艾曼紐二世迴廊（Galleria Vittorio Emanuele II）具體呈現米蘭的恢弘壯麗。

40 mi
40 km

倫巴迪的一座葡萄園，生產DOCG認證的弗朗奇亞科達氣泡酒。

1497 年，葛拉吉埃修道院（Santa Maria delle Grazie）《最後的晚餐》壁畫完工時，米蘭公爵盧多維科‧斯佛札（Ludovico Sforza）把修道院對面的一小片葡萄園送給達文西當作謝禮。

例如科莫湖、馬久雷湖、伊塞歐湖（Lake Iseo），以及東邊的加爾達湖岸。本地人會捕撈淡水魚，包括鯉魚、鱒魚、鰻魚，還有來自鱘魚養殖場的魚子醬，在湖區也有用月桂葉保存入味的小魚乾（agoni）這類菜色。

本區主要的河流有塞西亞河（Sesia）、提契諾河（Ticino）、阿達河（Adda）與明喬河（Mincio），這些河都發源自冰川湖，往南匯入磅礴的波河。在湖區不只能一覽阿爾卑斯山壯麗的景色，難得的微氣候也讓葡萄、檸檬與橄欖這些本該無法適應本區風土的作物得以生根。倫巴迪的湖區還散布著國際名人與貴族世家的豪華別墅，英國前首相邱吉爾曾說，住在這裡的是「最典型的現代百萬富翁」。

倫巴迪的南半部由和緩的丘陵、肥沃的平原與沼澤地組成，許多大型農場位於壯闊的波河平原，仰賴歷史悠久的灌溉系統，其中有些供水系統還是出自達文西的設計。這套灌溉系統確保水源會盡可能輸送到大區的所有角落，也促成村莊、城鎮，以及碾穀廠等產業的興起。透過操控水源，倫巴迪打造出一片綠意盎然的景緻，作家艾蓮娜‧柯斯提歐科維奇（Elena Kostioukovitch）曾暱稱這裡是「人造天堂」。

這些富饒的南部平原種植稻米、小麥、玉米和蕎麥。在倫巴迪的多霧地區，也就是整個北部，較常見的主食是玉米粥和米飯，而不是第二次世界大戰後才開始風行的麵食。倫巴迪就像皮埃蒙特，種植許多出口用的稻米，也常把稻米

用於自家的湯品和無數的燉飯食譜，有用料奢華的，如且托沙燉飯（risotto alla certosina），把米飯與田雞腿、螯蝦、鱸魚片一起在開胃的洋蔥與蔥醬醬料裡燉煮；或者是倫巴迪最出名的菜餚──番紅花燉飯（risotto alla milanese，直譯為「米蘭燉飯」），散發著番紅花的金黃色澤與香氣；此外也有簡單樸實的鄉村豬肉豆粥（risotti rusti）。玉米粉可以煮成拌入大量奶油和乳酪的玉米粥，吃的時候可以淋上鹹豬絞肉與新鮮大蒜做成的美味醬料。倫巴迪也種植蕎麥，義大利文寫作「grano saraceno」，用於調理義大利麵麵團或玉米粥。倫巴迪的農場盛產 DOP 認證的特產水果，例如甜瓜、蘋果、梨子，此外也有南瓜和蘆筍等各種蔬菜。凱撒大帝可能就是在倫巴迪吃到蘆筍佐奶油醬汁這道名菜。

從牧人到國王

倫巴迪的烹飪傳承自牧民，也就是羅馬帝國衰亡後居住在本地的族群。其中造成最顯著影響的外來移民是倫巴迪人（Lombard，又寫作 Langobard，源於古德文「長鬍子」的意思），這是一個來自萊茵蘭（Rhineland）地區的日耳曼部族，6 世紀時在本地落地生根，並成為地名的由來，也帶來以奶油為基礎的烹飪手法。義大利知名的復活節甜食鴿子麵包（colomba）也源於倫巴迪人。傳說倫巴迪國王阿爾博因（Alboin）原本想血洗帕維亞城（Pavia，由羅馬人建立，當時被被拉丁民族占領），但後來有個美麗的女孩獻給他這種形狀象徵談和的糕點，打動了他，最後他反而把帕維亞定為首都。

神聖羅馬帝國在 8 世紀罷黜倫巴迪國王，從此這裡陷入以城市為單位的權力鬥

米蘭壯觀的哥德式大教堂耗時將近600年才完工。

在地風味
倫巴迪的芥末水果

在倫巴迪各處的高級餐廳、酒吧與咖啡廳裡，都能見到玻璃罐裡展示著晶瑩剔透的水果：迷你的白梨子、鮮紅的櫻桃、切片的橘子。這叫芥末水果（mostarda），把水果以單純的糖漿浸漬保存再用辛辣的芥末油調味，這種出人意表的佐餐小菜會搭配乳酪或清燉肉一起吃。倫巴迪各地有各自的芥末水果，其中最出名的要屬克雷莫納的芥末水果（mostarda di Cremona），是拿整顆水果浸漬而成。芥末水果最初可能源於「mosto ardente」，一種以葡萄榨汁的殘渣煮成的食品，這應該也是芥末水果的義大利文「mostarda」的字源。不過 mostarda 在義大利文裡也有「芥末」的意思，而且芥末籽入菜在義大利半島有悠久的歷史。羅馬人做菜就會加芥末，他們很可能也把芥末籽出口給高盧人，所以法國後來出現了知名的芥末產地第戎（Dijon）。

爭，開啓了自治城邦的時代。雖然城邦的彼此疏離導致戰爭不斷，卻也使得本地發展出以各城市為中心的食品特產。今天的倫巴迪大區有 12 個省——除了米蘭之外最大的兩個省是柏加摩（Bergamo）和布雷夏（Brescia）——所以可以說有 12 種倫巴迪料理。

文藝復興期間，米蘭與曼托瓦公國統治倫巴迪地區，到了 18 與 19 世紀又換法國人和奧地利人當家，他們對倫巴迪烹飪的影響，從本地人對奶汁醬料和燜燉肉類的偏好就看得出來。燉牛肉（stufato）是用葡萄酒和蔬菜長時間燉煮而成，與燒烤肉類大異其趣。米蘭人後來起義抵抗外來政權，並且在 1861 年協助維克多・艾曼紐二世加冕登基，讓他成為義大利統一後的第一位國王。義大利共和國於 1946 年成立後，倫巴迪才開始以商業與金融為發展重心。

富貴人家的食材寶地

倫巴迪自古就是繁忙的商業重鎮，這裡的烹飪也反映出生意擺第一的文化。在倫巴迪，經常能看到有人隨手外帶餐點——可能是一分夾著煎雞排的米蘭三明治（panino milanese），又或許是用紙卷包起來的炸蕎麥丸子（sciatt），酥脆的外皮包著融化的乳酪夾心，站著也能吃。然而倫巴迪料理也有本地人精明能幹、懂得在商場上精挑細選的性格，因為他們就在自家地盤上主導山區與平地之間的貿易，

佩克肉品部一景。佩克是米蘭的頂級食材店，供應肉類、乳酪，與其他義大利特產精品。

舉杯致敬：愛情的啟發

杏仁酒（Amaretto）是一種甜利口酒，以杏仁或扁桃仁調味，或是兩者皆用，原產地是鄰近瓦雷塞市（Varese）的沙隆諾（Saronno）。傳說這種飲料是在 16 世紀由達文西某個徒弟的情人發明的（知名的杏仁酒品牌沙隆諾杏仁酒〔Amaretto di Saronno〕創立於 1851 年，後來改名為今天的帝薩諾〔Disaronno Originale〕）。沙隆諾杏仁甜餅是一種也帶杏仁味的餅乾，世界各地都買得到。據說這種餅乾是 1719 年米蘭總主教到當地出訪時，一對情侶特地為他烘烤的。他們把這種又乾又輕盈、酥脆無比的蛋白杏仁甜餅用繽紛的色紙成雙包裝起來，象徵兩人的愛情。其他紀錄則顯示這種餅乾可能在 1600 年代中葉源於威尼斯。無論如何，沙隆諾的拉札羅尼（Lazzaroni）家族都掌握了這種甜食的起源的說法：這家知名甜品製造商的杏仁甜餅食譜從 1719 年起就密不外傳。

酥脆的杏仁甜餅

並與所有鄰近地區互通有無。位於提契諾河與波河交會處的帕維亞，曾是威尼斯貿易路線上的一站，法國、西班牙、英格蘭與德國的商人都會來這裡購買威尼斯人進口的商品。

同樣地，米蘭地處阿達河與提契諾河之間，最早從 12 世紀起，就有可通航的運河把米蘭與這些河川連接起來，讓貿易活動得以從威尼斯的港口一路上達北界的湖區。由於倫巴迪的國內外貿易歷史實在悠久，商業頭腦已經成為本地文化的一部分。

最極致的例子或許是 1883 年在米蘭創立的高級食材店佩克（Peck）。這是一間規模驚人的商場，供應臘腸、乳酪與其他精緻的特產食品，其中包括許多本區名產，例如形似小提琴的山羊肉火腿（violino di capra；順道一提，知名的小提琴製作師史特拉迪瓦里就出身倫巴迪的克雷莫納）。佩克也販賣松德里歐（Sondrio）和柏加摩省細膩的比托乳酪，以及布雷夏省甜而綿密的史特拉奇諾乳酪（stracchino）。Stracco 的意思是「疲倦」，指的是在夏季高山草原放牧季結束後，為了回谷地過冬而長途跋涉的乳牛。在佩克也能找到洛迪（Lodi）產的帕達諾乳酪；這種乳酪跟帕馬森很類似，但你要是在一個北義人面前把兩者混為一談，後果請自行負責。正宗的哥岡卓拉乳酪來自米蘭省的同名小鎮，在倫巴迪各地都吃得到，因為倫巴迪人會混合史特拉奇諾乳酪和哥岡卓拉乳酪做成拌麵醬，綿密、鹹香又開胃到讓人很有罪惡感。

鄉村菜的行家

倫巴迪人儘管很講究飲食，對他們的鄉村菜還是情有獨鍾。他們偏好飽足感十足的各種雞蛋麵，例如義式餛飩（tortelli），或包著曼托瓦和非拉拉特產南瓜的小帽餃（cappellacci），以及卡松賽（casonsei）這種混合甜鹹餡料的餃子——牛絞肉、葡萄乾、臘肉與杏仁甜餅碎屑都能入餡。有些農家的簡單飯菜在餐廳裡也吃得到，例如倫巴迪蕎麥麵（pizzoccheri）是以蕎麥寬麵與莙蓬菜和馬鈴薯拌炒，並融入乳酪創造綿密的口感。倫巴迪式的療癒系食物包括把奶油煎麵包和軟嫩的水煮荷包蛋浸在牛肉高湯裡的帕維亞牛肉湯（zuppa alla pavese），以及混合了洋蔥、四季豆和馬鈴薯的薯泥（taroz）。

世故的米蘭人確實很享受城裡時髦的小餐館和它們的新穎菜色，這也與倫巴迪人懂得挑選的品味相符。不過真正經常高朋滿座的餐廳都會供應鄉村菜，例如燜小牛膝（osso buco，小牛膝橫切成小塊，跟胡蘿蔔、洋蔥、西洋芹、白酒和高湯一起燜煮），或是用加爾達湖區出產的橄欖油燉得軟爛的牛肉。對於戴著太陽眼鏡的銀行業者，和穿著毛皮大衣的時尚編輯來說，他們最終的精神支柱還是倫巴迪的農家菜。

瓦倫納（Varenna）迷人的港口位於美不勝收的科莫湖。

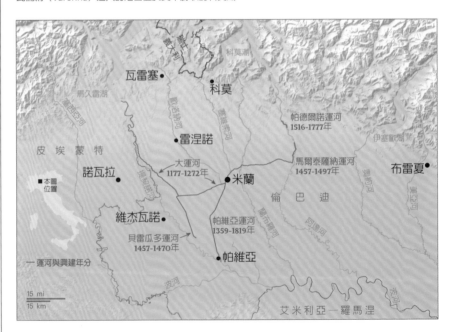

倫巴迪的運河系統 文藝復興時代的倫巴迪擁有歐洲最發達的運河系統，用於運輸貨物與農產品。

Bresaola con rucola e Parmigiano

生牛肉乾佐芝麻菜與帕馬森乳酪・6人分

美味原理：生牛肉乾（bresaola）是乾式熟成的生牛腱肉，甘甜芳香且肉味極重。正宗的生牛肉乾如今印有產地保護認證標章，只在倫巴迪的瓦爾特林納與瓦基亞文納（Valchiavenna）一帶生產，因為這裡的氣候涼爽乾燥，製作風乾食品再適合不過。濃郁香鹹的生牛肉乾通常削成薄片，作為臘腸火腿拼盤的一部分，不過我們想要的是一道清爽且只以它為主角的開胃菜。生牛肉乾雖然能在家自製，但很耗時，倫巴迪本土牛肉的獨特風味也是模仿不來的，所以花點力氣去找正宗的生牛肉乾還是很值得。我們取適量的辛辣的芝麻菜，與果香強烈的特級初榨橄欖油和爽口的檸檬汁拌在一起，再與我們的明星主角搭配，可以平衡肉乾的腥味。最後撒上少許現磨胡椒和大量帕馬森乳酪刨片，一道簡單的好菜就完成了。大部分貨源豐富的熟食店都能找到生牛肉乾。

113克生牛肉乾薄片
1杯芝麻菜嫩葉
2小匙特級初榨橄欖油，另備部分佐餐
1小匙檸檬汁，另備檸檬角佐餐
鹽與胡椒
帕馬森乳酪刨片

把生牛肉乾平鋪在大餐盤上，每個薄片略微重疊。把芝麻菜、橄欖油與檸檬汁拌在一起，依喜好用鹽與胡椒調味。在生牛肉乾上鋪上芝麻菜，撒上帕馬森乳酪刨片，再淋上少許橄欖油，配上檸檬角即可享用。

Osso buco

燜小牛膝 · 6人分

美味原理：燜小牛膝可能源於 19 世紀倫巴迪的農家廚房，向來廣受義大利各地喜愛，是米蘭的經典招牌菜，傳統上與番紅花燉飯（做法見右頁）組成少見的「單盤全餐」（piatto unico）享用，也就是在一盤餐點裡面同時包含第一道和第二道菜。這道料理相當奇妙：長時間慢燉讓肉質堅硬（但富含膠質）的小牛膝變得出奇軟爛，只用了胡蘿蔔、洋蔥、西洋芹、葡萄酒與高湯的湯頭也化為絲滑的醬汁；每位食客通常獨享一塊小牛膝。對有些人來說，這道菜的精華在於肥美的骨髓，要用小湯匙舀出來吃。我們想要用不會出錯的烹調手法創造出美味的滷湯，煮出能展現這道食譜傳統本色的濃郁醬汁。首先我們用大量芳香食材提升現成高湯的風味，再以烤箱燜煮小牛膝。這不僅是最簡便的方法，鍋裡也會在水分自然蒸發後留下恰到好處的液體量。最後我們在醬汁裡拌入格雷莫拉塔醬（gremolata）——用蒜末、歐芹和檸檬皮屑拌成的傳統佐料，讓這道重口味的菜色吃起來更清爽。

小牛膝

- 6塊小牛膝（400-454克），每塊約4公分厚
- 鹽與胡椒
- 6大匙特級初榨橄欖油
- 2又1/2杯不甜的白酒
- 2個洋蔥，切丁
- 2根胡蘿蔔，削皮切丁
- 2支西洋芹，切丁
- 6瓣大蒜，切末
- 2杯雞高湯
- 1罐（410克）番茄丁，瀝乾水分
- 2片月桂葉

格雷莫拉塔醬

- ¼杯新鮮歐芹末
- 3瓣大蒜，切末
- 2小匙檸檬皮屑

❶ 煮小牛膝：烤架置於中下層，烤箱預熱至攝氏 165 度。用紙巾拍乾小牛膝，以鹽與胡椒調味。拿廚用綑線紮緊每塊小牛膝最厚實的部分，讓肉在烹煮時貼住骨頭。在鑄鐵鍋裡加入兩大匙橄欖油，以中大火熱鍋到起油煙，立即放入一半分量的小牛膝把每面煎上色，約需八到十分鐘，然後取出放在大碗裡備用。再加入兩大匙橄欖油，煎完剩下的小牛膝並移到碗裡備用。熄火，在空出來的鑄鐵鍋裡加入 1 又 1/2 杯白酒，刮起鍋底焦香物質再把酒汁倒進裝小牛膝的碗裡。

❷ 在空出來的鑄鐵鍋裡加入兩大匙橄欖油，加熱到起油紋。加入洋蔥、胡蘿蔔和西洋芹，翻炒八到十分鐘到軟化略微上色。加入蒜末翻炒約一分鐘到略為上色。加入高湯、番茄丁、月桂葉和剩餘的一杯白酒拌勻，加熱至微滾。

❸ 把小牛膝和洗鍋的酒汁放回鍋裡，蓋上鍋蓋但略留縫隙，整鍋進烤箱燜煮約兩小時，直到小牛膝軟爛；此時叉子能輕易刺進與拔出，但肉還附著在骨頭上。

❹ 製作格雷莫拉塔醬：所有材料在小碗裡混合均勻即可。鑄鐵鍋移出烤箱、丟棄月桂葉。把一半的格雷莫拉塔醬拌入燜煮湯汁，依喜好用鹽與胡椒調味。靜置五分鐘。

❺ 把小牛膝塊分別盛入各人碗裡，移除廚用綑線。舀燜煮湯汁淋在小牛膝上，撒上剩餘的格雷莫拉塔醬即可享用。

Risotto alla milanese

番紅花燉飯・6人分

....

美味原理：燉飯是米做成的簡單餐點，卻因為濃滑誘人的口感而不同凡響。一說到北義的眾多燉飯，米蘭的番紅花燉飯絕對是其中最簡單卻又最奢華的，因為它用了全世界最珍貴的香料——番紅花，為這道菜增添馥郁的花香。這道燉飯通常獨立做為濃厚又精緻的第一道菜，或搭配燜小牛膝（做法見對頁）享用。番紅花燉飯的起源眾說紛紜：有一則傳說宣稱它是在16世紀由一位米蘭的玻璃匠發明，因為他經常用番紅花來製造金斑效果，所以贏得「番紅花（Zafferano）」的外號。有一次有人打趣地挑釁他把這種材料加到燉飯裡，他真的這麼做了！不過這道菜其實一直要到19世紀才首次出現在一本義大利食譜裡。總之這道菜或許源於米蘭與西班牙的淵源，或是因為米蘭人偏愛金色，也可能是有人認為番紅花有益健康。不論是否用了番紅花，燉飯都是透過不斷攪拌促使稻米釋出澱粉來達成濃滑的口感。我們用奶油煎過番紅花以加強風味並協助柱頭散開，讓番紅花能與米飯均勻混合。這道菜傳統上是用卡納羅利米來做，但也能用阿伯里歐米替代。燉飯完成後可能還會剩下一些高湯，因為不同的米煮起來也不一樣，所以我們的食譜建議用量稍微偏多，以免不夠。要是高湯都用完了，飯還沒煮好，可以視需要加入熱水。

3又½杯雞高湯

3杯水

4大匙無鹽奶油

1個洋蔥，切小丁

鹽與胡椒

2杯卡納羅利米

¼小匙番紅花柱頭，壓碎

1杯不甜的白酒

57克帕馬森乳酪，刨粉（1杯）

❶ 在中口深平底鍋裡以小火煮沸高湯和水，蓋上鍋蓋以小火加熱保溫。

❷ 在鑄鐵鍋裡以中火融化奶油，加入洋蔥與1/2小匙鹽，拌炒大約五分鐘到洋蔥軟化。加入米和番紅花，不時攪拌，直到米粒邊緣開始顯得透明，大約需要五分鐘。

❸ 加入白酒烹煮大約兩分鐘，不時攪拌，直到酒完全被米吸收。加入3又1/2杯熱高湯拌勻並以小火加熱至微滾，不時攪拌直到高湯幾乎完全被米吸收，需要10-12分鐘。

❹ 繼續烹煮並不時攪拌14-18分鐘，每隔幾分鐘水分被米粒吸收時，就加入一杯熱高湯，煮到米飯呈濃稠狀態，米粒熟透但中心仍偏硬。鑄鐵鍋離火靜置五分鐘。視需要用剩餘的熱高湯調整燉飯稠度（燉飯完成後可能還有高湯剩下）。盛盤上桌前拌入帕馬森乳酪粉，以鹽與胡椒調味。

Pizzoccheri della Valtellina

蕎麥寬麵佐莙薘菜、馬鈴薯與塔雷吉歐乳酪・6人分

....

美味原理：蕎麥寬麵（pizzoccheri）這種帶有土味和嚼勁的新鮮短寬麵是倫巴迪的特產。在這道來自瓦爾特林納的冬季菜色中，蕎麥寬麵與融化的乳酪、帶苦味的蔬菜和鬆軟的馬鈴薯搭配。倫巴迪和北義其他地區的山區種的不是小麥，而是蕎麥。

蕎麥的名稱裡雖然有個「麥」字，但跟小麥沒有親緣關係：蕎麥是一種闊葉草本植物，當地人自古就把它的種子碾磨成粉來製作麵食。因為蕎麥粉不含麩質，所以現代的麵點食譜會把它與白麵粉混合，做成可以成形且帶有嚼勁的麵團。我們把蕎麥

麵團擀得比大部分麵皮更厚，像做千層麵皮一樣，烹煮時間也很短，好讓成品帶有爽口的嚼勁。這道菜通常是用瓦爾特林納卡傑拉（Valtellina Casera）這種高山乳酪來做，不過在美國很難買到。另一種產自倫巴迪的塔雷吉歐乳酪是很好的替代品，

它帶有果香，味道強烈又有奶味，跟土香濃厚的蕎麥很搭，加熱融化後也保有濃滑的質地（芳提娜是另一種常用來替代的乳酪，不過它融化後會變得像橡皮一樣有彈性，最後會凝結成塊夾雜在蔬菜裡）。這道菜一般是用莙蓬菜或皺葉捲心菜來做，而我們比較喜歡莙蓬菜，因為它的菜葉柔嫩、味道微苦又有植物香，跟我們的食譜很搭。最後我們把褐皮馬鈴薯切成大塊，它綿粉的邊角會在烹煮過程中化開，讓乳酪醬汁更濃稠。有機店或大型超市都能買到蕎麥粉，大多數的大型乳酪專櫃也都能找到塔雷吉歐乳酪。我們最愛用的製麵機是義大利品牌 Marcato 推出的 Altas 150 Wellness 型號，寬度設定在第 6 級時能壓出薄而不透明的麵皮。想更了解滾壓麵皮的方法，請見 365 頁。

蕎麥寬麵

212克（1又½杯）通用麵粉，另備少許視需要添加

78克（½杯）蕎麥粉

3顆大蛋，略為打散

蔬菜與醬料

3大匙無鹽奶油

1大匙新鮮鼠尾草末

1瓣大蒜，切末

908克莙蓬菜，去梗略切成大片

227克褐皮馬鈴薯，削皮切成1.3公分見方小塊

鹽與胡椒

170克塔雷吉歐乳酪，削去外皮，切成6公釐見方小丁

❶ 做蕎麥寬麵：用食物處理器混合通用麵粉和蕎麥粉，瞬轉大約五次。加入蛋攪打大約 45 秒，直到麵團聚合成團，觸感柔軟且幾乎不黏手（如果麵團會黏手，以每次一大匙的量陸續加入 1/4 杯通用麵粉，直到幾乎不黏。如果麵團沒有成團，繼續攪拌 30 秒，並且以每次一小匙的量加水，最多不超過一大匙；麵團一成形就別再加）。

❷ 把麵團放到乾淨流理臺上，手揉大約兩分鐘到成為光滑的圓球，用保鮮膜密封起來在室溫下靜置醒麵至少 15 分鐘，最多不超過兩小時。

❸ 把麵團放到乾淨流理臺上，分成五分，用保鮮膜蓋住。取其中一分麵團擀成約 1.3 公分厚的圓麵皮。把有滾筒的製麵器開口設定成最寬，滾壓麵皮兩次。把麵皮兩頭尖細的部分折向中間交疊壓合，再從麵皮折邊開口那端送進製麵器再壓一次。接下來不用對折，重複把麵皮從壓尖那端送進製麵器（寬度仍設為最大）滾壓，直到光滑且幾乎不黏手（如果麵皮會黏手或黏在滾筒上，可以撒些麵粉再壓一次）。

❹ 把製麵器寬度調窄一級，再滾壓麵皮兩次，接著逐級調窄，每一級滾壓兩次麵皮，直到麵皮達薄而不透光的程度，移至略撒過麵粉的流理臺上。（如果麵團長到難以掌握，可以攔腰對折再壓一次）。麵皮不加蓋，靜置約十分鐘直到觸手感覺乾燥且略為變硬。以同樣方式滾壓與陰乾剩餘四分麵皮。

❺ 用披薩切分器或利刀把麵皮切成 5x2 公分的麵條，略撒粉後移到烤盤上。（麵條可以用保鮮膜包起來冷藏，最多四小時，或是先凍硬再裝進夾鏈袋冷凍，最多可保存一個月，烹煮前不要解凍。）

❻ 蔬菜與醬汁：在鑄鐵鍋裡用中大火融化奶油，加入鼠尾草和大蒜翻炒約一分鐘，到冒出香氣。一次一把分批加入莙蓬菜，不時攪拌，直到菜葉軟縮且大部分水分蒸發，大約需要八分鐘。蓋上鍋蓋以小火加熱保溫。

❼ 同一時間在大湯鍋裡煮沸 3.8 公升水，加入馬鈴薯和一大匙鹽煮五到八分鐘，到馬鈴薯軟化。用篩勺把培馬鈴薯撈到碗裡備用。把塔雷吉歐乳酪、1/4 杯煮馬鈴薯的水和 1/2 小匙鹽加入莙蓬菜攪拌，直到乳酪融化、醬汁變得滑順。

❽ 湯鍋的水回滾，放入蕎麥寬麵煮兩到三分鐘，不時攪拌，直到麵條煮成彈牙口感。保留 1/4 煮麵水備用，把蕎麥寬麵瀝乾後跟馬鈴薯一起加入莙蓬菜醬料裡輕柔地拌勻，依喜好用鹽與胡椒調味。上桌前可視需要用預留的煮麵水調整稠度。

Panettone

潘妮朵妮 · 可做兩塊

美味原理：潘妮朵妮源於米蘭，是一種造型高挺、綴滿蜜餞和果乾的豪華甜麵包，過去曾是皇帝和教皇吃的食品，只在耶誕季的北義一帶製作。如今就連美國超市也買得到潘妮朵妮了，不過這種潘妮朵妮過於膨鬆，又加了一堆防腐劑，跟義大利的麵包店賣的比起來可說是淡而無味。我們想創造出能配得上這種麵包的皇家級歷史，又簡單到能在家自製的食譜。潘妮朵妮叫人無法自拔的地方在於用了高熱量食材（奶油、蛋、額外的蛋黃），但這些食材也讓它變得硬實又易碎。為了補救這個缺點，我們採用高蛋白的麵包用麵粉，並且用桌上型攪拌機先攪打麵團八分鐘，再加入軟化的奶油，以確保麵團生成強韌的筋性來支撐所有的油分。我們把混合了酵母的麵團摺疊數次，在冰箱裡隔夜靜置，因為延長的發酵時間能讓酵母盡可能產出氣體，使成品帶有膨鬆的美好口感和微妙的酸香。網路或廚房用品店都能買到潘妮朵妮的紙模。整形好的麵團放進烤箱後，記得要立刻降低烤溫。

1又¼杯（177克）黃葡萄乾

1又1/2大匙柳橙皮屑，另榨¼杯柳橙汁

5杯（780克）麵包用麵粉

2大匙速發酵母或即溶酵母

1又½小匙鹽

2杯室溫全脂牛奶

4個大蛋與3枚大蛋黃，室溫備用

⅔杯（132克）糖

2小匙香草精

1小匙杏仁精

8大匙無鹽奶油，切成8塊、軟化

1又¼杯（170克）糖漬橙皮小丁

❶ 葡萄乾和柳橙汁置於碗中，加蓋微波約一分鐘到冒出蒸氣。靜置大約 15 分鐘，讓葡萄乾軟化。瀝乾葡萄乾並保留瀝出的柳橙汁。

❷ 用桌上型攪拌器把麵粉、酵母和鹽攪打均勻，在容量四杯（大約 950 毫升）的液體量杯裡攪打牛奶、蛋與蛋黃、糖、香草精、杏仁精、預留的柳橙汁，直到糖完全溶解。使用勾狀麵團攪拌器，以低速攪拌大約五分鐘，同時把奶蛋混合液緩緩加入麵團，直到麵團開始成形並且沒有任何殘餘的乾麵粉；視情況把黏在攪拌盆側面的材料往下刮。

❸ 攪拌器增為中低速，攪拌大約八分鐘，直到麵團開始有彈性但仍會黏盆，開始一次一大匙地加入奶油，同時繼續攪拌大約四分鐘，直到麵團完全吸收奶油。繼續拌麵大約三分鐘，直到麵團變得有光澤與彈性，而且非常黏。攪拌器降為低速繼續攪拌約三分鐘，同時緩緩加入糖漬橙皮、葡萄乾與橙皮，直到全部混入麵團中。把麵團移到略抹油的大碗或容器裡，用保鮮膜密封後靜置發酵 30 分鐘。

❹ 用抹過油的刮板（或指尖）輕柔地把麵團的一側鏟起來往中心對折。把碗轉 90 度，再次對折麵團，然後再重複這個轉動對折的動作兩次（總共四次）。用保鮮膜密封，靜置發酵 30 分鐘。再次摺疊麵團，然後用保鮮膜密封碗口，進冰箱冷藏靜置至少 16 小時，最多不要超過 48 小時。

❺ 取出麵團在室溫下回溫 1.5 小時。按壓麵團以逼出內部氣體，然後把麵團移到撒了大量麵粉的流理臺上，切成兩等分，用抹油的保鮮膜鬆鬆地蓋住。取一分麵團壓成直徑 15 公分的圓形（另一分繼續用保鮮膜蓋好），然後沿著麵團周圍把邊緣往中心折，直到麵團變成球狀。把麵團倒翻過來，讓邊緣有折的一面朝下，接著雙手拱成圓形握住麵團在流理臺上繞小圈，直到麵團感覺變得緊實圓潤、所有折邊都在底部牢牢壓緊。重複同樣方法為另一分麵團整形。

❻ 把兩個圓麵團分別放進高 15 公分、直徑 10 公分的潘妮朵妮紙烤模裡，輕壓麵團使它與紙模的角落密合，然後移到放在烤盤裡的成品架上，用抹油的保鮮膜鬆鬆蓋住，靜置發酵 3-4 小時，直到麵團膨脹到比紙模邊緣高出大約 5 公分，而且用指節輕壓的凹陷不太會反彈復原。

❼ 烤架移到中層，烤箱預熱至攝氏 200 度。取尖銳的削皮刀或單刃刮鬍刀片，在每個麵團表面以流暢迅速的動作畫個十字切口，兩道切線各長 13 公分、深 6 公釐。

❽ 把烤盤連麵團一起送進烤箱，立即降溫至 180 度，烘烤大約 40 分鐘，直到麵團表面呈深焦黃色，中途轉換烤盤方向以確保均溫。用鋁箔紙蓋住麵包，續烤 20-30 分鐘，直到麵包中心溫度測得 88-91 度。麵包出爐後置於成品架上完全冷卻（約需三小時）再食用。

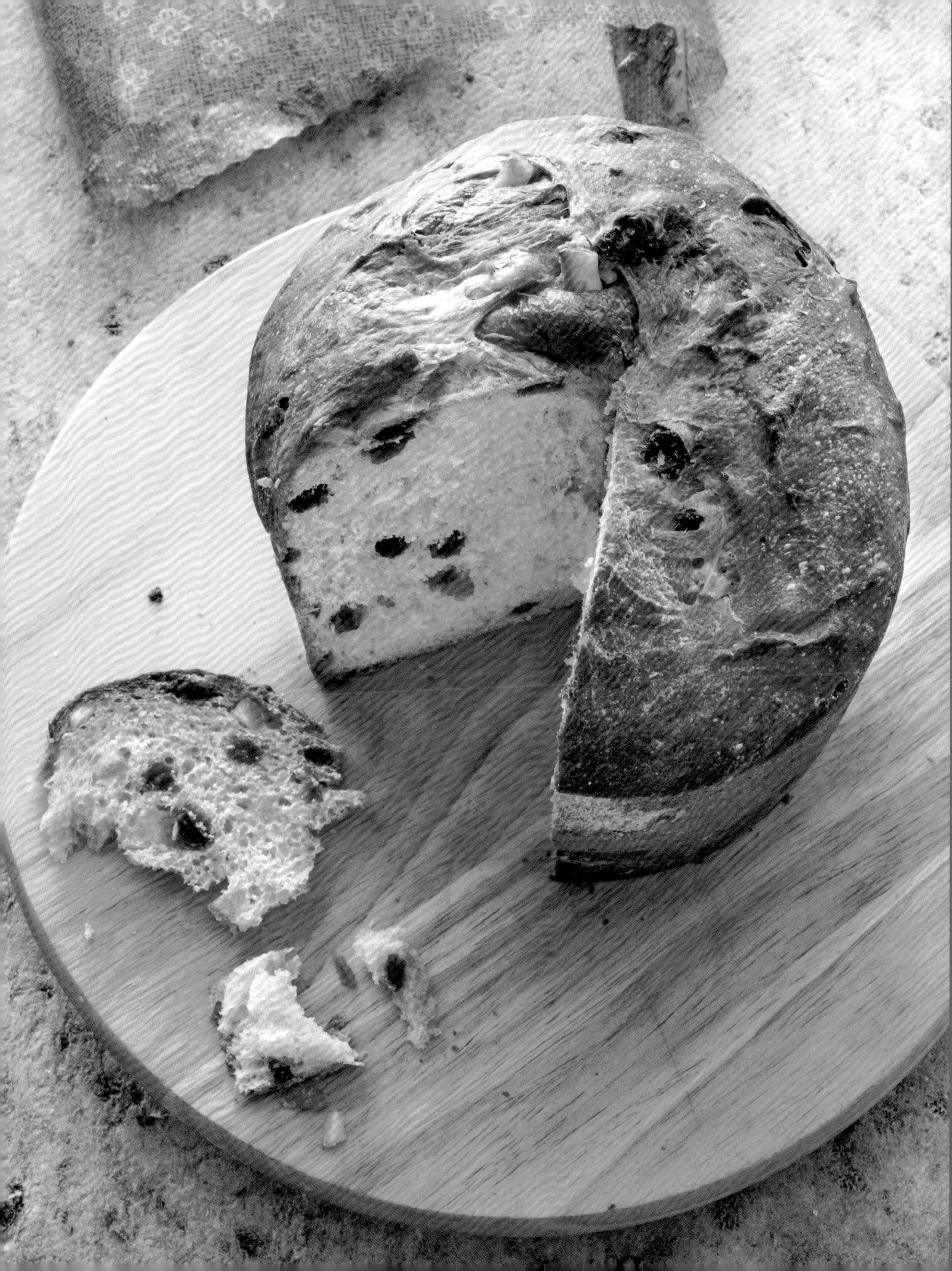

大區巡禮

Trentino-Alto Adige
特倫提諾──上阿迪杰

奧地利與義大利料理的匯萃之地

....

特倫提諾─上阿迪杰貿易委員會曾做過一場簡報，向一群美食記者介紹本區歷史，其中有一連串的投影片介紹在地名人：一位登山家、一位火箭工程師、一位在拿破崙企圖沒收本地葡萄酒時起身反抗的「自由鬥士」，最後，是一具木乃伊「奧茨」（Ötzi）。奧茨是根據阿爾卑斯山脈的奧茨塔爾（Ötztal）地區命名，這具木乃伊在1991年由一對德國登山客發現。他的死亡時間大約在公元前3000年，保存完好的屍身讓他成為考古珍寶。新石器時代的特倫

提諾─上阿迪杰人有怎樣的相貌、吃什麼維生，奧茨身上蘊含了很多寶貴的資訊。令人難以置信的是，我們在他的胃裡發現一種現代人仍在吃的食物：奧茨的最後一餐裡有熏火腿，也就是統稱speck的火腿肉（或許該說是古早版的火腿肉），是這個大區最有名的醃漬肉品。

歐洲的蘋果籃

奧茨的家鄉幾乎完全位於山區。崎嶇的多洛米提山從鬱鬱蔥蔥的谷地中陡然拔起，山峰間的各個角落散落著小型冰川湖，湖裡滿是鮭魚。特倫提諾─上阿迪杰北接奧地利、西北鄰瑞士，西迄倫巴迪大區，南抵維內托大區。今天，我們會看到細心修剪的果園沿著這個大區的公路兩側綿延不盡，山腰上蔓延著一座又一座的葡萄園。各個岬角都可見中世紀城堡的遺址，木屋彷彿空降進森林般地遺世獨立，農場與村落可愛又整潔，就連手機店都在窗前種滿鮮花。

特倫提諾─上阿迪杰

波爾察諾

特倫提諾─上阿迪杰

特倫托

特倫托

20 mi
20 km

這個與奧地利和瑞士接壤的大區兼具義大利與奧地利提羅爾的風情。

阿迪及河是這裡的主要河川（「Alto Adige」就是「在阿迪杰河之上」的意思），向南流經組成本區的兩個省：北部的波爾察諾（Bolzano）與南部的特倫托（Trento），然後進入維洛納與倫巴迪平原。這個大區有很多地方是林地，裡面長滿野生蕈菇和香草，例如羽衣草和酸澀的酢漿草，松芽，以及接骨木花，用來調理乳酪、湯品和醬料。不過這些谷地人口密集，農耕十分盛行。位於阿迪及河與伊沙科河（Isarco）之間的威諾斯塔谷（Vinschgau Valley）是歐洲最大的自足式蘋果種植區，占全義大利蘋果產量的三分之一。這個大區也因為地處阿爾卑斯山脈的向陽面，是面積雖小但聲譽卓著的葡萄酒產區。飼養在谷地山坡上的家牛和乳牛，生產濃烈的莫埃那布佐列乳酪（Puzzone di Moena）和芳香的斯泰爾維奧乳酪（Stelvio）。谷底平原的北部種植黑麥，南部是玉米和小麥。這裡有一種叫做穆斯（mus）的古老稀粥，混合玉米粉、小麥與牛奶煮成，並加入奶油和乳酪增添風味。

羅馬人在公元 1 世紀統治這個大區並留下文化足跡，尤其是源於拉丁語的奇特方言拉登語（Ladin），以及仍使用這種語言的許多拉登人村落。然而到了 1027 年，神聖羅馬帝國奪下政權，這裡最終成為羅馬天主教會的主教轄區，吸引大量神職人員落腳。他們訂定的宗教節日多不勝數，這些日子又禁吃肉，導致穀類演變為主食。直至今日，麵包與包餡麵食都是這個大區的傲人傳統。

不過對特倫提諾－上阿迪杰的文化與飲食來說，最主要的外來影響是曾統治本地超過五世紀之久的奧地利。多洛米提山脈不論就地理或文化層面而言，都是它南部的義大利和北部的提羅爾地區的交叉點，波爾察諾省就有南提羅爾（Südtirol）的別稱。阿迪及河是連通義大利與北方歐洲的要道，而特倫提諾－上阿迪杰大區介於奧匈帝國邊界和義大利之間，在第一次世界大戰期間歷經了激烈的戰事。不過這個地區在一戰後成為義大利的一部分，二戰後又取得自治地位，基本上擺脫了首都羅馬的荒誕政治勢力的影響。

奧式與義式的共同影響

特倫提諾－上阿迪杰演變成一個迷人的文化融合體。你可以在一小時之内置身葡萄酒園啜飲美酒，或是攀上冰川。如詩如畫的村莊裡一定會有一座厚重的義大利哥德式塔樓，或是洋蔥頂的提羅爾式尖塔。每塊路牌都同時註記德文和義大利文。要是你曾打算在義大利買一張郵票作紀念，或是夢想來點奧地利式的優雅，這裡顯然是同時體現兩國精華的最佳地點。火車在這裡總是準點，你也可以在車站買到美味無比的義式三明治。

這裡的飲食兼具奧式與義式料理的傳承，家常菜偏向簡單、高熱量，不過某些餐廳仍是現代品味占了優勢。在這裡，你可能會看著身穿村姑裝的女服務生為你端上一小杯很現代的蘆筍泡沫。

在這個大區的兩個省分裡，波爾察諾料理比較德式，以黑麵包為主，特倫托則偏向義式，主要是小麥做成的白麵包和加了奶蛋的黃麵包。整體來說，麵包都

是本區的重要主食，每個谷地也都有自己的特色麵包。其中最知名的是脆裸麥薄餅（Schüttelbrot），一種加了葛縷子和茴香籽的發酵黑麥麵包。這些獨特的麵包能製成獨特的脆麵包丁，然後又能捏成壘球大小的 knödel（奧地利的馬鈴薯丸子，也叫 canederli），也就是混合火腿肉、乳酪、肉豆蔻和肝等各種食材做成的水煮麵包餃，吃的時候浸泡在鮮美的高湯裡，或淋上絲滑的奶油醬汁。

柔軟鮮甜的本區特產熏火腿。

本地蔬菜反映出的奧地利風格強過義大利風格。這個大區以粗如蠟燭的白蘆筍聞名，此外包心菜、防風草和馬鈴薯都是常見的食材，主要用於料理葷菜，例如匈牙利牛肉湯（goulash）、醋燜牛肉（sauerbraten）和馬鈴薯牛肉派。

熏火腿肉的傳統

在這個大區各處的酒吧和小餐館裡，我們都能吃上一頓有乳酪、蘋果片和出色火腿肉的餐點。這裡所說的火腿肉是指特倫提諾─上阿迪杰的招牌熏火腿，要搭配一團辣根泥享用。肉質精瘦鮮美的火腿肉帶有德國黑森林火腿怡人的濃烈煙熏香，又兼具聖丹尼耶列火腿的柔軟適口。走一趟每年 5 月在波爾察諾舉辦的火腿節（Speckfest），既能大啖美食，又可暢飲啤酒。這場活動是為了宣揚本地為數眾多的火腿製造商，並展示火腿肉的多種用途，例如做為餃子餡的一味材料，或裹住鱒魚烘烤，也可以和白煮蛋做成三明治，也能把採自森林的牛肝菌切片，鋪在火腿肉上享用。

到了特倫提諾─上阿迪杰最傳統的拉登人住家，或是許多現代化的旅館，可以在 stube 裡享用口味濃重的在地美食配美酒。Stube 是一種帶有吧檯的客廳，氣氛溫馨，用木鑲板裝飾，有一股德式懷舊民俗風的魅力，裝設的家具是手工木桌椅、燒柴爐取暖，通常是整間屋子裡最重要的空間。現代的客廳看在新石器時代的奧茨眼裡，應該有如宮殿吧。然而，當奧茨進入多洛米提山區跋涉，不論他吃最後一餐時的處境為何，總之他是在某個地方停了下來，吃了野生的草本香料、熏肉和麵包──這些就是特倫提諾─上阿迪杰永垂不朽的食物。

古代的特倫提諾─上阿迪杰農夫一年只會開爐烘焙四次，所以他們的麵包都很耐放。脆裸麥薄餅就有存放 20 年的紀錄。

Mezzelune

菠菜瑞可達半月餃・6人分

美味原理：與特倫提諾——上阿迪杰接壤的國家，對本地的阿爾卑斯山區烹飪有確切的影響。這片山地雖然以冰天雪地的冬季聞名，當地人鍾情於分量豪邁的豬肉料理也舉世皆知，不過他們最突出的一道菜其實沒有用到肉品。菠菜瑞可達半月餃衍生自奧地利一種類似波蘭餃子（pierogi）的半月形菠菜餃（schlutzkrapfen，是mezzelune 的同義詞）。它的內餡只用了香濃柔軟的瑞可達乳酪和新鮮菠菜，是對在地食材的一種禮讚。我們的食譜版本忠於這種餃子的傳統，內餡很簡單，只額外

加了炒紅蔥頭增添香氣。我們把切碎的菠菜快炒，逼出多餘水分，以免餡溼溼爛爛的。為求簡便，我們以冷凍菠菜代替新鮮菠菜，試吃人員並沒有嘗出差別。香濃的瑞可達乳酪、氣味強烈的阿西亞哥乳酪，外加一顆增黏的蛋黃把所有餡料結合成一體。我們最愛用的製麵機是義大利品牌Marcato 推出的 Altas 150 Wellness 型號，寬度設定在第 7 級時能壓出半透明的薄麵皮。想更了解滾壓麵皮的方法請見 365 頁。

內餡

2大匙無鹽奶油

1個紅蔥頭，切末

283克冷凍菠菜碎，解凍並擠乾水分

鹽

227克（1杯）全脂瑞可達乳酪

43克阿西亞哥乳酪，刨絲（¾杯）
，另備部分佐餐

1顆大蛋黃

半月餃

227克新鮮雞蛋麵團（做法見364頁）

6大匙無鹽奶油

鹽

❶ 烤製作內餡：在小平底鍋裡以中火融化奶油，加入紅蔥頭炒軟，大約三分鐘。加入菠菜和1/4 小匙鹽拌炒大約一分鐘，把菠菜炒乾。把炒蔬菜盛到大碗裡略為冷卻，加入瑞可塔乳酪、阿西亞哥乳酪和蛋黃拌勻，冷藏備用。（內餡最久可冷藏 24 小時。）

❷ 製作半月餃：把麵團移到乾淨的流理臺上，分成三等分用包鮮膜蓋住。取其中一分擀成 1.3 公分厚的圓片。把有滾筒的製麵器開口設定到最寬，滾壓麵皮兩次。把麵皮兩頭尖細的部分折向中間交疊壓合，從麵皮折縫開口端送進製麵器再壓一次。接下來不對折，重複把麵皮從壓尖的那一端送進製麵器（寬度仍設定成最大）壓平，直到麵皮光滑且幾乎不沾手（如果麵皮會沾手或黏在滾筒上，可以撒些麵粉再滾壓一次）。

❸ 把製麵器寬度調窄一級，再滾壓麵皮兩次，接著逐級調窄，每一級滾壓麵皮兩次，直到麵皮薄而半透光（如果麵皮長到難以掌握，可以攔腰對折再壓一次）。把麵皮放到撒了大量麵粉的烘焙紙上，蓋上另一張烘焙紙，再覆蓋一條溼的擦碗布以避免麵皮變乾。繼續滾壓剩餘的兩分麵團，把壓好的麵皮依前述方法跟撒粉的烘焙紙交疊起來備用。

❹ 在兩個烤盤裡撒上大量麵粉。取一片麵皮，在略撒過粉的流理臺上用直徑 8 公分的圓形餅乾切模切出小圓片（沒用到的麵皮繼續蓋好），邊角麵皮丟棄不用。在每張小圓麵皮中央放上 1 又 1/2 小匙內餡，然後一次取一個餃子，在麵皮邊緣抹點水，把下緣麵皮掀起來蓋過內餡與上緣對齊成半月形。捏緊麵皮邊緣封住內餡，移到預備好的烤盤上。重複切麵皮和包餡的步驟（應該會得到 30 個半月餃）。不用覆蓋，讓半月餃陰乾大約 30 分鐘，直到觸手感覺乾燥且略為變硬。（半月餃可以用保鮮膜包起來冷藏，最多四小時，或是先凍硬再裝進夾鏈袋冷凍，最多可保存一個月。烹煮前不要解凍，只要多煮 3-4 分鐘即可。）

❺ 取直徑 30 公分平底鍋以中火融化奶油，熄火備用。在大湯鍋裡煮沸 3.8 公升水，加入一半分量的半月餃與一大匙鹽，以小火慢煮並不時攪拌兩到三分鐘，直到麵皮煮成彈牙口感。用篩勺撈起半月餃，放到融化奶油的平底鍋裡，輕輕甩鍋讓餃子裹上奶油；蓋上鍋蓋保溫。煮餃子的水回滾，繼續煮熟剩下的半月餃並且撈進平底鍋。加 1/2 小匙鹽，輕輕甩鍋讓餃子裹上奶油。上桌前在各盤餃子裡撒上阿西亞哥乳酪絲。

捏半月餃

1. 在略撒粉的流理臺上，用直徑 8 公分的圓形餅乾切模切出圓麵皮。在每張麵皮中央放上 1 又 ½ 小匙內餡。

2. 在麵皮邊緣抹點水，把下緣掀起來蓋過內餡，與上緣對齊成半月形。捏緊邊緣封住內餡。

Canederli

麵包餃 · 6人分

....

美味原理：比麵包餃更樸素的菜色不多了。這道特倫提諾─上阿迪杰的招牌菜是把隔夜麵包浸在鮮美的火腿肉卡士達醬裡，再捏成丸子用高湯水煮。它跟德奧經典的馬鈴薯丸子很像，不過義大利版的麵包餃另外加入了本區最受鍾愛的義式食材：火腿肉。這種先醃後熏的火腿為這道菜帶來豐富的滋味、鹹味，外加一抹煙熏香。等麵包放到隔夜的感覺不太實際，所以我們改抄捷徑：用烤箱以 120 度烘烤三明治麵包 45 分鐘，來仿效老麵包又乾又脆的口感。實驗證明，麵包浸泡的卡士達醬一定要適量（要是卡士達醬太多，餃子會在水煮時散開），浸泡時間也要足以軟化麵包（否則餃子捏不成形）。我們很喜歡把麵包餃泡在高湯裡一起享用的吃法，又不想花好幾個小時從頭熬煮，所以選用市售的現成高湯再加入更多火腿肉、歐芹梗和洋蔥提味，這麼一來既有自家熬煮的風味，又不必大費周章。大部分貨源齊全的熟食專櫃都能買到火腿肉，但也能用等量的原味培根替代。

高湯

- 4杯雞高湯
- 1個洋蔥，切半
- 28克火腿肉（speck）
- 5根歐芹
- 鹽與胡椒

麵包餃

- 6片扎實的三明治白麵包，切成1.3公分見方小塊
- 1大匙無鹽奶油
- 1個小洋蔥，切小丁
- 113克火腿肉，切小丁
- 鹽
- ⅛小匙胡椒
- 1撮肉豆蔻粉
- ¾杯全脂牛奶
- 2顆大蛋
- 2大匙新鮮蝦夷蔥末
- 2大匙新鮮歐芹末

❶ 製作高湯：在小口深平底鍋裡放入雞高湯、洋蔥、火腿肉和歐芹，加熱至微滾後降為中低火，蓋上鍋蓋煮 15 分鐘。用細濾網把高湯過濾到碗裡，用橡膠刮勺擠壓湯料、盡可能逼出汁液，食材渣棄而不用（高湯最久可冷藏 24 小時）。把高湯倒回空出來的平底鍋，蓋上鍋蓋以小火加熱保溫，依喜好用鹽與胡椒調味。

❷ 製作麵包餃：烤架置於中層，烤箱預熱到攝氏 120 度。把麵包平鋪在烤盤上進爐烘烤約 45 分鐘，不時翻面，直到徹底烤乾與脆化，取出完全放涼備用。

❸ 用直徑 30 公分平底鍋以中火融化奶油，加入洋蔥、火腿肉、1/4 小匙鹽、胡椒，翻炒大約五分鐘到洋蔥軟化。加入肉豆蔻翻炒約 30 秒到冒出香氣，熄火略為降溫。

❹ 在大碗裡把牛奶和蛋打勻。加入麵包、炒洋蔥火腿肉、一大匙蝦夷蔥、一大匙歐芹混合均勻。靜置大約 20 分鐘讓麵包變軟，不時攪拌一下。

❺ 打溼雙手，把麵包餡緊捏成兩大匙大小的圓形丸子（可得到大約 18 個），放到大盤子上（最久可冷藏 24 小時）。

❻ 在大湯鍋裡煮沸 3.8 公升的水，加入一大匙鹽，把麵包餃小心地下到水裡，小火慢煮五到七分鐘，到餃子煮軟熟透。用篩勺把餃子撈到鋪了紙巾的盤子上略為吸乾水分，再把餃子分別盛進各人碗裡。淋上熱高湯，撒上剩餘的一大匙蝦夷蔥末和一大匙歐芹末即可享用。

Misto di funghi

燉什錦菇・4人分

美味原理：遍地森林的北義是蕈菇寶地：除了知名的白松露，採菇人在特倫提諾—上阿迪杰各地還能尋找無數種可食的野生蕈菇。這些菇通常都會經過燉煮，然後淋在綿軟的玉米粥上食用。為了在我們的廚房裡重現這種燉什錦菇，我們從混合乾燥與新鮮的蕈菇著手。乾牛肝菌的美味跟比較罕見的義大利新鮮牛肝菌相去不遠，而雞油菌（在北義是原生種，也是美國能找到最優質的野菇）與波特菇能分別提供豐富又有堅果香的味道和肥厚的口感。把910克富含水分的蕈菇調製成美味的醬料基底要花不少時間，所以我們用微波爐來加快烹飪過程。各種蕈菇只要微波六分鐘就會變軟，並釋出不少汁液，我們再把這些菇汁回收加進洗鍋的紅酒裡。紅酒、大蒜、百里香和罐頭番茄丁燉什錦菇的味道圓潤飽滿，最後淋在一碗乳酪奶油玉米粥（見 38 頁）上舀來吃，再理想不過。雖然這不是傳統的吃法，不過你也可以把燉什錦菇淋在麵條上。在這道食譜裡可以用任何一種野生蕈菇取代雞油菌。

454克波特菇菌蓋，除去菌褶，先剖半再片成1.3公分厚
510克雞油菌，修剪乾淨，小朵切半，大朵再對半切成¼。
2大匙無鹽奶油
1個洋蔥，切小丁
14克乾牛肝菌，沖淨切絲
鹽與胡椒
3瓣大蒜，切末
1小匙新鮮百里香末或¼小匙乾燥百里香末
½杯不甜的紅酒
1罐（410克）番茄丁，瀝乾但把罐頭水另外保留備用，切丁
2大匙新鮮歐芹末
1個食譜分量的乳酪奶油玉米粥（做法見38頁）

❶ 波特菇和雞油菌置於碗中，加蓋微波六到八分鐘並不時攪拌，直到菇變軟且釋出汁液。倒進架在另一個碗上的濾水籃裡濾乾，菇汁保留備用。

❷ 用鑄鐵鍋以中火融化奶油，放入洋蔥、牛肝菌與 1/2 小匙鹽，翻炒五到七分鐘到軟化並略為上色。加入微波過的混合菇料翻炒大約五分鐘，直到變乾且略為上色。加入大蒜與百里香拌炒大約 30 秒到冒出香氣。

❸ 加入紅酒與剛才保留的菇汁，刮起鍋底焦香物質。加入番茄丁與罐頭汁液拌勻，加熱至微滾，並繼續小火慢煮約五分鐘，直到燉菇略為變稠。熄火，加入歐芹拌勻並依喜好以鹽與胡椒調味，淋在玉米粥上享用。

Strudel di mele

酥皮蘋果捲・6人分

· ·

美味原理：我們可能傾向認為有薄酥皮和微甜內餡的酥皮蘋果捲是奧地利經典，不過北義人也會做這道甜點，而且它在特倫提諾—上阿迪杰的料理中占有特殊地位。義大利市面上的蘋果大約有一半產自阿爾卑斯山區的諾谷（Val di Non），也難怪這個小地方的酥皮蘋果捲能與它北邊芳鄰奧地利的名產比肩。傳統作法很費工，要先揉製未發酵的麵團，捲起來再擀開，直到成為透光的極薄麵皮，再包進剁碎的蘋果餡（把蘋果與糖、肉桂、少許果乾，外加很義式的松子一起拌炒）。市售的薄酥皮（phyllo）是很好的替代品，比手工自製簡單得多，也能產生同樣酥脆的層次。至於內餡，我們用製作其他蘋果甜點時也會用到的一個小訣竅，來確保果餡不會軟糊沒口感。把蘋果塊用微波爐預煮，可以觸發一種酵素作用來安定果膠，在確保蘋果塊形狀完好之餘，又能釋出部分果汁（我們把果汁收集起來，在進爐烘烤前刷在蘋果捲上）。除此之外，在餡裡加點麵包粉可以吸收多餘的水分。最後在出爐後把每個蘋果捲切成三段，可以讓多餘的蒸氣散逸，確保酥皮薄而鬆脆的口感。加拉（Gala）蘋果能用來取代食譜裡的金冠（Golden Delicious）蘋果，市售薄酥皮也有 46x36 公分的大片尺寸；如果買到這種大小，對切就能得到這分食譜用的 36x23 公分酥皮。冷凍薄酥皮可以在冰箱裡隔夜解凍，或是在室溫下放置四到五小時，但不要微波解凍。

794克金冠蘋果，削皮去核，切成 1.3公分見方小塊

3大匙砂糖

½小匙檸檬皮屑，另榨1又½小匙檸檬汁

¼小匙肉桂粉

鹽

½杯松子，焙香後剁碎

3大匙黃葡萄乾

1又½大匙麵包粉

7大匙融化無鹽奶油

14片（36x23公分）薄酥皮，解凍備用

1大匙糖粉，另備部分於盛盤時使用

---

❶ 在大碗裡混合蘋果塊、砂糖、檸檬皮屑與檸檬汁、肉桂粉和 1/8 小匙鹽。加蓋進微波爐加熱約兩分鐘，直到蘋果摸起來熱熱的；微波到一半時取出攪拌一下。加蓋靜置約五分鐘，然後倒進架在另一個碗上的濾水籃裡濾乾，果汁保留備用。在空出來的碗裡把蘋果、松子、葡萄乾和麵包粉混合均勻。

❷ 烤架置於中上層，烤箱預熱至攝氏 190 度。在烤盤上噴植物油。在融化奶油裡加入 1/8 小匙鹽拌勻。

❸ 在流理臺上橫鋪一張 42x30 公分的烘焙紙。把一片薄酥皮橫放在烘焙紙上。在細濾網裡放入 1 又 1/2 小匙的糖粉（濾網放碗裡備用，以免糖粉撒得到處都是）。在酥皮上薄刷一層融化奶油，過篩撒上少許糖粉。重複給另外六片酥皮抹奶油、撒糖粉，並依次把酥皮層疊在一起。

❹ 在疊起的酥皮中央把蘋果餡橫鋪成 6x25 公分的長方形，在酥皮下緣和左右兩端各留 5 公分邊緣。利用烘焙紙先把酥皮左右兩端折向中央蓋上餡料，再把酥皮下緣往上掀起蓋上餡料。在折起的酥皮上刷預留的蘋果汁。把酥皮上緣向下折，包住內餡，上下緣重疊處一定要有大約 2.5 公分寬（如果兩邊重疊不上，把酥皮攤回原狀，先把蘋果餡整理成更窄的長方形再折起酥皮），捏緊酥皮封口。用金屬鍋鏟把蘋果捲移到備好的烤盤上靠一邊放，酥皮捏合的那一側朝向烤盤中央。取一半的蘋果汁在蘋果捲上方和邊緣薄刷一層。重複以上步驟，在剩餘的七片酥皮上刷奶油、撒糖粉、包餡、刷上蘋果汁。把第二個酥皮蘋果捲放到烤盤另一邊，酥皮捏合的那一側朝向烤盤中央。

❺ 進烤箱烤 27-35 分鐘至酥皮焦黃，中途可轉換烤盤方向。烤好後立即用金屬鍋鏟把蘋果捲移到砧板上，靜置三分鐘冷卻，然後把每個蘋果捲切成三段，再冷卻至少 20 分鐘。盛盤前再撒上糖粉，趁熱或室溫狀態下食用。

Veneto
維內托

至尊共和國與她豐饒的領土

....

「天堂就在阿索羅（Asolo）丘陵的某個地方。」美國作家瑪莉‧麥卡錫（Mary McCarthy）如此評價威尼斯畫派名家的作品。這些藝術大師都是維內托子弟，透過藝術使得家鄉永垂不朽。貝里尼（Bellini）的風景畫宛若天堂：高雅的村莊在光環裡發亮，遠處有山巒沒入天際。提香（Titian）有飽滿的色彩，卡納雷多（Canaletto）筆下的潟湖朦朧夢幻──天堂似乎真的就在這裡。的確，大自然在義大利這個東北角，以最慷慨的手筆創造出豐富多變的極樂之景，全集中在一個大區裡。

優異的地理位置

　　維內托大區臨海，還有三條源於阿爾卑斯山的大河在這裡形成沉積平原，與亞得里亞海的洋流相接，因而孕育出傳奇的威尼斯。堡礁形成的屏障圍繞著威尼斯潟湖，造就出一片海中之海，景緻如同仙境，但又充滿蓬勃的自然生機。維內托大區的亞得里亞海海岸線有 160 公里長，為當地帶來令人垂涎的「油魚」，例如鰈魚／龍利魚、海鱸、大菱鮃、烏魚和魴魚。矗立在大區北界的阿爾卑斯山，最遠從威尼斯都看得到。在險峻的峰嶺之間，山區居民在狹小的谷地種植他們賴以為生的作物。波河平原可說是義大利最肥沃的土地，覆蓋了維內托一半的面積。河川、溪流與運河有如閃閃發亮的緞帶，在大地上縱橫交織，坐落在這些水路間的是波光粼粼的加爾達湖，這是義大利第一大湖，不只為維內托人帶來 35 種淡水魚，也為檸檬和橄欖創造出絕佳的生長環境。

在威尼斯中央大運河旁的暮色中用餐。

美國作家海明威旅居威尼斯時，常流連在各潟湖島上打獵。他在離開前幾乎把托切羅島（Torcello）上的鴨群都獵光了。

這裡的土壤很適合種植玉米和維亞諾內．納諾品種的稻米——這種米會溶成最濃郁滑順的燉飯，維內托人很喜愛這種口感，稱之為 all'onda，意思是「有如波浪」。知名的巴多利諾（Bardolino）、索亞維、瓦坡里切拉酒莊散布在湖區，生產的美酒讓中世紀羅馬作家卡西奧多羅斯（Cassiodorus）在 1583 年拿百合花來相比。「（這些酒）不可思議地甜美柔嫩……簡直有如能喝的肉……一種幾乎能吃的飲料。」他如此讚嘆。

本地美食

維內托各地都是如畫的城鎮，17 世紀大建築師帕拉底歐在本地留下許多雄偉的別墅，也有整潔的山地小木屋堆放著整整齊齊的柴堆、燃燒著熊熊爐火……變化多端的地貌帶來多樣又豐饒的物產，是義大利其他地區很難比得上的。一路迤邐向海的丘陵地，受到亞得里亞海鹹鹹的海風吹撫，是適合製作醃漬熟成食品的天然環境，從帕達諾（在波河河谷各地都有生產）、阿西亞哥、蒙塔西奧和皮亞韋這些世界級的乳酪，到貝里柯—烏加內奧（Berico-Euganeo）火腿、索普雷薩（soppressa）臘腸與其他香腸，都來自維內托大區。加爾達湖區出產一種有天然細緻風味的特級初榨橄欖油，是少數的北義橄欖油之一。聖芝諾（San Zeno）以栗子聞名，基奧佳（Chioggia）的名產是甜滋滋的南瓜，巴沙諾德爾格拉帕則有白蘆筍。

維內托之父——威尼斯

維內托非凡的歷史也形塑了本地的飲食。歐加內人（Euganei）是這個地區青銅器時代的原住民，與歐加內丘陵（Colli Euganei）同名——這片位於帕多瓦（Padua）南方的火山丘陵出產 13 種葡萄酒。公元前 12 世紀，歐加內人被義大利東北部的維內第人（Adriatic Veneti）征服，維內第人是與羅馬人結盟的農耕民

舉杯致敬：威尼斯的雞尾酒時間

每到傍晚，威尼斯人照慣例 andare a cicheto（去吃點心）的時候，也會 andare per l'ombra（找個有影子的地方），也就是喝杯葡萄酒、普羅賽克氣泡酒，或是以普羅賽克氣泡酒為底的雞尾酒。這些調酒有參了桃子果泥的貝里尼，混調葡萄汁的提香（Tiziano），石榴染色的丁托列多（Tintoretto），以及加了草莓的羅西尼（Rossini）。享用這些飲料時要配上 cicheti，也就是小菜：從臘腸、乳酪丁到各種炸餡餅、炸海鮮小點、南瓜花或蔬菜，都在四處林立的小館、食堂與餐酒吧（bacari，供應小點讓客人站著吃的葡萄酒吧）透過外賣窗臺販售；你能看到當地人下班後在這些窗臺前排隊。

疊著鯷魚的小片烤麵包也是一種cicheti。

多洛米提山脈的卡多雷（Cadore）地區是畫家提香的出生地，據說也是義式冰淇淋的發源地。安泰勞山（Monte Antelao）在遠方巍然而立。

族，有精明的生意天賦。5 世紀初，一波波的汪達爾人（Vandal）從北方移入，湧進這處有 200 多座島的偏遠潟湖，獲得天然屏障的保護。汪達爾人過去是商人與農夫，現在則打樁建屋、捕魚、採鹽礦與造船。他們開墾了馬佐爾博島（Mazzorbo）與聖伊拉斯莫島（Sant'Erasmo），如今這些潟湖島的居民仍在捕魚、種葡萄、照料果園與種植蔬菜，最有名的作物是紫朝鮮薊（castraure），在義大利文有「閹割」的意思，因為它在初生的花芽最幼嫩時就會被剪下來（每年 5 月的第二個星期日聖伊拉斯莫島還會舉辦紫朝鮮薊節）。

在五個世紀間，美食的火苗還只在維內托內陸微微閃爍時，威尼斯已經燃起熊熊烈焰。威尼斯在它歷史上最初的 8 個世紀裡，套用歌德的話來說，從「海狸的共和國」轉變成當時的海上強權。威尼斯曾有「至尊共和國」（La Serenissima）之稱，統御通往波斯、印度與中國的貿易路線，是文明、藝術與商業的十字路口。大型帆船在威尼斯各個港口來來往往，滿載橄欖油、葡萄酒、貨物與奇珍異寶──包括野生動物、從君士坦丁堡掠奪來的無價藝術品（其中最出名的是聖馬可之馬銅雕），還有改變歐洲各地飲食習慣的食材。這座城市的重商性格造就了威尼斯人好奇、開放與務實的特質。與威尼斯人共同生活的外國人不只交換貨物與金錢，也交流烹飪的概念。他們長年離鄉背井，帶著僕從與廚師遷居，與這座城市裡的貴族同桌共餐。威尼斯在本質上就是一張巨大的餐桌。

公元 15 與 16 世紀，因為美洲大陸的發現和西方新興對手的競爭，威尼斯的貿易優勢不再。威尼斯轉而把目光投向祖先逃離的那片土地，向內陸擴張，成為領土遠達倫巴迪的陸權帝國。有共和國資助的富裕威尼斯人對沼澤地進行開墾，上層階級發起的農業革命又擴及平民，使得雙方都大大受益。

統治階級在豪華的帕拉底歐式鄉間別墅與威尼斯的紙醉金迷間往返度日，催生了著名的狂歡節，是生活奢華無度的最佳縮影。到了 1797 年，拿破崙揚帆經過威尼斯過去無堅不摧的堡壘時，這個至尊共和國宛如一名德高望重、但已步履蹣跚的老婦，幾乎完全無力抵抗。威尼斯轄下的省分仍繼續作為糧倉，更準確地說，是為它供應米飯和玉米粥。

威尼斯與各省飲食

威尼斯這座島上之城與鄰近沿岸地區，吃的魚類和海鮮比義大利半島任何地

威尼斯朱德卡島（Giudecca）的密斯特拉（Mistrà）小餐館裡，服務生正在切分全魚。

亞得里亞海的鹹水魚和海鮮

亞得里亞海的魚類、雙殼類、頭足類與甲殼類海鮮，是義大利東岸無數佳餚的關鍵食材。

- 鰻魚（anguilla 或 bisato）
- 大菱鮃（rombo）
- 鰈魚/龍利魚（sogliola）
- 金頭鯛（orata）
- 挪威舌齒鱸（branzino 或 spigola）
- 魴魚（pesce San Pietro）
- 鮟鱇魚（coda di rospo）
- 鯔魚/烏魚（muggine）
- 鯔魚/烏魚（cefalo）
- 秋姑魚（triglia）
- 沙丁魚（sardine）
- 鯷魚（acciughe）
- 海扇（capesante）
- 蜘蛛蟹（威尼斯方言稱為 granseola）
- 小章魚（moscardini）
- 蝦蛄（canocchio）
- 墨魚（seppia）
- 淡菜（mitili）
- 牡蠣（ostriche）
- 威尼斯潟湖小蝦（schie）

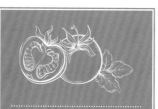

從風土到餐桌

對南瓜的熱愛

義大利 20 個大區的美食各有千秋，不過沒有一個跟維內托一樣，把南瓜的烹飪地位提升到這麼崇高。最受維內托人歡迎的品種「基奧佳之船」（mariana di Chioggia）又稱為海南瓜，因為它原生的城鎮位於潟湖島上。這種南瓜綿滑緻密又很有滋味，也難怪有這麼多美味的食譜由它衍生而來。它在威尼斯方言裡叫做「suca baruca」（疣南瓜），形狀略顯扁胖，深綠色的瓜皮滿是節瘤，亮橘色的瓜肉香濃甜美，煮熟後可以當甜點吃。直到今天，從威尼斯的雷雅托橋（Rialto）到西西里島，都可以看到小販在市場上販售切成大塊的這種南瓜。

「土耳其穀物」玉米粉──
來自美洲的禮物

在維內托的主食裡，最具代表性的就是以玉米為原料的玉米粥了。它的起源有悠久的歷史，可以追溯到古羅馬人吃的穀物濃湯（puls）──用粗大麥粉、蠶豆粉或蕎麥熬的粥。

維內托的羅維哥（Rovigo）每年都會舉辦盛大的玉米粥節，這裡也是義大利人最早嘗試種植玉米的地方，時間是哥倫布從美洲新大陸帶玉米返回歐陸不久後的 1554 年（玉米在義大利文裡又叫 granoturco，意思是土耳其穀物。會有這個誤稱是因為在當時的威尼斯共和國，來自異國的新食材會被草率地貼上「土耳其」的標籤。）專家表示，義大利人最初種植的玉米是美洲原生種八排硬質玉米（Eight Row Flint）的祖先，也是美國的珍稀種子收藏家葛蘭‧羅伯斯（Glenn Roberts）所說的「地球上風味最強的玉米粉」。對玉米來說，義大利的南部太熱，山區又太冷，不過它在肥沃的波河平原上長得又快又好。玉米粉比麵包便宜，準備起來也比較省事，因此取而代之。

玉米在北義的土壤裡穩穩扎根之後，就成為基本主食，不過不是吃鮮玉米，而是乾燥磨粉，再加水煮成粥。

山區居民偏好粗磨粉做成的黃玉米粥，平地人喜歡口感滑順、用細磨粉做成的白玉米粥。

有四個世紀之久，平民百姓光靠玉米粥就能免於餓死。這是山區人家唯一的主食，常常一天三餐都吃玉米粥。窮人家只吃玉米白粥，有乳酪的話就摻乳酪吃。上層階級會在玉米粥裡加入配料，或是用玉米粉做成什錦糕（pasticci）這種精緻的烘焙料理。玉米粥在 18 世紀是威尼斯常見的街頭小吃，攤販會煮一大鍋粥，撒上奶油與乳酪向路人叫賣。

玉米粥最終也流傳到義大利中部與南部，不過最盛行的地方還是所謂的北部玉米粥帶，從一則真實故事就看得出來：19 世紀時，有一位好心的貴族從自家儲藏室拿出大量的肉品分送給領地上的每個農民，只是不久後發現，農民都把肉拿去變賣，買玉米粥來吃。

維內托的百變玉米粥料理

玉米粥是維內托餐桌上的鬼靈精，無法歸進任何類別，又從開胃菜到甜點處處可見。它能以稀粥的形式與其他菜餚同盤，藉那道菜的肉汁或醬料提味──例如維辰札（Vicenza）備受讚譽的奶汁燜鱈魚（baccalà alla vicentina）是把泡發的鹽漬鱈魚以牛奶燜煮得濃滑順口。玉米粥也可以與某種醬料（有沒有肉都可以）或會融化的乳酪如千層麵般交疊，再進爐烘烤。此外玉米粉也是各種甜點的必備食材，例如砂質蛋糕（torta sabbiosa）和威尼斯最受歡迎的金黃色札雷提餅乾（zaletti，直譯的意思是「黃色的小東西」）。

方都來得多。魚因為肉質細膩，被視為高級食材，而具備這樣的肉質有一部分要歸功於鹽分較低的亞得里亞海海域。如同沿岸各地，威尼斯人也愛極了炸海鮮：廣受歡迎的威尼斯炸拼盤（fritto misto alla veneziana）就用了鮮甜的亞得里亞海魷魚、大蝦、吻仔魚，以及金黃酥脆的玉米小方糕。當然了，不是所有海鮮都以油炸處理，其中最出名的是鑲蜘蛛蟹沙拉（granseola alla veneziana），而鮮甜的蝦蛄（canocchie）經常是生食，還有一種叫做 schie 的迷你蝦，威尼斯人視為來自潟湖的魚子醬。在所有以鹽漬鱈魚做成的威尼斯招牌美食裡，濃郁的鹹鱈魚抹醬（baccalà mantecato）可能是最美味的，法國的鹹鱈魚泥（brandade de morue）也是從它衍生而來。威尼斯唯一的招牌肉類料理是令人耳目一新的炒小牛肝（fegato alla veneziana）：小牛肝和焦糖化的洋蔥一起快炒，搭配酥脆的煎玉米糕享用。

維內托各省也有獨到的菜餚。維洛納省精緻的烹飪可追溯到文藝復興時期強盛的領主史卡立傑利（Scaligeri）家族。伊索拉德拉斯卡拉（Isola della Scala）這個稻米產地對維洛納的影響，從本省的燉飯就能看得出來。維洛納也有 bigoli 這種特產的圓粗麵條。最值得一提的是，他們以維洛納燉肉把綿軟如雲朵的馬鈴薯麵疙瘩提升到另一個境界；這種迷人的肉醬加入肉桂與本省特產的亞曼羅涅紅酒提味。每年狂歡節那週的最後一個

在維內托省索亞維地區的中世紀村莊裡，景色如畫的索亞維葡萄酒莊園。

義大利建築大師帕拉底歐最知名的別墅作品是維辰札的圓廳別墅（La Rotonda），一棟為了某位退休神職神員建造的觀景樓。不過他遍布維內托各地的其他作品就真的是美輪美奐的農舍了，一棟住屋就涵蓋豪華宅邸、畜舍、穀倉等等設施。他位於北部的別墅呼應山區的生活型態，位於南部的比薩尼別墅（Pisani）、波亞納別墅（Pojana）、巴多爾別墅（Badoer）則反映平原與河川文化。一般的溼壁畫描繪豐美的地景，而卡多紐別墅（Caldogno）裡由法索拉（Fasola）繪製的溼壁畫則呈現居家情境。帕拉底歐完成度最高的別墅是艾莫（Emo）與巴巴羅（Barbaro），巴巴羅別墅有許多宏偉的廳室，由知名畫家維諾內些（Veronese）繪製裝飾。今天我們還能從威尼斯搭乘賈多拉平底船進入佛斯卡利別墅（Villa Foscari，又稱馬爾孔藤塔別墅〔La Malcontenta〕），帕拉底歐最初的設計就是如此。

艾莫別墅的主層有義大利文藝復興畫家巴蒂斯塔・澤羅提（Battista Zelotti）的溼壁畫。

星期五，維洛納都會舉辦熱鬧的麵疙瘩節來宣揚這道絕配美食。這一天會有候選人扮成留著大把白鬍子的地精，再由眾人票選出扮相最逼真者，成為年度「Papà del Gnoco」，也就是麵疙瘩王，率領民眾遊行。

在美得令人屏息的維辰札省，帕拉底歐式別墅坐落在平緩的丘陵間，當地的料理也與高雅的景緻相匹配，其中首先令人想到的就是美味的鴨肉與鵝肉料理。「人生有如一碗櫻桃。」這句俗話肯定來自維辰札市附近的馬羅斯蒂卡（Marostica）。這裡出產柔軟多汁又甜美的櫻桃，風靡義大利全國，本省每年6月也會舉辦收成慶典。

風光如畫的帕多瓦省東側鄰接亞得里亞海，本省最知名的就是有800年悠久歷史的帕多瓦大學（伽利略曾經在這裡講學）、蒙塔涅納（Montagnana）火腿與特產禽肉，知名度和敘述的順序無關。帕多瓦曾被貴族統治，又鄰近威尼斯，這些也反映在本地許多高雅的菜色上，例如富貴燉飯（risotto ricco），這道菜之所以會叫這個名字，是因為裡面用的雞肉跟蕈菇是米飯的兩倍之多。布倫塔運河沿途各地也不容錯過，有成排的豪華貴族別墅和出色的海鮮餐廳。

特雷維索省（Treviso）以濃重但精緻的烹飪自豪。這裡出產知名的「能吃的花」——當地人這麼暱稱他們舉世聞名的紫菊苣，許多繽紛熱鬧的豐年慶典也是為了禮讚這樣作物。他們會給菊苣鑲入餡料，把焦糖化的菊苣做成麵食醬料，或鋪在佛卡夏上，又或者煮化在充滿奶油香的燉飯裡，也會裹上麵糊油炸。在眾多菊苣品種裡，tardivo（意思是「遲開」）是最美觀的，說不定也是最美味的。另一種風行全球的本地食物是提拉米蘇（tiramisu），一般認為這種以英式什錦海綿蛋糕（trifle）為

義式生牛肉片（carpaccio）和貝里尼雞尾酒都是哈利酒吧（Harry's Bar）的發明——威尼斯的富人和名流最喜歡來這裡消磨時間。

潟湖島美食

威尼斯潟湖的群島和市鎮都屬於威尼斯的腹地範圍。聖伊拉斯莫島是朝鮮薊的同義詞。馬佐爾博島和聖克里斯蒂娜島產葡萄酒。布拉諾島（Burano）有色彩繽紛的房屋，住著來此釣魚和享用美食的遊客（別錯過這裡奶油味十足的餅乾布索拉〔bussolà〕）。托切羅島是奇普里亞尼賓館（Locanda Cipriani）所在地，數十年間曾是皇室成員與上層階級用餐的地點，如今你也能成為座上賓。卡瓦利諾島（Cavallino）古老的海關辦公建築改裝成為迷人的小旅館——1632 號賓館（Locanda alle Porte 1632）。在利都島（Lido）的馬拉莫科區（Malamocco），小餐館供應的海鮮再新鮮不過，簡直是剛從海裡跳到你盤子裡的。基奧佳是重要漁港，著名的魚市和老城區柳暗花明的角落都引人入勝。你可以參加私人帆船公司巡遊威尼斯（Cruising Venice）的行程遊覽這些島嶼，或搭乘公共水上巴士（vaporetto）自由行。

維內托的紫朝鮮薊（Violetti di Chioggia）。

藍本的甜點是 1970 年代在這裡發明的，由咖啡、馬斯卡彭乳酪，與吸飽了烈酒的手指餅乾組合而成。

往北來到多山的柏盧諾省，這裡的料理幾乎可以說是奧地利菜。例如卡松賽（casunzièi）這種包著馬鈴薯和甜菜根的餃子，有漂亮的粉紅色內餡，吃的時候拌上融化的奶油、熟成的熏瑞可達乳酪和罌粟籽。美麗的小鎮拉蒙（Lamon）以出產同名花豆聞名，本地菜也不令人失望：這裡的麵豆湯（pasta e fagioli）非常豪邁，是加了火腿而且料多實在的濃湯。另一道用了在地乳酪的美食：史奇茲玉米粥（skiz con polenta），是把史奇茲這種美味的軟質乳酪炒得焦黃，趁還在鍋裡滾燙時澆上厚厚一層新鮮的鮮奶油，與熱騰騰的玉米糕一起享用。

玉米粥、豆子、鹽漬鱈魚和米——這四種食材是維內托料理的統一元素，這真是太威尼斯了。即使這個帝國曾縱情於種出神入化的料理手法和異國風味，平民百姓的簡樸菜色仍然歷久不衰。

威尼斯人通常在運河邊上採購日常生鮮食品，而不是去雜貨店。

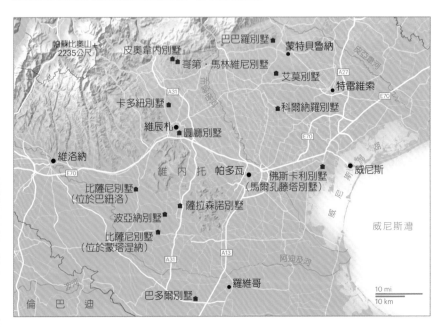

帕拉底歐式別墅 安德烈·帕拉底歐（Andrea Palladio）是義大利文藝復興時期的大建築師，他在16世紀設計的宏偉鄉居別墅散布於維內托大區，有許多已在修復後開放參觀。

Radicchio alla griglia

烤紫菊苣・4人分

美味原理:紫菊苣雖然是一種生菜,但不代表它只能用於沙拉。維內托大區各地都種植菊苣,品種繁多,亮眼的菜葉不只能生吃,也能以五花八門的方式料理。炙烤就是一個格外簡單又美味的選項:紫色的菊苣葉在炙烤後變得微脆又帶煙燻味,和它的苦味是理想的互補。這道菜主要的挑戰是要確保層層葉片不會在烤架上散落。把紫菊苣從菜心處先對半縱切,再縱切成四分之一的厚實楔形,就不會散開了。我們想把菊苣葉烤出焦香,但不想烤到焦黑。先為菊苣刷上大量的優質橄欖油,就能增添滋味和豐潤口感並避免焦黑。此外,我們希望盡量炙烤到菊苣各個表面以獲得最佳風味,所以把每塊菊苣翻轉兩次,讓兩個切面都有充分時間對著爐火。對肉類、禽肉或魚類來說,烤菊苣都是特別精緻的配菜。這道食譜使用常見的圓紫菊苣(radicchio di Chioggia)來做。

3個紫菊苣,從菜心處縱切成四等分
¼杯特級初榨橄欖油
鹽與胡椒
巴薩米克醋

❶ 把切塊菊苣放在烤盤上,刷上橄欖油,以鹽與胡椒調味。

❷ A. 使用炭烤爐:把烤爐下層通風口完全敞開。在引火爐裡裝大約八分滿的煤炭(大約5公升)並點火燃燒,等上層煤炭已有部分燒成煤灰,把炭倒出來平均鋪在架上。架好烹飪烤架,蓋上爐蓋並且把蓋子的通風口完全打開。把烤爐完全燒熱大約需要五分鐘。

B. 使用瓦斯烤爐:所有爐口開大火,蓋上爐蓋,把爐子完全燒熱大約需要15分鐘。把所有爐口降為中大火。

❸ 清潔烹飪烤網並抹油,炙烤菊苣大約五分鐘,每隔1.5分鐘翻面,直到菊苣塊邊緣上色萎縮但中心仍略為偏硬。把菊苣移到餐盤上淋上巴薩米克醋,立即享用。

Risi e bisi

豌豆湯飯 · 4-6人分

....

美味原理：威尼斯人有一項維持了好幾世紀的傳統，就是在每年 4 月 25 號的聖馬可紀念日吃豌豆湯飯，以慶祝春季收成的第一批豌豆，並藉此宣揚維內托產的稻米。這道湯飯比傳統的燉飯稀，但又比湯品濃，獨特的稠度與新鮮的風味讓它成傳遞季節訊息的大使：清爽而充滿生氣，讓人從冬天濃膩的飲食解脫之餘仍有飽足感。絕大多數的湯飯食譜都遵循確立已久的燉飯煮法，也就是分多次把高湯加入米飯裡並且拼命攪拌。既然我們的目標不是要創造那麼濃滑的稠度，不妨放下例行做法，單純像煮湯那樣來做這道菜。我們選用冷凍豌豆，因為在採收後立即處理的冷凍豌豆也保住了糖分。米粒吸收湯汁的速度很快，可以視需要添加水分。這道菜傳統上是用維亞諾內 · 納諾米來做，但也能用卡納羅利米或阿伯里歐米替代。我們在這裡使用比較小的冷凍甜豆（petite pea），也能隨個人喜好使用一般大小的豌豆。為了讓湯飯達到理想稠度，要以小火慢煮。

4杯雞高湯

1又½杯水

3大匙特級初榨橄欖油

57克培根捲，切小丁

1個洋蔥，切小丁

2瓣大蒜，切末

1杯維亞諾內 · 納諾米

2杯冷凍甜豆，解凍備用

28克帕馬森乳酪，刨絲（½杯），
　　另留一些佐餐

3大匙新鮮歐芹末

1小匙檸檬汁，另備檸檬角佐餐

鹽與胡椒

❶ 取大口深平底鍋以大火煮沸高湯和水。熄火移開鍋子，蓋上鍋蓋保溫備用。

❷ 在鑄鐵鍋裡加入橄欖油，以中小火翻炒培根捲五到七分鐘，直到培根捲上色且油脂被逼出。加入洋蔥，轉中火翻炒約五分鐘到軟化。加入蒜末翻炒大約 30 秒到冒出香氣。加入米拌炒約一分鐘，讓米粒均勻裹覆油脂。

❸ 加入五杯熱高湯拌勻，加熱至沸騰後轉中小火，蓋上鍋蓋小火慢煮約 15 分鐘，不時攪拌，直到米粒柔軟但不黏糊。

❹ 熄火，用力攪打湯飯約 15 秒，直到高湯略為變稠。加入甜豆、帕馬森乳酪、歐芹與檸檬汁拌勻，依喜好用鹽與胡椒調味。視需要用剩餘 1/2 杯熱高湯調整稠度。盛盤上桌，同時擺出帕馬森乳酪和檸檬角，隨各人喜好添加。

Baccalà mantecato

鹹鱈魚抹醬 · 約2杯

....

美味原理：維內托很容易取得新鮮海鮮，所以又乾又鹹的鱈魚可能不太像本地最受歡迎的食材之一，不過這個大區身為貿易樞紐的地位，讓居民意識到鹽漬是便宜可靠的漁獲保存方式。據說維內托有超過 150 道菜用上了鹽漬鱈魚，其中最受喜愛的菜色之一就是 baccalà mantecato，直譯的意思是「打成鮮奶油狀的鱈魚」。我們先把鹽漬 魚泡水釋出鹽分，然後在牛奶裡煮軟，再與橄欖油一起攪打成濃稠美味的抹醬。在煮鱈魚的湯汁裡放入一小袋香草，能賦予一股細緻香甜，平衡鱈魚的鹹味。鱈魚用食物處理器打成泥，會變得綿密又不完全失去口感。在大部分的魚市場和貨源豐富的大超市都找得到鹽漬鱈魚；它可以直接在室溫下儲存，但通常包裝在木盒或塑膠袋裡。在食譜步驟 1 裡切記要換水，否則抹醬會鹹得難以下嚥。這道菜傳統上是抹在小片烤玉米糕上吃（做法見右頁），但也可以搭配脆麵包（crostini）或生鮮蔬菜。

❶ 用大碗裝冷水浸泡鹽漬鱈魚，冷藏大約 24 小時，中途換水兩次，直到鱈魚軟化到能用手指輕易剝開。

❷ 把洋蔥、西洋芹、大蒜、歐芹梗和月桂葉包在過濾紗布裡，以料理用捆線紮緊封口。瀝乾鱈魚，跟香草袋、牛奶與兩杯水一起放進大口深平底鍋裡，加熱至微滾後轉小火，蓋上鍋蓋慢煮大約 30 分鐘，直到鱈魚會在用削皮刀輕戳時散開。

❸ 取出香草袋丟棄。瀝乾鱈魚，平鋪在大盤子上完全冷卻，然後以食物處理器瞬轉約八次，把鱈魚大致打碎。讓食物處理器持續運轉約一分鐘，同時緩緩加入橄欖油，再加入鮮奶油，直到混合物變的滑順均勻且略為打發，視情況把沾在側邊的材料向下刮。加入歐芹末瞬轉約四次，使混合均勻。依喜好用鹽與胡椒調味，室溫或冷藏後食用（鹹鱈魚抹醬可以冷藏保存最多兩天，食用前先取出回溫並用力攪拌以再次混合均勻）。

454克鹽漬鱈魚，檢查是否有刺殘留並剔除，用水徹底沖洗
½個洋蔥，切成2.5公分見方小塊
1支西洋芹，切成2.5公分見方小塊
3瓣大蒜，剝皮拍扁
2大匙新鮮歐芹末，留梗備用
1片月桂葉
2杯全脂牛奶
½杯特級初榨橄欖油
⅔杯重脂鮮奶油
鹽與胡椒

Polenta grigliata

烤玉米糕・4人分

美味原理：萬用的玉米粉不只能煮成乳酪玉米粥（做法見 38 頁）這類粥品，把玉米濃粥烤成玉米糕也是維內托普遍的做法。挑戰在於要確保玉米糕保有宜人的柔膩口感，又要硬得足以在炙烤時成形不散開。為了達到這個狀態，我們把典型玉米粥裡水分對玉米粉的比例降低，只加入浸透玉米粉所需的最少水量。然後我們把玉米粉煮到完全吸飽水分，再拌入幾大匙植物油以增添濃郁口感並避免黏糊。把這樣的玉米濃粥鋪在 20x20 公分的烤盤裡冷藏後，會結實得足以分切成塊。我們再把切好後的玉米糕以大火炙烤到外脆內軟滑。這道

食譜要使用顆粒大小跟庫司庫司相當的粗磨玉米粉來做。如果玉米粥剛煮十分鐘就開始冒泡噴濺，即是只有一點點，也表示火力過強，你可能需要加裝火力調節盤（做法見 38 頁）。

2杯水
½小匙鹽
1撮小蘇打粉
1杯粗磨玉米粉
3大匙特級初榨橄欖油

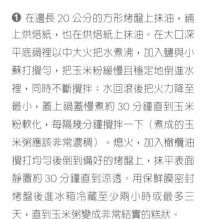

❶ 在邊長 20 公分的方形烤盤上抹油，鋪上烘焙紙，也在烘焙紙上抹油。在大口深平底鍋裡以中大火把水煮沸，加入鹽與小蘇打攪勻，把玉米粉緩慢且穩定地倒進水裡，同時不斷攪拌；水回滾後把火力降至最小，蓋上鍋蓋慢煮約 30 分鐘直到玉米粉軟化，每隔幾分鐘攪拌一下（煮成的玉米粥應該非常濃稠）。熄火，加入橄欖油攪勻均勻後倒到備好的烤盤上，抹平表面靜置約 30 分鐘直到涼透。用保鮮膜密封烤盤後進冰箱冷藏至少兩小時或最多三天，直到玉米粥變成非常結實的糕狀。

❷ 拿刀子沿玉米糕邊緣畫一圈，反扣到砧板上，丟棄烘焙紙。把玉米糕分切成四個方塊，冷藏備用。

❸ A. 使用炭烤爐：把烤爐下層通風口完全敞開。在引火爐裡裝滿的煤炭（大約 7 公升）並點火燃燒。等上層煤炭部分燒成煤灰，把炭倒出來平均鋪在烤架上。架好烹飪烤架，蓋上爐蓋並且把蓋子的通風口完全打開。把烤爐完全燒熱，大約需要五分鐘。

B. 使用瓦斯烤爐：所有爐口開大火，蓋上爐蓋等爐子完全燒熱，約 15 分鐘。讓主爐口保持大火，其餘熄火。

❹ 烤網清潔上油，然後用浸滿橄欖油的紙巾反覆擦拭約五到十次，直到又黑又光滑。把玉米糕放到烤爐上比較燙的那一邊炙烤六到八分鐘（如果是瓦斯烤爐就蓋上爐蓋），直到第一面微焦。用兩個鍋鏟輕輕把玉米糕翻面，繼續炙烤六到八分鐘，直到第二面也微焦，即可盛盤享用。

Spaghettini con le schie

蝦仁細麵 · 6-8人分

美味原理：海鮮向來是威尼斯料理的重心。最早的威尼斯住民是高超的漁夫，他們的飲食也很倚重環繞這座城市的潟湖生態系帶來的豐富漁獲。維內托麵食的知名度可能不如其他大區，但威尼斯人還是有一道蝦仁細麵，以此禮讚本島水域裡一種帶有獨特美味的小蝦。雖然在美國，這種大小的蝦子通常不怎麼樣（品質跟味道都不好），但我們非常喜歡這道菜的鮮甜鹹香與簡潔的料理手法，所以決定開發一道簡單的蝦仁細麵，在自家廚房做也一樣好吃。我們先把風味可以信賴的大蝦橫切成半，再用油跟酒熬煮蝦殼以加強蝦味。蝦殼富含的麩胺酸能增加渾厚的味覺深度，容易揮發的脂肪酸也可以在加熱後產生清新細緻的風味，成果就是非常鮮美的蝦醬汁。再加上少許蒜、奶油、檸檬皮屑和新鮮歐芹，這道上班日的晚上也能輕鬆煮的美味餐點就完成了。

❶ 在直徑 30 公分平底鍋裡大火加熱 1/4 杯橄欖油到起油紋。放入蝦殼煎二到四分鐘，直到起褐色小點，不時翻動。熄火，小心地加入白酒，一等酒汁停止沸騰冒泡，重新開中火慢煮約五分鐘。用細濾網把酒汁過濾到大碗裡，擠壓湯料以盡可能逼出汁液；固體部分棄而不用（應可得 2/3 杯酒汁）。用紙巾把平底鍋擦乾淨。

❷ 把剩餘的橄欖油和大蒜用空出來的平底鍋以中小火加熱約 30 秒，不時攪拌直到大蒜冒出香氣並開始上色，立即加入剛才準備的酒汁與 1/2 小匙鹽，加熱至微滾。加入蝦子，蓋上鍋蓋煮兩分鐘並不時攪拌，到蝦身變得不透明就熄火，加入歐芹、奶油和檸檬皮屑拌勻。

❸ 同一時間在大湯鍋裡煮沸 3.8 公升水，加入麵條與一大匙鹽，不時攪拌，直到麵條煮成彈牙口感。保留 1/2 杯煮麵水備用，麵條瀝水後倒回湯鍋。加入蝦仁醬料翻拌，讓麵條均勻裹上醬料，視需要用預留的煮麵水調整稠度。依喜好用鹽與胡椒調味，佐檸檬角享用。

⅓杯特級初榨橄欖油
910克大蝦（大約52-60隻），剝殼去泥腸，橫切成兩半，留蝦殼備用。
1杯不甜的白酒
5瓣大蒜，切末
鹽與胡椒
¼杯新鮮歐芹末
4大匙無鹽奶油，切成4塊
1又½小匙檸檬皮屑，另備檸檬角佐餐
454克義大利細直麵（spaghet-tini），或是偏細的義大利直麵（spaghetti）

Risotto alla pescatora

海鮮燉飯 · 6-8人分

美味原理：燉飯是維內托烹飪之光的一環，我們的最愛之一是維內托經典的海鮮燉飯，用海洋帶來的豐沛珍寶創造出味覺與口感的奢華混搭，以濃滑的短粒米做精彩的襯托，再用本區的美酒畫龍點睛。維內托人吃燉飯喜歡「all'onda」的口感，意思是跟其他地區的燉飯比起來，吃在嘴裡要更有流動感，質地比較稀。有鑑於可選用的海鮮種類眾多，這道菜很容易就變得太費工，所以我們決定設下一些限制。我們選擇人人喜歡的蝦子，以市售蛤蜊汁、雞湯和水混合成湯底來小火燉煮蝦殼，做出速成的海鮮高湯，再加入月桂葉和罐裝番茄丁。飯一熟透，我們就拌入蝦子、淡菜和烏賊，用米飯的熱氣溫柔地蒸熟海鮮，使肉質軟嫩得無可挑剔。別買去殼蝦仁，因為我們需要蝦殼來熬高湯。這道菜傳統上是用維亞諾內 · 納諾米來做，不過也能用卡納羅利米或阿伯里歐米替代。煮完燉飯後可能還會剩下一些海鮮高湯，這是因為不同的米煮起來也不一樣，所以我們這道食譜準備的量稍微偏多，以免不夠用。要是高湯都用完了，飯還沒煮好，可以加熱水替代。

340克大蝦（20-23隻；每454克26-30隻），剝殼去泥腸，留蝦殼備用。

2杯雞高湯

3又½ 杯水

4瓶（227克）蛤蜊汁

1罐（410克）番茄丁，瀝乾水分

2片月桂葉

5大匙無鹽奶油，切成5塊

1個洋蔥，切小丁

2杯維亞諾內 · 納諾米

5瓣大蒜，切末

1小匙新鮮百里香末或¼匙乾燥百里香末

1杯不甜的白酒

12枚淡菜，刷洗外殼並清除足絲

227克烏賊，囊袋橫切成6公釐寬的環，觸手橫切半。

2大匙新鮮歐芹末

1大匙檸檬汁

鹽與胡椒

❶ 在大口深平底鍋裡放入蝦殼、高湯、水、蛤蜊汁、番茄丁和月桂葉，加熱至沸騰後轉小火煮 20 分鐘。用細濾網把高湯過濾到大碗裡，擠壓湯料以盡可能逼出汁液，固體部分棄而不用。把高湯倒回空出來的深平底鍋裡，蓋上鍋蓋以小火加熱保溫。

❷ 在鑄鐵鍋裡以中火融化兩大匙奶油，加入洋蔥翻炒大約五分鐘至軟化。加入米、大蒜和百里香烹煮約五分鐘，經常攪拌，直到米粒邊緣轉為透明。

❸ 加入葡萄酒烹煮約兩分鐘，經常攪拌直到水分完全被吸收。加入 3 又 1/2 杯熱高湯，小火加熱至微滾並續煮約 10-12 分鐘，不時攪拌，直到水分幾乎完全被米吸收。

❹ 繼續加熱並不時攪拌，約 14-18 分鐘；每隔幾分鐘水分被吸收時就續加 1 杯熱高湯，直到燉飯呈滑順但偏稀的狀態，米粒熟透但中心仍偏硬。

❺ 加入蝦、淡菜、烏賊和一杯高湯續煮約三分鐘，不時攪拌，直到蝦子與烏賊轉為完全不透明。熄火移開鍋子，蓋上鍋蓋靜置約五分鐘，等所有的淡菜開口；把不開口的淡菜丟棄。視需要用剩餘的熱高湯調整稠度（燉飯應該呈現略偏稀軟的稠度；完成後可能還有高湯剩下）。加入剩餘的三大匙奶油、歐芹末和檸檬汁拌勻，依喜好用鹽與胡椒調味。立即享用。

Tiramisù

提拉米蘇 · 10-12人分

美味原理：馥郁的酒香、吸飽咖啡的手指餅乾，加上甜美濃滑的夾心，難怪義大利文 tiramisù 的意思是「幫我提神」。我們捨棄卡士達內餡，改為簡單地把蛋黃、糖、鹽、蘭姆酒和馬斯卡彭乳酪打勻，再加入打發鮮奶油讓口感輕盈。我們偏好蘭姆酒風味明顯的提拉米蘇，所以把手指蛋糕在咖啡、濃縮咖啡粉和大量蘭姆酒的混合液裡快速浸泡一下，但如果希望蘭姆酒味不要那麼重，在咖啡混合液裡可以減量，或是用白蘭地或威士忌替代蘭姆酒。攪打乳酪餡前，不要讓馬斯卡彭乳酪回溫到室溫。乾燥手指餅乾也叫 savoiardi，你會需要 42-60 片，視大小與品牌而定。

2又½ 杯室溫濃咖啡
1又½ 大匙即溶濃縮咖啡粉
9大匙黑蘭姆酒
6枚大蛋黃
⅔杯（132克）糖
¼小匙鹽
680克（3杯）馬斯卡彭乳酪，冷藏備用
¾杯重脂鮮奶油，冷藏備用
400克乾燥手指餅乾
3又½大匙無糖可可粉
¼杯半甜或苦甜巧克力，磨碎（非必要）

❶ 在寬口碗或烤盆裡混合咖啡、濃縮咖啡粉和五大匙蘭姆酒，攪拌到咖啡粉完全溶解。

❷ 把桌上型攪拌機接上打蛋器附件，以低速打勻蛋黃。加入糖與鹽以中高速攪打 1.5-2 分鐘直到呈淺黃色，視情況把沾在攪拌盆側面的食材往下刮。減至中速，加入剩餘的 1/4 杯蘭姆酒攪打 20-30 秒直到均勻；把攪拌盆邊緣刮乾淨。加入馬斯卡彭乳酪攪打 30-45 秒，直到沒有乳酪塊殘留，視情況把沾在攪拌盆邊緣的食材往下刮。把混合物移到大碗裡備用。

❸ 在空出來的攪拌盆裡（不用清洗）以中低速打發鮮奶油約一分鐘直到起泡，轉高速打 1-3 分鐘到乾性發泡。用橡膠刮勺舀出 1/3 分量的打發鮮奶油加進馬斯卡彭乳酪餡裡拌勻，然後加入剩餘的打發鮮奶油輕柔地翻動，直到沒有白色殘留為止。

❹ 一次取一塊手指餅乾，把一側浸泡在咖啡混合液裡轉動一下，取出平放在 33x22 公分的烤盆裡。（不要把手指餅乾整塊泡進咖啡混合液，每塊的浸泡時間不要超過二到三秒。）在烤盆裡把浸溼的餅乾平鋪成單層，為了剛好鋪滿盆底，可以視需要掰斷或切除太長的部分。

❺ 把一半的馬斯卡彭乳酪餡鋪在手指餅乾上，往烤盆邊角推勻抹平。在細濾網裡放入兩大匙可可粉，均勻地過篩撒到乳酪餡上。重複鋪上剩餘的手指餅乾和乳酪餡，在第二層上再撒 1 又 1/2 大匙可可粉。把烤盆邊緣擦乾淨，用保鮮膜封口，冷藏至少 6 小時或最多 24 小時以定形。食用前可撒上磨碎的巧克力。

Friuli-Venezia Giulia
弗留利——威尼斯朱利亞

泛歐風料理的故鄉

弗留利—威尼斯朱利亞位於義大利東北角，北鄰奧地利，東接斯洛維尼亞，西迄維內托大區，南臨亞得里亞海。這個大區的北半部是地形崎嶇破碎的卡尼克阿爾卑斯山（Carnic Alps）與丘陵地，融雪在這裡匯聚成溪流，淙淙注入深邃的湖泊。弗留利—威尼斯朱利亞的冬天是全義大利時間最長、降雪量最多的，不過天氣回暖後，阿爾卑斯山景就變得一片翠綠，有高山草原，茂密的松樹林，以及冷冽的小河。

野生獵物、鱒魚、蕈菇，以及蕁麻、繩子草與野菠菜這類草本香料，都能在山區裡獵捕與採集，高山草原上還有肉牛和乳牛在吃草。這些家牛帶來弗留利美妙的乳酪特產，其中最出名的是柔軟細緻的蒙塔西奧乳酪，可以直接吃，或做成乳酪煎餅（frico），這種用乳酪、馬鈴薯和洋蔥做成的鹹點很有嚼勁，有點類似義式烘蛋（frittata）；可以說本地的農家有多少，就有幾種乳酪煎餅，不過其中的共通點是融化的蒙塔西奧乳酪。丘陵地帶晝暖夜寒，受到來自阿爾卑斯山的北風與來自亞得里亞海的南風吹拂。這個通風良好的區域產出本大區最傑出的葡萄酒、樹生水果和醃製肉品。帶熏香的紹里斯火腿（Prosciutto di Sauris）就是當地人的最愛之一，而以海鹽醃製的聖丹尼耶列火腿（Prosciutto di San Daniele）無人能出其右，是公認義大利最好的火腿。

侵略的傳統

如果你問一個弗留利人往火車站怎麼走，別期望他會像南方人一樣順便邀請你去他家吃午餐。這裡的人不斷遭遇一波又一波的蠻族，或行徑蠻橫的外人侵略，從

烏第內在許多方面都是個現代城市，但仍保有舊世界的魅力。

弗留利—威尼斯朱利亞盛行飲用渣釀白蘭地，這種以果渣為原料的蒸餾烈酒從前被視為鄉下人的劣質酒，1980年代才重新包裝為高級酒出售。

匈人、哥德人、倫巴迪人、突厥人、威尼斯人、奧地利人、拿破崙、哈布斯堡王朝、斯拉夫人，一直到納粹。所以他們傳統上認為陌生人是個麻煩。

他們的過去幾乎都在受人支配、戰爭、貧窮與疾病中度過，同時還要在一片表面肥沃，但震災不斷的土地上求生。然而即使命運多舛，弗留利人仍然維繫了他們的文化認同，甚至保留了自己獨特的語言，同時也吸收了占領者的文化、血統和烹飪，而不是被對方同化。弗留利—威尼斯朱利亞的面積大約與波多黎各相當，當地人稱這是一片位於歐洲地理中心的小故鄉（piccola patria）。本地的烹飪也是如此。

塔利亞門托河（Tagliamento River）從卡尼克阿爾卑斯山和丘陵間奔騰而出，由錯綜複雜的溪流組成廣闊的流域，一路流進本區的心臟地帶。山谷提供了中央平原的灌溉用水，種植蔬菜與穀物，其中最重要的作物是玉米。再往南走，塔利亞門托河繼續滋潤沼澤地和稻田，最後流進大海。海岸地區西段破碎成淺潟湖，東段地勢抬升成為雪白的石灰岩峭壁。首府的里雅斯特（Trieste）位於的里亞斯特灣（Gulf of Trieste）沿岸，就在這些峭壁底部。開闊的的里雅斯特港為本區供應海鮮，還有潟湖也是，雖然漁獲較少。

文化大熔爐

史前人類經由南邊的海洋和北邊的山地來到這裡（醃製肉品的做法一般相信是

新聖安東尼堂（Church of Sant' Antonio Taumaturgo）矗立在的里雅斯特大運河邊上，氣勢恢弘。

阿爾卑斯山部族帶來的），然而到了公元前 2 世紀，本區成為羅馬帝國的殖民地，因此有了這個地名。弗留利源自「凱撒的市集廣場」（Forum Julii），威尼斯朱利亞源自「凱撒的威尼斯」（Julian's Venice）。羅馬人引進蔬菜發酵法，從本地特產醃蕪菁（brovada）就明顯可見這種遺風——把刨絲的蕪菁與果渣混合發酵，直到蕪菁變得又軟又酸。（果渣是葡萄或其他水果榨汁後的殘餘物，也用來生產渣釀白蘭地和蒸餾烈酒。）

羅馬帝國衰亡後，弗留利成為一波波入侵者手下的犧牲品，同時也吸收了這些民族的文化，成為歐洲基因與食譜的大熔爐。弗留利人在自家的拉丁式烹飪語彙裡融入了匈牙利、奧地利與斯拉夫的菜色，例如散發著紅甜椒粉香氣的匈牙利牛肉湯（goulash），以及有如布莉歐麵包的古巴那蛋糕（gubana），內層滿是黏牙的各色糖漬核果。

威尼斯在 14 到 18 世紀間對這個地區厲行剝削統治，導致遍地飢荒。弗留利人之所以倖免於餓死，是因為有人在 16 世紀引進了玉米（因此有了玉米粥），但許多人還是因為維生素缺乏症而羸弱不堪。本地人最終從磨難中重生，玉米粥至今仍是他們常吃的食物。他們會來上一盤熱騰騰的玉米粥，或是把濃稠的玉米粥做成較紮實的玉米糕，用線分割成塊來吃，剩下的再經過炙烤，與肉類一起享用。弗留利人也收編了威尼斯菜，例如他們把威尼斯經典的豌豆湯飯改造成熱量升級的版本，把米和豌豆壓成泥，配雞蛋麵一起吃。

的里雅斯特的際遇則大不相同。曾經占領本地的奧匈帝國很重視這處港口，所以恩寵有加，這個城市的口味也以較多元並行的方式發展。在的里雅斯特，你可以吃到有蝦、烏賊與淡菜的馬拉諾海鮮燉飯（risotto maranese），有如威尼斯的菜色，飯後甜點則是來自奧地利的薩赫黑巧克力蛋糕（Sacher torte）。至於你喝的濃縮咖啡（意利咖啡〔Illy〕就在的里雅斯特起家）上桌時，旁邊還會配一球打發鮮奶油。弗留利—威尼斯朱利亞在第一次世界大戰後加入義大利共和國，此後的命運就與全義大利相與共，只不過本地的政局仍經常詭譎難料，如同巴爾幹半島上的鄰國。

雜學百家的烹飪

今天稱為弗留利的地區占了本大區的最大面積，主要涵蓋南方、西方和北方。威尼斯朱利亞位於東邊，首府的里雅斯特也在這裡。這個大區有四個省：烏第內（Udine）位於東部，從阿爾卑斯山脈延伸到海邊；波代諾內（Pordenone）位於西部；面積極小的哥里加（Gorizia）位於東部，是出色的葡萄酒區，至於的里雅斯特省除了以同名的首府為重心，也有普羅賽克等沿岸市鎮，廣受喜愛的同名氣泡白葡萄酒就發源於此。

弗留利—威尼斯朱利亞的飲食匯聚了多方影響，所以奧地利的利普萄乳酪（Liptauer）在這裡用鯷魚增鮮，千層麵以罌粟籽調味，餃子餡則改填煙熏瑞可達乳酪。弗留利人熱愛馬鈴薯麵疙瘩和餃子，而他們變化出的許多版本同時反映出奧

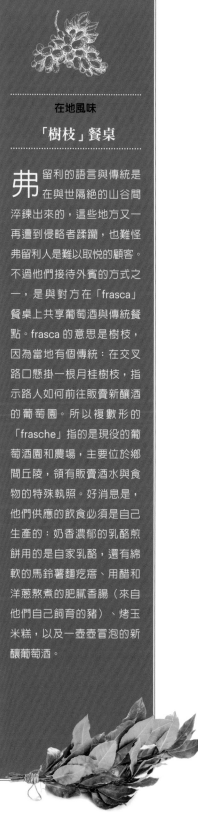

在地風味

「樹枝」餐桌

弗留利的語言與傳統是在與世隔絕的山谷間淬鍊出來的，這些地方又一再遭到侵略者蹂躪，也難怪弗留利人是難以取悅的顧客。不過他們接待外賓的方式之一，是與對方在「frasca」餐桌上共享葡萄酒與傳統餐點。frasca 的意思是樹枝，因為當地有個傳統：在交叉路口懸掛一根月桂樹枝，指示路人如何前往販賣新釀酒的葡萄園。所以複數形的「frasche」指的是現役的葡萄園和農場，主要位於鄉間丘陵，領有販賣酒水與食物的特殊執照。好消息是，他們供應的飲食必須是自己生產的：奶香濃郁的乳酪煎餅用的是自家乳酪，還有綿軟的馬鈴薯麵疙瘩、用醋和洋蔥熬煮的肥膩香腸（來自他們自己飼育的豬）、烤玉米糕，以及一壺壺冒泡的新釀葡萄酒。

式與義式的烹飪手法。例如這裡的馬鈴薯麵疙瘩就可能會用野生香草、馬鈴薯、梅子、李子、葡萄乾、南瓜或杏子當佐料。本地有一道特色菜叫「cjarsons（又寫做cjalsons）」，這種類似波蘭餃子的麵食包了混合馬鈴薯和洋蔥的甜鹹餡，外加各種違反直覺又令人困惑的食材，例如檸檬香蜂草和杏仁甜餅碎。

弗留利西門塔爾種（pezzata rossa friulana）小牛肉、盧加尼香腸（lujanis）和切巴契契（cevap，加了辛香料的豬肉與牛肉餅）通常以炙烤料理。中歐湯湯水水的燉菜也完全融入了弗留利烹飪，例如鑲包心菜（ramnasici）與芥末燉豬肉（porzino）這類菜色。蔬菜比較沒有獲得重用，而這也反映出有限的土地資源和歐洲北部的口味。然而這個大區也出產絕佳的蘆筍以及紫菊苣、菊芋，還有來自雷夏谷的大蒜，不過主要食用的蔬菜是白蕪菁、包心菜、馬鈴薯和豆類。紅色的小花豆「fajus」會用來做濃郁的酸菜豆湯（Jota）這類菜餚。這裡的麵包和甜點也反映出歐風食物大聯盟的特色：只有一層麵皮的弗留利蘋果捲（Strucolo）包了大量的水果塊，義式水果塔（crostata）則是一種類似奧地利林茲蛋糕（linzer torte）的奶油酥皮果醬塔。

弗留利人創立了一個傳統保護委員會，旨在支持供應在地葡萄酒與飲食的食堂兼小酒館（osterie），因為來到這些地方不只能嘗到鋪在罌粟籽小麵包上的多汁烤豬肉捲佐辣根泥，也是本地民間食譜的儲藏庫，為弗留利—威尼斯朱利亞經歷的考驗與磨難留下可食的紀錄，見證弗留利人的堅忍不拔。

涼爽的山風是醃製出色的紹里斯火腿的祕密武器。

弗留利的「樹枝」民宿與觀光農園 弗留利人很喜歡在農場與葡萄園戶外用餐；這些地方會供應他們最愛的在地招牌菜。

Frico friabile

乳酪薄餅・可製作八片大薄餅

....

美味原理：乳酪薄餅很神奇，只需要一種材料就能做，也是討喜的開胃菜，尤其是配上一杯冰涼的弗留利—威尼斯朱利亞白酒。只要把刨絲的乳酪煎到融化焦黃，就能做成輕薄酥脆、尺寸驚人的大薄餅，這種簡單的點心也能凸顯乳酪濃烈的風味。乳酪薄餅雖然簡單，做得不好也可能發苦或是太鹹、缺乏我們想要的酥脆口感。有些食譜用奶油或橄欖油來煎乳酪，但如果使用直徑 25 公分的不沾平底鍋就不用外加任何油脂了。想要把融成一大片圓餅的乳酪翻面又要避免扯破或變形，可以先把鍋子離火幾秒讓乳酪煎餅冷卻定型，就很容易了。大火加熱乳酪會讓它焦黃得太快和發苦，小火的烹煮時間又太長，會使得煎餅乾癟，最好是使用中火和中大火兼用的加熱方式。乳酪煎餅可以配飲料和橄欖、番茄這些開胃小點一起吃。蒙塔西奧乳酪是值得鎖定的選擇，買不到的話就用阿西亞哥乳酪替代。

454克蒙塔西奧乳酪或熟成阿西亞哥乳酪，刨絲（4杯）

把 1/2 杯乳酪絲均勻地撒在直徑 25 公分的不沾平底鍋上，以中大火加熱約四分鐘，不時晃動鍋子以確保乳酪均勻分布，直到乳酪邊緣開始變成細網狀並且呈焦黃色。乳酪開始融化時，用鍋鏟把網狀邊緣收整好，以免燒焦。平底鍋離火約 30 秒，讓乳酪定型。用叉子和鍋鏟小心地把乳酪煎餅翻面，再度以中大火加熱約兩分鐘，直到第二面焦黃。把乳酪煎餅從平底鍋滑到盤子上，繼續以同樣方式煎剩餘的乳酪。盛盤享用。

Minestra di orzo e fasio

大麥豆湯・4-6人分

美味原理：對外國人來說代表米形麵的「orzo」這個字，義大利文的原意是大麥。大麥是弗留利最重要的食材之一，當地的高海拔山區很適合種植這種作物。大麥會用來做類似燉飯的菜色，也經常與大量豆類一起煮湯，是很能暖身的冬季基本菜色。這道弗留利版的麵豆湯曾經是農家餐點，但後來成為公認的本區招牌菜。我們從準備弗留利常見食材乾紅點豆（borlotti，英文稱 cranberry bean）著手，先用鹽水隔夜浸泡，這麼一來豆皮在烹煮後會很柔軟。接下來我們把鮮美的培根捲（切成方便湯匙舀起的大小）煎出油脂，再加入洋蔥、大蒜、月桂葉，以及水和浸泡過的紅點豆同煮。到了完成前一個小時，我們再加入大麥以小火慢燉，直到豆子跟麥粒變軟，湯汁也濃稠如粥。這道湯品傳統上會煮得非常濃，你可以視需要加熱水調整稠度。不要用糙大麥、去殼大麥、快煮大麥或預蒸處理過的大麥來取代這分食譜選用的珍珠麥（購買時請詳閱包裝上的成分表）。

鹽與胡椒

227克（1又¼杯）乾紅點豆，剔選並沖洗乾淨

1大匙特級初榨橄欖油，另備部分佐餐

113克培根捲，切成6公釐見方小丁

1個洋蔥，切丁

3瓣大蒜，切末

2片月桂葉

1杯珍珠麥

¼杯新鮮歐芹末

1大匙紅酒醋

❶ 在大容器裡把 1 又 1/2 大匙的鹽溶於 1.9 公升水。放入花豆在室溫下浸泡至少八小時，最多不要超過 24 小時。瀝乾花豆並沖淨鹽水。

❷ 在大口深平底鍋裡以中大火熱油到起油紋，加入培根翻炒五到七分鐘，直到上色並逼出油脂。加入洋蔥和一小匙鹽，翻炒五到七分鐘到洋蔥軟化並略微上色。加入大蒜拌炒約 30 秒到冒出香氣。

❸ 加入花豆、12 杯水（2.84 公升）和月桂葉攪勻，水滾後降為中小火，蓋上鍋蓋（略留縫隙）慢煮約一小時，不時攪拌，直到豆子煮軟。

❹ 加入珍珠麥攪勻，打開鍋蓋小火慢煮約一小時，不時攪拌，直到珍珠麥變軟、豆子開始散開，湯也變得濃稠。

❺ 取出月桂葉丟棄。加入歐芹和醋拌勻，依喜好以鹽與胡椒調味。視需要用熱水調整稠度。食用前可再各自淋上橄欖油。

Pollastrella alla griglia

炙烤可尼西雞 · 4人分

美味原理：弗留利人懂得把最簡單的食材化為美味又不複雜的餐點，例如把狩獵所得的野禽直接用火燒烤，除了鹽和胡椒不加任何佐料。有鑑於我們必須根據美國超市買得到的材料來下廚，所以選用容易購得的可尼西雞（Cornish game hen）；這種小家禽的肉質非常鮮美。我們把雞開背，使整隻雞厚度一致，以利均勻加熱，並且撒上鹽與胡椒調味。接下來我們架設好半炙烤的爐具，在爐溫較低的一側把雞帶皮的一面朝上炙烤，讓多油的雞皮隨著肉烤熟也慢慢變軟。最後把雞皮那一面朝下放在爐子高溫那一側，用短短幾分鐘把雞皮烤脆。鮮美多汁的烤雞肉跟傳統配菜烤玉米糕（見 117 頁）很搭。你可以趁烤雞靜置放涼時，用爐子高溫的那一側烤玉米糕。

4隻可尼西雞（每隻約570-680克），清除內臟
鹽與胡椒
檸檬角

❶ 一次處理一隻雞，把雞胸朝下放在砧板上，拿廚用剪刀剪斷脊椎骨兩側的骨頭，取下脊椎骨丟棄。把雞翻面，用力壓胸骨的地方把雞壓平。修去多餘的脂肪和雞皮。

❷ A. 使用炭烤爐：把烤爐下層通風口完全敞開。在引火爐裡裝滿煤炭（大約 7 公升）並點火燃燒。等上層煤炭部分燒成煤灰，把炭倒出來平均鋪滿一半的烤架。架好烹飪烤架，蓋上爐蓋並且把蓋子的通風口完全打開。把烤爐完全燒熱，大約需要五分鐘。

B. 使用瓦斯烤爐：所有爐口開大火，蓋上爐蓋把爐子完全燒熱，大約需要 15 分

鐘。讓主爐口保持大火，其餘熄火。視需要調整主爐口（如果是有三個爐口的烤爐，同時使用主爐口和另一個爐口）的火力，把爐溫維持在攝氏 200-230 度之間。

❸ 清潔烹飪烤網並抹油。把雞翅尖塞進雞背後方，把雞腿對著雞胸轉向內側。用鹽與胡椒調味。把雞帶皮的那側朝上放在烤架低溫的那一邊（如果是用炭烤爐，把雞的大小腿都排成朝向炭火）。蓋上爐蓋烤 30-35 分鐘到雞皮上色、雞胸溫度達 63-66 度，中途可旋轉雞身以利均勻加熱。

❹ 用夾子小心地把雞帶皮的那一面翻朝下，移到爐子高溫那一邊。蓋上爐蓋烤三到五分鐘，直到雞皮酥脆並且呈深褐色、雞胸溫度達 71 度。注意不要烤焦。把雞移到砧板上，帶皮那一面朝上，用鋁箔紙折成罩子蓋住靜置五到十分鐘。把每隻雞切成一半或四分之一大小，佐檸檬角享用。

Verza stufata

燜培根捲皺葉捲心菜 · 4-6人分

美味原理：皺葉捲心菜（義大利文：cavolo verza；英文：Savoy cabbage）是北義主要的基本食材，英文名稱裡的Savoy 指薩瓦，是歷史上與法國和瑞士接壤的一個區域，或是大量種植這種捲心菜的西北義大利。帶著一股土香的皺葉捲心菜比一般的綠包心菜或紫甘藍味道溫和，有種輕盈鬆爽的質地，在義大利各地都有別出心裁的料理方式，而弗留利人出名的是把這種蔬菜和略帶辛香味的培根捲一起燜煮。這道療癒系菜色的做法簡單直接：把培根捲的油脂煎出來，然後把捲心菜連湯汁（通常是高湯）一起加到鍋裡，接著蓋上鍋蓋但略留縫隙，燜煮到菜葉變軟與收汁。雖然很多義大利食譜除了捲心菜和培根捲就沒多用什麼食材，不過我們覺得這道菜需要更多點深度：炒洋蔥可以增加甜味，大蒜能凸顯出捲心菜的土香，最後拌入的歐芹末能帶來宜人的清新感。

2大匙無鹽奶油
113克培根捲，切小丁
1個洋蔥，剖半切細絲
4瓣大蒜，切薄片
1個皺葉捲心菜（680克），去菜心，切細絲
2杯雞高湯
1片月桂葉
2大匙新鮮歐芹末
鹽與胡椒

❶ 在鑄鐵鍋裡以中火融化奶油。加入培根翻炒五到七分鐘到上色並逼出油脂。加入洋蔥翻炒五到七分鐘，直到軟化並略微上色。加入大蒜拌炒約 30 秒到冒出香氣。

❷ 加入捲心菜、高湯和月桂葉拌勻，加熱至沸騰後降至中小火，蓋上鍋蓋但略留縫隙。小火慢煮約 45 分鐘，直到捲心菜變軟、湯汁全部收乾。取出月桂葉丟棄，加入歐芹末拌勻，依喜好以鹽與胡椒調味。盛盤上桌。

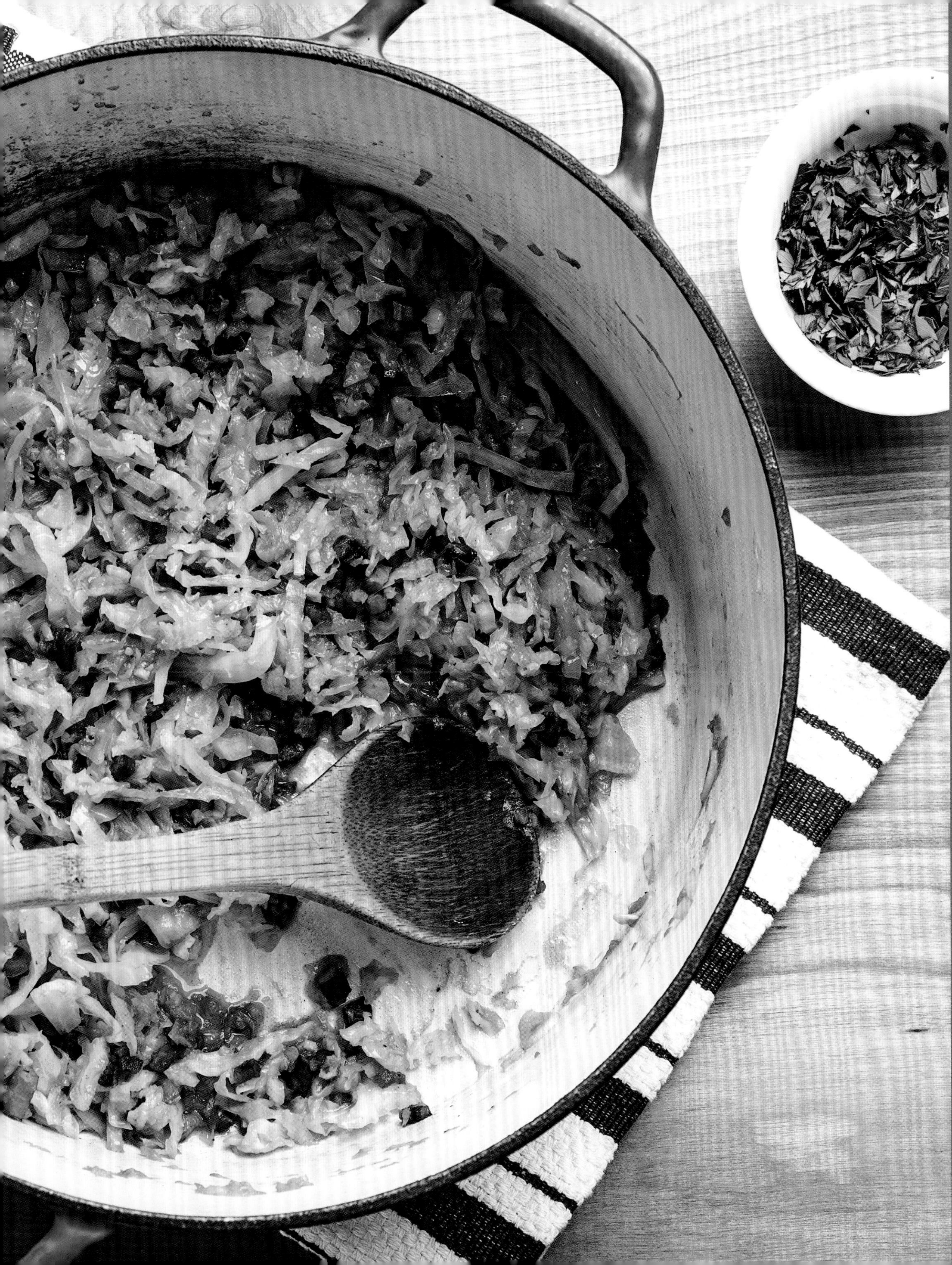

Emilia-Romagna
艾米利亞──羅馬涅

樂啖豬肉，悅享美食

對美食行家來說，艾米利亞─羅馬涅大區的首府綽號叫「胖子波隆納」，而且這個城市最重要的不是那所 1088 年創立的古老大學（歐洲第一所大學），而是它的食物。根據一些旅遊手冊，艾米利亞和羅馬涅雖然曾是分離的政體，兩地的烹飪如今已融為一體。不過事實不然。艾米利亞的廚藝傳統有王公貴族的遺風，羅馬涅則根植於庶民的烹飪。我們能同意的是，這兩地的平民都跟隔壁的托斯卡尼大區一樣，有盡可能善用手邊食材的貧窮烹飪（Cucina Povera）傳統。

這個大區的性格實際冷靜又不失優雅，是屬於北方的調性。如果說波隆納（Bologna）的珍饈威名遠播，波河平原上的其他省分也不相上下──諸如莫德納（Modena）、帕馬、非拉拉（Ferrara），都是世界各地的饕客琅琅上口的地名。這是一個以飼養牛與豬為重的地方，遍地生產絲滑的火腿、知名的乳酪與最精緻的麵食，並且被冠以天馬行空的名字：小帽餃、餡餅餃（tortelli，常譯為義式餛飩）、馬尾餡餅餃（tortelli con la coda）──全都搭配美酒享用。

古老民族的交叉路口

　　凱爾特人、翁布里人（Umbri）、伊特魯里亞人、高盧人、古羅馬人、凶殘的倫巴迪人──所有來到本地的民族都對這片和煦怡人的谷地垂涎不已。不過本區名稱的來源是結合兩條古羅馬要道的結果：艾米利亞古道（Via Emilia）以鋪設這條道路的執政官馬可斯·艾米利烏斯·雷比達（Marcus Aemilius Lepidus）為

在波隆納馬久雷廣場（Piazza Maggiore）的騎樓下用餐。

這世界上少有比一鍋慢燉中的義式肉醬的蒸騰熱氣更令人陶醉的東西。義大利的每個省都會烹煮這種著名的醬料，每個城鎮與廚師各有版本，但唯獨波隆納肉醬獲尊為正宗。這不是其他國家菜單上的「波隆納肉醬麵」（spaghetti Bolognaise）會加的那種肉醬（波隆納不產直麵，Bolognaise也不是義大利文的寫法），真正的波隆納肉醬（Salsa Bolognese）是專為淋在這個大區的新鮮雞蛋麵上而生，而且這種迷人的肉醬以奶油為基底，散發著葡萄酒和肉豆蔻的芳香。煮的時候要讓肉醬冒著慵懶的泡泡、小火慢燉（有時要燉上五小時），完成前或許再加點鮮奶油或松露屑。曾有一位幽默作家表示，波隆納之所以會建造那些如今成為全市象徵的斜石塔，就是為了讓居民到了塔上更容易聞到每戶人家飄出來的美味無比的肉醬香氣。

名，羅美亞古道（Via Romea）則通往永恆之城羅馬。艾米利亞古道是一條幾近筆直的東西向道路，從亞得里亞海岸的里米尼（Rimini）到倫巴迪邊界上的皮亞辰札（Piacenza），把沿途許多非凡的城市，以及使它們獨樹一格的美食如珍珠般串連起來：且塞納（Cesena）、福利（Forlì）、波隆納、莫德納，還有帕馬。羅美亞古道則是連通里米尼與羅馬的南北向道路。今日這兩條道路因為運貨卡車和重型機車而喧囂不休，不過曾有一千年的時間，載滿帝國物料的雙輪馬車在上面往來不絕。牛車載著火腿、橄欖油、葡萄酒、穀物以及鄉下種植的農產品運往沿途市鎮。

富饒之地的豐美飲食

大區北方的艾米利亞有如美國中西部草原般平坦肥沃，東起亞得里亞海，幾乎涵蓋了義大利靴型國土的整個中軸，最西端止於亞平寧山脈，是利古里亞大區的起點。幾百萬年前，這個介於亞得里亞海和地中海之間的區域曾位於海面下，也因此覆蓋著豐厚的沉積土壤，是義大利最富饒的農地之一。這裡是義大利首屈一指的普通小麥（grano tenero）產地，這種軟質小麥用於製作本地出色的薄麵皮（sfoglia的意思是葉子或薄片）。這種幾近透光的手工麵皮能用於各種飽滿的包餡麵點，也能做成薄如紙的寬扁麵、折管麵（garganelli）和其他各種麵條。

這片廣闊的農耕地區因為它出名的果園而芳香四溢，從中走過一遍，就能了解為什麼有人視本地為義大利的水果盆。這裡的櫻桃、桃子和梨子不只當成水果吃，也做成備受好評的加工食品和義式冰淇淋。

艾米利亞的平原上有數千座乳牛場，供應牛奶給超過 300 家酪農業者（casari），這些乳酪職人生產的是義大利最極品的牛乳酪──帕馬森乳酪。製作

在番茄盛產季節時，帕馬街頭一個鮮紅奪目的水果攤。

帕馬森乳酪產區的酪農細心照料這裡的乳牛；牠們的牛奶要用來製作全世界最知名的乳酪。

乳酪的副產品：乳清，會餵給艾米利亞的肉豬，這些嬌生慣養的肥小豬又被製成出色的醃肉（salumi），品質公認是世界頂尖。同樣使用這些牛奶做成的是優質的奶油，也是本地傳統的烹飪用油，深厚又圓潤的風味可以化最簡單的料理為佳餚，例如經典的黃金奶油鼠尾醬（burro oro e salvia）就從緞帶麵到馬鈴薯麵疙瘩都能拌，給水煮扁豆淋上一勺也很美味。

　　本區東半部的羅馬涅地區位於亞德里亞海岸和馬凱大區之間。毫無疑問，這裡是屬於古羅馬人的義大利，在羅馬帝國之前的公元前 12 世紀初期又是伊特魯里亞人的地盤。傳奇的伊特魯里亞人雖然被羅馬人趕走，但他們對美好生活的品味存續至今。這裡的里米尼省正是費德里柯・費里尼（Federico Fellini）的出生地。里米尼人以繽紛的海濱城鎮和露天小餐館擁抱美好人生，每兩年還會在本地一個公園裡舉辦為期四天、以費里尼命名的國際義式冰淇淋大賽。「忠於一間餐廳比忠於一個女人更容易」，就是語出這位玩世不恭的大導演。你可以在里米尼市的老城區中心參觀費里尼博物館。

貴族與農民的結合

　　艾米利亞—羅馬涅對宴飲的愛好既出自天性，也和後天教養有關。這是有權有勢的統治家族順著貴族性情培養出來的作風。羅馬帝國衰亡後，封建領主為了掌控

醃肉（salumi）在義大利文裡的另一個名稱是「insaccati」，意思是「裝在袋子裡的」。

山風吹拂成的帕馬火腿

鹽 漬風乾的 DOP 帕馬火腿是全世界最炙手可熱的火腿，製作時需要四種要素：以乳清（製作帕馬森乳酪所得的副產品）、大麥、玉米和水果細心餵養的健康肉豬，乾爽的山區空氣，鹽，以及製作訣竅。在帕馬省，這四樣全到齊了。穩定的氣流從維西利亞河（Versilia River）升起，一路吹過亞平寧山脈，來到山脈另一側的圓頂丘陵時，已經滿載了沿途的橄欖樹叢、栗樹與松樹林的香氣。這些丘陵上坐落著寬敞的火腿工坊，十個月大的肉豬後腿就在這裡鹽漬、懸掛陰乾、定時按摩——所有的風土精華就這麼凝聚在一片帕馬火腿裡。

富饒的平原和丘陵地而互相爭鬥。到了文藝復興時代，統治本大區的貴族有非拉拉的艾斯特（Este）、波隆納的本蒂沃利 （Bentivoglio）、里米尼的馬拉泰斯塔（Maletesta）、帕馬和皮亞辰札的法爾內塞（Farnese）。盛宴不只在他們的宮廷裡繼續，還一直延伸到 18 世紀：當時的帕馬由哈斯布堡王朝的女公爵瑪麗─路易莎（Marie-Louise，拿破崙一世的第二任妻子）統治，她不只是法國皇后，也把巴黎的醬料和糕點一併帶到艾米利亞的新家。這段歷時 400 年的宮廷飲食成為本區現代烹飪的前身。非拉拉的梅西斯布戈塔（torta di farro Messisbugo）是一種口感柔滑的乳酪塔，邊緣鑲著一圈以番紅花染色的金黃色塔皮，就是克里斯多費羅 · 迪 · 梅西斯布戈（Cristoforo di Messisbugo）的傑作。他是 16 世紀艾斯特宮廷的管家，而他為這個家族所做的烹飪紀錄替自己贏得一個貴族頭銜。這個大區的農家烹飪也在數百年間演進，尤其是老百姓在嚴冬中一邊圍在火爐邊取暖、一邊挖空心思變出的美味餐點，透過飽足的玉米粥、質樸的鄉村麵包和美味的派餅流傳下來。

各省的微妙差異

本區九個省的烹飪雖然大同小異，但也各有別無分號的特產。波隆納當仁不讓，是波隆納摩塔戴拉香腸（Mortadella Bologna）的發源地。這種香腸的口感細滑，肉色粉紅如牡丹花瓣，實際的外觀和味道都比較接近德式而非義式香腸。公元 8 世紀的倫巴迪國王利烏普蘭德（Liutprand）曾在國力鼎盛時期占領本地，也令人不禁猜想，這種香腸說不定是當時一些香腸師傅的發明。

莫德納是法拉利跑車、男高音帕瓦洛第、優質臘腸和巴薩米克醋的故鄉──對本地人來說，這種調味醋的地位比較接近宗教聖物，是品質卓越的同義詞。艾米利亞每個省分都有各自版本的清燉肉（bollito misto）。這道用料奢華的大菜只在特殊場合才會吃到，而來自莫德納的清燉肉用了包括當地知名的豬腳腸（zampone）在內的十種不同肉品，吃的時候還會配上三種醬料，是各色清燉肉當中的極品。

充滿貴族氣息的非拉拉有一長串特殊的特產名單，其中最出名的就是有 IGP 認證的南瓜小帽餃（cappellacci di zucca），麵皮輕薄如羽毛，包著散發肉豆蔻香的南瓜餡。這裡的猶太烹飪傳統則有熏鵝肉和精緻的杏仁膏甜點這些例子。雷久內艾米利亞（Reggio Emilia）也有希伯來傳統，以燉菜和莙蓬菜派（scarpazzone）聞名。如果你在某個星期四來到這裡，可能會發現專賣店在販售火雞和小牛肉餅（polpettone di tacchino）這類為即將到來的安息日準備的食物。

帕馬這座文化底蘊深厚的城市，是作曲家威爾第和指揮家托斯卡尼尼的出生地，而它為世人帶來饗宴的除了音樂之外還有很多種。帕馬所在的同名省分就是帕馬森乳酪的命名由來，也因為精緻的烹飪和高檔食材，獲推崇為義大利的飲食首都。

蘿拉新鮮麵坊（Pasta Fresca Laura）的主人蘿拉·馬尤利（Laura Maioli）與助手一起製作傳統的小帽餃。

乳酪極品帕馬森

從名字看來，帕馬森乳酪似乎只產自帕馬，但其實波河河谷各地都有人生產。雖然法定認證的產地廣及莫德納，以及部分的波隆納和倫巴迪地區，不過這是帕馬和隔壁雷久內艾米利亞省的乳酪製造商在上世紀才達成的妥協結果。這五省的土壤、季節、氣候、空氣、植被與畜牧傳統，都是確保帕馬森乳酪品質的要素，乳酪師傅的全心投入也是。

即使有些酪農業者已經改進了現代的操作方式，從舊時簡樸的酪農工坊（caseifici）改裝成有如法拉利車廠，但製作程序仍遵循傳統不變。代代相傳的乳酪師傅把一生都投注在這些製作準則上，每天要起個大早收集清晨的牛奶，因為製作帕馬森乳酪非用這種牛奶不可。你在這樣的酪農工坊裡遇到的某位師傅可能會告訴你，雖然他很快就要結婚了，卻沒時間度蜜月——這種乳酪所需的細心呵護，跟他可能為工坊生下的未來傳人需要的一樣多。不論工坊大小，不變的是遵循傳統的嚴謹製作流程，以避免帕馬森乳酪在未來淪為工業化產品。

在 18 個月到四年的熟成時間裡，帕馬森乳酪的風味會愈來愈濃醇，所以當我們劈開這些色澤有如拋光黃金的乳酪圓磚，它散發出來的香氣說是全體村民的生命與記憶並不為過。這些乳酪實在貴重，在規模較大的工坊，你可能會看到配備機關槍的警衛監視這些乳酪搬上武裝卡車以載運到市場販賣。

一塊帕馬森乳酪的真品帶有一種深稻草黃的色澤，質地堅硬、溼潤又容易剝落，略帶顆粒口感。無數的艾米利亞—羅馬涅菜餚撒上現磨的帕馬森乳酪絲，就能從只是「很好吃」提升到美味絕倫的程度。想知道為什麼，就把帕馬森當成開胃菜單獨享用，以品嚐它完整的香氣和複雜的口感——它會在你嘴裡有如小顆粒般緩緩化開，風味也隨之層層浮現。

一位乳酪職人在簡納利乳酪工坊（Caseificio Gennari）的熟成室裡照顧他珍貴的帕馬森乳酪庫存。

乳酪皮的祕密

要確保你買到的是帕馬森乳酪正品而非仿冒品，就把目標對準剛從整塊乳酪圓磚分切出來的乳酪角，注意外皮上由黑色小點戳印成的複雜標記，應該能看出乳酪的品牌名稱與生產日期。熟成時間較短的乳酪可以單吃，不過稱為stravecchio（意思是非常成熟）的陳年品項會拿來磨粉，是這個大區的豐美麵食不可少的一味食材。盡量等到要吃時再把帕馬森乳酪磨粉，以保有溼潤度與風味。有心人注意了：市面上所謂「帕馬森乳酪粉」（Pulverized Parmesan，其實是源於法文的說法）的正宗程度就跟它們的包裝材料一樣，都是人工化學產品。

坦布里尼食材鋪（Tamburini）是波隆納最讓人眼界大開的景點之一；在這家本市最老字號也最頂級的食材專賣店可以試吃許多在地美食。

兩千年的悠久傳統造就了本地聲譽卓著的火腿，本地人盡可能使用最少的鹽來醃漬出入口即化的肉質，這種手法從古至今幾乎不變。鹽漬熟成並風乾的帕馬火腿以每年近 900 萬支的速度生產，製作過程也獲得 DOP 標章的規範與保護，是當地人聲稱能溯及伊特魯里亞人時代的一門手藝。這裡也是古拉泰勒火腿（culatello）的國度，而這種無骨的火腿塊與使用整條後腿製成的帕馬火腿大異其趣。波河沿岸都有人在工坊儲藏室裡展現醃製古拉泰勒火腿這門絕活，為這種字面意思是「小屁股」的火腿注入誘人的鮮美風味。

皮亞辰札省位於艾米利亞─羅馬涅大區最西端，北界是波河，西南側是利古里亞大區的亞平寧山區。這裡曾經是南北交通的樞紐，對羅馬領土來說至關重要，也是繁榮的貿易節點。現今的皮亞辰札在美食界的名號響亮，既因為本地產米，也因為這裡出產的香腸。皮亞辰札人愛吃米的程度跟倫巴迪人不相上下，從砲彈米糕（bomba di riso）可見一斑：這種米糕是在米飯裡填入濃郁的肉醬，再用模子壓成圓拱形。他們的醃漬肉品種類繁多又可觀，其中皮亞辰札科帕火腿（Coppa Piacentina）獲得 DOP 認證，是帶有微妙辛香味的醃漬豬肩肉（在南義地區叫做 capocollo）。本省的同名首府位於波河左岸，是一座有城牆環繞的古羅馬城市，也是保存了文藝復興文化的一顆明珠。皮亞辰札的烹飪與其他城市較量毫不遜色，有自己獨特的麵疙瘩麵豆湯（pisarei e faso）：這道菜把迷你的麵包餃與各種馬鈴薯麵疙瘩一起小火燉煮，佐以番茄醬料與綿軟的紅點豆。

當貴族遇上平民

羅馬涅被教宗國畫入義大利中部領土後，開始有了更南方的性格，而且這個地區有個艾米利亞所沒有的特色：海洋。來自羅馬涅的名菜有濃厚的義式魚湯

真相解密：傳統巴薩米克醋

若說「模仿是最好的恭維」，義大利人是不會同意的，尤其你指的如果是莫德納只應天上有的特產──傳統巴薩米克醋（balsamico tradizionale，也在雷久內艾米利亞生產）。加在沙拉裡的「巴薩米克醋」是一種工業產品，如今在廚房裡已經無所不用，就算不該有甜味的菜色也照加不誤。真正的巴薩米克醋是用遵循古法的嚴謹手工，把本地土生土長的葡萄化為堪比甘露與靈丹的珍貴佐料，過程需要 12-25 年之久。不論是烤肉或燉飯，一枚桃子或一碟草莓，只要好好滴上一滴舉世無雙的巴薩米克醋，哪怕是肉或穀物，水果或蔬菜，乳酪或甜點⋯⋯都能立即充滿奇妙的酸甜風味。

真正的陳釀巴薩米克醋濃如糖漿，酸酸甜甜。

里米尼的聖萊奧（San Leo）在10世紀時是倫巴迪國王貝倫加爾二世（Berengar II）統治下的義大利王國首都。

（brodetto）以及釀了麵包碎與香草、肉質細緻的烤蝦蛄（canocchie ripiene ai ferri）。內陸省福林波波利（Forlimpopoli）值得一提的是它的廚藝學校：亞爾杜吉之家（Casa Artusi），由生於本省的美食作家培雷古利諾·亞爾杜吉（Pellegrino Artusi）創辦。亞爾杜吉是第一位在義大利統一後收集全國食譜（共 790 道菜）並彙編成書的人，「義式烹飪」的概念就是藉由這本烹飪大全奠定。這間學校是讓人沉浸學習廚藝的理想環境，可以學做樸實但經典的義式鍋煎麵包，用梳齒壓成形的空心折管麵，以及其他的羅馬涅招牌菜，還能試吃國外難得的幾款手工乳酪，例如斯夸克洛內（Squacquerone）和拉維喬洛（Raviggiolo）這兩種美味的新鮮乳酪都有 DOP 認證，但因為容易腐壞而很少賣到外地。

橄欖丘陵海岸

福利—且塞納與里米尼的亞得里亞海沿岸丘陵有暖洋流的熱氣加持，從伊特魯里亞人在山坡種下最初的橄欖樹叢起，就一直是特級初榨橄欖油的產地。這裡的橄欖油有南義上好橄欖油的濃醇，不論用於烹煮或在食物盛盤前淋上少許，都能帶來一種有深度的苦澀（amaro），對初嘗的人來說可能是種不悅的苦味。

大區南界的亞平寧山脈也位於托斯卡尼和馬凱境內，對不識途的人來說十分險峻。不過對當地人來說，亞平寧山脈富藏松露，不論黑白松露都有，還有大量的蕈菇，其中包括品質絕佳的牛肝菌菇。你在這裡會發現以原木燒烤的肉類，以及撒上

切分帕馬森乳酪要用一種形似鏟子、球型握把的鈍小刀，這是設計來讓這種乳酪的顆粒感（蛋白質結晶）保持完好的工具。

手工摘採上市的櫻桃是羅馬涅名產。

山區香草、酒香四溢的燜燉野味。山海味兼具的烹飪也在聖馬利諾（San Marino）這個奇特的小國體現。它的面積與梵蒂岡相仿，完全被義大利包圍的領土位於自羅馬涅平地拔起的丘陵之間，丘陵頂上散落著一座座城堡。要是你去里米尼參加前面提過的義式冰淇淋世界大賽，不妨前往南向 30 分鐘車程可達的聖馬利諾，在俯瞰遼闊的風景之餘，也能品嘗與羅馬涅的鍋煎麵包十分類似的麵點以及簡樸的茴香燜兔肉。

我們或許能說，艾米利亞—羅馬涅的美食饗宴在世上無人能出其右。如果你坐上這裡的餐桌，就會了解貪吃跟懂得吃有什麼差別。我們不妨借用 18 世紀的法國律師與美食家布里亞—薩瓦蘭（Brillat-Savarin）的名言來總結：我們能從一個人吃的東西看出他是怎樣的人，不過在艾米利亞—羅馬涅，知道吃的是什麼還不夠——怎麼吃也很重要。

右頁：莫德納大廣場（Piazza Grande）的莫德納大教堂（Modena's Duomo）前，一輛單車疾駛而過。

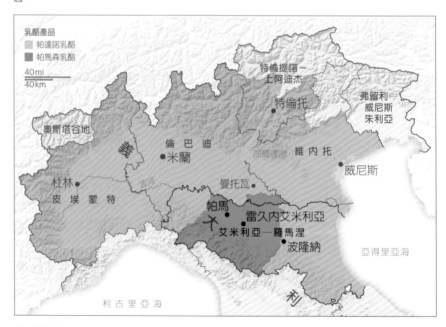

乳酪產品
　帕達諾乳酪
　帕馬森乳酪

40mi
40km

特倫提諾—上阿迪杰
特倫托
弗留利—威尼斯朱利亞
奧斯塔谷地
倫巴迪
米蘭
加爾達湖　維內托
威尼斯
杜林　皮埃蒙特
曼托瓦
帕馬
雷久內艾米利亞
艾米利亞—羅馬涅
波隆納
亞得里亞海
利古里亞海

乳酪雙雄　帕達諾是義大利第一款出口到美國的乳酪，產地範圍遠大於知名度更高的帕馬森乳酪。

Piadine romagnole

鍋煎麵包三明治 · 可做六個三明治

美味原理：鍋煎麵包曾經是艾米利亞—羅馬涅的窮人食物，現在已經上了大部分餐廳的菜單。鍋煎麵包會夾各種乳酪和醃肉再煎熱了吃，是本區最佳的街頭與節慶小吃。它的麵團油脂含量比較高，口感像麵包但比較軟，風味清淡而方便食用，很適合用來夾住美味的餡料，做成超好吃的三明治。我們遵循傳統做法，把豬油分成四分再加進牛奶裡打勻，但初次試作得到的鍋煎麵包太薄也太韌、太像麵包了。所以我們加入少許小蘇打，讓鍋煎麵包稍微膨發一點點。為了簡化，我們改用食物處理器混合麵團，一邊滴入融化的豬油以包覆麵粉微粒，以免生成太多麵筋。至於餡料，我們選擇口味溫和、入口即融的莫札瑞拉乳酪，這跟薄片的生火腿、摩塔戴拉香腸或科帕火腿很搭——全是本區產的美味豬肉加工品。芝麻菜能讓每一口咬下既清爽又有胡椒香。特級初榨橄欖油可以替代豬油，可是會讓鍋煎麵包變得稍微韌一些。不沾平底鍋可以取代鑄鐵平底鍋；先在空鍋裡放一小匙油熱鍋，然後抹勻並吸去多餘油分備用，再依食譜步驟製作麵包。

2杯（283克）通用麵粉
½小匙鹽
1/4 小匙小蘇打
1大匙融化豬油
¾杯全脂牛奶
170克薄片帕馬火腿、摩塔戴拉香腸或柯帕火腿
170克莫札瑞拉乳酪（mozzarella），刨絲（1又½杯）
57克（2杯）芝麻菜嫩葉

❶ 使用食物處理器的瞬轉功能把麵粉、鹽、小蘇打混合均勻，大約瞬轉五次。讓食物處理器持續運轉，同時緩緩加入豬油直到完全混合，再繼續加入牛奶攪拌約五秒鐘，直到麵團變成黏膩的球狀。把麵團移至略撒麵粉的流理臺上揉麵大約三分鐘，直到麵團變成光滑的圓球。

❷ 把麵團切成六等分，用抹油的保鮮膜鬆鬆地蓋住。一次取一分麵團（其餘繼續蓋好備用），切口處朝下放在乾淨流理臺上，手拱成杯狀以小圓圈轉動麵團，直到感覺麵團變成緊實的球狀。靜置鬆弛 30 分鐘。

❸ 在撒過少許麵粉的流理臺上，把一分麵團擀成直徑 20 公分、厚度均勻的圓麵皮（大約 2 公釐厚）。用保鮮膜鬆鬆地蓋住，繼續擀其餘麵團。

❹ 取直徑 30 公分鑄鐵煎鍋以中火熱鍋約三分鐘。小心地把一張圓麵皮放進鍋裡，用叉子在上面到處刺幾下，每面煎一到三分鐘，直到出現金黃斑點，如果麵皮拱起大氣泡就用叉子戳破。把鍋煎麵包移到烤盤上，用乾淨擦碗布蓋住；繼續煎剩餘的麵皮，煎好就跟之前的麵包疊放起來、用布蓋住。（冷卻後的鍋煎麵包可以用夾鏈袋保存兩天；繼續後面步驟前先微波加熱 30 秒軟化。）

❺ 空出來的鑄鐵煎鍋以中小火熱鍋兩分鐘。把生火腿、莫札瑞拉乳酪和芝麻菜均勻鋪在半張鍋煎麵包上，邊緣留 1.3 公分寬，再把麵包對折蓋過餡料，把靠近乳酪的那一面朝下放到煎鍋上，用鍋鏟背稍微壓緊餡料層；一次煎兩個三明治，每面煎大約一到三分鐘，直到乳酪融化且麵包熱透。繼續分兩次把剩下的三明治煎完。立即食用。

Arrosto di maiale al latte

奶汁燜烤豬肉 · 4-6人分

美味原理：以牛奶煮肉是艾米利亞─羅馬涅地區燜豬里肌的經典手法，這麼做也有很有道理：牛奶能使豬肉軟嫩，燜煮所得的醬汁既甜美又帶堅果香，也會被豬肉吸個飽滿。波隆納人家經常在冬季的星期天準備這道豐美的料理。你料想的沒錯，牛奶在燜煮時的表面會凝結。雖然義大利人不以為意，不過我們還是希望醬汁的賣相更漂亮。我們在醬汁裡加入少許煎鹹豬肉逼出來的油脂，就能盡量減少牛奶凝結（又能加強風味）；油脂可以裹住牛奶的酪蛋白，避免它們鍵結而產生凝結物。少許小蘇打可以增加醬汁的鹼性，讓梅納反應比較容易進行──這種化學反應可以促使食物在加熱過程中形成焦香複合物以增添風味。牛奶加入燉鍋時會冒出很多氣泡，有需要可以把鍋子離火，攪拌醬汁讓奶泡消退再重回火上加熱。我們比較喜歡用未經處理的豬肉來自己醃，如果你買的是已經調味的豬肉（打過鹽水溶液），就不要再用鹽水醃肉。

鹽與胡椒
½杯糖
1塊（907-1134克）去骨豬里肌
57克鹹豬肉，略切成大塊
3杯全脂牛奶
5瓣大蒜，去皮
1小匙新鮮鼠尾草末
½小匙小蘇打
½杯不甜的白酒
3大匙新鮮歐芹末
1小匙第戎芥末醬

❶ 在大容器裡把糖與 1/4 杯鹽溶於 1.9 公升水。把豬肉浸泡在鹽水裡，加蓋冷藏至少 1.5 小時，或最多兩小時。把豬肉從鹽水裡取出，用紙巾拍乾。

❷ 烤架置於中層，烤箱預熱到攝氏 135 度。在鑄鐵鍋裡放入鹹豬肉與 1/2 杯水以中火加熱至微滾，慢煮約 5-6 分鐘直到水蒸發、鹹豬肉開始滋滋作響。繼續加熱約二到三分鐘，經常攪拌，直到鹹豬肉略為上色且油脂被逼出。用篩勺取出豬肉丟棄，豬油留在鍋裡。

❸ 轉中大火，把去骨豬里肌放進鑄鐵鍋，每一面都煎上色，約八到十分鐘。把里肌肉移至大盤上備用。在鑄鐵鍋裡加入牛奶、大蒜、鼠尾草和小蘇打粉，加熱至微滾後刮起鍋底的焦香物質。繼續加熱 14-16 分鐘並經常攪拌，直到牛奶略為上色且稠度變得有如重脂鮮奶油。降至中小火，繼續加熱約一到三分鐘，經常攪拌與刮鍋底，直到牛奶的稠度變得有如稀麵糊。熄火。

❹ 把豬里肌放回鑄鐵鍋裡，蓋上鍋蓋進烤箱烤 40-50 分鐘，直到肉中心溫度達 60 度；中途翻面肉塊一次。取出里肌肉置於砧板上，用鋁箔紙折成罩子蓋住，靜置 20-25 分鐘。

❺ 豬肉靜置完畢後，把流出的肉汁倒回鍋裡，加入白酒並且開中大火加熱至微滾，用力把醬汁攪打均勻；小火慢煮二到三分鐘，直到醬汁稠度有如稀稀的肉汁。熄火，加入芥末與兩大匙歐芹拌勻，依喜好以鹽與胡椒調味。把豬肉分切成厚 2.5 公分的肉片，盛到餐盤上。舀牛奶醬汁淋在肉上，撒上剩餘的一大匙歐芹即可享用。

Tortellini in brodo

義式高湯餛飩 · 8-10人分

美味原理：在熱愛麵食的艾米利亞─羅馬涅大區，義式高湯餛飩是備受推崇的一道菜。它看似簡單，好像只是把餛飩半泡在一碗簡單的高湯裡，不過有幾個原因使得這道菜有點費工：這些義式餛飩外觀精緻又小巧，內餡飽滿多肉，要以複雜的手法捏成；那碗高湯雖然清淡，味道卻有微妙的層次。想要好好品味新鮮柔軟的雞蛋麵皮，以及用了本區頂級食材的內餡那多肉又豐富的滋味，這種煮法可能是最佳解。

一般人家自製義式餛飩通常是作為特殊場合的第一道菜，不過在很多義式小餐館裡隨時能吃到這道必備菜色。豬里肌和雞肉都是傳統會用的餡料，我們在這邊取用雞絞肉，因為它有均衡的肥瘦比例。此外我們也加入本區特產的帕馬火腿和摩塔戴拉香腸，這些醃漬肉品的濃郁鹹香也能幫忙創造出柔細又扎實的內餡。帕瑪森乳酪、歐芹和肉豆蔻則讓整體風味更圓融。生餛飩捏好後陰乾 30 分鐘，下鍋後較能維持

形狀不變。你可以自己熬高湯，但有鑑於包餛飩已經要花很多時間，我們發現只要在市售罐頭高湯裡加入一些雞絞肉、洋蔥、大蒜和肉豆蔻，就能大為提升風味。切記要使用一般的雞絞肉而不是標記 99% 不含脂肪的雞胸肉絞肉。我們最愛用的製麵機是義大利品牌 Marcato 推出的 Altas 150 Wellness 型號，寬度設定在第 7 級時能壓出半透明的薄麵皮。想更了解滾壓麵皮的方法，請見 365 頁。

高湯

> 227克雞絞肉
>
> 2杯雞高湯
>
> ½洋蔥，去皮
>
> 3瓣大蒜，去皮拍扁
>
> 4根歐芹
>
> ¼小匙鹽
>
> ¼小匙肉豆蔻粉

餛飩

> 113克雞絞肉
>
> 57克摩塔戴拉香腸，略剁成大塊
>
> 28克帕馬火腿，略剁成大塊
>
> 2大匙帕馬森乳酪絲
>
> 2大匙新鮮歐芹末
>
> 2大匙特級初榨橄欖油
>
> ¼小匙肉豆蔻粉
>
> 227克新鮮雞蛋麵團（做法見364頁）
>
> 1大匙鹽

❶ 烤製作高湯：把所有高湯材料放入小口深平底鍋裡，加熱至微滾後降為中小火，蓋上鍋蓋煮約 15 分鐘，直到高湯入味。用細濾網把高湯過濾到碗裡，用橡膠刮勺擠壓湯料以盡可能逼出汁液，固體部分棄而不用（高湯最久可冷藏 24 小時）。把高湯倒回空出來的深平底鍋裡，蓋上鍋蓋以小火加熱保溫。

❷ 製作餛飩：在食物處理器裡放入雞絞肉、摩塔戴拉香腸、火腿肉、帕馬森乳酪、歐芹、橄欖油、肉豆蔻粉、一大匙熱高湯，攪打約 30-45 秒到餡料均勻滑順，視情況把沾在側面的材料向下刮。把餡移到碗裡，加蓋冷藏約 30 分鐘到完全冷透。

❸ 把麵團置於乾淨的流理臺上分成三分，蓋上保鮮膜。取其中一分麵團擀成 1.3 公分厚的圓麵皮。把有滾筒的製麵器開口設定成最寬，滾壓麵皮兩次。把麵皮兩頭尖細的部分折向中間交疊壓合，再從麵皮折邊開口處送進製麵器再壓一次。接下來不用對折，重複把麵皮從壓尖那一端送進滾筒（寬度仍設定成最大）壓平，直到光滑不沾手（如果麵皮會沾手或黏在滾筒上，可以撒些麵粉再滾壓一次）。

❹ 把製麵器寬度調窄一級，再滾壓麵皮兩次，接著逐級調窄，每一級滾壓兩次麵皮，直到麵皮薄到半透光的程度。（如果麵皮長到難以掌握，可以攔腰對折再壓一次）。把麵皮移到撒了大量麵粉的烘焙紙上，蓋上另一張烘焙紙，再覆蓋一條溼擦碗布以免麵皮變乾。繼續滾壓剩餘的兩分麵團，把壓好的麵皮依前述方法跟撒粉的烘焙紙交疊備用。

❺ 在烤盤上撒大量麵粉。在略撒過粉的流理臺上用直徑 6 公分的圓型餅乾切模從一片麵皮切出小圓片（沒用到的麵皮繼續蓋好）；邊角麵皮棄而不用。在每張小圓麵皮中央放 1/2 小匙內餡。一次取一個餛飩，在麵皮邊緣抹點水，把下緣麵皮掀起來蓋過內餡與上緣對齊成半月形，捏緊邊緣封住內餡。

❻ 餛飩封口那側對著自己，把麵皮兩端往包餡處的底部拉到略為重疊，讓餛飩的形狀變成麵皮豎立圍著包餡的中心。把重疊處的餛飩皮捏合，移到備好的烤盤上。重複切麵皮和包餡的步驟（應該會捏出大約 60 個餛飩）。不用覆蓋，讓餛飩陰乾大約 30 分鐘，直到觸手感覺乾燥且略為變硬。（餛飩可以用保鮮膜包起來冷藏最多四小時，或是先凍硬再裝進夾鏈袋冷凍，最多可保存一個月。烹煮前不要解凍，只要多煮三到四分鐘即可。）

❼ 在大湯鍋裡煮沸 3.8 公升的水，加入餛飩與鹽小火慢煮二到三分鐘，經常攪拌，直到餛飩皮邊緣有彈牙口感。用篩勺把餛飩分別舀到各人碗裡，澆上熱高湯即可食用。

捏餛飩

1. 把下緣麵皮掀起來蓋過內餡與上緣對齊成半月形。捏緊邊緣封住內餡。

2. 把麵皮兩端往包餡處的底部拉到略為重疊，讓餛飩的形狀變成麵皮豎立圍著包餡的中心。把重疊處的麵皮捏合。

Erbazzone

菾蓬菜派・12人分

美味原理：雷久內艾米利亞市誕生了一種吃來最教人滿足的點心：菾蓬菜派。這種鹹派的用料豐富，內餡滿是柔嫩的蔬菜。它源於一種叫做 scarpazzoun 的農家野餐點心，材料是甜菜的菜葉梗或是菾蓬菜（義大利文俗稱 scarpa，直譯是「鞋子」），因為當地人家的菜園裡總有採不完的蔬菜可用。最後這種派變成大家熟知的「erbazzone」（直譯為香草派），裡頭填滿葉菜餡，通常是菾蓬菜。把葉菜煮到水分蒸發與萎縮，用本區的名產豬肉與大量帕瑪森乳酪提味，再裹上酥鬆的派皮烘烤。菾蓬菜派的做法變化多端——有些食譜要在餡裡加蛋，有些做成長方形，有些又做成圓形，而其中比較有爭議的一項食材是瑞可達乳酪。很多食譜不用瑞可達乳酪，然而另一些食譜又說不加這種乳酪就不算菾蓬菜派。我們喜歡不加瑞可達乳酪的版本，因為這樣更爽口又比較有土香，但如果你偏好乳酪味較濃的內餡，我們也提供加瑞可達乳酪的做法。這種派的麵皮比大部分派皮更溼潤，因為冰麵團會吸收所有多餘的水氣，變得柔軟好操作。

派皮

20大匙（2又½條）無鹽奶油，冷藏備用
2又½杯（354克）通用麵粉
1小匙鹽
½杯冰水

內餡

1大匙特級初榨橄欖油
85克培根捲，切小丁（⅔杯）
1個洋蔥，切小丁
4瓣大蒜，切末

1360克菾蓬菜，去梗切成2.5公分見方小片
113克帕馬森乳酪，刨粉（2杯）
170克（¾杯）全脂瑞可達乳酪（非必要）
1顆大蛋，略為打散

❶ 製作派皮：用大孔洞的刨絲器把 1/2 條奶油刨成屑，冷藏備用。另兩條奶油切成1.3 公分見方小塊。

❷ 用食物處理器的瞬轉功能把鹽和1又1/2杯麵粉混合均勻，大約瞬轉四次。加入奶油塊攪打約 30 秒，直到均質的麵團成形。用手小心地把麵團剝分成邊長 5 公分的小塊，平均散放在處理器的刀鋒旁。加入剩餘的一杯麵粉瞬轉四到五次，直到麵團碎裂成邊長不到 2.5 公分的小塊（大部分會比這小得多）。把麵團混合物移置中口碗裡，加入奶油屑後把碗甩動幾次，直到奶油屑分散且裹滿麵粉。

❸ 把 1/4 杯冰水撒在奶油麵團混合物上，用橡膠刮勺翻動直到均勻溼潤。撒上剩餘的 1/4 杯冰水，再次翻動拌勻。用刮勺把麵團壓緊成一團，把麵團均分成兩分，移到保鮮膜上。用保鮮膜把一分麵團包裹起來，用力壓上方與周圍，讓它變成緊實無縫的團塊，再擀成邊長 13 公分的正方形。以同樣方式處理另一分麵團，然後冷藏至少兩小時，或最多兩天。擀麵皮之前，取出冰麵團置於流理臺上略為回溫軟化，大約十分鐘。

❹ 製作餡料：烤架置於中下層，烤箱預熱至攝氏 200 度。在鑄鐵鍋放入橄欖油，以中小火翻炒 1/3 杯培根捲約五到七分鐘到上色且油脂被逼出。用篩勺把培根捲撈到碗裡備用。倒出鑄鐵鍋裡的油脂，只在鍋裡留一大匙的量。

❺ 用鍋裡剩餘的油脂以中火炒軟洋蔥，大約五分鐘。加入大蒜拌炒大約 30 秒到冒出香氣。轉大火，一把一把地加入菾蓬菜翻炒約一分鐘，直到菜葉縮小。加蓋續煮二到四分鐘，不時攪拌，直到菜葉縮水但顏色仍然鮮綠。開蓋續煮大約五分鐘，直到水分完全蒸發。把菾蓬菜舀到大碗裡靜置完全冷卻，大約 30 分鐘。

❻ 烤盤抹油備用。把帕瑪森乳酪、瑞可達乳酪（如果想加的話）和培根捲加入菾蓬菜裡拌勻。取一個麵團方塊，在撒了大量麵粉的流理臺上擀成 36x25 公分的長方形麵皮。把麵皮鬆鬆地捲在擀麵棍上，移到備好的烤盤上展開鋪平。把菾蓬菜餡平均鋪在派皮上，距邊緣留 2.5 公分寬。在邊緣的派皮上刷蛋液。

❼ 在略撒麵粉的流理臺上把另一塊麵團擀成 36x25 公分的長方形麵皮。把麵皮鬆鬆地捲在擀麵棍上，移到烤盤上展開蓋住餡料。把上下兩塊派皮的四周邊緣捏合。把派皮邊緣向內捲，用手指壓出波浪凹紋。取尖刀把表層派皮畫成 12 等分方塊（不要畫破派皮讓餡料外露）。刷上剩餘蛋液，撒上剩餘的一杯培根捲丁。

❽ 進烤箱烤 30-35 分鐘，直到派皮焦黃、培根捲變得酥脆；中途轉換烤盤方向以確保均溫。把烤盤移到成品架上靜置完全冷卻，約 30 分鐘。把派移到砧板上切分成方塊，即可盛盤食用。

Lasagne verdi alla bolognese

肉醬綠千層麵 · 10-12人分

美味原理：艾米利亞─羅馬涅是一道經典千層麵的誕生地──肉醬綠千層麵。這道備受稱道又富歡慶氣息的大菜在節慶假日或其他特殊場合享用，所用的材料是令人無法抗拒的組合：肉香濃郁的波隆納肉醬（做法見 160 頁），奶滑的白醬，大量的帕馬森乳酪，全層疊在鮮綠的薄菠菜麵皮之間。親手做菠菜麵皮聽來令人卻步，不過我們發現用冷凍菠菜跟新鮮菠菜的成果一樣好，只要用食物處理器把菠菜跟蛋一起打成泥就可以了。我們也知道要熬煮香濃美味的肉醬相當費工（但很值得），所以盡量簡化了白醬的做法。為了避免用牛奶、奶油跟麵粉煮白醬而搞得手忙腳亂，我們改採另類的選擇：茅屋乳酪（cottage cheese）。茅屋乳酪會在烘烤時融成液狀（而不是像瑞可達乳酪一樣有顆粒感），把它與鮮奶油、帕瑪森乳酪和少許玉米澱粉（避免凝結）攪打均勻，就能得到美味得出人意料的免煮白醬。最後我們在千層麵頂層的白醬上撒少許帕瑪森乳酪；這層奶醬烤好後會呈焦黃色，有酥脆的邊緣又能拔絲。我們最愛用的製麵機是義大利品牌 Marcato 推出的 Altas 150 Wellness 型號，寬度設定在第 6 級時能壓出薄而不透明的麵皮。想更了解滾壓麵皮的方法，請見 365 頁。

千層麵皮

- **142克冷凍菠菜碎，解凍並擠去水分**
- **3顆大蛋**
- **2杯（283克）通用麵粉，另備部分視需要使用**
- **1大匙鹽**
- **1大匙特級初榨橄欖油**

千層麵肉醬

- **184克帕馬森乳酪，刨粉（3又¼杯）**
- **227克（1杯）全脂瑞可達乳酪**
- **1杯重脂鮮奶油**
- **2瓣大蒜，切末**
- **1大匙玉米澱粉**
- **½小匙胡椒**
- **¼小匙鹽**
- **3杯室溫波隆納肉醬（做法見160頁）**

❶ 製作麵皮：用食物處理器攪打雞蛋與菠菜約 30 秒，直到菠菜變得非常細碎，視情況把沾在側面的材料往下刮。加入麵粉攪打大約 45 秒，直到麵團聚合成團，觸感柔軟且幾乎不黏手。（如果麵團會黏手，以每次一大匙的方式多加 1/4 杯麵粉，直到麵團幾乎不黏手。）

❷ 把麵團移至乾淨流理臺上，手揉大約兩分鐘以成為光滑的圓球。用保鮮膜密封，在室溫下靜置鬆弛至少 15 分鐘，最多不要超過兩小時。

❸ 把麵團移至乾淨流理臺上分成十等分（每分大約 78 公克），用保鮮膜覆蓋。取一分擀平為 2.5 公分厚的圓麵皮。把有滾筒的製麵器開口設定到最寬，滾壓麵皮兩次。把麵皮兩頭尖細的部分折向中間交疊壓合，再從麵皮折邊開口那端送進製麵器再壓一次。接下來不用對折，把麵皮從壓尖那一端送進滾筒重複滾壓幾次，直到麵皮變得光滑。（如果麵皮會沾手或黏在滾筒上，可以撒些麵粉再滾壓一次）。

❹ 把製麵器寬度調窄一級，再滾壓麵皮兩次，接著逐級調窄，每一級滾壓兩次麵皮，直到麵皮達到薄而韌的狀態，移至略撒麵粉的流理臺上。用披薩切分器或鋒利的刀子把麵皮切成 28x9 公分的長方形，邊角麵皮捨棄不用。不用覆蓋，讓麵皮在流理臺上靜置，繼續滾壓另外九分麵團（不要把麵皮疊起來以免黏在一起）。

❺ 在大湯鍋裡煮沸 3.8 公升的水，放入麵皮與鹽煮二到三分鐘，經常攪拌。麵皮煮軟後取出瀝乾，與橄欖油甩動混合。用夾子把麵皮分別平鋪在兩個烤盤上（有需要可稍微重疊），讓麵皮略為降溫。

❻ 製作千層麵：烤架置於中層，烤箱預熱到攝氏 220 度。取一個 33x22 的烤盆抹油備用。在碗裡混合 3 杯帕馬森乳酪、茅屋乳酪、鮮奶油、蒜末、玉米澱粉、胡椒與鹽。

❼ 把一杯肉醬平均鋪在烤盆底部。沿烤盆長邊橫鋪上兩片麵皮，可視需要切去邊緣以符合烤盆大小。平均鋪上一杯奶醬，再鋪一層麵皮。在麵皮上平鋪一杯肉醬，接著放上第三層麵皮。繼續重複鋪上奶醬、麵皮與肉醬，直到鋪了第五層麵皮為止。把剩餘奶醬平鋪在最上層，撒上剩餘的 1/4 杯帕馬森乳酪。在鋁箔紙上噴撒植物油，蓋住千層麵（最久可冷藏 24 小時）。

❽ 進烤箱烘烤到千層麵邊緣開始冒泡，大約需要 30 分鐘，然後移除鋁箔紙，續烤大約十分鐘，直到頂層出現褐色斑點。取出靜置放涼約 45 分鐘，切塊享用。

Cappellacci di zucca

南瓜小帽餃 · 6人分

美味原理：艾米利亞—羅馬涅另一道令人叫絕的包餡麵食是巧手捏成的小帽餃（cappellacci 原意為「大帽子」），形似帶尖角的大號義式餛飩。艾米利亞—羅馬涅盛產義大利南瓜（zucca），跟本區的帕馬森乳酪結合就能包成香濃美味的南瓜小帽餃，也是非拉拉市人熱愛的在地招牌菜。如果沒有肉質甜美的義大利南瓜，我們在美國能找到最好的替代品是胡桃南瓜（butternut squash）。餡料可以有各種變化，通常會加入芥末水果（一種以芥末調味的糖漬水果佐料）或碾碎的杏仁甜餅。為了減輕採買負擔，我們略過這些額外的材料不用，不過我們的確很欣賞酸酸甜甜、風味獨特的芥末水果帶來的清爽感。只要淋上少許優質的巴薩米克醋（也是本區備受推崇的特產），就能有類似的平衡效果。因為小帽餃比較大，所以我們頭幾次試做時，麵皮捏合處的封口和折邊的口感很韌，餃子也沒煮透。要解決這個問題，我們把麵皮滾壓到極薄，薄到你能透過麵皮看到自己的手。這麼一來，就算是最厚的麵皮折邊也能在幾分鐘內就煮得很柔軟。這些小枕頭似的餃子只要在融化的鼠尾草奶油裡稍微拌一下就很美味，不需要額外的醬汁。不要用冷凍南瓜來做這分食譜。我們最愛的製麵機是義大利品牌 Marcato 推出的 Altas 150 Wellness 型號，寬度設定在第 8 級時能壓出半透明的薄麵皮。想更了解滾壓麵皮的方法，請見 364 頁。

內餡

680克胡桃南瓜，削皮去籽，切成
2.5公分見方小塊（3又½ 杯）
6大匙無鹽奶油
71克帕馬森乳酪，刨粉（1又¼ 杯）
鹽與胡椒
1撮肉豆蔻粉

小帽餃

1分新鮮雞蛋麵團（做法見364頁）
6大匙無鹽奶油
1大匙新鮮鼠尾草末
鹽
巴薩米克醋
帕馬森乳酪絲

❶ 製作內餡：南瓜置於碗中，加蓋微波15-18 分鐘，直到南瓜軟透到能輕鬆用叉子刺穿；中途取出翻攪一下。小心地打開碗蓋以避免被逸出的蒸氣燙到，瀝乾南瓜。

❷ 用食物處理器把南瓜、奶油、帕馬森乳酪、1/4 小匙鹽、1/8 小匙胡椒與肉豆蔻攪打到滑順均勻，大約一分鐘，視情況把沾在側面的食材往下刮。把餡移到碗裡，冷藏 30 分鐘（最久可冷藏 24 小時）。

❸ 製作小帽餃：把麵團移到乾淨的流理臺上分成六分，用保鮮膜蓋住。取其中一分麵團擀成 1.3 公分厚的圓麵皮。把有滾筒的製麵器開口設定到最寬，滾壓麵皮兩次。把麵皮兩頭尖細的部分折向中間交疊壓合，從麵皮折邊開口那端送進製麵器再壓一次。接下來不對折，重複把麵皮從壓尖的那一端送進製麵器（寬度仍設定成最大）壓平，直到麵皮光滑且幾乎不沾手。（如果麵皮會沾手或黏在滾筒上，可以撒些麵粉再滾壓一次）。

❹ 把製麵器寬度調窄一級，再滾壓麵皮兩次，接著逐級調窄，每一級滾壓兩次麵皮，直到麵皮薄到透光、拿的時候要非常小心的程度。（這時麵皮應該有大約 13 公分寬，如果不到這個寬度，把麵皮攔腰對折再滾壓一次。）把麵皮放到撒了大量麵粉的烘焙紙上，蓋上另一張烘焙紙，再覆蓋一條溼的擦碗布以免麵皮變乾。繼續滾壓剩餘的五分麵團，把壓好的麵皮依前述方法置於撒粉的烘焙紙之間備用。

❺ 在烤盤裡撒上大量麵粉。取一片麵皮，在略撒麵粉的流理臺上用披薩切分器或鋒利的刀子切成邊長 13 公分的正方形（還沒用到的麵皮繼續蓋好）；邊角麵皮捨棄不用。在每張方形麵皮中央放一大匙內餡。一次取一張放了餡的方麵皮在邊緣抹點水，把對著自己的一角麵皮掀起來蓋過內餡與上方那一角對齊，讓餃子呈三角形。捏緊邊緣封住內餡，切去不對稱的麵皮邊。

❻ 餃子封口那一側對著自己，把等邊的兩角往包餡處的底部拉到略為重疊，讓餃子形狀變成麵皮豎起來圍著包餡的中心。把重疊處的麵皮捏合，移到備好的烤盤上。重複切麵皮和包餡的步驟（應該會捏出大約 18 個小帽餃）。不用覆蓋，讓小帽餃陰乾大約 30 分鐘，直到觸手感覺乾燥且略為變硬（小帽餃可以用保鮮膜包起來冷藏最多四小時，或是先凍硬再裝進夾鏈袋冷凍，最多可保存一個月。烹煮前不要解凍，只要小火多煮 6-8 分鐘即可）。

❼ 取直徑 30 公分平底鍋以中火融化奶油，熄火加入鼠尾草和 1/4 小匙鹽拌勻備用。在大湯鍋裡煮沸 3.8 公升水，加入一半分量的小帽餃與一大匙鹽，小火慢煮約四到六分鐘並經常攪拌，直到邊緣麵皮有彈牙口感。用篩勺把小帽餃舀到融化奶油的平底鍋裡，輕輕甩鍋讓餃子裹上奶油，蓋上鍋蓋保溫。煮餃子的水回滾，繼續煮剩下的小帽餃，然後加入奶油醬汁的平底鍋裡輕輕甩鍋混合。盛入各人碗裡，淋上巴薩米克醋、撒上帕馬森乳酪屑即可享用。

捏小帽餃

1. 把方形麵皮對著自己的一角掀起來蓋過內餡與上方那一角疊合，讓餃子呈三角形。捏緊邊緣封住內餡。

2. 把麵皮等邊的兩角往包餡處的底部拉到略為重疊，讓餃子的形狀變成麵皮豎起來圍著包餡的中心。把重疊處的麵皮捏合。

Ragù alla bolognese

波隆納肉醬 · 6-8人分

美味原理：波隆納肉醬與寬扁麵拌在一起，就成了艾米利亞—羅馬涅不可或缺的療癒系食物。波隆納肉醬其實有官方定義：義大利烹飪學院（Accademia Italiana della Cucina）規定了正統的波隆納肉醬該用哪些食材。不過波隆納人對這道料理還是各自表述，而且熱烈地爭論不休。用什麼油、怎樣的肉、加哪種湯汁、要不要番茄，該不該加牛奶又要在什麼時候加……家家戶戶各有一套。然而，如果要說有什麼共識，那就是上乘的波隆納肉醬永遠都該香濃飽滿卻不膩口，質地細緻又能溫柔地裹住麵條。我們在這道食譜裡使用了六種肉品來熬出格外濃郁又豐富的滋味：牛絞肉、豬絞肉、小牛絞肉、培根捲、摩塔戴拉香腸與雞肝泥——最後這樣食材可以帶來微妙的野味，讓肉醬更上一層樓。紅酒加上番茄糊能為肉醬帶來平衡的酸味。不過我們的食譜到這裡還缺少一個特點，也就是最好吃的波隆納肉醬都會有的質地：極度柔滑又能沾在麵條上。很多義大利食譜都說要用自家熬的牛肉高湯，因為牛骨溶出來的膠質可以讓肉醬光滑稠稅。不過自熬高湯要花很多時間，為了減輕負擔，我們直接在市售高湯裡溶入明膠，就能做出超級柔滑的肉醬了。至於牛奶，我們覺得它會讓肉味變得沒那麼鮮明，所以省略這項許多波隆納廚師視為傳統必加的材料。說到底，世界上每一種波隆納肉醬多少都有點可議之處，不是嗎？這分食譜做出的肉醬足以搭配910克的麵條；剩餘的肉醬可以冷藏最多三天或冷凍最多一個月。八小匙明膠等於一盒（28克）明膠。

1杯雞高湯
1杯牛肉高湯
8小匙原味明膠
1個洋蔥，略切成大塊
1根大紅蘿蔔，削皮略切成大塊
1支西洋芹，略切成大塊
113克培根捲，切丁
113克摩塔戴拉香腸，切丁
170克雞肝，去筋膜油脂
3大匙特級初榨橄欖油
340克瘦肉含量85%的牛絞肉
340克小牛絞肉
340克豬絞肉
3大匙新鮮鼠尾草末
1罐（170克）番茄糊
2杯不甜的紅酒
鹽與胡椒
454克新鮮雞蛋麵（做法見364頁）

❶ 在碗裡混合雞高湯與牛高湯，撒上明膠粉後靜置大約五分鐘，讓明膠軟化。

❷ 用食物處理器的瞬轉功能把洋蔥、紅蘿蔔和西洋芹打成碎末，大約瞬轉十次，視情況把沾在側邊的材料向下刮。把混合蔬菜末移到另一個碗裡。用空出來的食物處理器瞬轉培根捲、摩塔戴拉香腸大約25次，直到打成碎末再移到另一個空碗裡。用空出來的食物處理器持續攪打大約五秒鐘，把雞肝打成泥，冷藏備用。

❸ 在鑄鐵鍋裡放入橄欖油，以中大火熱鍋到起油紋。加入牛絞肉、小牛絞肉、豬絞肉拌炒10-15分鐘，直到水分全部蒸發且肉開始滋滋作響；邊炒邊用木勺把肉塊壓散。加入培根捲香腸碎末和鼠尾草拌炒約五到七分鐘，直到培根捲變得透明；可調整火力以避免鍋底燒焦。加入蔬菜末拌炒約五到七分鐘到軟化。加入番茄糊拌炒大約三分鐘，到番茄糊呈鏽褐色且發出香氣。

❹ 加入紅酒刮起鍋底焦香物質，小火慢煮約五分鐘到醬汁變稠。加入混合高湯拌勻，維持在將沸不沸的文火狀態燉煮約1.5小時，直到肉醬變得濃稠（木勺攪動時可以拉出紋路的濃度）。

❺ 加入雞肝泥拌勻，加熱至短暫微滾隨即熄火。依喜好用鹽與胡椒調味。

❻ 同一時間在大湯鍋裡煮沸3.8公升水，加入麵條與一大匙鹽，不時攪拌，直到麵條煮成彈牙口感。保留一杯煮麵水備用，麵條瀝水後倒回湯鍋。加入一半肉醬與1/2杯預留的煮麵水拌勻。視需要用剩餘1/2杯煮麵水調整稠度，即可享用。

文藝復興之都佛羅倫斯，
城市本身就是藝術傑作。

第二部

義大利中部

一個富有豪奢的古老文化奠定了中義的烹飪傳統

中義概觀

頂尖的廚藝與古老的根源

義大利中部既不是涼爽又國際化的北義，也不是炎熱又激情的南義。對有品味的遊客和他們的味蕾來說，中義落在恰到好處的平衡點。中義呈現的似乎是最能代表義大利的景觀：綿延起伏的丘陵，彷彿各色耕地拼接成的百衲被，上面進行的是由小農主導的精耕農業；古道沿途有高挺的柏樹，農舍鋪著紅瓦片，還有羅馬、奧維耶托、烏爾比諾、佛羅倫斯這些絕美的城市。中義的山脈、平原、谷地與宜人的海岸線既優美又樸實，這個義大利最多

人到訪的地區是文藝復興發源地，再加上它備受推崇的文化與烹飪，是大多數遊客心目中「義式」風情該有的樣貌。的確，義大利菜之所以這麼獨到，大致來說要歸功於中義人的廚藝，因為簡約的料理手法在他們手裡達到了更高的層次。這種細膩的特質有兩個成因：他們承接了古代祖先廣納四海所得的傳統，而且忠於在地種植與製造的優良食材。

悠遠的起源，現代的作風

對中義飲食有最顯著影響的是伊特魯里亞人，一支可能源於義大利本土或從東方移入的民族。到了公元前 6 世紀，伊特魯里亞文化已經很富強，讓他們得以建立許多仍然屹立的城市，例如維特波（Viterbo）、阿雷索（Arezzo）和佩魯加（Perugia）。他們也引進改良土地的技術，包括河川水流的調節、土地再生與灌溉系統，有些至今仍運行不輟。

許多由伊特魯里亞人率先播種的作物至今仍是本地的基本食材，例如橄欖——古伊特魯里亞領土（Etruria）是義大利最早種植橄欖樹的地區之一——以及大麥、蠶豆、各種豆科植物、芝麻、豌豆、杜蘭小麥，還有二粒小麥這個近來再度興起的

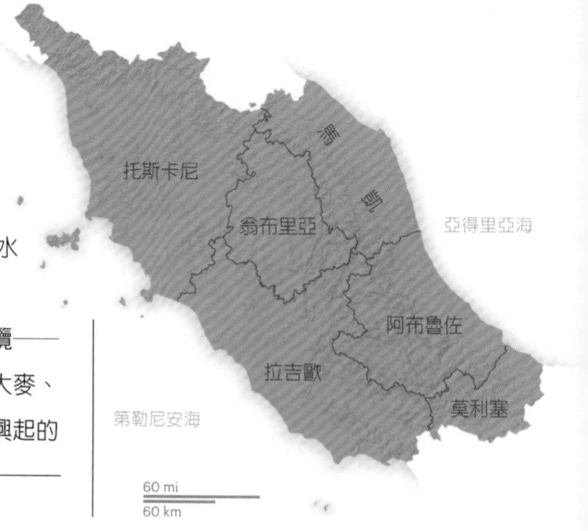

出色的食材造就出色的菜餚。

托斯卡尼

翁布里亞

亞得里亞海

阿布魯佐

拉吉歐

莫利塞

第勒尼安海

60 mi
60 km

古麥類。他們養殖魚類（跟古羅馬人與現代中義人一樣），尤其是鱘魚和鰻魚。這支古老的民族也種葡萄，是多產的酒商，從貪杯的高盧人賺得大筆進帳。他們也在北地中海沿岸開闢港口，在波河河谷建立許多商站。

我們現在認為很義式的許多特點，都能追溯到高雅世故的伊特魯里亞人身上，例如由多道菜組成的義大利餐與分量十足的午餐。有個歷久不衰的迷思認為，麵食是中國人傳給義大利人的，然而考古證據顯示，伊特魯里亞人早在公元前 4 世紀就開始製作麵食了。更明顯的證據是羅馬人的記述提到，伊特魯里亞人吃麵時會「all'olio」，也就是拌橄欖油和大蒜，而這正是現代中義人煮麵的方式。

亞平寧山脈東側到亞得里亞海之間的區域是其他義大利部族的地盤，例如翁布里人（Umbri）、皮賽恩人（Piceni）與薩莫奈人（Samnite），不過他們最終都被羅馬人打敗或同化，成為帝國公民。古代的義大利中部有茂密的林地，野味是很普遍的食物，例如野豬肉就會以桃金娘與其他野生香草調味，再插在棍子上炙烤。

紅皮蒜

在羅馬的餐廳小酌暫歇。

中義慶典
義大利中部的重要美食節

中義有些節慶源於非基督徒的豐年祭儀式，另一些則是為了推廣在地食材。以下是其中歷史最悠久也最有趣的幾個飲食慶典。

烏爾比諾公爵嘉年華（Festa Del Duca Urbino，馬凱）每年 8 月中舉行，為期三天，以盛大的遊行、競技與傳統食物宣揚烏爾比諾市的歷史。

皮恩札乳酪節（Fiera Del Cacio Pienza，托斯卡尼）每年 9 月第一個週日，這個有百年歷史的羊乳酪市集會推出音樂表演；獨特的滾乳酪輪趣味競賽在大量葡萄酒助興下更顯歡樂。

貝瓦格納蓋伊特市集（Mercato Delle Gaite Bevagna，翁布里亞）每年 6 月下旬，貝瓦格納會恢復中世紀風貌，市民穿上中世紀服裝展演古代的各行各業，酒館也會供應中世紀的飲食。

聖馬里亞廚藝節（Rassegna Dei Cuochi Santa Maria，阿布魯佐）維拉聖馬里亞是知名的廚師搖籃，為羅馬培育出許多大廚。每年 10 月中為期兩天的美食節會由本地廚師在街頭設攤。

內米草莓節（Sagra Delle Fragole Nemi，拉吉歐）為了慶祝本市名產草莓的收成，於每年 6 月第二個週日舉辦；參與慶典的人會打扮成古代的草莓採收工。

內米草莓節一景

烤豬肉捲是這種香草烤豬的現代版，每個中義地區都聲稱這是他們的招牌菜。

豐盛的食材，高雅的品味

　　中義各省種植大量的糧食作物，使得本地烹飪享有豐富的食材選擇。這種多樣性反映出中義多樣的氣候，有會結霜的氣溫帶幫助富含鈣質的蔬菜醞釀風味，也有高溫才養得出的作物，例如番茄與辣椒。除此之外，小型農家的歷史傳承經久不衰，特別適應本地風土的在地品種也得以保留，避免被工業化大規模農耕取代的命運。例如拉吉歐大區的名產是朝鮮薊和豌豆，托斯卡尼大區是豆類與義大利羽衣甘藍（black cabbage），翁布里亞大區高地、馬凱大區、阿布魯佐與莫利塞大區則是扁豆、鷹嘴豆和馬鈴薯。中部亞平寧山脈的森林富藏多種松露，中部丘陵地處處出產優質橄欖油。有人說，義大裡有多少牧羊人，就有多少種羊乳酪，中義山區也的確盛產五花八門且品質絕佳的義式綿羊乳酪（pecorino），是本地風味強烈的特產麵點不可或缺的材料，其中最知名的或許是羅馬羊乳酪（Pecorino Romano）。

　　中義六個大區的烹飪都以橄欖油為基礎，著重於使用穀類、當季農產與（在富

松露是中義常見的蕈菇，翁布里亞大區就供應了全義大利 80% 的松露，尤其是夏季黑松露。

共同的狂熱

烤豬肉（porchetta）是中義各地普遍的美食——把肉質軟嫩精瘦的整隻乳豬去骨，用柴窯燒烤。賣三明治的烤豬肉販在中義處處可見，就像美國的熱狗小販一樣，有時在街上擺攤，有時開著特別改裝的餐車——而且這門生意從公元 5 世紀就有了。剛出爐或剛卸下肉叉的烤豬肉最好吃，飽含野生茴香、迷迭香與大蒜的香氣，脆皮還滋滋作響，肉香甜多汁。各地偏好的口味略有不同，也都堅稱自己的烤豬才是最好吃的正宗版本。你可以透過參加節慶活動品嘗不同的現烤烤豬，例如每年 5 月在佩魯加的聖特倫奇亞諾迪瓜爾多卡塔內奧（San Terenziano di Gualdo Cattaneo）舉辦的「我愛烤豬節」（Porchettiamo）就是為期三天的烤豬盛宴，活動舉辦地點是名字很點題的烤豬廣場（Piazza delle Porchette）。

裕的地區）大量肉品。地勢陡峭的鄉村以羊肉和豬肉為主，平緩的丘陵與平原地帶則偏好小牛肉與牛肉，尤其是托斯卡尼。拉吉歐、馬凱、阿布魯佐與莫利塞偏好用爐臺快煮，翁布里亞與托斯卡尼盛行小火慢燉，不過所有中部大區都會燒烤肉類，在沿岸地區則改用海鮮。新鮮海產只在沿岸地區吃得到，每個港口也發展出各自的燉魚湯，在亞得里亞海沿岸稱為魚湯（brodetto），第勒尼安海沿岸稱為燉海鮮湯（cacciucco）。不靠海的翁布里亞大區內陸拿淡水湖與河川的水產入菜，也會吃義大利全國都很常見的海鮮加工品——鰻魚、鮪魚、沙丁魚、鹽漬鱈魚。

古老的二粒小麥仍然是中義人的湯料，曾是亞平寧半島高地主食的栗子粉也可見於今日的中義餐桌，用來調理玉米粥、麵餅與甜點。小麥是現代麵條與麵包的基礎食材，例如翁布里亞、托斯卡尼與馬凱的無鹽麵包。中義以麵條為主食，分成乾燥與新鮮兩大類，米飯與玉米粥的地位居次。

然而，真正貫穿所有這些在地飲食的，是中義人對簡潔與均衡的偏愛。北義菜受歐陸影響，奶味濃重；南義菜青春洋溢，口味常偏於嗆辣——相較之下，中義的烹飪自成一格。正如同今日義大利中部的特質，這裡的烹飪也是地理位置與歷史的產物。這片土地孕育出思想獨立的人民，跟義大利最原初的民族一樣，堅定地認同自己的身分。至少，中義人會這麼告訴你。

上：托斯卡尼壯觀的崖頂城鎮皮蒂利亞諾（Pitigliano）。右頁：位於佛羅倫斯南方奇安提（Chianti）丘陵區的安蒂諾里侯爵酒廠（Marchesi Antinori）品酒室一景。

中義的葡萄酒

辛香的紅酒與爽脆的白酒

1. 托斯卡尼：義大利第二大葡萄酒產區，使用山吉歐維榭（Sangiovese）與其他葡萄釀造濃醇美味的紅酒，例如奇揚地（Chianti）與蒙達奇諾的布魯奈羅（Brunello di Montalcino），以及爽脆的白酒，例如崔比亞諾（Trebbiano）和維納希（Vernaccia）。另外還有品質最精緻的「超級托斯卡尼」（Super Tuscan）。

2. 翁布里亞：知名的經典奧維耶托（Orvieto Classico）白酒使用崔比亞諾葡萄釀造，而頂級的翁布里亞紅酒會使用山吉歐維榭釀造，例如帶有泥土香的龍閣羅醍（Lungarotti），至於薩格蘭蒂諾（Sagrantino）是一種有異國香料風味的本地原生種葡萄。

3. 馬凱：維蒂奇諾是本區上等的白葡萄，帶有綠皮葡萄的香氣與杏仁味，用它釀造的傑西堡維蒂奇諾（Verdicchio dei Castelli di Jesi）白酒格外出色。本區知名紅酒有順口易飲的皮切諾（Rosso Piceno）與柯內羅（Rosso Conero），用混合了山吉歐維榭與蒙特普齊亞諾（Montepulciano）葡萄釀造而成。

4. 拉吉歐：本區紅酒主要使用法國葡萄品種釀造，不過皮里奧切內賽（Cesanese del Piglio）用的切薩內賽葡萄是本地原生種，也是許多教宗的最愛之一。至於夫拉斯卡提（Frascati）這類爽脆的優質不甜白酒是使用馬爾維薩（Malvasia）與細緻的崔比亞諾葡萄釀造而成。

5. 阿布魯佐：本地酒款都出自原生種葡萄。阿布魯佐的崔比亞諾是主要的白酒，酒體輕而不帶甜味。阿布魯佐的蒙特普齊亞諾（Montepulciano d'Abruzzo）是主要的紅酒，有單寧酸和果香。

6. 莫利塞：與阿布魯佐種植同樣的葡萄，但樸素的釀造手法是來自南部鄰區坎佩尼亞與阿普里亞的影響。

利古里亞

利 古 里 亞 海

艾米利亞—羅馬涅

聖馬利諾
聖馬利諾 ★

卡拉拉
大理石礦區

瑪塔伊亞

盧加

普拉托

佛羅倫斯 ● 非索列

烏爾比諾

比薩

亞諾河

利弗諾

平

哥戈納島

聖吉米納諾

阿雷索

古比奧

托斯卡尼

西埃納

馬久內

佩魯加

亞夕西

卡普拉雅島

皮恩札

特拉西美諾湖

斯佩洛
德魯塔 貝瓦格納

波普洛尼亞

聖特倫奇亞諾

特雷維

愛爾巴島

翁布里亞

皮亞諾沙島

奧維耶托

托 斯 卡 尼 群 島

波舍納湖

特尼

蒙特克里斯托島

吉格利歐島

維特波

加奴垂島

布拉夏諾湖

契維塔威恰

切維提里

拉吉歐

梵蒂岡城 ★ 羅馬

奧斯提亞安提卡

羅馬城堡區

內米
阿般丘陵

安濟奧

第 勒 尼 安 海

托斯卡尼

契安尼娜種（Chianina）牛肉，IGP 托斯卡尼杏仁餅（Cantuccini），經典奇揚地（Chianti Classico）紅酒，DOP 橄欖油，IGP 索拉納白豆（Sorana bean），IGP 二粒小麥，IGP 茴香臘腸（Finocchiona），IGP 科隆納塔（Colonnata）豬油，DOP 西恩納琴塔豬（Cinta Senese），DOP 盧加橄欖油，DOP 栗子，DOP 魯尼賈納（Lunigiana）蘋果，IGP 冷切摩塔戴拉香腸，DOP 托斯卡尼麵包，義式綿羊乳酪，DOP 番紅花，來亨雞，托斯卡尼羽衣甘藍

拉吉歐

DOP 羅馬羊乳酪，IGP 羔羊，乳豬，IGP 亞力西亞（Ariccia）烤豬肉捲，IGP 羅馬朝鮮薊（Romanesco artichoke），蠶豆，鷹嘴豆，加泰隆尼亞菊苣（Catalan chicory），DOP 綿羊瑞可塔乳酪，DOP 坎佩尼亞水牛莫札瑞拉乳酪（Buffalo Mozzarella of Campania），內臟，DOP 薩賓娜（Sabina）特特級初榨橄欖油，DOP 蓬泰科爾沃甜椒，IGP 中亞平寧白小牛肉，淡水魚與海鮮，櫛瓜，馬鈴薯，白芹菜，DOP 瓦萊拉諾（Vallerano）栗子，尺切大披薩（pizza by the meter）

義大利中部的地理與物產

亞平寧山脈把中義分為東西兩側，綠意盎然的土地與肥沃的森林從山嶺向平地延伸。綿羊在山間放牧，小型農場飼養家豬。地勢愈向海岸下降，氣候愈有地中海特色；這些和緩的坡地上種植著各種蔬菜，海洋則帶來豐富的漁獲。

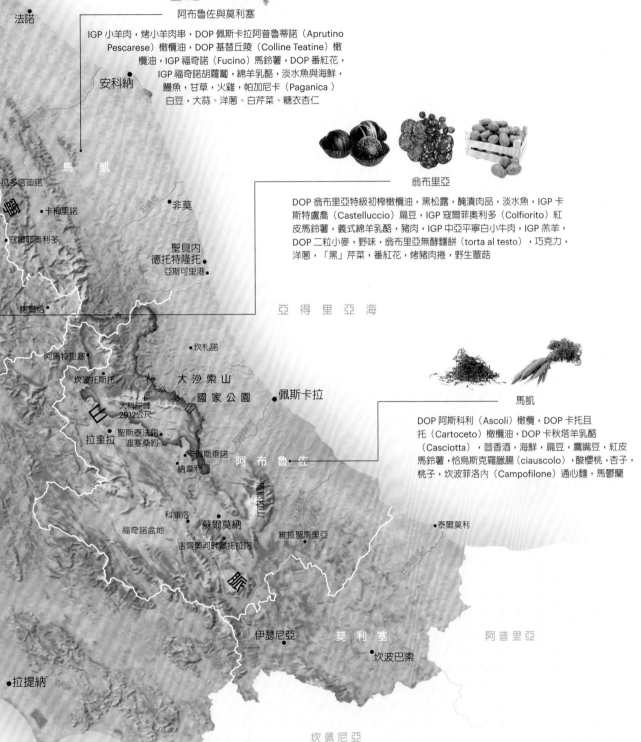

阿布魯佐與莫利塞

IGP 小羊肉，烤小羊肉串，DOP 佩斯卡拉阿普魯蒂諾（Aprutino Pescarese）橄欖油，DOP 基替丘陵（Colline Teatine）橄欖油，IGP 福奇諾（Fucino）馬鈴薯，DOP 番紅花，IGP 福奇諾胡蘿蔔，綿羊乳酪，淡水魚與海鮮，鰻魚，甘草，火雞，帕加尼卡（Paganica）白豆，大蒜、洋蔥、白芹菜、糖衣杏仁

翁布里亞

DOP 翁布里亞特級初榨橄欖油，黑松露，醃漬肉品，淡水魚，IGP 卡斯特盧喬（Castelluccio）扁豆，IGP 寇爾菲奧利多（Colfiorito）紅皮馬鈴薯，義式綿羊乳酪，豬肉，IGP 中亞平寧白小牛肉，IGP 羔羊，DOP 二粒小麥，野味，翁布里亞無酵麵餅（torta al testo），巧克力，洋蔥，「黑」芹菜，番紅花，烤豬肉捲，野生蕈菇

馬凱

DOP 阿斯科利（Ascoli）橄欖，DOP 卡托且托（Cartoceto）橄欖油，DOP 卡秋塔羊乳酪（Casciotta），茴香酒，海鮮，扁豆，鷹嘴豆，紅皮馬鈴薯，恰烏斯克羅臘腸（ciauscolo），酸櫻桃，杏子，桃子，坎波菲洛內（Campofilone）通心麵，馬鬱蘭

法諾

安科納

瓜多塔迪諾

卡梅里諾

寇爾菲奧利多

諾爾恰

非莫

聖貝內德托特隆托

亞斯可里港

馬凱

馬凱河

亞得里亞海

坎札諾

阿馬特里塞

坎波托斯托

大沙索山國家公園

大利諾峰
2912公尺

聖斯泰法諾迪塞桑約

拉奎拉

卡佩斯垂諾

納韋利

佩斯卡拉

阿布魯佐

科庫洛

蘇爾莫納

福奇諾盆地

吉齊奧河畔佩托拉諾

泰爾莫利

維拉聖馬里亞

亞平寧山脈

伊瑟尼亞

莫利塞

阿普里亞

坎波巴索

拉提納

西塞羅山
541公尺

加艾塔灣

坎佩尼亞

15 mi
15 km

Tuscany
托斯卡尼

簡單，傑出，精粹

托斯卡尼有義大利最經典的景觀，綿延起伏的丘陵上交織著綠色與金色的精耕農田，葡萄園的樹藤垂滿沉甸甸的灰紫色果實。英國詩人狄蘭・湯瑪斯（Dylan Thomas）曾寫道：「那裡的松樹山丘綿延不盡，山頂上的柏樹道盡了死亡的幽長，森林有如愛一般深沉。」托斯卡尼的林地確實陰暗涼爽，遍地是牛肝菌與松露、栗子和野味。每座小山丘頂都坐落著一棟紅瓦農舍、一座石砌教堂，或是有中世紀小巷蜿蜒其中的村莊。

這裡的城鎮有精美的大教堂與傾頹的宮殿遺址，而且店家不論賣的是鞋子或香腸，都把櫥窗陳列得美觀有型。這裡也有在文藝復興大畫家筆下出現過的風光，義大利的浪漫情懷透過本地的環境具體呈現。不過，托斯卡尼淵遠流長的高雅氣質，才是它的吸引力更深層的來源。托斯卡尼人對於飲食、藝術與科學的極致要求，向來是義大利舉國看齊的對象。

義大利中心的義大利之心

托斯卡尼雖然不在義大利的正中央（翁布里亞才是），仍是義大利的心臟地區。這個大區有三分之二是土壤肥沃、地勢和緩的鄉間丘陵地，東側是托斯卡尼與艾米利亞地區的亞平寧山脈，西臨第勒尼安海。托斯卡尼的面積大約與美國新罕布夏州相當，崎嶇多山的東界與北界分別與艾米利亞—羅馬涅和利古里亞相鄰。托斯卡尼著名的馬薩—卡拉拉（Massa-Carrara）大理石礦區就在這些山脈裡；本省特產的

奧西亞山谷（Val d'Orcia）永恆的托斯卡尼景觀。

傳承800年的潘芙蕾

西埃納的潘芙蕾（pan-
forte，直譯的意思是
結實的麵包）很像一種水果
蛋糕，富有嚼勁與辛香氣，
內層夾滿杏仁，表面撒了糖
粉。它的歷史或許能追溯到
13世紀，有紀錄顯示鎮民把
這種蛋糕奉獻給蒙特切爾索
修道院（Abbey of Monte-
celso）。當時的潘芙蕾叫做
胡椒蜂蜜麵包（panes pepa-
tos et melatos），因為麵團
中揉入了當時相信有醫療功
效的香料。它的製作方式經
久不變，但後來薩伏伊皇后
瑪格麗特（Queen Margher-
ita）在1879年參訪西埃納，
本地一名香料商為了向她致
意，製作出一款以糖粉取代
黑胡椒的版本，這個「白色
版」就是我們現在吃到的潘
芙蕾。

火腿肉與甜瓜是歷時悠久的傳統搭配。

科隆納塔香料醃豬油（Lardo di Colonnata）令人叫絕，也是放在白色大理石盒裡熟成。位於托斯卡尼東部的還有馬凱大區，南邊則是翁布里亞與拉吉歐。托斯卡尼西南部的馬雷馬沿岸低沼澤區（Maremma）曾是充滿瘴癘之氣的沼澤地，現在已經抽乾水分，成為富饒的農田。這個大區的主要河川是亞諾河（Arno），大多數重要城市都位於它的沿岸。托斯卡尼群島散布在西面海洋上，由七個島嶼組成，其中的愛爾巴島（Elba）不只是拿破崙的流放地，也以風靡小眾品酒圈的餐後甜酒艾雷提科（Aleatico）聞名。

托斯卡尼的農業反映出這個大區冷熱兼具的氣候，以混種多樣作物的小農為主，也是一項很盛行的產業。本區主要的農產品是葡萄酒（尤其在奇安提地區）與小麥。番茄與甜瓜這類軟質蔬果在中部省分阿雷索與西埃納（Siena）欣欣向榮，這一帶也出產知名的契安尼娜牛與西恩納琴塔豬——這種自由放養的肉豬吃橡實、山毛櫸果實與水果長大。托斯卡尼人製作各種豬肉加工品，例如茴香香腸與托斯卡尼火腿（Prosciutto Toscano）。火腿蜜瓜這道美味又普遍的開胃菜就是托斯卡尼的發明。本地的橄欖能榨出優質的橄欖油，尤其是盧加一帶，也是托斯卡尼人主要的烹飪用油。寒冷的內陸地區很適合捲心菜、托斯卡尼羽衣甘藍、菠菜等葉菜生長，因為冰霜可以增加它們的風味。

雖然托斯卡尼人是出了名的愛吃肉，尤其是牛肉與野豬肉，不過這裡也有不容忽視的海岸線，在歷史上的不同時期有過重要的貿易港口。例如利弗諾（Livorno）

就是 16 世紀的自由港，以多元的社會聞名，從利弗諾海鮮湯（cacciucco alla livornese）也確實看得出來：這道鮮美的燉魚湯是本市阿拉伯裔猶太人的傳統菜，通常淋在麵包上享用，有時也會淋在一盤鬆軟的庫司庫司上。

傳承 300 代的托斯卡尼血脈

托斯卡尼陽光普照、土壤肥沃，自古就有人居，並且持續了數千年之久。考古遺跡告訴我們，本地最初的居民食用蕈菇、核果、野味與烤肉──與今日的托斯卡尼人沒有太大差別。例如古代的托斯卡尼人會用栗子做麵包，這個習慣也流傳下來：佛羅倫斯絕大多數的葡萄酒吧在送來你的奇揚地紅酒時，仍會附上一盤栗子粉做成的栗子薄餅（necci）。

不過認真說來，托斯卡尼的自我認同始於伊特魯里亞人。這支古老民族的文化在公元前 1200 年興起，在公元前 6 世紀達到顛峰。早期的農耕社群在平地的村落間遷移，照料他們在村子裡的耕地，丘陵則用來放牧小群綿羊。托斯卡尼羊乳酪（Pecorino Toscano）可能就源於牧羊的傳統，而且托斯卡尼人至今都在享用這種硬質的綿羊乳酪，百年來都搭配生蠶豆食用。

托斯卡尼是中世紀重要的番紅花產地，尤其是山城聖吉米納諾，這個產業也在聖吉米納諾番紅花（Za erano di San Gimignano）取得 DOP 認證後復甦。

文藝復興早期建築師布魯涅內斯基（Brunelleschi）的偉大成就：佛羅倫斯的聖母百花大教堂（Cattedrale di Santa Maria del Fiore）。

如果某道菜標榜是「佛羅倫斯式」（alla forentina），通常表示裡面有菠菜，但未必如此：Arista alla forentina 就只是大蒜迷迭香烤豬肉。

到了公元前 1000 年初期，勤奮的伊特魯里亞人已經建立起奧維耶托、非索列（Fiesole）、佩魯加（Perugia）、比薩（Pisa）這些比較大型的城鎮，也在切維提里（Cerveteri）、波普洛尼亞（Populonia）與愛爾巴島等地開闢了港口。伊特魯里亞領土在極盛時期涵蓋現今托斯卡尼全地，外加部分的翁布里亞與拉吉歐，在波河平原上另有殖民地。接下來 700 年間，伊特魯里亞人的城市因為礦藏以及環地中海和波羅的海的貿易網絡富裕起來。他們的貿易活動有宗教情懷在背後驅使，現在仍相當明顯：許多托斯卡尼的集市都在聖人紀念日舉辦。至於伊特魯里亞烹飪的遺風，從這個大區強調風味與實在的料理手法可見一斑，例如混合了洋蔥（或大蒜）、歐芹與西洋芹的醬底（battuto）就是許多托斯卡尼菜的基礎。有些伊特魯里亞的烹調方式甚至流傳到現在，例如與迷迭香和豆子一起烹煮的鴿肉，還有用葡萄葉包裹再以炭火燒烤的牛肝菌菇。

Tuscany 這個地名源於「Tusci」，是羅馬人對伊特魯里亞人的稱呼。羅馬帝國在公元前 2 世紀侵略伊特魯里亞領土，用托斯卡尼種植的二粒小麥餵飽了自己的軍隊；這種古老的原生穀物仍然用於現代的湯品與燉菜。羅馬帝國衰亡後，托斯卡尼歷經千年的蠻族統治，不過本地的城市還是發達起來，到了 12 世紀的財力甚至雄厚到能互相競逐霸主地位。佛羅倫斯與比薩就是這樣的對手。在亞諾河河口淤塞之前，比薩是外國貨物主要的貿易管道之一，其中包括西埃納人熱愛的潘芙蕾（panforte）硬蛋糕所需的香料。傳說托斯卡尼的飛龍麵包（filone）之所以沒加鹽，是因為比薩人曾經對鹽下禁運令。然而佛羅倫斯人不以為意，沒有鹽就不用鹽。

在餐車上販賣醃製肉品與乳酪的托斯卡尼小販。

真相解密：叉子情緣

如果你去問一位法國廚師，他可能會告訴你：文藝復興時期的法國烹飪之精妙，足以和當時的義大利比肩。改為請教一名義大利人，得到的答案恐怕會是：當時的法國人粗魯無文，簡直沒資格坐上餐桌。1533 年，時年 14 歲的凱瑟琳・麥第奇（Catherine de Médicis）嫁給後來成為法國國王的亨利二世（Henry II），一併把許多托斯卡尼的風俗帶進法國。各種食品與烹飪文化會進入法國人的生活，都是這位皇后的功勞：朝鮮薊、肉凍、甜豆、綠花椰菜、蛋糕、糖漬蔬菜、鮮奶油泡芙、卡士達醬、杏仁奶油餡、冰品、萵苣、馬卡龍、乳飼小牛肉、歐芹、義式麵條、奶醬魚丸（quenelle）、煎小牛肉片（scaloppine）、雪酪（sherbet）、菠菜、小牛胸腺、松露與沙巴雍（zabaglione）、餐桌花飾、糖雕、橄欖油、奇揚地葡萄酒、白醬、白豆，還有橙汁鴨。就連甜鹹菜分開料理的手法也可能出自她的建議。雖然法國人不同意前述說法，不過義法兩國一致認可，用叉子進餐的習慣是在這位皇后的鼓勵下培養出來的。

盧加的液態黃金

義大利幾乎每個大區都種橄欖，但少數地區的特級初榨橄欖油格外香濃，也特別出名。托斯卡尼就是其中之一，又以近第勒尼安海沿岸的盧加居冠。風光如畫的盧加由伊特魯里亞人建立，這座有城牆為界的古城被綿延不盡的丘陵環繞，這些丘陵地又被銀綠色的橄欖樹葉染上一層朦朧色彩。早在公元 14 世紀，盧加市北方瑪塔伊亞地區（Matraia）的橄欖園就出產當時最搶手的橄欖油。這些丘陵的南向斜坡上坐落著許多油坊，橄欖就在這裡以傳統的石磨榨成油。現今的作業方式多少已與時俱進，而瑪塔伊亞地區的橄欖油依舊是托斯卡尼的液態黃金。盧加特級初榨橄欖油（Lucchese extra-virgin olive oil）指的是以盧卡市知名的城牆為中心，使用周圍 10 公里內橄欖樹的果實榨取的油品，通常混合了多種橄欖，色澤呈淺黃綠且質地較稀。有人形容它有一種草本植物氣息，餘味帶胡椒香，還有一抹朝鮮薊、刺菜薊與杏仁的香味。

橄欖可能源於中東，有 6000 年的栽種歷史，它的烹飪、宗教與醫療用途與許多地中海的偉大文明並肩發展。世界上有超過 700 個橄欖品種，又因為橄欖樹可以存活幾百年，有時要到 40 歲才會達到產量巔峰，所以許多古老的品種仍在現代的果園裡生長。然而，這裡的一切不只

源於傳統：盧加地區使用生物動力（biodynamic）農法的農夫比例是全義大利之冠。這種 20 世紀發展出來的農法產量比較小，換來的橄欖品質卻無人能出其右。要榨取特級初榨橄欖油，必須以不傷果皮的方式手工摘採橄欖，並且在採收 24 小時內以冷壓法榨油。

義大利人只要提到橄欖油，指的都是特級初榨。歐盟法律規定，特級初榨橄欖油只能以機械方式壓榨（不經化學或加熱處理），游離脂肪酸含量不能超過 0.8%，而這個指標代表果實在榨油時的品質。真正的特級初榨橄欖油既昂貴又需要大量人力，手工產量自然也不多，卻是托斯卡尼廚房不可或缺的食材，對所有地中海地區的烹飪文化來說也是。不論是簡單的豆子料理或樸素又令人飽足的回鍋雜菜湯（ribollita），想要給托斯卡尼菜提味，通常只需淋上少許特級初榨橄欖油。即使是一塊軟嫩多汁的契安尼娜牛排，也能在淋上一圈盧卡的液態黃金後更上一層樓。

左頁：一名農夫在採收味道濃郁的小顆橄欖，用來榨取美味的盧加橄欖油（右圖）。

橄欖油標籤解密

義大利橄欖油業界的仿冒品猖獗，我們在外國也看得一頭霧水。想確保買的是正品，這裡有幾個選購訣竅：標籤上印的應該是採收日期而非「最佳賞味期限」，也會精確寫出生產者

的名字與榨油地點。「在義大利包裝／裝瓶」不代表就產自義大利。此外也可以認明 DOP、IGP 標章或由國際橄欖油協會（IOOC）這類單位頒發的認證標章。要注意有機認證未必保證品質，未過濾

的橄欖油也不會比過濾處理的更正統。最後要注意價格：不論標籤怎麼寫，上等的橄欖油售價很少低於每公升 20 美元（約合臺幣 630 元）。

1953 年，「國家佛羅倫斯牛排黨」的競選主張是承諾讓每人都享有一塊至少 450 公克重的牛排。他們的口號呢？——「與其寄望明日的帝國偉業，不如享受今日的牛排美味。」

生於平等的烹飪

在中世紀，彼此為敵的不只托斯卡尼的各個城邦，城邦裡的貴族世家也會覬覦鄰家領土、彼此爭鬥，從有堅固堡壘圍繞的宅邸與石塔互相攻擊。聖吉米納諾（San Gimignano）這座小城至今仍留有 15 座這類壯觀的塔樓。鄰近的西埃納也是風光優美的城鎮，而他們的西埃納賽馬節（Palio di Siena）或許最為鮮活地呈現出各家族畫地為王、彼此為敵的情勢。曾有名年輕觀眾說，「這場賽馬實在太激烈了，讓人分不清他們究竟只是熱情投入，還是精神失常」。這些貴族的行徑混亂失序，殘暴的長期鬥爭也嚇壞了當地百姓。最終他們被商人階級取代，其中來自佛羅倫斯的麥第奇銀行家族後來稱霸佛羅倫斯政壇達 300 年之久。這些人是「popolo grasso」，也就是富裕階級，不過他們奢華無度的生活受到法規管控，每餐的內容與分量都有一定限制。在 15 世紀，與文藝復興一同到來的是極度樽節的風氣，從本區宏偉而素淨的建築、簡單卻精緻的烹飪可見一斑。

奧地利帝國在 18 世紀統治這個地區，在這段期間把在地治理加以現代化，托斯卡尼也搖身變成統一的現代政體。然而源於中世紀的傳統佃農分成制（mezzadria）仍然繼續運行，地主的疏於管轄最終導致生產力下降，這也是托斯卡尼的鄉村景觀到現在還是很傳統的原因。

西埃納省科倫拜亞（Colombaia）地區的一座山吉歐維榭葡萄園。

麵包、豆子與牛肉

與義大利其他地區不同的是，托斯卡尼沒有經歷過由貴族宮廷的偏寵主導的統治體系。幾百年下來，倒也孕育出一種與托斯卡尼的性格和廚藝相共鳴的自信。托斯卡尼人喜歡與個性直接又有教養的人往來，對吃的看法也一樣，要用最好的食材和最簡潔的手法來備菜。要是有什麼事物能用來比喻毫無矯飾卻要求極高的托斯卡尼人，那就是他們由麵包、豆類與肉品主導的飲食了。

Borlotti：紅點豆

麵包是托斯卡尼料理的重心。他們典型的前菜是脆麵包，一種抹上芬芳的豆泥、雞肝或奶油白松露醬的烤麵包。另一道托斯卡尼人最愛的菜裡也有麵包：麵包沙拉（panzanella），是用老麵包、新鮮番茄、黃瓜、洋蔥與橄欖油和檸檬汁拌成的沙拉（作法還有多種變化）。麵包也用於湯品，例如泡水湯（acquacotta，意思是煮的水）就是把鮮美的清湯淋在麵包上食用，有時會加雞蛋和乳酪增稠，此外也有參了麵包並以少許橄欖油調味的托斯卡尼番茄麵包湯（pappa al pomodoro）。

除此之外，豆類也舉足輕重。別的義大利人就戲稱托斯卡尼人是 mangiafagioli──吃豆子的人。自從佛羅倫斯公爵亞歷山德羅·德·麥第奇（Alessandro de' Medici）在 16 世紀首開嗜吃豆子的風潮，豆類就成為托斯卡尼廚房的必備食材。蠶豆、索拉納白豆、紅點豆、白腎豆（cannellini）都進入托斯卡尼人的麵食與湯品，例如他們終極的療癒系食物──麵豆湯，以及料多實在的回鍋雜菜湯。豆子也可以拌沙拉，有時搭配鮪魚和生紫洋蔥，或是做為配菜，例如令人印象深刻的酒瓶煮豆（fagioli al fiasco）是把豆子、橄欖油和香草裝進奇揚地酒瓶，埋在熱炭裡悶到軟爛。

豆子總是與這個大區美味絕倫的烤肉一起上桌，其中最不容錯過的就是用本區名產契安尼娜牛肉烤成的佛羅倫斯牛排（bistecca alla fiorentina）。同樣深受喜愛的還有肥美的豬里肌，通常搭配迷迭香烹煮，還有開背之後攤平燒烤的全雞──以利弗諾省白毛黃爪的來亨雞為佳。（義大利人如果想形容一個人世故有品味，可能會說他「有一雙黃色的腿」。）野禽會與鼠尾草一起串烤，野豬肉則會製作成

水浴鍋據說是托斯卡尼煉金術士克列歐法的馬利亞（Maria de' Cleofa）在16世紀發明的，所以在義大利文裡叫做「bagno maria」（馬利亞的浴盆），法文是「bain-Marie」。

個頭迷你的紅褐色香腸，或是煮成糖醋口味（all'agrodolce）：以紅酒為底，加入醉人的無糖巧克力、肉桂與鹽漬黑橄欖小火慢燉。

除了以上菜色，托斯卡那還有許多招牌菜，例如托斯卡尼粗圓麵（pici）是一種粗而柔軟的直麵，會與濃郁的肉醬一起拌炒，另外還有番茄醬料燉煮的牛肚——不論是在最時髦的餐廳或最簡陋的小吃店，都吃得到這些美食。無論如何，對嚴格的托斯卡尼人來說，食譜或用餐環境其實都無妨：只要你能用精準的火候烤出一塊一分熟的上選牛排，一切足矣。

托斯卡尼的西恩納琴塔豬。

右頁：盧加的聖彌額爾廣場（Piazza San Michele）所在地曾是古羅馬的廣場。

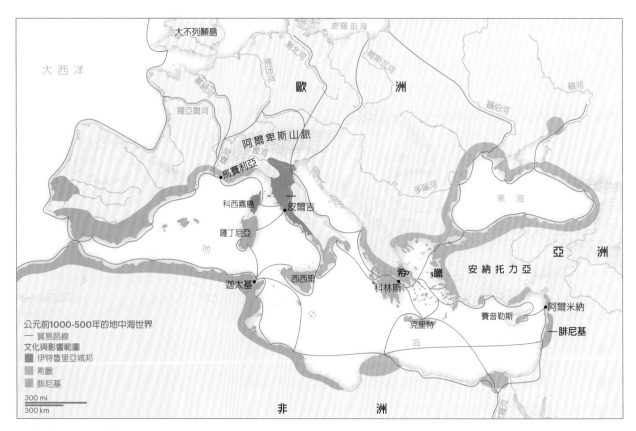

公元前1000-500年的地中海世界
— 貿易路線
文化與影響範圍
■ 伊特魯里亞城邦
希臘
腓尼基
300 mi
300 km

伊特魯里亞人的貿易網絡 義大利中部的早期民族創建了影響深遠的貿易網絡，讓托斯卡尼的葡萄酒、黑陶與礦產得以出口到環地中海各地，甚至遠及大不列顛島。

Crostini di fegatini

雞肝醬脆麵包・8-10人分

美味原理：托斯卡尼的前菜要是少了雞肝醬脆麵包，就不算完整；這道小點通常會與香腸火腿拼盤和葡萄酒一起上桌。法式肝醬的質地柔嫩，義式肝醬則帶有肉塊的口感，而這種鄉村性格是托斯卡尼烹飪的特色。肝醬的口味多元，不過每一種都有某樣特定的鹹味食材與肝搭配。我們選擇醃續隨子而非鯷魚來擔任這個角色，因為我們比較喜歡續隨子那種鹹香。除此之外，白酒（紅酒或聖酒〔vin santo〕這類甜酒會蓋過其他的味道）、鼠尾草和洋蔥都是很好的配料。很多食譜把雞肝煮到粉色完全消失，不過我們發現只煮幾分鐘的肝醬比較容易抹開，也能保有中心的粉紅色澤。快煮的雞肝保住了軟滑的口感與乾淨圓潤的風味，很容易與其他食材融合。我們認為這道肝醬趁熱吃比較好，但也可以冷藏保存（最多24小時），食用前先回溫到室溫即可。

1條義式鄉村麵包（25x13公分），切除兩端後縱切成半，再分切成2公分厚的小塊

1大瓣大蒜，去皮

6大匙無鹽奶油

1小個洋蔥，切小丁

1大匙新鮮鼠尾草碎片

鹽與胡椒

454克雞肝，清水沖洗後用紙巾拍乾，去筋與油脂

½杯不甜的白酒

2大匙醃續隨子，沖去鹽水

2大匙新鮮歐芹末

❶ 烤架置於中層，烤箱預熱至攝氏200度。把麵包片平鋪在烤盤上烘烤八到十分鐘，中途翻面一次，直到乾燥脆化。趁熱用蒜瓣磨擦麵包片的兩面後暫置一旁備用。

❷ 在直徑30公分的平底鍋裡以中大火融化奶油，加入洋蔥、鼠尾草與1/4小匙鹽，翻炒大約五分鐘到蔬菜軟化並略微上色。拌入雞肝加熱大約一分鐘，直到雞肝表面的粉紅色消失。加入白酒與續隨子小火慢煮二到四分鐘，直到湯汁濃稠如糖漿，雞肝觸手感覺略為偏硬，但中心仍呈粉紅色。

❸ 把雞肝與所有醬料倒進食物處理器，瞬轉五到七次，把雞肝大致打碎；視情況把沾在側面的食材往下刮。依喜好用鹽與胡椒調味。為每片脆麵包抹上肝醬、撒上歐芹末，即可盛盤享用。

Zuppa di fagioli alla toscana

托斯卡尼燉白豆湯・8人分

美味原理：托斯卡尼人的綽號是「吃豆子的人」，可見豆類在他們的烹飪裡占有多重要的地位。白腎豆是這個大區最知名的豆子，托斯卡尼廚師也窮盡一切手段以確保能煮出完美的白豆：有人用雨水小火慢燉，也有人把豆子裝在酒瓶裡用火爐餘燼隔夜悶熟。托斯卡尼燉白豆湯是一道典型的豆子料理，有噴香的湯底、豐富的葉菜、番茄、培根捲，此外當然還有口感如奶油般濃滑的豆子。隔夜泡水是不可或缺的步驟，能讓豆子軟化到可以徹底煮得柔膩順口。用鹽水泡豆子更能把豆皮漬軟，煮好以後會讓人吃起來幾乎感覺不到有層皮。我們試驗過不同的烹煮時間與溫度，發現用瓦斯爐大火煮會害一些豆子爆裂，所以改用烤箱以攝氏 120 度烤熟，就得到均勻完整的白豆。等湯快煮好再加番茄，能避免豆子因為番茄的酸度硬化。

鹽與胡椒
454克（2又½杯）乾燥白腎豆（cannellini），剔選並沖洗乾淨
170克培根捲，切成6公釐見方小丁
1大匙特級初榨橄欖油，另備部分佐餐
1個洋蔥，切丁
2根胡蘿蔔，削皮切成1.3公分見方小塊
2支西洋芹，切成2.5公分見方小塊
8瓣大蒜，剝皮拍扁
4杯雞高湯
水
2片月桂葉
454克羽衣甘藍或寬葉羽衣甘藍，去梗並切碎
1罐（410克）番茄丁，瀝乾水分
1支新鮮迷迭香

❶ 在大容器裡把 3 大匙鹽溶於 3.8 公升水。於室溫下浸泡白腎豆至少八小時，最多不超過 24 小時。瀝乾白腎豆並沖淨鹽水。

❷ 烤架置於中下層，烤箱預熱至攝氏 120 度。在鑄鐵鍋裡以中火用橄欖油煎培根捲六到十分鐘，不時翻炒，直到培根捲略為上色且油脂被逼出。拌入洋蔥、胡蘿蔔和西洋芹煮 10-16 分鐘，直到蔬菜軟化且略為上色。加入大蒜拌炒約一分鐘到冒出香氣。加入高湯、三杯水、月桂葉和豆子拌勻，加熱至沸騰後蓋上鍋蓋，把鍋子移入烤箱烤 45 分鐘到一小時，直到豆子幾乎軟透（豆心仍然是硬的）。

❸ 拌入羽衣甘藍和番茄，蓋上鍋蓋續烤 30-40 分鐘，直到豆子跟葉菜完全軟爛。

❹ 鍋子移出烤箱，把迷迭香枝條浸入湯汁，蓋上鍋蓋靜置 15 分鐘後，取出月桂葉和迷迭香枝條丟棄，依喜好以鹽與胡椒調味。也可以用湯匙背把一些豆子擠到鍋邊壓成泥，為湯汁增稠。食用前在各人碗中再淋上橄欖油。

Pollo al mattone

磚塊雞 · 4-6人分

美味原理：在托斯卡尼，全雞通常會先開背（剪除胸骨後把整隻雞攤開壓平）再壓在磚塊下（al mattone）炙烤。mattone指的是佛羅倫斯近郊城鎮因普魯內塔（Impruneta）生產的磚塊；這種烹飪手法最初就是用這種美麗的紅土磚來做。在開過背的雞上壓重物能達成幾個目的：確保雞身各處均勻加熱、加快烹飪速度、使雞盡可能貼在烤網上以烤出脆皮。我們先給雞抹鹽，這麼做能幫助雞肉在壓了重物又以大火炙烤時仍能含住肉汁。接下來我們在炙烤時翻轉幾次雞身，更確保受熱均勻，預先分離雞皮與雞肉也能保證雞烤好後帶有一層超酥脆的外皮。我們把鋁箔紙包裹的磚塊預熱，讓雞肉也能從上方受熱、加快烹煮速度；同時用兩塊磚可以使壓力平均分布。這道菜通常以迷迭香、大蒜和檸檬調味，我們試過把它們調成液態的醃料，但水分會害雞皮烤不脆。所以我們改以自製的大蒜香料油取代：把這些佐料泡油後瀝乾，然後像抹醬一樣摩擦雞肉入味，再把飽含佐料風味的橄欖油跟檸檬汁打成佐餐的醬汁。這分食譜要用到兩塊一般大小的磚塊（一支鑄鐵煎鍋或其他夠重

的鍋子都能取代磚頭）。磚塊會燒得很熱，拿取磚塊或是在雞身上移動磚塊時，記得用隔熱手套或擦碗布以免燙傷。滾燙的磚塊能確保雞皮均勻上色與出油。

⅓杯特級初榨橄欖油

8瓣大蒜，切末

1小匙檸檬皮屑與2大匙檸檬汁

1撮紅辣椒碎

4小匙新鮮鼠尾草末

1大匙新鮮迷迭香末

1隻（1.6-1.8公斤）全雞，去除內臟

鹽與胡椒

❶ 在小口深平底鍋裡以中小火與橄欖油煎檸檬皮屑和辣椒碎大約三分鐘，直到食材滋滋作響。拌入一大匙百里香與兩小匙迷迭香續煎 30 秒。把細濾網架在小碗上過濾香料油，盡量擠壓出食材吸收的油分。把大蒜香料移至另一碗中放涼備用。

❷ 把全雞的雞胸朝下，用廚用剪刀剪斷雞脊椎骨兩側的骨頭，移除脊椎骨丟棄。把雞翻面，用力壓胸骨處把整隻雞壓平。把雞翅收進雞的背側。用手指輕柔地分離雞胸肉和雞大腿上的雞皮，切除多餘的脂肪。

❸ 在碗裡混合 1 又 1/2 小匙鹽與 1 小匙胡椒。把兩小匙胡椒鹽加入冷卻的大蒜香草混合，然後均勻抹在雞皮下方的胸肉和腿肉上。把雞翻面，把剩餘 1/2 小匙大蒜香草鹽均勻抹在帶骨頭的體腔那一面。把雞帶皮的那一面朝上，擺在置於烤盤中的成品架上冷藏一到二小時。

❹ A. 使用炭烤爐：把烤爐下層通風口完全敞開。在引火爐裡裝大約八分滿的煤炭（大約 5 公升）並點火燃燒，等上層煤炭部分燒成煤灰，把炭倒出來平均鋪滿一半的烤架。架好烹飪烤網，把兩塊磚頭用鋁箔紙緊緊裹住後放在烤網上。蓋上爐蓋並且把蓋子的通風口完全打開，把烤爐完全燒熱，大約需要五分鐘。

B. 使用瓦斯烤爐：把兩塊磚頭用鋁箔紙緊緊裹住，放在烤網上。所有爐口開大火，蓋上爐蓋把爐子完全燒熱，大約需要 15 分鐘。讓主爐口保持大火，其餘熄火。（視需要調整主爐口的火力，把爐溫維持在大約攝氏 180 度。）

❺ 清潔烹飪烤網並抹油。把雞帶皮的那一面朝下放在爐溫較低的一側，把雞腿排成貼向炭火。在兩邊的雞胸上分別直擺一塊熱磚頭，炙烤 22-25 分鐘，直到雞皮略為上色並且出現一點烤網的紋路。移除磚塊，用夾子夾住雞腿把整隻雞翻面，使帶皮的那一面朝上（雞應該能輕易與烤架分離，黏住的話用金屬鍋鏟幫忙撥開）並移到烤爐高溫側。把磚頭重新壓回雞胸上，蓋上爐蓋續烤 12-15 分鐘，直到雞肉完全上色。

❻ 移除磚塊，把雞翻成帶皮的一面朝下，續烤五到十分鐘，直到雞皮徹底上色且雞胸溫度達 71 度、雞大腿溫度達 79 度。把雞移到砧板上，用鋁箔紙折成罩子蓋住，靜置 15 分鐘。

❼ 把預留的香料橄欖油、檸檬汁、剩餘一小匙百里香與一小匙迷迭香打勻，依喜好以鹽與胡椒調味。分切雞肉，盛盤上桌，傳下醬料隨各人添加。

為雞開背

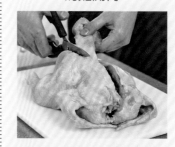

1. 沿脊椎骨剪斷兩側的骨頭並取下脊椎骨，切除雞脖子周圍多餘的脂肪和雞皮。

2. 把雞翻面，用掌根從胸骨處把雞壓平。

Bistecca alla forentina

佛羅倫斯烤牛排・6-8人分

美味原理：簡潔是托斯卡尼烹飪的特色，而這也是托斯卡尼人教我們的事：簡單的手續和食材也能成就卓越美味。這個大區知名的佛羅倫斯烤牛排就是極佳的範例。這道菜的重點食材是色澤鮮紅的厚切丁骨牛排，而且用的永遠是產自契安尼娜山谷的契安尼娜牛肉，因為它的好品質無可挑剔。托斯卡尼人沒有在他們一分熟的牛排上澆滿濃重的醬料或調味奶油，而是（毫不令人意外地）淋上大量的本地產橄欖油，再佐檸檬享用。炙烤厚切丁骨牛排感覺很棘手，不過我們採用一種不敗的做法，能讓我們的牛排跟契安尼娜牛肉一樣美味。我們在炙烤前先給牛肉抹鹽醃一段時間，讓鹽分滲入，幫助牛肉由內到外充分提味。把爐火調整成一邊低溫、一邊高溫，讓我們既能控制牛排表層的焦脆程度，也能烤出嫩紅的中心。我們先把牛排直接對著炭火烤出焦黑的表層，再移到低溫側繼續烤完。丁骨帶里肌嫩肉的那一邊油脂比較少也比較快熟，為了避免這個部位烤過頭，烤的時候要把它向著爐溫較低的那一側。牛排中心的丁字骨有隔熱作用，也可以進一步避免里肌肉過熱。我們等到快上桌時才把橄欖油淋到切片的牛排上，以保有橄欖油細緻的風味與香氣。用炭火炙烤時，火勢可能會突然猛燒，如果火焰持續不滅，先把牛排移到低溫那一側，等熄火再移回來繼續烤。

兩塊（1.1-1.4公斤）厚5公分的丁骨牛排，把油脂修到剩6公釐厚。
猶太鹽與胡椒
4小匙特級初榨橄欖油（使用瓦斯爐的話），另備部分佐餐
檸檬角

❶ 用紙巾拍乾牛排，在牛排兩面各均勻撒上一小匙鹽。把牛排置於大盤上，加蓋冷藏至少一小時，或最多 24 小時。

❷ **A. 使用炭烤爐**：把烤爐下層通風口完全敞開。在引火爐裡裝滿煤炭（大約 7 公升）並點火燃燒。等上層煤炭部分燒成煤灰，把炭倒出來平均鋪滿一半的烤架。架好烹飪烤網，蓋上爐蓋並且把蓋子的通風口完全打開。把烤爐完全燒熱，大約需要五分鐘。

B. 使用瓦斯烤爐：把所有爐口開大火，蓋上爐蓋把爐子完全燒熱，大約需要 15 分鐘。讓主爐口保持大火，其餘熄火。視需要調整主爐口的火力（如果是有三個爐口的烤爐，就使用主爐口和另一個爐口），把爐溫維持在攝氏 230 度。

❸ 用紙巾拍乾牛排，如果是用瓦斯烤爐，在每塊牛排的兩面各刷上一小匙橄欖油。在每塊牛排的兩面各撒上 1/2 小匙胡椒。

❹ 清潔烹飪烤網並抹油。把牛排放在烤爐高溫那一邊，帶里肌嫩肉那一端向著低溫側。烤六到八分鐘（如果使用瓦斯烤爐就蓋上爐蓋），等牛排第一面的表層均勻焦黑就翻面牛排，里肌嫩肉那一端還是對著烤爐的低溫側。續烤六到八分鐘（如果使用瓦斯烤爐就蓋上爐蓋），直到第二面的表層也均勻焦黑。

❺ 把牛排翻面並移到烤爐低溫側，帶丁骨那一端向著高溫側。蓋上爐蓋續烤 8-12 分鐘；拿測溫探針從牛排帶肉的側面往中心刺進 7.5 公分深，若測得攝氏 46-49 度（三分熟）即可；中途翻面一次。把牛排移到放在烤盤裡的成品架上，用鋁箔紙折成罩子蓋住，靜置 10-15 分鐘。

❻ 把牛排移到砧板上，把肉從骨頭上整塊切下來。先把骨頭擺到餐盤上，把牛肉逆紋切成薄片後擺回骨頭旁邊。淋上特級初榨橄欖油，依喜好以鹽與胡椒調味，佐檸檬角享用。

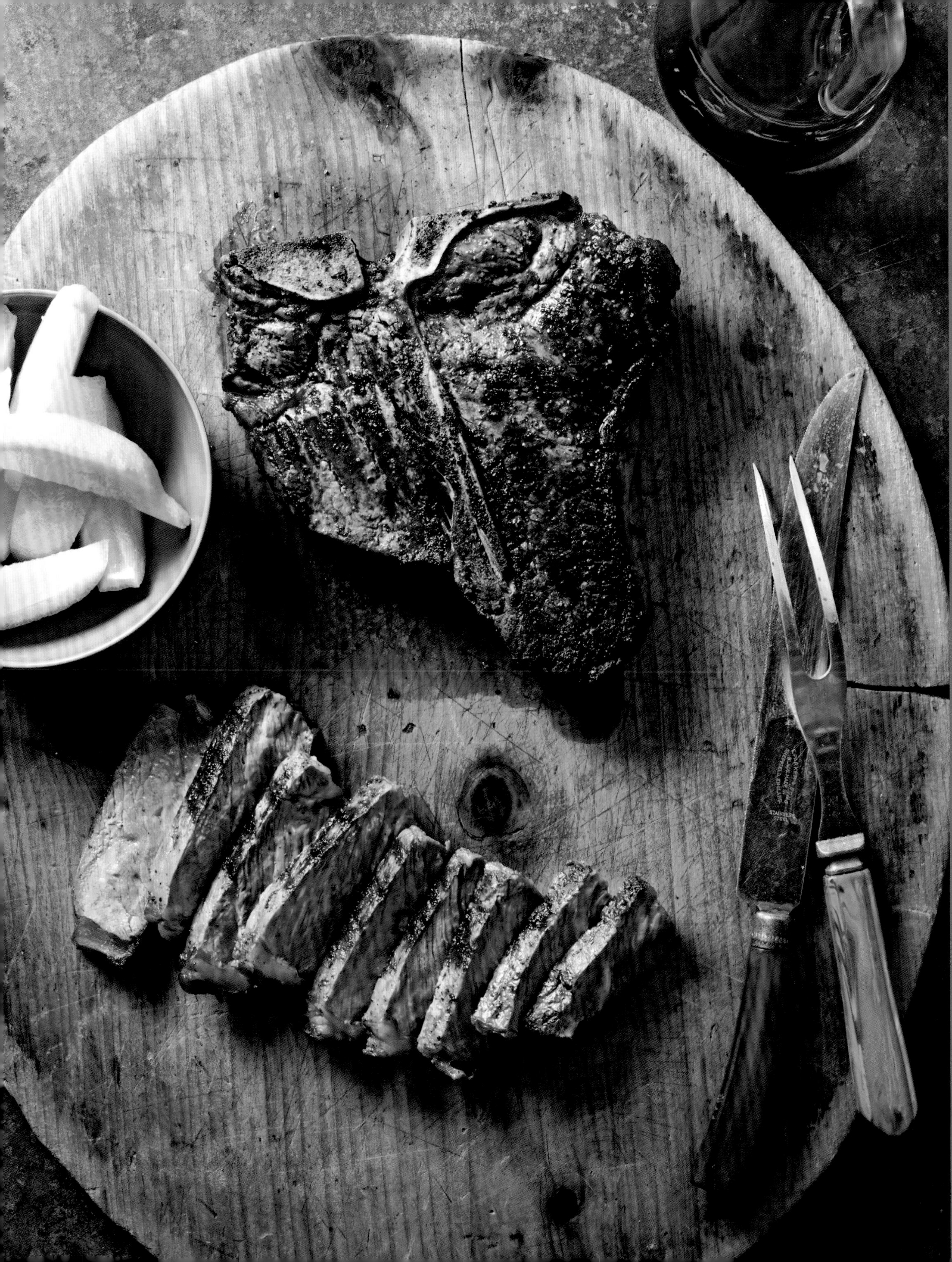

Pappa al pomodoro

托斯卡尼番茄麵包湯 · 6人分

美味原理：在托斯卡尼，把隔夜麵包丟掉是罪大惡極的行為。無鹽麵包是這個大區的主食，比麵食或米飯更常見於托斯卡尼人的餐桌。他們每週烤一次無鹽麵包，天天照三餐享用。除了避免浪費的基本想法，宗教背景也激發他們創造許多拿麵包入菜的食譜，包括湯品在內。這道菜說來不過是上桌前撒點羅勒添香的番茄麵包湯，但你如果親口嘗過，會發現這是一鍋所有材料融為一體、濃稠如粥且香氣四溢的燉菜，是舌尖上的奢華享受。最上乘的托斯卡尼番茄麵包湯能凸顯番茄的酸甜風味，淋上一圈橄欖油後又更為鮮明。我們知道選對番茄並善加添加料理會是這道菜的關鍵，所以把每一種罐裝番茄都拿來測試、壓成果泥煮湯，得到的卻是一鍋番茄味過重又酸澀的漿糊。要是用新鮮番茄，沒熟透的又淡而無味。為了讓這道湯品四季皆宜，我們還是回頭使用罐裝番茄；我們發現問題不在番茄本身，而是我們處理的方式導致差強人意的結果。最後我們選用罐裝的整顆番茄（因為它們保有甜味），但不是打成泥而是切丁，煮出來的番茄麵包湯好得多，既美觀、口感也好。

170克義式鄉村麵包，切去外皮，切成2.5公分見方小塊（大約3杯）
¼杯特級初榨橄欖油，另備部分佐餐
1個紫洋蔥，切小丁
鹽與胡椒
3瓣大蒜，切末
¼小匙紅辣椒碎
6杯雞高湯
2罐（790克）整顆去皮番茄，瀝去水分後切大塊
½杯新鮮羅勒葉碎片
帕馬森乳酪，佐餐用

❶ 烤架置於中層，烤箱預熱到攝氏105度。把麵包單層平鋪在烤盤上，進爐烘烤約40分鐘，不時翻面，直到乾燥脆化。

❷ 在鑄鐵鍋裡以中火加熱橄欖油到起油紋，加入洋蔥與1/2小匙鹽，拌炒大約五分鐘到洋蔥軟化。加入大蒜與辣椒碎炒香大約30秒。加入高湯與番茄攪勻，加熱至微滾後降為中小火，續煮大約20分鐘到番茄變軟。

❸ 拌入脆麵包，輕壓麵包塊使浸入湯汁。蓋上鍋蓋，續煮大約15分鐘到麵包軟化即熄火。用力攪打整鍋湯，直到麵包完全散開、湯汁變濃。加入羅勒拌勻，以鹽與胡椒調味。把湯舀進各人碗中、淋上橄欖油，即可上桌享用；傳下帕馬森乳酪隨各人添加。

Panzanella

麵包沙拉・4人分

美味原理：麵包沙拉就像托斯卡尼番茄麵包湯（作法見左頁），是托斯卡尼人善用寶貝麵包的另一招，以新鮮番茄與麵包為主要材料。最早提及這道菜的文獻之一，是 14 世紀佛羅倫斯作家喬凡尼・薄伽丘（Giovanni Boccaccio）的中篇小說集《十日談》（Il Decameron）。薄伽丘把這道菜叫做「pan lavato」，意思是洗過的麵包；這個古早版的麵包沙拉沒有用番茄，只是把老麵包泡水，而且隨便哪種蔬菜都能拌進去。現代流行的麵包沙拉是把食材切塊混合，其中的脆麵包丁有如海綿，吸收了甜美的番茄汁與清爽的油醋醬，變得很有味道又柔軟，只剩一點點嚼勁。我們希望這道沙拉裡的麵包只是略為溼潤，而非不討喜的軟爛。把新鮮麵包烤乾比使用老麵包的效果更好（美國人家裡本來也就比較少見老麵包）；麵包烘烤後會變得夠乾燥，能吸收醬汁又不會變得溼軟。在醬汁裡浸泡十分鐘可以恰到好處地潤澤麵包，然後就能跟番茄拌在一起了；我們已經用鹽給番茄提味並且讓番茄出水，此外我們也加了一些黃瓜——這不是必要食材，不過我們很喜歡它的爽脆。再加上一點紅蔥頭細絲增添口感，以及一把切碎的新鮮羅勒，這道沙拉就能完美上桌了。

454克義式鄉村麵包，切成2.5公分見方小塊（6杯）

½杯特級初榨橄欖油

鹽與胡椒

680克成熟番茄，挖除蒂心與番茄籽，切成2.5公分見方小塊

3大匙紅酒醋

1根黃瓜，削皮後縱切兩半，去籽切薄片（非必要）

1個紅蔥頭，切細絲

¼杯新鮮羅勒葉碎片

❶ 烤架置於中層，烤箱預熱至攝氏 200 度。在碗裡把麵包塊與 2 大匙橄欖油和 1/4 小匙鹽拌勻，然後單層平舖在烤盤上。進烤箱烤 15-20 分鐘，中途翻面一次。麵包略烤出焦黃色立刻取出，完全放涼備用。

❷ 同一時間，把濾水籃架在剛才用來拌麵包的空碗上，在另一個大碗裡把番茄和 1/2 小匙鹽翻拌均勻後倒進濾水籃，靜置瀝水 15 分鐘，不時翻動一下番茄。

❸ 在瀝出的番茄汁裡加入剩餘的六大匙橄欖油、紅酒醋與 1/4 小匙胡椒，攪打均勻。加入麵包翻拌使醬汁均勻裹覆，靜置十分鐘，其間不時翻拌一下。加入瀝乾的番茄、黃瓜（有準備的話）、紅蔥頭與羅勒拌勻，依喜好以鹽與胡椒調味，立即上桌享用。

Cantucci

托斯卡尼杏仁餅 · 可製作30片

美味原理：風靡全球的義式脆餅（biscotti，意思是「烤了兩次」）最早出現在羅馬帝國時代，是一種方便長途旅行補充營養的乾糧，也是這種餅乾唯一的用途。不過到了文藝復興時代，義式脆餅在托斯卡尼的普拉托（Prato）市再度興起，成為現今廣受喜愛的甜食。普拉托脆餅（biscotti di Prato）在托斯卡尼稱為 cantucci，biscotti 則變成一個更泛用的名詞，用來指稱餅乾類食品。這種烤兩次的托斯卡尼杏仁餅特別酥脆，做法是把整塊麵團烤好後斜切成大片，再重新進烤箱烘乾，成果就是堅果香四溢的餅乾，配咖啡再好不過——又或著像托斯卡尼人的吃法：把又乾又硬的杏仁餅伸進一杯聖酒（本區特產的加烈酒）裡浸溼了再吃。在普拉托，這種餅乾加的堅果永遠是當地盛產的杏仁。雖然托斯卡尼人喜歡又乾又硬的杏仁餅，美國人偏愛的是奶油香比較濃、口感比較軟的版本。我們想做出一種介於兩者之間的杏仁餅，既酥脆又不會害人崩了牙。少量或完全無油脂的杏仁餅硬如石頭，加入一整條奶油的成品又太軟。改用四大匙奶油的餅乾口感會恰到好處，既酥脆又鬆軟。先把雞蛋打發再加入其他材料，能提供麵團蓬鬆的質地。用 1/4 杯杏仁粉取代麵團裡的等量麵粉，能分散麵粉塊以避免形成麵筋，使餅乾更鬆軟。杏仁在餅乾烘烤時也會隨之繼續烤熟，所以在備料時，杏仁只要焙出香氣即可離火。

1又¼杯整顆杏仁，略為焙香
1又¾ 杯（250克）通用麵粉
2小匙發粉
¼小匙鹽
2顆大蛋；另外準備1顆大蛋蛋白與1撮鹽打勻
1杯（198克）糖
4大匙無鹽奶油，融化後冷卻備用
1又½小匙杏仁精
½小匙香草精
噴撒用植物油

❶ 烤架置於中層，烤箱預熱到攝氏165度。取一張烘焙紙，用鉛筆和尺畫出兩個 20x8 公分的長方形，相距 10 公分。在烤盤上抹油後放上烘焙紙，畫了長方形的那一面朝下。

❷ 用食物處理器把一杯杏仁瞬轉八到十次略為打碎，移到碗裡備用。在空出來的食物處理器裡放入剩餘 1/4 杯杏仁，攪打大約 45 秒使杏仁變成細粉。加入麵粉、發粉與鹽，攪打大約 15 秒使混合均勻，把杏仁麵粉移到另一個碗裡備用。在空出來的食物處理器裡打入兩個蛋，攪打大約三分鐘，直到蛋液顏色變淺且體積幾乎膨脹成兩倍。讓食物處理器繼續運轉大約 15 秒，同時緩緩加入砂糖使完全混合均勻。加入融化奶油、杏仁精與香草精繼續攪打大約

10 秒，使完全混合均勻。把打發蛋液移至碗中，均勻撒上一半的杏仁麵粉，用刮勺輕柔翻拌到混合即停止，再加入剩餘的杏仁麵粉與杏仁碎，輕柔地翻拌均勻。

❸ 把麵團分成兩等分。在烘焙紙上以之前畫好的線為準，用撲過麵粉的手把每分麵團分別整理成 20x8 公分的長方形，然後為每分麵團薄薄噴上一層植物油。用略噴過油的橡膠刮勺抹平餅乾麵團的表面與邊緣。在麵團表面輕柔地刷上加了鹽的蛋白。

❹ 進烤箱烤 25-30 分鐘，麵團呈金黃色且表面開始龜裂即出爐；中途轉換烤盤方向以確保均溫。麵團先在烤盤裡靜置 30 分鐘再移到砧板上，用鋸齒刀把每塊麵團切成厚 1.3 公分的餅乾，下刀的角度略為傾斜。把成品架置於烤盤裡，把餅乾切面朝下地排放上去，各自相距大約 6 公釐。重新進烤箱烘烤大約 35 分鐘，中間翻面一次，直到兩面都呈焦黃色即可出爐。完全放涼之後享用（杏仁餅能在室溫下存放最多一個月）。

Umbria
翁布里亞

義大利的心臟與靈魂

翁布里亞是義大利的心臟與靈魂，也是知名的宗教聖地，孕育出許多聖徒、修道院與神祕主義者。翁布里亞原始的亞平寧山景備受推崇，向來是作家、詩人與畫家的靈感來源，他們都想透過作品擷取它的魅力。許多罕見動植物在這塊大陸的其他地方已經絕跡，但仍在這裡棲身。的確，任何人只要在翁布里亞的自然裡漫步，都有理由相信自己正處於短暫的夢境，或置身一片戲劇布景之前。只不過，這是個確切存在的真實世界。

翁布里亞人滿懷感激地領受上天豐富的賞賜——這片壯美的土地孕育出橄欖與葡萄樹、肉豬與各種野味，最驚人的是六種風味絕佳的松露品種，以黑松露為主。這些食材也啟發了本地質樸又深具風味的烹飪。

豐富的物產，簡潔的料理

翁布里亞地狹人稀（在義大利 20 個大區裡面積排名第 16，人口排名第 17），知名度遜於隔壁的托斯卡尼；它就像一個被忽視的次子，靜靜地煥發獨有的光輝與美感。翁布里亞是義大利中部唯一不臨海的大區，這種地理區位可以說既是它內向性格的表現，也是這種性格的成因。

亞平寧山脈中部海拔最高的幾個山峰位於翁布里亞東部和馬凱大區。不過翁布里亞雖然地勢崎嶇，土壤並不貧瘠，有茂密的森林並盛產可食的野生動植物，例如

於1997年地震後重建的亞夕西聖方濟各聖殿（Basilica di San Francesco d'Assisi）內部一隅。

> 翁布里亞對鵝肉的愛好源於伊特魯里亞人；這支古代民族認為鵝不只是珍貴的食材，也是家庭和諧與母愛的象徵。

一艘漁船黃昏時分在特拉西美諾湖上航行。

野蘆筍、莓果、榛果與各種野味。

　　波光粼粼的特拉西美諾湖（Lake Trasimeno）坐落在翁布里亞西部，是義大利第四大水體，除了盛產淡水鱸魚和丁，也有可以長到比乳豬還大的巨型鯉魚。在環繞湖區西岸的丘陵庇護下，這裡的微氣候相當溫暖；許多作物在更暖和的地方才長得好，但也能在這一帶種植，例如柑橘類與杏仁。

　　旅客要是從南邊的拉吉歐或西邊的托斯卡尼過來，一進到翁布里亞，馬上就會感覺到置身於一連串寬廣的盆地之一。這些盆地是臺伯河與支流──主要是內拉河（Nera）──構成的肥沃河谷，河水不只灌溉土地，也產鱒魚和鰻魚──這些肉質肥美緊實的鰻魚曾讓羅馬教宗與皇帝著迷不已，如今依然大受歡迎。環繞河川的耕地展現出欣欣向榮的風貌，農田裡有細心耕種的小麥、玉米和各種作物，包括一排排彷彿綿延不盡的釀酒葡萄，紅白品種都有。

異教徒與聖人

　　翁布里亞位於古伊特魯里亞領土的中心地帶，不過早在青銅器時代初期，義大利部族翁布里人就遷移到中義，並在本地定居。雖然我們對翁布里人所知不多，但能確定他們的首都是古比奧（Gubbio），這個部族的名聲也隨本區地名流傳下來。

　　翁布里亞的歷史比大部分地區更驚心動魄。對抗教廷的大型戰役與統治家族間野蠻的爭鬥，使本地的過去蒙上一層血腥氣息。然而這片土地與大自然的靜定緊緊相繫，煥發出永恆的優美風采。這裡的丘陵上散布著古老的城鎮與高大的修道院，山脊上挺立著巍峨的城堡。絕美的奧維耶托、佩魯加與亞夕西是不能不提的，斯佩洛（Spello）、貝瓦格納與蒙泰法爾科更是格外迷人（有趣的是這些地方的料理也特別美味）。這些被橄欖樹環繞的輝煌城市在喬托（Giotto）、洛倫采蒂

（Lorenzetti）、佩魯吉諾（Perugino）與平圖里基奧（Pinturicchio）的畫筆下永垂不朽，從石灰華岩壁伸向夢幻的天際。英國記者莫頓（H. V. Morton）曾說：「佩魯加城有如擱淺在亞拉拉特山上的諾亞方舟，盤據在山嶺間，外觀自中世紀以來始終如一。」從某些地方看來，這座城市的確駐留在過去的時光中。

翁布里亞人透過傳統──還有食物──與他們的異教徒祖先緊緊相繫。這並不難理解：現代的翁布里亞人仍住在中世紀時蓋的房屋裡，不時會在地窖裡意外發現伊特魯里亞人的地道，有些屋主還把這些古蹟當成酒窖。農夫仍會在田裡掘出古文物，述說著伊特魯里亞戰士的英魂在他們的田地出沒的故事。因為這種與過去的神祕連結，翁布里亞人對他們賴以為生的沃土顯示出非常具體的敬意，而且可能比北方人更強烈。雖然北義有更廣闊的農業區，土地也很豐饒，不過北方人的生活步調比較快，與土地的關係也較為疏遠。

橄欖與古法

翁布里亞有句俗話說：有好的橄欖樹，才有好的橄欖油。這裡的河谷有山巒為屏障，加上排水良好的岩質坡地、肥沃的土壤與陽光普照的氣候，為品質絕佳的橄欖樹和橄欖油提供了完美的環境。義大利舉國盛事──全國橄欖油大賽（Ercole Olivario）每年都在佩魯加舉行，也就不讓人意外了。

有機農法與在地農業在翁布里亞並非新奇概念；本地人早就培養出好品味，懂得欣賞有益健康的農產與山區植物餵養出來的肉品。牧羊人在未受化肥汙染的高山草坡上放養牛羊，這些家畜源於亞平寧山脈中部的原生品種，為義大利牧人提供奶水製作乳酪，提供羊毛製作衣料，提供新鮮肉品用來烤肉，從古到今始終不變。

豐美的豬肉與其他農產

翁布里亞的豬又是另一個故事了。豬是肉與脂肪的極佳來源，向來是中義人的蛋白質儲藏庫，不論鮮肉或醃肉，全年都能供應。本地屠宰豬隻的傳統可以上溯到公元 1 世紀的羅馬皇帝維斯帕先（Vespasian），在他的治理下，翁布里亞有大片土地用來養豬。他在征服耶路撒冷後引進猶太奴隸照料豬隻，因為他知道這些奴隸有猶太教飲食律法的限制，一定不會偷吃豬肉。

另一種跟家豬系出同源但風味有別的是野豬：這種會糟蹋農作物的野生動物在中義各地鄉間出沒，是農夫亟欲捕殺的對象。野豬的蹤跡有多惹人嫌，牠的肉就有多受歡迎；翁布里亞人會拿新鮮野豬肉燉肉醬，或做成醃漬品。除了小型野味，人工飼育的兔子、鴨子與珠雞都在翁布里亞人的餐桌上占有特殊地位。最後，翁布里亞人也以嗜吃鵝肉聞名，而且從伊特魯里亞人統治的時代就開始了。

至於這裡的代表性農作物，卡斯特盧喬高原生產一種飽滿且顆粒特別小的扁豆，是自古持續種植至今的古老品系。一旦用肉湯燉過再配上翁布里亞肥美的香腸，這種平凡無奇的豆子立刻變身絕世美味。寇爾菲奧利多高原的名產是口感綿密柔細

從風土到餐桌
屠宰高手諾爾恰人

諾爾恰的肉豬是吃橡實與松露長大的，500多年來，諾爾恰人在高級香腸製造業的地位也屹立不搖。就連古羅馬人都尊稱他們是諾爾恰師傅，而且這些屠宰師除了料理豬肉也懂得動手術、看牙與接骨。義大利最古老的醫學院之一就位於諾爾恰，這些屠宰師也在這間學校進修手藝。諾爾恰人精通善用豬肉之道，從頭到尾都不浪費，製作出從新鮮的肉塊到各種香腸與醃漬肉品，例如醃豬肩肉（capocollo）、鹽漬豬頰肉（barbozzo，也就是 guanciale）、肝腸（mazzafegati，混合了橙皮與果乾）、巨無霸的摩塔戴拉香腸、美味的諾爾恰火腿（Prosciutto di Norcia）等不勝枚舉。

翁布里亞的甜點

翁布里亞的傳統甜點通常與宗教節慶、習俗或豐年慶典脫不了關係，例如為聖若瑟瞻禮日準備的炸米糕，源於求偶習俗的果乾發酵甜甜圈，或是在葡萄收成季製作的葡萄果渣餅乾。另一些甜食反映出當地的環境與歷史，例如佩魯加染成紅色的復活節蛋糕（ciaramicola）：有人說這是情人節（聖瓦倫丁紀念日）的傳統食物，這個節日在本地備受重視，因為在來自翁布里亞的兩萬名聖人裡，聖瓦倫丁就是在特尼出生的。此外也有人認為紅色代表象徵佩魯加的紅獅鷲。另一種值得一試的甜點是小蛇蛋糕（torciglione），這種用大量杏仁粉烤成的蛋糕形似特拉西美諾湖的名產鰻魚，在佩魯加市的桑德里烘焙坊（Pasticceria Sandri）可以買到。

主廚瑪麗亞·露伊莎·史克拉斯塔（Maria Luisa Scolastra）在她的龍嘉利別墅餐廳（Villa Roncali）掌杓。

的粉紅皮馬鈴薯，周圍的山區則盛產蕈菇與栗子。翁布里亞還有兩種知名的作物是坎納拉（Cannara）產的洋蔥，與特雷維（Trevi）的「黑」芹菜。坎納拉洋蔥在本地透氣的沙地裡已經有幾百年的種植歷史，至於特雷維黑芹菜會有這個名稱，是因為它未經妥善種植會發黑，不然這其實是一種質地柔軟、表層沒有粗韌纖維的淺綠色芹菜。

翁布里亞也有自己的工業，尤其是食品產業，例如佩魯加的巧克力就很有名，本地每年都會舉辦九天的巧克力節廣為宣傳。德魯塔（Deruta）、古比奧、奧維耶托與瓜多塔迪諾（Gualdo Tadino）都生產世界級的陶器，不僅能為餐桌增色，每個城鎮也各有獨特的代表用色與風格。雖然高明的師傅最能發揮這項古老的藝術，不過翁布里亞還有很多賞心悅目的陶瓷可以選擇，能滿足各種預算的需求。

餐桌上的翁布里亞

翁布里亞的傳奇主廚安哲羅·帕拉古奇（Angelo Paracucchi）曾說，在翁布里亞的烹飪裡，擔當聖三位一體的風味來源是橄欖油、醋與葡萄酒。的確，我們或許找不到更好的方式來形容翁布里亞菜豐富卻單純的本質了：濃醇嗆鼻的橄欖油、鮮烈的醋，以及葡萄酒打下的基底，為本地料理帶來一種細膩又鮮明的質感。「老饕」（alla ghiotta）烤肉就是絕佳範例，也就是把這三樣材料混合成烤肉塗料，外加大蒜與大量的野生香草調味。

翁布里亞是義大利美食家費利思·康索羅（Felice Cùnsolo）所說的「串燒樂園」，火烤爐與烤箱也很盛行——壁爐烹飪曾經是本地生活的中心，現在則改良成這些現代爐具。翁布里亞絕大部分的食物都是直接用火燒烤，例如知名的烤豬肉捲，不過他們當然也會在爐臺上燒菜，從本地料多實在的燉菜可見一斑，例如獵人燉兔肉（coniglio alla cacciatora）或特拉西美諾湖區的什錦魚湯（tegamaccio），是義式魚湯的又一例。有鑑於這片豐饒之地盛產美味的豬肉，又有數不清的葡萄園，鮮美多汁的葡萄燒香腸（salsicce all'uva）一舉結合本地人最癡迷的兩種食材，或

許稱得上最能代表翁布里亞的佳餚。

伊特魯里亞的麵食製作史能上溯到古代，其中的翁布里亞粗麵（umbricelli，跟維內托特產的粗圓麵幾乎一模一樣）在特尼省又叫做 cariole；這種手工麵條又粗又長，可以在腰上繞一圈。還有一種類似托斯卡尼粗圓麵的白圓麵（penci）是用小麥或二粒小麥做成的新鮮麵條，麵團完全沒加蛋或只加少許蛋液。為了揉製這些粗麵條，廚師非得努力地「culu mossu」不可，也就是當地方言「不斷晃動臀部」的意思。這裡的特產還有鞋帶麵（strangozzi），這種細長扁平的新鮮雞蛋麵跟寬扁麵非常類似，別名 strangolapreti，意思是有些倒胃口的「勒死牧師」。翁布里亞粗麵佐番茄鵝肉醬（Umbricelli al sugo d'oca）是本地狂歡節期間經典的美味組合。

翁布里亞雖然被羅馬人征服，又歷經汪達爾人入侵與黑暗時代，不過等瘟疫與戰爭在中世紀晚期逐漸平息，人民恢復了安穩的農耕生活，他們自古對生活懷抱的熱情以及精緻自然的文化又在中義地區重現。翁布里亞烹飪的中心精神仍然很伊特魯里亞，不過本地最知名的聖人或許發揮了影響力，使得它揮霍無度的一面得到節制。現代的翁布里亞菜簡單、實在又健康——簡而言之，深具苦行僧聖方濟各的精神。

跟其他產區相較，翁布里亞的松露產量特別大，本地的餐點在產季時會撒上大量珍貴的黑松露調味。

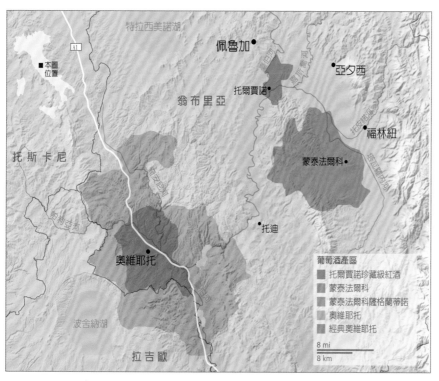

翁布里亞的葡萄酒產區 翁布里亞主要的ODC與DOCG認證產區包括奧維耶托、蒙泰法爾科（Montefalco）與托爾賈諾（Torgiano）——最後這個城市也是知名的葡萄酒博物館（Museo del Vino）所在地。

Orecchiette alla Norcina

諾爾恰貓耳麵 · 6-8人分

美味原理：翁布里亞的黑豬因為風味絕佳而備受珍視，這是因為牠們在山區放養，吃植物、香草與松露長大。翁布里亞諾爾恰村的屠夫手藝在中世紀已經爐火純青，不論是分切、鹽漬或加工熟成，用這些黑豬肉製成的產品（香腸、培根、火腿、醃豬肩肉）都遠近馳名。諾爾恰的威名延續至今，義大利各地的豬肉舖大都叫做 norcinerie，豬肉屠宰師的頭銜也是 norcino。所以翁布里亞人愛吃香腸也不令人意外了。諾爾恰貓耳麵把新鮮的香腸、濃郁的醬汁與麵條拌在一起，是巧手妙用香腸的範例。為了重現這道菜，我們想要找到一種滋味豐富、多汁又有適當調味的香腸，可惜超市賣的現成品達不到這個標準。幸好我們發現自製香腸肉竟然很簡單（不需要絞肉機），也讓我們能在製作時加入翁布里亞風味的佐料。先從豬絞肉開始。為了讓絞肉鹹香柔軟並且增稠，我們拌入少許鹽以及一種出人意料的材料——小蘇打粉，然後讓絞肉靜置十分鐘。鹽可以溶解部分的豬肉蛋白纖維，小蘇打粉能提高肉的鹼性以加強保水能力，讓我們的豬肉保有多汁的口感，跟翁布里亞豬肉一樣。我們的調味依循翁布里亞的傳統，混合迷迭香、肉豆蔻與大蒜。直接把香腸碎肉煎上色，幾乎一定會得到乾柴的肉塊，所以我們先把香腸肉做成一大塊肉餅，兩面煎上色再剁成塊，然後在醬汁裡繼續煮熟，這麼一來肉肯定會柔軟多汁。雖然蘑菇這樣材料很有爭議，但我們很喜歡煎上色的蘑菇碎為這道菜增添的鄉土風味，本食譜所列的褐色蘑菇也能用白蘑菇取代。自製貓耳麵在碗裡捲住香腸肉的樣子非常討喜，我們偏好新鮮貓耳麵的風味與口感，不過用乾燥貓耳麵也可以。想更了解自製新鮮貓耳麵的方法，請見 366 頁。

鹽與胡椒
¼小匙小蘇打粉
227克豬絞肉
3瓣大蒜，切末
1又¼小匙新鮮迷迭香末
⅛小匙肉豆蔻粉
227克褐色蘑菇（cremini mushroom），削剪乾淨
7小匙特級初榨橄欖油
454克新鮮或乾燥貓耳麵（orecchiette）
½杯不甜的白酒
¾ 杯重脂鮮奶油
43克羅馬羊乳酪，刨粉（3杯）
3大匙新鮮歐芹末
1大匙檸檬汁

❶ 在大盤子上噴撒植物油。在中碗裡用 4 小匙水溶解小蘇打粉與 1/2 小匙鹽，輕柔地與豬絞肉揉合到水分完全吸收，靜置十分鐘。絞肉加入 1/3 分量的蒜末、3/4 小匙迷迭香、肉豆蔻粉、3/4 小匙胡椒，用橡膠刮勺以抹壓的方式使絞肉跟香料混合均勻且產生黏性，大約 10-15 秒，即成香腸肉。把香腸肉移到備好的大盤上，壓成直徑大約 15 公分的肉餅。用食物處理器把蘑菇打成碎屑，瞬轉 10-12 次。

❷ 取直徑 30 公分平底鍋以中大火熱兩小匙橄欖油，一起油煙立刻放入香腸肉餅煎二到三分鐘，不要移動肉餅，煎到上色後翻面續煎二到三分鐘使第二面也上色（肉餅中心還會是生的）。把肉餅移到砧板上，剁成 3-6 釐見方的碎塊。

❸ 在大湯鍋裡煮沸 3.8 公升的水，加入貓耳麵條與一大匙鹽，不時攪拌，直到麵煮成彈牙口感。保留 1 又 1/2 杯煮麵水備用，瀝去其餘煮麵水後把麵倒回湯鍋。

❹ 同一時間，在空出來的平底鍋裡以中火加熱一大匙橄欖油，加入蘑菇碎與一小撮鹽翻炒五到七分鐘到蘑菇上色。加入剩餘的兩小匙橄欖油、蒜末、1/2 小匙迷迭香、1/2 小匙胡椒炒香，大約 30 秒。加入白酒攪勻，刮起鍋底焦香物質，持續加熱一到兩分鐘使水分完全蒸發。加入香腸碎肉、鮮奶油與 3/4 杯煮麵水拌勻，小火煮一到三分鐘，直到肉塊的粉紅色完全消失。熄火，加入羅馬羊乳酪絲並且攪拌到醬汁滑順均勻。

❺ 把香腸奶油醬、歐芹與檸檬汁加入麵鍋裡翻拌，使貓耳麵裹上醬料，並且視需要用預留的煮麵水調整稠度。依喜好用鹽與胡椒調味，立即上桌享用。

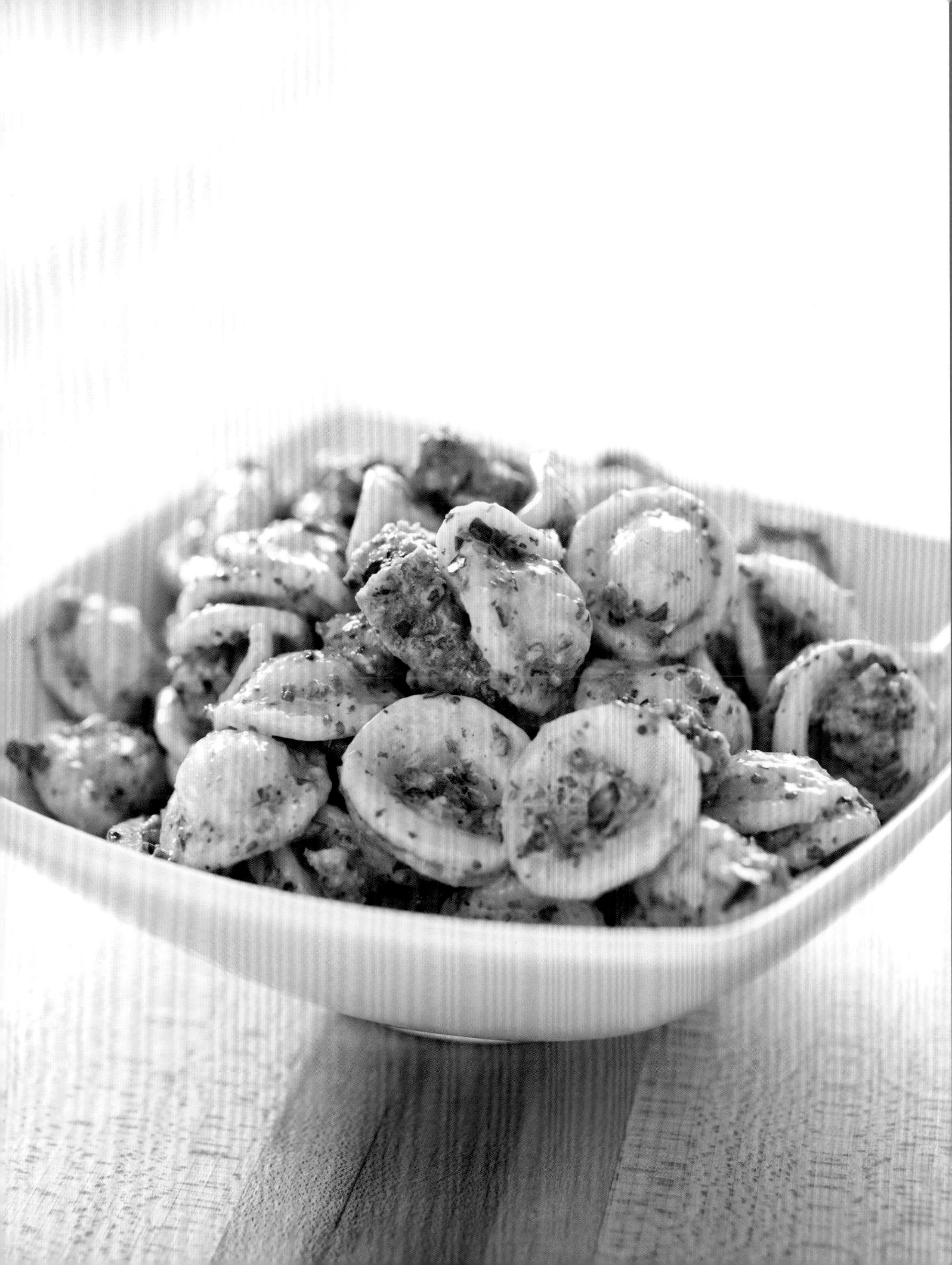

Minestra di lenticchie e scarola

扁豆菊苣湯・6人分

美味原理：翁布里亞卡斯特盧喬高原的氣候乾燥，出產一種細小而芳香的深綠色扁豆，品質公認是全球頂尖，富含礦物質且口感特別柔軟。然而這種高級扁豆的產量不大——這也是它這麼搶手的原因之一。卡斯特盧喬扁豆常與翁布里亞優質的香腸搭配烹煮，不過在湯品裡也很常見，是冬季最受歡迎的第一道菜。翁布里亞扁豆在烹煮時保持形狀完整的能力特別好，所以湯汁能維持澄澈而不會變得濃稠。各地搭配扁豆燉湯的食材都不一樣，不過我們特別中意菊苣，而這也是常見的美味好選擇，我們另外加入罐裝番茄丁（經典的配料）和幾片月桂葉增添溫暖的香氣。很多扁豆菊苣湯的食譜都在菊苣下鍋後慢燉很長時間，不過我們選擇在湯快煮好時才加入菊苣，讓菜葉保有一點別緻的風味與口感。最後我們在微滾的湯汁裡加一塊帕馬森乳酪皮，增添一種格外鮮美的底蘊。這道食譜最好用翁布里亞扁豆來做，不過一般的褐色扁豆也可以（請注意煮的時間會不一樣）。

¼杯特級初榨橄欖油，另備部分在盛盤時淋在湯上

1個洋蔥，切小丁

1根胡蘿蔔，削皮切小丁

1支西洋芹，切小丁

鹽與胡椒

6瓣大蒜，切薄片

2大匙新鮮歐芹末

4杯雞高湯，另額外準備部分視需要添加

3杯水

227克（1又¼杯）翁布里亞扁豆，剔選並沖洗乾淨

1罐（410克）番茄丁

1塊帕瑪森乳酪皮（非必要），另備帕瑪森乳酪絲佐餐

2片月桂葉

½個菊苣（227克），修剪乾淨後切成1.3公分見方小片

❶ 在鑄鐵鍋裡以中火加熱橄欖油到起油紋，加入洋蔥、胡蘿蔔、西洋芹與1/2小匙鹽，翻炒八到十分鐘使蔬菜軟化並略微上色。加入大蒜與歐芹拌炒大約30秒到冒出香氣。加入高湯、水、扁豆、番茄與番茄罐頭汁、帕瑪森乳酪皮（如果有準備的話）與月桂葉拌勻，加熱至微滾後降至中小火，蓋上鍋蓋但略留縫隙，慢燉到扁豆軟爛，需要60到75分鐘。

❷ 如果加了乳酪皮，與月桂葉一起取出丟棄。一次一把地拌入菊苣，續煮大約五分鐘到菜葉縮小變軟。視需要另加熱高湯調整稠度，依喜好用鹽與胡椒調味。在各人碗中淋上橄欖油即可上桌享用；傳下帕馬森乳酪隨各人添加。

Salsiccia all'uva

葡萄燒香腸 · 4-6人分

....

美味原理：葡萄燒香腸這道家常菜最初是為葡萄園工人準備的快餐，材料是翁布里亞特產的香腸，以及在採收季盛產的釀酒葡萄。肥美多汁又焦黃的香腸與在煎鍋裡煮到軟爛焦糖化的葡萄是絕配，我們再用酸甜的醋醬汁把各種風味結合起來。這道用平底鍋就能完成的菜實在簡單，所以香腸一定要煎得完美——最好是漂亮上色又飽滿多汁。為了達成這個目標，我們採用半炒半蒸的手法：先把整根香腸煎上色，再加入洋蔥（這項非傳統的食材能讓加強風味）與無籽紅葡萄（紅葡萄配深色的巴薩米克醋醬汁比淺色綠葡萄更美觀），然後加入少許水、蓋上鍋蓋把香腸蒸熟。這麼一來香腸可以漂亮上色，外皮也不會爆裂、害得肉汁流失。最後我們先取出整段香腸，用同一個平底鍋熬煮甜美又滋味繁複的醬汁。我們的醬汁結合了白酒與巴薩米克醋，為這道菜增添與葡萄互補的酸味。牛至與胡椒可以帶來土香與一抹辛香，最後撒上的新鮮薄荷葉更添清新風味。吃的時候可以搭配脆皮麵包，會更有飽足感。

1大匙特級初榨橄欖油
680克義式甜味香腸
454克無籽紅葡萄，每顆縱切成兩半（3杯）
1個洋蔥，剖半切細絲
¼杯水
¼小匙胡椒
⅛小匙鹽
¼杯不甜的白酒
1大匙新鮮牛至碎片
2小匙巴薩米克醋
2大匙新鮮薄荷碎片

❶ 取直徑 30 公分平底鍋以中火熱橄欖油到起油紋，加入整根香腸煎大約五分鐘，中途翻面一次，使兩面都上色。把平底鍋斜向一邊，小心地用紙巾吸掉多餘的油脂。把葡萄和洋蔥平均散放在香腸周圍，加水後立刻蓋上鍋蓋續煮大約十分鐘，中途翻面香腸一次，直到香腸內部溫度測得攝氏 71-74 度，洋蔥與葡萄也煮軟。

❷ 取出香腸暫置於鋪了紙巾的盤子上，用鋁箔紙折成的罩子蓋住。重新以中大火熱平底鍋，拌入鹽與胡椒，把葡萄與洋蔥在鍋裡均勻鋪平後就不要再翻動，續煮三到五分鐘到上色，接著翻炒三到五分鐘使食材徹底上色、葡萄變軟但仍維持形狀未散開。拌入白酒與牛至、刮起鍋底焦香物質，以中火加熱 30-60 秒，直到白酒收汁到一半分量。熄火，拌入巴薩米克醋。

❸ 在餐盤上排好香腸後淋上洋蔥葡萄醬，撒上薄荷即可享用。

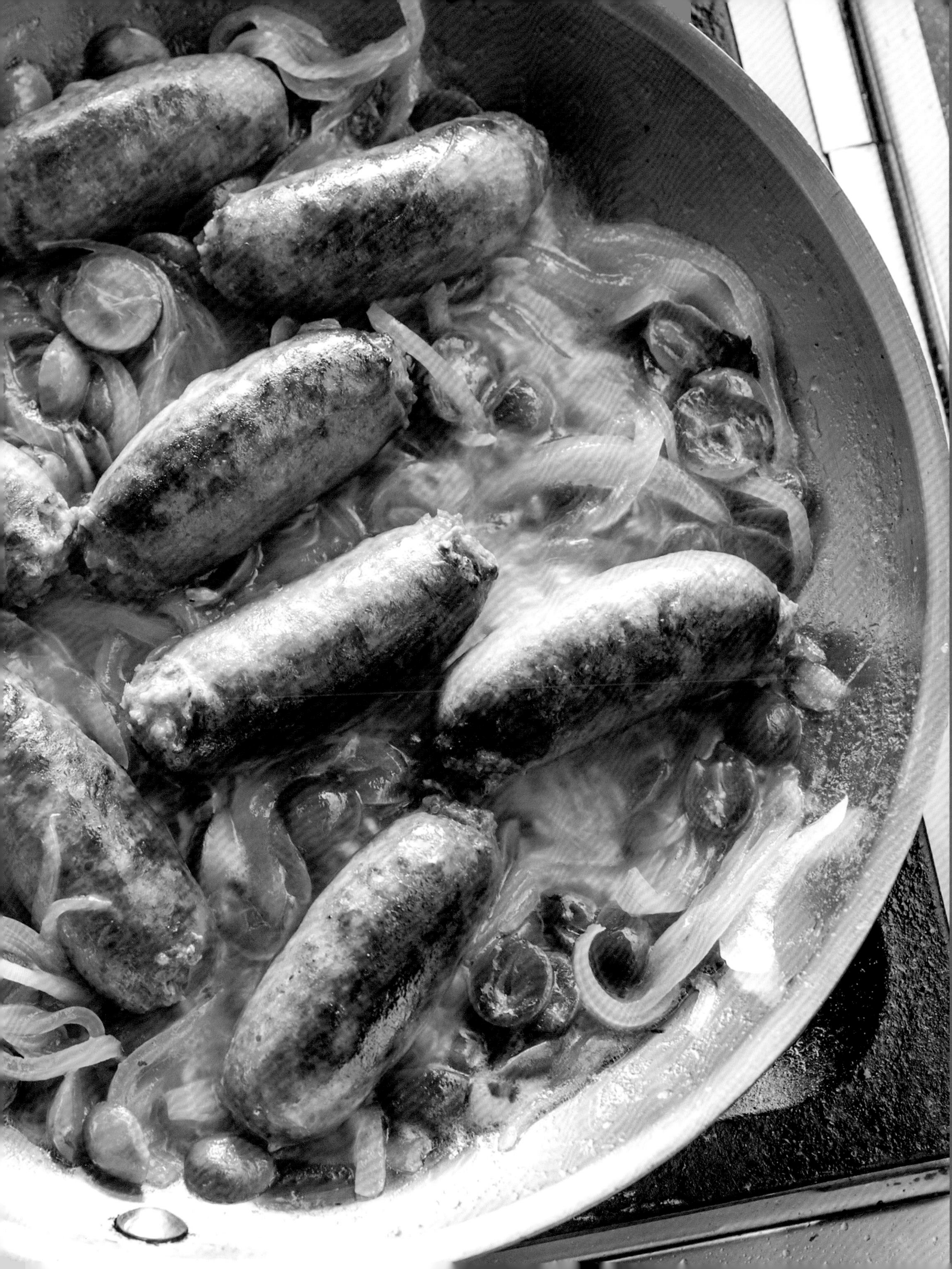

Minestra di farro

什錦蔬菜麥湯 · 6-8人分

美味原理：二粒小麥（farro）是翁布里亞的基本食材之一，而且在這個地區比普通小麥更早有人食用。翁布里亞人用素樸的食材打造出豐美的菜餚，有如健康食品的二粒小麥到了他們手裡，會以全穀粒或麥粉的型態來製作馬鈴薯麵疙瘩與麵食，就連可麗餅也能做。翁布里亞人也會用粗磨的二粒小麥粉為湯品勾芡與增添風味，例如這道經典的什錦蔬菜麥湯就是用料格外豐富的好湯，而且二粒小麥的堅果風味還是從眾多食材裡脫穎而出。二粒小麥粉在美國大多數的雜貨超市並不容易買到，還好我們發現自己磨粉其實很容易，用果汁機瞬轉個六次就足以把麥粒打碎。傳統上是用火腿肉骨來為這道湯提鮮，不過我們改採培根捲，不僅容易買到也能熬出相似的鮮鹹美味。 蔥、西洋芹與胡蘿蔔能帶來甜味，更棒的是因為二粒小麥需要一段時間煮軟，所以 蔥的蔥綠部分也能順便一起煮到軟爛。最後撒上新鮮的歐芹與少許現磨的羅馬羊乳酪，這道家常湯品就完成了。這分食譜要用到含蔥白跟蔥綠的整根 蔥，此外我們也偏好二粒小麥全麥的風味與口感，所以請不要使用快煮、預蒸處理或完全去糠的二粒小麥（購買時請詳閱包裝說明）。

1杯二粒小麥全麥，沖洗後瀝乾
85克培根捲，切小丁
454克整支 蔥，修去頭尾，切碎並洗淨泥沙
2根胡蘿蔔，削皮切丁
1支西洋芹，切丁
8杯雞高湯
2大匙新鮮歐芹末
鹽與胡椒
羅馬羊乳酪粉

❶ 用果汁機瞬轉二粒小麥大約六次，打碎大約一半麥粒即可停止，暫置一旁備用。

❷ 用鑄鐵鍋以中小火煎培根捲大約五分鐘，直到培根捲上色且油脂被逼出。拌入 蔥、胡蘿蔔與西洋芹續煮五到七分鐘，使蔬菜軟化且略為上色。

❸ 加入高湯與二粒小麥拌勻，加熱至微滾後續煮 15-30 分鐘，直到麥粒軟化但仍略帶嚼勁。加入歐芹拌勻，依喜好以鹽與胡椒調味，搭配羅馬羊乳酪粉享用。

大區巡禮

Le Marche
馬凱

山海味俱全的料理

....

馬凱經常被人用「你所不知道的義大利」這類口號來推銷，然而這個面積小、洋溢著田園風情的大區，早已習慣了不受注目的生活。馬凱人勤奮又熱心，以費工的烹飪聞名。如果想以某種食物來比喻馬凱人的精神，那就是做工繁複而美味的雞雜千層麵（Vincisgrassi）了——這道麵食的肉醬是以雞內臟、胸腺或骨髓加上松露熬煮而成；曾有一位奧地利將軍在馬凱境內領軍擊退了拿破崙軍隊，這道菜最初可能是為了贏得他的讚賞而發明的。

耕地密集的土地

　　馬凱大區北接翁布里亞，南臨阿布魯佐，東西兩側分別是亞得里亞海與亞平寧山脈。無數的內陸農場散布在金黃色的丘陵上；數千年來這些丘陵地一直是耕地，每座小山頂上都坐落著一座農舍、一間教堂，或是一個古城牆圍繞的村莊。手工蕾絲或傳統烹飪這類技藝，就透過這些村民保留下來。風光如畫的小城分布在馬凱全區，例如烏爾比諾就是保留了文藝復興文化的珍寶，名列聯合國世界文化遺產。許多河川從本區的內陸流向大海，河谷地也被密集地耕種，就連公路的中島都插滿了番茄藤架。這裡的海岸主要由石灰峭壁、沙灘與繁忙的港口組成，例如本區首府安科納（Ancona）就是港市。

　　高山地區的冬季可以很嚴寒，不過隨著地勢向亞得里亞海降低，地中海型氣候也愈來愈明顯。馬凱的農夫種植小麥、豆類、扁豆（例如珍貴的諾爾恰卡斯特

烏爾比諾日落一景：這座有城牆環繞的小城名列聯合國世界文化遺產。

紫色無花果

古羅馬人以亞得里亞海的海鹽做為士兵的薪餉，因此「sale」（鹽）這個字也成為「薪水」（salary）的字源。

盧喬扁豆）以及各式各樣的蔬菜，其中最出色的是寇爾菲奧利多的紅皮馬鈴薯（Patata Rossa di Colfiorito）。這裡的獨立小農有許多都使用有機農法，不只自己養豬，也生產五花八門的加工肉品，其中包括了肥美的恰烏斯克羅香腸，可以當肉醬抹著吃。在眾多乳酪裡，本地人與遊客都爭相搶購的是散發著嬰兒奶嗝般甜美酸香的白色春季羊乳酪，以及在石灰岩洞裡熟成的窖藏乳酪（Formaggio di Fossa）。馬凱大區廣植葡萄（最知名的是維蒂奇諾種）、橄欖和各種果樹，又以阿斯科利皮切諾橄欖（Ascolana del Piceno）特別出名：這種果實大、味道溫和的橄欖在古代就備受羅馬人喜愛。

漁業是本區的主要收入來源之一。亞得里亞海的海魚大多是油脂豐富、魚刺多的小型魚類，例如沙丁魚、鯷魚（本地典型的開胃菜醃鯷魚〔alici marinate〕是去骨後用醋醃漬的鯷魚）、獅子魚和　魚。此外這個海域也有特產的蝦蟹貝類，例如義大利文稱作「真蛤蜊」（vongole veraci）的是一種體型很小而肉質柔嫩的蛤類，可以用醋和辣椒水煮或用來煮麵，熬出的蛤蜊汁鮮美無比，一旦嘗過，其他貝類都顯得淡而無味。

沒落的邊疆之地，勤奮的馬凱人民

在鐵器時代，馬凱大區這塊地方最初是皮賽恩人、翁布里人部族的家鄉；另外還有高盧人，以及來自西西里島敘拉古（Syracuse）的難民，他們在公元前 4 世紀建立了安科納。然而到了公元前 3 世紀，羅馬人控制了馬凱全境，並且開闢兩條從羅馬通往馬凱的著名道路：連接羅馬與北部城市法諾（Fano）的弗拉米尼亞古道（Via Flamina），和連接羅馬與南部亞斯可里港（Porto d'Ascoli）和亞得里亞海鹽田的「鹽路」薩拉里亞古道（Via Salaria）。

羅馬帝國衰亡後，馬凱陸續被許多民族征服：哥德人、汪達爾人、東哥德人（Ostrogoth）、倫巴迪人，最後由神聖羅馬帝國統治本地達千年之久。只不過神聖羅馬帝國把重心放在其他地方的戰事，讓安科納

熱情迎客的葡萄酒吧。

這些城市得以獨立發展成強大的地方勢力。「Le Marche」是中世紀用語邊疆的意思，原本指的是安科納、卡梅里諾（Camerino）與非莫（Fermo）等城市轄下的地區。馬凱到了 17 世紀成為教宗國領土，結果在梵蒂岡放任不管之下積弱不振，直到義大利統一後才有所改變。

山珍與海味

或許是因為這樣的歷史背景，使馬凱總是「有待發現」：它長久屈於人下，沒有太多出頭的機會。腹地狹小的馬凱由五個省組成，每個省都靠山又臨海，烹飪廣納山珍與海味，在各地又變化出不同特色。各省沿海都特別擅長海鮮湯，這種鮮酸的燉湯以蝦蟹貝類與亞得里亞海海魚為材料，組合千變萬化，口味也隨地點而異。

馬凱的內陸地區以麵食與肉品取勝。鄉下丘陵地區的伙食料多實在、口味鹹重，例如「鍋燒」（al potacchio）的雞肉或兔肉就是用大蒜、洋蔥、葡萄酒、橄欖油、迷迭香或茴香爛煮的菜色，有時也會加點番茄。有些食譜綜合了山區與沿海的作法，例如鱈魚乾也會以鍋燒手法料理。坎波菲洛 通心麵（maccheroncini di Campofilone）只用杜蘭小麥與雞蛋揉製（沒有加水或油），這種極細的麵條在內陸是拌雞雜肉醬吃，到了沿海改為搭配充滿海鮮風味的紅醬（marinara）。同理可證，內陸的油炸鑲橄欖包的是肉餡，在沿海包的是軟嫩的白肉魚。

馬凱的甜點與本地其他菜色反映出相同的愛好：馬凱人喜歡手工繁複的點心。這裡的特產甜食之一是長條狀的無花果糕（salame di fico）：把無花果乾、各種堅果與八角這類香料揉合後，以無花果葉包起來、用線綑緊。即使他們有這種偏好複雜的傾向，說到底，馬凱仍然是個樸實的地方。這也是為什麼對馬凱人來說，一枚新鮮的桃子配上一杯葡萄酒，或許就是最好的甜點。

舉杯致敬：「改良版」咖啡

「**改**良咖啡」（Caffè corretto）是摻了烈酒的濃縮咖啡，雖然在義大利各地都很常見，不過在馬凱北部的法諾市，他們的改良咖啡莫雷塔（moretta）把這種飲料提升到新的境界。調製莫雷塔的方法是先混合等量的茴香酒（通常是阿斯科利產的梅雷蒂〔Meletti〕）、蘭姆酒與白蘭地，再加入糖、檸檬皮屑與濃縮咖啡（睡前飲用就改為熱開水）。莫雷塔總是盛在透明小玻璃杯裡享用，而且分成烈酒、咖啡與咖啡泡沫（schiumetta del caffè）三層。這種飲料最初可能是為了讓法諾港的漁夫和水手在工作時暖身而發明的。

強效搭配：咖啡豆與茴香酒

Olive all'ascolana

油炸鑲橄欖・可製作40顆

美味原理：如果你在馬凱參加節慶活動，很可能會嘗到這輩子吃過最美味的點心：油炸鑲橄欖。這種小鹹點源於阿斯科利皮切諾省（Ascoli Piceno），橄欖中心鑲了飽滿肉餡、外皮酥脆，不論味道或口感都令人讚嘆。我們覺得一定要試做看看這種討喜的小吃，但又覺得可能不容易——畢竟得找到給橄欖去核與鑲餡的方法才行！起初我們想過抄捷徑，使用已經去核的橄欖，卻發現它缺乏色澤與口感，沒有橄欖該有的風味。所以我們改用果粒大、味道溫和的且里紐拉（Cerignola）橄欖，這也很容易在熟食店或販售調理食品的地方買到。要給橄欖去核，我們先用削皮刀往橄欖中心縱切一刀，再像削蘋果一樣沿果核轉一圈，盡量保持果肉整塊不破碎。令人驚喜的是，只要先拿幾顆橄欖練習，上手後就能做得很快。餡料跟橄欖一樣重要，但我們發現很多食譜要混合奇怪的邊角肉或特殊肉品部位，並不實用。我們決定從豬絞肉著手，雖然這個選擇本身平淡無奇，只要加入火腿、炒胡蘿蔔和紅蔥頭，就會產生美妙的風味層次。少許肉豆蔻粉可以帶來經典的辛香，白酒則會增添清爽感。拌入一個大蛋黃與帕馬森乳酪能加強濃郁滑順的口感。我們比較喜歡採用且里紐拉橄欖，不過其他果粒大的鹽水綠橄欖也可以，此外這道食譜的橄欖多準備了一點，以便練習。

2大匙特級初榨橄欖油，另備3杯油炸用
1根胡蘿蔔，切丁
1個紅蔥頭，切丁
⅛小匙鹽
⅛小匙胡椒
113克豬絞肉
28克帕馬火腿，切丁
⅛小匙肉豆蔻粉
¼杯不甜的白酒
¼杯帕馬森乳酪絲
1個大蛋黃與2個大蛋
¼小匙檸檬皮屑
45個有核的大顆鹽水綠橄欖
1又½杯麵包粉
1杯通用麵粉

❶ 取直徑 30 公分平底鍋，以中火加熱兩大匙橄欖油，起油紋後加入胡蘿蔔、紅蔥頭、鹽與胡椒翻炒三到五分鐘，使蔬菜軟化且略為上色。加入豬肉煎大約四分鐘使上色，邊煎邊用木匙把肉塊壓碎。加入火腿丁與肉豆蔻粉炒香，大約 30 秒。加入白酒拌勻，續煮大約一分鐘，直到水分幾乎完全蒸發。把炒過的肉餡撥入食物處理器，攪打大約兩分鐘，使餡料變成滑順的肉泥；視情況把沾在側面的食材往下刮。加入帕馬森乳酪、蛋黃與檸檬皮屑，瞬轉大約五次使混合均勻。把餡移到碗裡略為放涼（最多可冷藏兩天）。

❷ 一次取一顆橄欖，用削皮刀往中心縱切一刀、深及果核（不要刺穿橄欖肉），然後沿果核邊緣把果肉卸下來，有需要可以轉動橄欖幫忙，盡可能讓果肉保持完整一塊。在每顆橄欖裡放上近一小匙的餡（應該要飽滿但又不會滿出來），再用果肉蓋住餡料，輕捏封口。

❸ 在烤盤上鋪三層紙巾。用食物處理器攪打麵包粉大約 20 秒使呈細末狀，倒到淺盤裡。在另一個淺盤裡撒上麵粉，在第三個淺盤裡打散雞蛋。一次取多個橄欖，先滾過麵粉再浸入蛋液，然後裹上麵包粉；施力把粉壓到確實附著在橄欖上，移到大盤子上靜置五分鐘。

❹ 在鑄鐵鍋裡以中大火加熱三杯橄欖油到攝氏 190 度。取一半的橄欖下鍋油炸到焦黃酥脆，大約需要兩分鐘，不時攪動以避免沾黏。用撇渣網或篩勺撈出橄欖放到鋪好紙巾的烤盤上，靜置吸去油分。把油鍋重新加熱到 190 度，繼續炸完剩餘的橄欖並靜置吸去油分，即可享用。

鑲橄欖

1. 往橄欖核心縱切一刀，沿著果核邊緣削一圈，把果肉卸下來。

2. 填入近一小匙分量的餡料，然後用果肉包住餡料、輕捏封口。

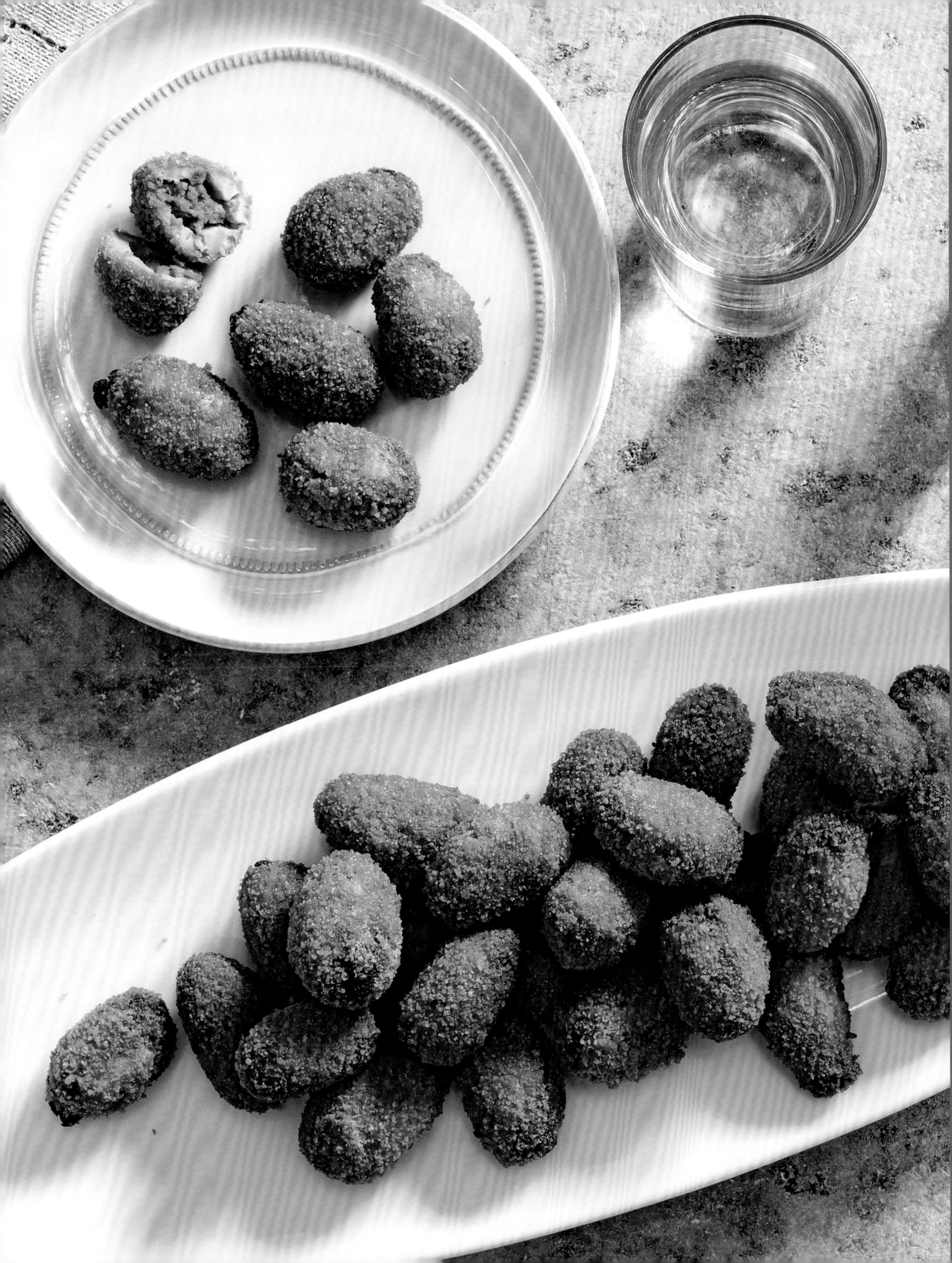

Brodetto all'anconetana

義式海鮮湯・6人分

美味原理：馬凱首府安科納突出於亞得里亞海上，有鮮明的航海文化。本地招牌的義式海鮮湯是海鮮饕客的夢幻佳餚，長久以來都是漁夫賣出當天漁獲後利用剩餘雜魚的方式。雖然這在過去是邊角料湊合成的菜色，上不了臺面，現在已經從漁夫的便餐躍居本區的代表性美食。傳統的食譜會用到13種海鮮，代表出席耶穌基督最後晚餐的13人，也凸顯出沿岸地區的海產有多麼豐富。別具地中海風味的番茄、洋蔥、歐芹、大蒜、醋與橄欖油在這道菜裡融為一體，創造出爽口又滋味繁複的高湯，吃的時候還要淋上更多果香四溢的橄欖油。雖然我們想忠於這道菜的精神，但也希望把食材數量控制在合理範圍內。最後我們選用的海鮮巧妙混搭了各種口感與風味。我們選用的魚類是比目魚，因為它的肉質軟嫩又夠厚實，不會在烹煮後散開。頭足類的部分我們選擇烏賊而非章魚，因為它的味道比較溫和又容易買到。最後的甲殼海鮮，我們混用鹹香的小圓蛤蜊、鮮美的淡菜與甘甜的蝦子，以達成料多豐富的感覺。我們依照精心考量的順序烹煮海鮮，以確保肉柔軟多汁：在鑄鐵鍋裡小火燉煮烏賊到六、七分熟，接著下比目魚，煮到測出魚肉溫度為攝氏 57 度時先暫時取出。為了避免煮過頭，我們在完工兩分鐘前才把蝦子加到湯裡。最後我們用另一個鍋子蒸熟蛤蜊與淡菜，而且一等貝殼開口就舀出來，以確保兩種貝類的熟度都恰到好處。愛吃辣的人可以多加一點紅辣椒碎。如果買到比較粗大的烏賊觸手，記得切成長度不超過 8 公分的小段。這道湯可以佐脆皮麵包享用。

½杯特級初榨橄欖油，另備部分淋在湯上提味

2個大洋蔥，切小丁

鹽與胡椒

4瓣大蒜，切末

⅛-¼小匙紅辣椒碎

1罐790克）整顆去皮番茄，瀝去汁液（保留備用）後切大塊

1瓶（227克）蛤蜊汁

¾杯水

454克烏賊，囊袋橫切成2.5公分寬的環，觸手保持完整不分切；以紙巾拍乾

1片（454克）去皮大比目魚魚排，厚2-2.5公分，切成六塊

1又¼杯不甜的白酒

454克小圓蛤蜊，外殼刷洗乾淨

227克淡菜，刷洗外殼並清除足絲

227克大蝦（13-15隻；每454克26-30隻），剝殼去泥腸，切除蝦尾

¼杯新鮮歐芹碎片

❶ 在鑄鐵鍋裡以中火加熱 1/4 杯橄欖油到起油紋，加入洋蔥、1/2 小匙鹽、1/2 小匙胡椒，翻炒八到十分鐘使洋蔥軟化並略微上色。加入大蒜與辣椒碎炒香，大約 30 秒。加入番茄與罐頭汁液、蛤蜊汁和水攪勻，加熱至微滾後加入烏賊，降為中低火，蓋上鍋蓋續煮 30 分鐘。

❷ 把比目魚肉浸入高湯，蓋上鍋蓋續煮 10-14 分鐘，直到魚肉溫度測得為攝氏 57-60 度。熄火，用篩勺舀出比目魚肉置於盤子上，加蓋保溫備用。

❸ 取直徑 30 公分平底鍋，加入白酒與剩餘的 1/4 杯橄欖油，大火加熱至沸騰。加入蛤蜊後加蓋續煮六到八分鐘，不時搖動鍋身，蛤蜊一開口立刻舀到大碗裡加蓋保溫備用；揀出沒開口的蛤蜊丟棄。把淡菜加入盛了白酒橄欖油的平底鍋裡煮二到四分鐘，不時搖動鍋身，淡菜一開口立即舀到裝蛤蜊的碗裡並加蓋保溫；揀出沒開口的淡菜丟棄。

❹ 把煮貝類的酒汁倒進高湯鍋裡，小心不要把貝類帶的沙粒也倒進去。中火重新加熱高湯至微滾，加入蝦子後蓋上鍋蓋續煮大約兩分鐘，煮到蝦身轉為不透明立即熄火。

❺ 加入蛤蜊、淡菜與歐芹拌勻，依喜好以鹽與胡椒調味。把比目魚、蛤蜊、淡菜、烏賊、蝦子分盛到各人碗裡，澆上海鮮高湯、淋上橄欖油即可享用。

Pollo alla cacciatora

獵人燉雞 · 4-6人分

美味原理：在義大利，冠以「alla cacciatora」的烹調手法指的都是「獵人式」。在馬凱這些中部地區，獵人會用簡單地燜煮剛宰殺的獵物，讓肉塊泡在鹹香的醬汁裡燒得軟爛。因為這本來就是一種大雜燴，所以沒有定於一宗的食譜，唯一通用的固定手法是先把肉（主要是兔肉或禽肉）炒過再與多種蔬菜（通常是採集來的野菜）一起慢燉。很多人只知道這道義大利菜的美國版，也就是用類似紅醬的濃稠醬料燉煮的雞肉。不過我們想煮的是在中義會吃到的獵人燉雞，醬汁不會太濃，能附著在雞肉上就好。我們用番茄增添酸甜滋味，並且選用比較清爽的白酒。為了避免醬汁的味道太嗆，我們加入雞高湯中和酒味與鹹味，另外也用了大蒜和迷迭香這兩種跟雞肉很搭的佐料。我們先把雞肉炒過再送烤箱以低溫烤熟，好讓肉塊均勻加熱。等待雞肉煮完靜置的同時，我們再把吸收食材精華的高湯收成鮮美的醬汁，就大功告成了。

1.8公斤帶骨雞塊（2塊縱切成半的帶骨雞胸肉、2根雞小腿、2塊雞大腿）
鹽與胡椒
2大匙特級初榨橄欖油
1個洋蔥，切丁
1根胡蘿蔔，削皮切丁
1支西洋芹，切丁
2瓣大蒜，切末
1又½小匙新鮮迷迭香末
½杯不甜的白酒
½杯雞高湯
1罐（410克）番茄丁，瀝乾水分
1大匙新鮮歐芹末

❶ 烤架置於中層，烤箱預熱到攝氏165度。用紙巾拍乾雞肉，以鹽與胡椒調味。在鑄鐵鍋裡加入橄欖油，以中大火熱鍋到起油煙後立即放入一半分量的雞肉，煎八到十分鐘，把各面都煎上色後取出置於盤中備用。繼續把剩餘的雞肉煎上色，取出置於盤中。

❷ 利用鍋子裡剩餘的油以中火煎洋蔥、胡蘿蔔與芹菜六到八分鐘，使蔬菜軟化並略為上色。拌入大蒜與迷迭香炒香，大約30秒。加入白酒拌勻，刮起鍋底焦香物質並續煮大約兩分鐘，直到水分幾乎完全蒸發。加入高湯與番茄，加熱至微滾。

❸ 把雞肉放回鑄鐵鍋裡，如果盤底有肉汁也一併倒入。蓋上鍋蓋進烤箱烤35-40分鐘，直到雞胸肉測得71度，雞大小腿測得79度；中途翻面肉塊一次。

❹ 鍋子移出烤箱，把雞肉舀到餐盤上，用鋁箔紙折成的罩子蓋住。以中大火把湯汁加熱到微滾後續煮五到八分鐘，收汁到大約兩杯分量。依喜好以鹽與胡椒調味。把醬汁澆到雞肉上、撒上歐芹，即可享用。

食譜：馬凱 LE MARCHE

Lazio
拉吉歐

令旅客傾心的豐盛家常菜

拉吉歐在地理位置上畫歸中義，不過南方精神已可見端倪——繁複誇張、熱情洋溢、活潑繽紛、混亂又令人著惱，有時還帶點悲劇色彩——與沉著又繁榮的北義恰成對比。詩人與哲學家已經為拉吉歐的魔力寫下無數謳歌，不過它真實的地理描述或許是像這樣：拉吉歐沿著第勒尼安海海岸展開，始於托斯卡尼蠻荒又強風不斷的馬雷馬沿岸，一路向南與坎佩尼亞傳奇的海岸線相接。根據古羅馬詩人維吉爾（Virgil）所述，這裡在遠古時是拉丁民族

的領土，六座火山島如珍珠般散落外海，奇爾且奧山（Mount Circeo）自加艾塔灣突出海面——希臘神話裡的仙女喀耳刻（Circe）就在這裡把尤利西斯的船員變成豬。羅馬皇帝在本地的石灰岩峭壁上築起夏季行宮，崖底的沙灘即使未受神祇施法，也同樣迷人。拉吉歐的內陸地區遍布湖泊，也有河川的充分灌溉，在主要河川臺伯河（Tiber）流域上，平原與丘陵交錯出現。

羅馬位於拉吉歐的正中央，不僅是全世界最古老的城市之一，也是西方文化的源頭。拉吉歐有大約 80% 的人口都住在羅馬。環繞羅馬的羅馬領地（agro romano）是農業密集的鄉間地區，生產本區大部分的糧食。雖然拉吉歐的內陸地區總是被羅馬的光環蓋過，各個省分仍保有不同的特色。維特波省（Viterbo）與托斯卡尼非常相似，繼承了伊特魯里亞文化，例如他們對橄欖與橄欖油的熱愛，本地的烹飪用油也以橄欖油為主（拉吉歐其他省分的傳統是使用豬油）。列提省（Rieti）曾是

維特波　　　　　列提

羅馬
★羅馬
拉吉歐
夫羅西諾內

拉提納

40 mi
40 km

第勒尼安海

一位經驗老道的侍者端著飲料站在羅馬科培爾小館（Osteria delle Coppelle）的門檻上。

古薩賓人（Sabines）的領土，原本隸屬於阿布魯佐大區，所以烹飪也保留了共通精神，例如本地傳統的列提細麵（jaccoli）跟阿布魯佐的手拉新鮮長麵如出一轍。拉提納省（Latina）與夫羅西諾內省（Frosinone）的部分地區曾經與那不勒斯王國結盟，並且承襲這個王國的傳統至今：這裡的居民會在拉吉歐與坎佩尼亞交界的沿岸溼地放養水牛，並且用水牛奶製作莫札瑞拉乳酪。

羅馬文化的根源

伊特魯里亞人公認是最先在本地扎根的民族，不過他們抵達的時候，這裡其實已經有許多義大利部族混居，其中造成最深刻影響的是拉丁人（Latini）的部族。拉丁人是首先在這塊土地留名的民族，在臺伯河與阿般丘陵（Alban Hills）間建立了有防禦工事的聚落，今天的羅馬就是以其中一座公元前 9 世紀建立的小城為核心發展而來。

翻開古羅馬烹飪的歷史記述，一個鍾愛美食的文明馬上躍於眼前：他們的廚藝成就跟軍事功績一樣令人嘆為觀止，不只是為了滿足貪婪的胃口，也意在使人折服。我們可以看到由許多精巧又簡直荒謬的菜色組成的全套餐點，派餅裡埋藏了活生生的禽鳥，烤孔雀肉是用牠們自己的羽毛當盤飾上桌。當汪達爾人打下羅馬，羅馬人不論貧富，全又歸向牧羊人與鄉下百姓熟悉的素簡菜色，而這些歷史最終都成為現存的羅馬菜（cucina romana）的基礎。

青蔥與小番茄

現代的拉吉歐烹飪仍與羅馬人所謂的「地方物產」（roba nostrana）脫不了關係，而且敏銳地隨季節變化。拉吉歐承襲了古伊特魯里亞烹飪傳統，以豬油或橄欖油為主，使用古代祖先也曾用過的許多香辛植物，尤其是洋蔥、大蒜、歐芹與西洋芹。迷迭香、薄荷、鼠尾草、羅勒與馬鬱蘭是主要的香草，丁香與肉桂則是他們偏好的香料。

這裡的人愛吃肉，特別中意在地飼育的小羊肉與豬肉，不過本地也出產小牛肉、禽類與野味。義大利人對鹽漬鱈魚的愛火同樣在拉吉歐熱烈延燒，對淡水水產的偏愛也是，例如鰻魚和狗魚，而這是早在海鮮很難運送到

從頭吃到尾的藝術

義大利全國對於吃肉都抱著「從頭吃到尾」的觀念，不過沒有哪個地方的實行方式比羅馬更有想像力。羅馬與鄰近地區的居民都嗜吃有「第四分之五」（quinto quarto）之稱的肉品，也就是屠宰動物後剩餘的內臟與邊角部位。在過去，比較上等的屠宰肉品會優先保留給有身分地位的人，依序是貴族、神職人員、富人與士兵，至於動物的頭尾與頭尾間的部位——心、腳、腰子、軟骨——才輪到平民老百姓。許多經典菜餚就源於羅馬市屠宰場的集中區域——泰斯塔西奧區（Testaccio）。鄰近屠宰場的小餐館會巧手利用這些零碎部位，例如迷人的燉牛尾湯（coda alla vaccinara）就是用添加了苦甜巧克力、黃色無籽葡萄乾和松子的肉醬慢燉牛尾。羅馬牛肚湯（trippa alla romana）是用番茄醬料把小牛肚燉得軟爛再以薄荷調味。此外還有用火腿油、番茄與白酒熬煮的小牛腸（pajata）等等。

在春季一片綠意盎然的維特波。

羅馬的古代就養成的口味。時至今日，羅馬的海鮮仍繼續由契維塔威恰（Civita-vecchia）、奧斯提亞安提卡（Ostia Antica）與安濟奧（Anzio）這些比羅馬更古老的港市供應。講究的羅馬人比較喜歡上城裡的館子吃海鮮，而不是自己動手料理、弄得滿屋子腥味。

拉吉歐的鄉間地區自古就以富含磷素的火成土壤聞名，孕育出優質的農產與許多獨特的作物品系。凡是名稱冠以「羅馬」（romanesco）的品種都是這個大區精心育種的成果。例如長滿尖塔、有如外星生物的綠花椰菜，以及肉質厚實、比其他品種更有滋味也更緊緻的條紋櫛瓜，還有現正流行的長扁四季豆──這種豆子要是用羅馬人的手法烹煮，會有一種自然的軟滑而非脆口的嚼感。這些全是拉吉歐人的心血結晶。

大膽誘人的羅馬菜

羅馬有句俗話說：「但願天國把我們接到一個有東西吃的地方。」換句話說，羅馬人個個是老饕。他們的料理風格縱慾而奔放，既粗獷又引人入勝，就跟這座城

凱薩沙拉跟任何一位羅馬皇帝都無關，也不是羅馬菜，而是美國實行禁酒令時期，一名赴墨西哥提華納（Tijuana）工作的義裔美籍廚師發明的菜色。

羅馬式待客之道

先把「條條大路通羅馬」
這句老套的俗語放在
心上,再想像一下,這些道
路上都林立著食堂招待川流
不息的旅客,是怎樣的情景。
現在你或許能了解羅馬為什
麼是個好客的城市了。然而,
羅馬的外食文化有更深層的
原因:古羅馬的住屋建造得
擁擠不堪,經常倒塌,所以
政府禁止百姓在室內烹飪。
又或者就像某位羅馬作家指
出的:「羅馬女人跟羅馬男
人一樣火爆好鬥,站在爐火
前讓她們覺得格格不入。」
所以民眾在街頭度日,在指
定時間上小吃店用餐。現代
的羅馬人還是很喜歡外食,
不論一天裡的什麼時候,都
能看到他們在酒吧、咖啡店
與小館子裡開心地大聲喧嘩,
打著誇張的手勢熱烈爭論。
就像義大利飲食作家布魯
諾・羅西(Bruno Rossi)
說過的:「了解羅馬人的最
佳之道,就是跟他們吃頓晚
飯。」

羅馬這個「絕世美人」、世界城市之后,在暮色中閃耀——輝煌、傳奇,永恆不朽。

市一樣。要是你請當地人解說什麼是羅馬菜,他們的回答可能會跟羅馬熱門的餐廳帝國廣場酒館(Taverna dei Fori Imperiali)老闆阿列修・利伯拉托(Alessio Liberatore)有志一同:「我們的食物很有香氣(profumi)」,意思是羅馬菜的風味來自食材本身的自然精華。不論是愛吃肉、魚、蔬菜、麵食、玉米粥或米飯的人,吃羅馬菜都能吃得心滿意足。孕育出這個菜系的首都曾是世界的中心,培養出瘋狂自負的皇帝,與眾人奉若神明的教宗,但也住著平民百姓、鄉下人、朝聖者、外籍人士,與口味天南地北的各種食客。

羅馬菜魅力無窮,有部分原因是它雖然美味,準備起來卻似乎毫不費力——簡單幾樣材料、一兩個小祕訣,彷彿就變出餐桌上的小魔術。隨便選一家羅馬餐廳光顧,光是點餐的過程就說明了一切:侍者無須紙筆,也沒有平板電腦在手紀錄你點了什麼,菜色卻能一道接一道,隨著他們高調的姿態和心照不宣的一點頭送到你面前。義大利人管這叫 sprezzatura ——若無其事的用心。這個詞在是巴爾達薩雷・卡斯蒂利奧內(Baldassare Castiglione)在 16 世紀創造的,用來形容廷臣高明的交際手腕,也是羅馬人聞名於世的待客之道。羅馬人是老練的東道主,數千年來不只為旅客下廚,也要在觀眾矚目下展現手藝。

羅馬與拉吉歐的特產食材

隨便瞥一眼羅馬的菜單都看得出來,這是個肉食當道的國度。羅馬人喜歡非常

羅馬的酒吧是社區交誼中心,你可以在這裡打發時間,或匆匆要一杯濃縮咖啡。

朝鮮薊之都——羅馬

肉質纖細、色紫而造型渾圓的羅馬朝鮮薊（carciofo romanesco）是最能代表羅馬的象徵。這個品種在義大利文裡也叫做 cimarolo（源於指「頂端」的 cima）或 mammola，葉片不帶刺，花心沒有絨毛，是農夫細心修剪出來的成果——每株植物只能產出一個花苞，就是莖上生長狀況最好的那一個。羅馬朝鮮薊在維特波、羅馬、拉提納等地種植，而這三省的火山灰土為它注入一種別緻的風味，在整個產季會跟其他品種的朝鮮薊交替上市。

如果你在 2 月下旬到 4 月中旬間來到羅馬，很可能會看到小餐館在門口擺上大把羅馬朝鮮薊，靠它華美的薊頭招徠你上前。一進門立刻映入眼簾的，一定會是擺了羅馬式朝鮮薊（carciofi alla romana）的前菜臺——朝鮮薊削到只剩花心後整個下鍋燜煮，陳列在巨大的餐盤上，花莖有如一群歌舞女郎的美腿般向上高高翹起。還有一種更費工的做法是在下鍋水煮前把大蒜與薄荷鑲進葉片之間，湯汁還會加葡萄酒。

總之，朝鮮薊的煮法有無窮變化。在羅馬城堡區（Castelli Romani），葡萄藤烤朝鮮薊（Carciofi alla matticella，

matticella 指的是修剪下來的葡萄藤嫩枝）是一個可以追溯到伊特魯里亞時代的春季習俗：把朝鮮薊浸過橄欖油，在田野間用乾燥的葡萄藤嫩枝露天燒烤（在自家後院的烤肉架上也行）。另一道不容錯過的好菜是簡單可口的燉朝鮮薊片（carciofi a spicchi），是把朝鮮薊花心切片，與大蒜和歐芹一起用橄欖油燜煮。其他用朝鮮薊做成的佳餚還有美味的燉菜，例如拿朝鮮薊與小羊內臟（coratella，是辛香的肺、肝、心、脾等部位）一起燉煮。

羅馬城歷史悠久的猶太街區有一道招牌菜就叫猶太朝鮮薊（carciofi alla giudia），是把朝鮮薊削到只剩扁平的花心再下鍋炸兩次，口感酥脆。新鮮的朝鮮薊本來就很柔嫩，可以淋上優質的橄欖油生吃。產季將盡時，剩餘的小顆朝鮮薊會在削剪後整個用橄欖油醃漬保存，讓人在漫漫長冬裡仍能享用。

左頁：羅馬鄉間非常風行的春季習俗：用嫩葡萄藤烤朝鮮薊。右：色紫而渾圓的羅馬朝鮮薊。

朝鮮薊之美

教宗國在1555年頒布教令，限制羅馬城的猶太族群居住在特定區域。這道禁令歷時超過300年，到了1870才解除。羅馬有許多想像力十足的蔬菜烹調法就源於這個髒亂窮困的猶太隔離區。因為猶太攤商只准販賣便宜量大的食材，例如低廉的朝鮮薊、蔥蒜類與萵苣，還要遵循猶太教的飲食規定，所以他們發明了出色的蔬菜烹調法，本區的西班牙猶太人慣用的佐料也獲得大量應用。應運而生的有猶太朝鮮薊、朝鮮薊燉萵苣（carciofi con lattuga，用大蒜和洋蔥燜煮朝鮮薊與萵苣）以及燉腦雜（pasticcio di cervello，朝鮮薊與腦髓同煮），這些菜餚也融入了拉吉歐地區的烹飪文化。

幼嫩的肉，例如他們的乳豬（maialino）和小山羊（capretto）在屠宰時的體型比野兔大不了多少。他們嗜吃歲數在 20 天到六週之間的羔羊，煮熟後會軟爛得有如奶油，能直接滑下喉嚨。拉吉歐是少數不愛雞肉的大區之一，要吃也只挑放山雞而不是「機器養的那種」，因為雞在過去慣稱為籠飼動物。羅馬人嫌雞肉淡而無味，卻又在羅馬燉雞（pollo alla romana）這道菜裡把雞肉配上甜椒燜煮得鮮美無比。義大利飲食作家毛里齊奧‧佩里（Maurizio Pelli）告訴我們，雞肉在古羅馬時代是奴隸、僕人與士兵這些平民的食物，軍團出征時會帶著雞籠隨行。

說這個大區是小羊肉的天下並不為過，所以綿羊乳酪也是重點產品。在新鮮未發酵的乳製品當中，最獨特的是以特定品種的羊奶製作的羅馬瑞可塔乳酪（ricotta romana），風味比美國人較熟悉的牛奶瑞可塔更豐富而強烈。牧羊人通心麵（maccheroni alla pastora）與其他各種拉吉歐麵食，以及瑞可塔水果塔（crostata di ricotta）這類點心，就是用了羅馬瑞可塔乳酪而格外美味。在這個盛產豬肉的地區，鹽漬肉品的傳統比拉吉歐本身的歷史更悠久，至少能追溯到古希臘人與伊特魯里亞人的時代，甚至更久以前的腓尼基人（Phoenician）——他們是率先開採海鹽並用它來保存肉品與海產的民族。巴西阿諾（Bassiano）與瓜爾奇諾（Guarcino）生產高級的鹽漬風乾生火腿，拉吉歐遠近馳名的風乾鹽漬豬頰肉是很多本地菜必備的食材，例如列提的辣味番茄鹹肉麵（bucatini all'amatriciana）。

拉吉歐的橄欖油沒有世界級的知名度，但應該有這個資格才對。因為這裡的橄欖果園位於崎嶇的丘陵地，主要得靠手工採收果實，產量小而風味特殊。卡尼諾（Canino）和薩賓娜的特級初榨橄欖油就是義大利最先取得 DOP 認證的橄欖油。

羅馬人對蔬菜的熱愛，全世界絕對無人能敵。從市場裡令人炫目的陳列就看得

真相解密：義式冰淇淋vs.一般冰淇淋

羅馬是義式冰淇淋的殿堂，全市有大約 2500 家冰淇淋店。義式冰淇淋跟一般的冰淇淋有什麼不同？簡單來說，義式冰淇淋更濃滑，但脂肪和添加糖分比較少，它的甜味主要來自決定各種口味的食材。義式冰淇淋在材料混合冷卻後還要攪打，最好是當店小批製作以確保味道與絲滑口感，而且要當天做、當天吃。頂尖的羅馬義式冰淇淋店會自製甜味食材，並且用新鮮的乳品與優質的原料手工製作——當令的在地水果、頂級巧克力、在地堅果——通常也會摻入上等葡萄酒與烈酒。我們推薦一種超人氣的口味：羅馬瑞可塔冰淇淋（gelato di ricotta alla romana）是用當地當天產的新鮮瑞可塔乳酪製作，風味精緻。

一家羅馬義式冰淇淋店令人垂涎的各種口味。

羅馬的鮮花廣場是知名的露天市場，以美不勝收的陳列與喧囂的攤販聞名於世。

出來——本地名產甘藍與萵苣的品種之多讓人困惑，幼櫛瓜的一頭頂著亮眼的黃花，一簇簇甜如蜜的番茄仍透過母藤相連。各種甜椒五彩繽紛、既甜又嗆，在辣醬山羊肉（capretto all' arrabbiata，直譯是憤怒的山羊）這道傳統菜裡獲得充分發揮。蠶豆只在春季有短暫的產期，是眾人引頸期盼的美味，加泰隆尼亞菊苣心（puntarelle）也是。還有茴香，他們喜歡拿來沾椒鹽橄欖油（pinzimonio）生吃。羅馬市的鮮花廣場（Campo de' Fiori）是知名的露天市場。或許是羅馬攤販似乎喊得比其他地方更聲嘶力竭，又或許是羅馬廣場恰到好處的面積，使得鮮花廣場有如劇場般熱鬧非凡。

　　羅馬人對豆類的無邊熱愛也很明顯，不管是扁豆、紅點豆還是其他什麼豆，都用來作為他們無數的湯和麵食料理的基底。前面提過的飲食作家佩里告訴我們，鷹嘴豆對古羅馬人的飲食實在太重要了，所以鷹嘴豆的拉丁文「cece」還演變成一個

姓氏，也就是知名演說家西塞羅（Cicero）名字的來源。

拉吉歐人巧手烹製出許多美味的麵食，一方面也是因為本區比鄰義大利的通心麵之都坎佩尼亞。羅馬餐廳都會製作培根蛋麵（spaghetti alla carbonara）與胡椒乳酪麵（spaghetti cacio e pepe，用了羊乳酪與大量黑胡椒），這兩道名滿天下的麵點即使在別國餐廳也看得到，只不過味道通常差得多了。拉吉歐還有許多精采的招牌麵食，這裡只抽樣舉出寥寥幾例。

不論是哪道菜，在羅馬吃起來不知道為什麼就是比較美味——至少很多外國人是這麼說的。這是事實或只是想像？或許這個問題並不重要。浪漫氣氛也是一種佐料（順道一提，romance 一詞是羅馬人的發明），別的不說，羅馬就是一個浪漫不落人後的城市。的確，羅馬的烹飪——或說是拉吉歐的烹飪——可以讓人感到驚為天人，而它的祕訣全在於強烈的風味與食材的搭配，即使用料一點都不複雜，也能創造出更上乘的味覺體驗，與無盡的感官盛宴。羅馬作家朱利安諾・馬利齊亞（Giuliano Malizia）曾寫到：「坐在一盤羅馬菜前面，可以使死人復生。因為東道主是 gioia di vivere。」——生命的喜悅。

右頁：18世紀落成的特雷維噴泉（Trevi Fountain）標誌著羅馬水道系統的終點。

法蘭奇納朝聖之路 這條歷史悠久的朝聖之路如今是熱門的旅遊路線，起點是英格蘭的坎特柏立（Canterbury），途經法國與瑞士，在羅馬告終。

Cacio e pepe

胡椒乳酪麵・6-8人分

美味原理：羅馬人愛吃麵，而且以豪邁的麵條分量聞名。胡椒乳酪麵是羅馬盛名遠播的麵點之一，用濃郁嗆口的醬汁把麵條、鹹香的羅馬羊乳酪與現磨黑胡椒結合在一起（cacio 是中義與南義對乳酪的另一個稱呼，pepe 就是黑胡椒）。我們現在很常在狂歡夜歸後很快弄出這道麵點打發肚皮，不過這原本是牧羊人在行旅途中吃的伙食，因為他們總會隨身攜帶乳酪、胡椒與乾燥麵條。理論上，我們只要把乳酪跟

少許煮麵水拌進麵條，自然會形成醬汁，因為煮麵水裡的澱粉會防止乳酪的蛋白質凝聚成塊。不過我們在實作時發現這還不夠，乳酪還是會結塊。為了確保能煮出超級滑順的醬汁，我們把煮麵水的量減半以增加澱粉濃度，確保它能發揮作用。此外我們還需要一點協助：加幾匙重脂鮮奶油能讓醬汁更滑口（鮮奶油含有的脂蛋白有連接蛋白質與脂肪的功用，使醬汁保持乳化狀態）。請不要改變這道食譜的煮麵水

量，因為這是成功關鍵，所以煮麵時也一定要經常攪拌，以免麵條黏鍋。我們把煮麵水瀝到餐碗裡順便加熱，讓這道菜直到上桌都能保持熱騰騰的狀態。最後在盛盤前短暫靜置，讓食材的味道有時間滲出，醬汁也能增加到合適的稠度。

170克羅馬羊乳酪，其中113克刨成細粉（2杯）、57克刨成粗粒（1杯）
454克乾燥義大利直麵（spaghetti）
1又½小匙鹽
2大匙重脂鮮奶油
2小匙特級初榨橄欖油
1又½小匙胡椒

❶ 把羊乳酪細粉放在中碗裡，濾水藍放在大餐碗裡備用。

❷ 同一時間，在大湯鍋裡煮沸 1.9 公升水後加入麵條與鹽，經常攪拌，直到麵煮成彈牙口感。用預備好的濾水藍瀝乾麵條，把大碗收集到的煮麵水，用容量為 2 杯的液體量杯盛出 1 又 1/2 杯，其餘煮麵水倒掉不用，再把麵條裝回空出來的大碗裡。

❸ 把一杯煮麵水倒進羊乳酪細粉裡緩緩攪打到滑順，再加入鮮奶油、橄欖油與胡椒打勻。把胡椒乳酪醬緩緩倒進麵條裡，翻拌均勻。靜置一到兩分鐘，經常翻拌，視需要用剩餘的煮麵水調整稠度。立即上桌享用，傳下粗磨的羊乳酪絲隨各人添加。

Carciof alla giudia

猶太朝鮮薊・4-6人分

美味原理：美味原理：我們現在把猶太朝鮮薊視為傳統的羅馬菜，不過從名字可以知道，這道菜有一段更幽微的歷史。它源於羅馬的猶太隔離區（最初依照教宗頒布的教令於 1555 年建立），所以對正宗的傳統猶太義大利菜來說，這也是一個簡單且經久不變的例子。這道菜說穿了只有幼嫩的朝鮮薊——也是羅馬菜的一味重要蔬菜——削到只剩軟嫩的花心和柔細的內層葉片，用滾燙的特級初榨橄欖油炸到焦黃酥脆，再撒上海鹽、佐上檸檬即可享用。如此簡單的菜色通常很倚重食材的品質，這道經典好菜也不例外，一定要使用幼小的朝鮮薊，因為它們軟嫩的花心熟得快，柔細的葉片也會炸得酥脆無比。如果是個頭比較大的球狀朝鮮薊，葉片炸到金黃時的口感太老，碩大的花心內部也沒有那麼柔膩。烹調手法也很重要：把朝鮮薊丟進滾燙熱油裡，葉片會炸得焦黑苦澀，從冷油炸起又會產生不平均的焦黃斑點。所以我們改採中庸之道：把特級初榨橄欖油加熱到攝氏 150 度的中溫再把朝鮮薊下鍋，花心一熟透立即起鍋，然後把油加熱到 165 度，朝鮮薊再回鍋炸一到兩分鐘，就能得到金黃酥脆的葉片。我們雖然偏好特級初榨橄欖油的風味，不過你也可以用其他的植物油、芥菜油或花生油來炸朝鮮薊。

1顆檸檬切半，另備檸檬角佐餐
910克嫩朝鮮薊
特級初榨橄欖油
片狀海鹽

❶ 把檸檬汁擠進盛了四杯冷水的大碗，擠完的檸檬也放進水裡。一次取一個朝鮮薊，剝皮並削去莖上的深綠皮層，切掉葉苞頂端 1/4 的部分。把外層的硬葉往下拉，層層剝離到只剩內層纖細的黃色葉片，再把朝鮮薊縱切成兩半，整個泡進檸檬水裡。

❷ 從檸檬水裡取出朝鮮薊、甩掉多餘水分後放到鋪了紙巾的烤盤上；檸檬水與擠過的檸檬丟棄不用。把朝鮮薊徹底拍乾，移到乾淨的碗裡。

❸ 把成品架放到空出來的烤盤裡，鋪上三層紙巾。在大口鑄鐵鍋裡加入大約 5 公分深的橄欖油，以中大火加熱到攝氏 150 度。小心地把朝鮮薊下油鍋炸二到三分鐘，等到朝鮮薊變得柔軟呈淺綠色，而且葉片邊緣剛開始上色，立刻用網勺或篩勺取出，移到備好的成品架上。

❹ 以中大火加熱油鍋到 165 度，重新把朝鮮薊放回油鍋炸一到兩分鐘，直到金黃酥脆。用網勺或篩勺撈出朝鮮薊置於成品架上，依喜好用鹽調味，佐檸檬角享用。

Coda alla vaccinara

燜牛尾・6-8人分

美味原理：燜牛尾是經典的羅馬農家菜，這道豐美的燉菜原本出自屠夫之手，因為牛尾這類沒人要的邊角肉通常就是他們的報酬。不過從他們端出的美味佳餚看得出來，這些低廉的部位其實被低估了。我們現在還是能在羅馬的小餐館裡吃到這道菜。又硬又肥的牛尾肉在小火慢煮（傳統上需要五到六小時）後變得入口即化，並且裹上一層濃郁又鮮美的醬汁，質地比一般燉菜更稠。這道菜的湯底是番茄、番茄糊、少許葡萄酒和炒過的底料（soffritto，由洋蔥、胡蘿蔔和芹菜混合而成，切成大塊能讓這些料在最後完工的菜餚裡也看得到），加入牛尾燜煮後會昇華成油潤光滑的醬汁。有些食譜還會加巧克力，不過我們發現光是牛尾本身就讓醬汁很夠味了。丁香帶來舒心的溫暖氣息，葡萄乾則為這道菜注入義大利人喜歡的酸甜味（agrodolce）。為了確保這道燜燉菜不會太油膩，我們先把牛尾烤一小時再快速煎至焦黃，然後把逼出的大量油脂（大約半杯）倒掉即可。我們把逼過油的牛尾暫置一旁，用雞高湯給煎烤牛尾的鍋子洗鍋，再把所得的汁液加進燜煮的湯底，最後才把牛尾放進去。我們發現，想把牛尾煮到能用叉子輕易刺穿的軟爛程度，需要用烤箱以攝氏 150 度的中溫燜煮三小時，煮完要再用油水分離器移除醬汁的油脂（大約又會生出半杯）。最後上桌前通常會撒上松子，增加脆口的嚼感與美感。請盡量選購肉厚大約 5 公分、直徑 5-10 公分的牛尾。超市的冷凍區通常也有牛尾，如果是使用冷凍牛尾，切記在烹煮前完全解凍。

1.8公斤牛尾，修去筋膜油脂
鹽與胡椒
4杯雞高湯
2大匙特級初榨橄欖油
1個洋蔥，切小丁
1根胡蘿蔔，削皮切小丁
2支西洋芹，切成2.5公分小段
2大匙番茄糊
3瓣大蒜，切末
⅛小匙丁香粉
½杯不甜的白酒
1罐（790克）整顆去皮番茄，瀝去水分後切丁（罐頭水保留備用）
2大匙葡萄乾，剁碎
¼杯松子，焙香

❶ 烤架置於中低層，烤箱預熱至攝氏 230 度。用紙巾拍乾牛尾，以鹽與胡椒調味。把牛尾的切面朝下，單層平鋪在大烤肉盤上，進烤箱烤大約 45 分鐘，肉一開始上色就出爐。

❷ 如果盤底有油脂跟肉汁，全部倒掉，回烤箱續烤 15-20 分鐘使牛尾徹底上色。取出牛尾置於碗中備用，把雞高湯倒進烤肉盤，刮起盤底焦香物質後暫置一旁備用。

❸ 烤箱烤溫降至 150 度。用鑄鐵鍋以中火加熱橄欖油到起油紋，加入洋蔥、胡蘿蔔與芹菜煎大約五分鐘使軟化，加入番茄糊、大蒜與丁香拌炒大約 30 秒到冒出香氣。

❹ 加入白酒拌勻，續煮大約兩分鐘到水分幾乎完全蒸發。把烤盤的洗鍋湯汁、番茄與罐頭汁、葡萄乾加入鑄鐵鍋，加熱至微滾後把牛尾浸入湯汁，再度加熱至微滾後蓋上鍋蓋，進烤箱燜煮大約三小時，使牛尾軟爛到叉子能輕鬆刺穿與拔出的程度。

❺ 撈出牛尾放到餐盤上，用鋁箔紙摺成的罩子鬆鬆地蓋住。用細濾網把燜煮醬汁過濾到油水分離器裡，把湯料放回鑄鐵鍋。醬汁靜置五分鐘後，把不含油脂的湯水部分倒回鑄鐵鍋，依喜好用鹽與胡椒調味。舀出一杯湯汁淋在牛尾上、撒上松子即可上桌享用，傳下剩餘的醬料隨各人添加。

食譜：拉吉歐 LAZIO

Gnocchi alla romana

羅馬麵疙瘩 · 4-6人分

美味原理：古羅馬時代的麵疙瘩是用杜蘭小麥粉做成的——沒有馬鈴薯、瑞可塔乳酪或任何其他的麵粉。雖然別的地區後來變化出各種版本，羅馬人繼續以同樣方式製作他們的麵疙瘩，而這也很能理解：杜蘭小麥麵疙瘩吃來特別有療癒感，因為它比一般麵疙瘩略微扎實又有種討喜的軟滑，有點像玉米粥。要製作這種麵疙瘩，我們得先用杜蘭小麥粉煮成麵糊再攤成薄層，冷卻後切片烘焙，而不是水煮。我們發現，製作關鍵在於水跟杜蘭小麥粉的比例要恰到好處。麵糊太稀的話得等很久才會變硬，而且就算變硬也很難切成麵疙瘩，在烘烤受熱後會重新融成一大片。用2又1/2杯牛奶與1杯杜蘭小麥粉調出來的麵糊會硬得剛好，一煮好立刻能切成麵疙瘩，不用先冷卻。用模子壓出圓形的麵疙瘩會浪費很多邊角料，所以我們改拿量杯當模子，直接從鍋子裡舀出等量的麵疙瘩。烘烤前先冷藏能幫助麵疙瘩表面結成薄膜定型，烤完也能乾淨俐落地從烤盤取出分盛。我們在麵糊裡加一個蛋以增黏，並且用少許發粉使麵疙瘩略為膨發，再加入帕瑪森乳酪與迷迭香使味道更豐富。把麵疙瘩像屋瓦一樣斜疊，撒一點帕瑪森乳酪再進烤箱，會烤出令人難以抗拒的焦黃表面。大部分的義式雜貨店或大型超市的國際食材區都找得到細磨杜蘭小麥粉（有時候包裝上會寫 semola rimacinata）。請避免使用傳統的杜蘭小麥粉，因為它的顆粒對這分食譜來說太大了，並不適用。

2又½杯全脂牛奶
½小匙鹽
1撮肉豆蔻粉
1杯（163克）細磨杜蘭小麥粉
4大匙無鹽奶油，切成四塊
1顆大蛋，略為打散
57克帕馬森乳酪，刨粉（1杯）
1小匙新鮮迷迭香末
½小匙發粉

❶ 烤架置於中層，烤箱預熱至攝氏200度。在中口深平底鍋裡以中小火加熱牛奶、鹽與肉豆蔻粉，鍋緣的牛奶開始冒泡後，用緩慢而穩定的速度把杜蘭小麥粉加入牛奶，一邊不斷攪打。降至小火續煮三到五分鐘，用橡膠刮刀不時攪拌，直到整鍋麵糊結成硬塊、攪動時會與鍋緣分離。離火靜置冷卻五分鐘。

❷ 在牛奶麵糊裡加入雞蛋與三大匙奶油拌勻（麵糊一開始會看似油水分離，持續攪拌後會變得滑順且略帶光澤）。加入 3/4 杯帕瑪森乳酪絲、迷迭香與發粉拌勻。

❸ 在小碗裡裝滿水，用水潤過容量 1/4 杯的量杯後，以量杯為模，舀起等量麵糊分別反扣到托盤或大餐盤上；每次舀麵糊前先潤溼量杯以避免沾黏。不用加蓋，進冰箱冷藏 30 分鐘（麵疙瘩可加蓋冷藏最多 24 小時）。

❹ 用剩餘的一大匙奶油給邊長 20 公分的方形烤盅抹油，把麵疙瘩像排屋瓦一樣略為重疊地在烤盅裡斜放成三排，每排四個。撒上剩餘的 1/4 杯帕馬森乳酪，烤 35-40 分鐘，直到麵疙瘩表層呈焦黃色。出爐冷卻 15 分鐘，即可享用。

Spaghetti all'amatriciana

辣味番茄鹹肉麵・6-8人分

美味原理：辣味番茄鹹肉麵不只是一分食譜，更是一個村莊對世人的遺贈。2016 年 8 月 24 號，就在阿馬特里塞（Amatrice）準備在美食節上歌頌這道源於此地的名菜的三天前，一場地震讓這個村子幾近全毀。所幸這道麵食在整個拉吉歐與羅馬地區都很常見，得以保留這項飲食文化。做這道菜要用到長麵條、番茄、紅辣椒、鹽漬豬頰肉與羅馬羊乳酪，並且用白酒來緩和其他食材的強烈風味。我們稍微偏離傳統，改採味道比較重的紅酒，其它食材則幾乎保持不變。鹽漬豬頰肉無疑是這裡的明星食材：未經煙熏處理的鹽漬豬頰肉有更純粹的肉味與口感，烹煮時從中逼出的油脂也能讓番茄醬汁更香濃。我們決定讓鹽漬豬頰肉再多發揮一點魔力：羊乳酪拌入少許豬頰肉的豬油能防止蛋白質分子互

相鍵結，避免凝結成塊。因為鹹豬肉（用的是五花肉）跟鹽漬豬頰肉一樣未經煙熏，所以也可以用等量的鹹豬肉替代鹽漬豬頰肉，記得先切掉豬皮、沖水後拍乾即可。雖然很多人會用培根捲來做這道菜，但我們並不建議，因為它會帶來一種奇怪的酸味。盡可能使用大約七肥三瘦的鹹豬肉，瘦肉再多可能就逼不出足夠的豬油。如果你覺得鹽漬豬頰肉很難切片，可以先冷凍 15 分鐘再切。

227克鹽漬豬頰肉（guanciale）
1/2杯水
½小匙紅辣椒碎
2大匙番茄糊
¼杯紅酒
1罐（790克）番茄丁
57克羅馬羊乳酪，刨粉（1杯）
454克乾燥義大利直麵（spaghetti）
1大匙鹽

❶ 把鹽漬豬頰肉縱切成 6 公釐厚的肉條，再把每條逆紋切成 6 公釐寬的小塊。取直徑 25 公分的不沾平底鍋，放入水和豬頰肉，中火加熱至微滾後續煮 5-8 分鐘，直到水分完全蒸發且豬肉開始滋滋作響。降至中小火續煎五到八分鐘，不時拌炒，逼出豬頰肉的油脂並且把肉片煎至金黃。用篩勺把肉舀到碗裡備用。把豬油倒進另一碗裡備用，只在平底鍋裡留一大匙分量。

❷ 在平底鍋裡加入辣椒碎與番茄糊拌炒大約 20 秒，加入紅酒拌勻續煮 30 秒。拌入豬頰肉、番茄與罐頭汁液，加熱至微滾後續煮 12-16 分鐘，經常攪拌，直到醬汁變濃。在醬汁燉煮的同時，取一碗把兩大匙預留的豬油與 1/2 杯羅馬羊乳酪絲拌在一起，用湯匙壓抹成糊狀。

❸ 同一時間，在大湯鍋裡煮沸 3.8 公升水後加入麵條與鹽，經常攪拌，直到麵煮成彈牙口感。保留一杯煮麵水備用，麵條瀝去其餘煮麵水後倒回湯鍋。

❹ 在湯鍋裡加入番茄肉醬、1/3 杯預留的煮麵水與羊乳酪糊，與麵條翻拌均勻。視需要以剩餘的煮麵水調整稠度，即可上桌；傳下剩餘的 1/2 杯羊乳酪絲隨各人添加。

Spaghetti alla carbonara

培根蛋麵・6-8人分

美味原理：這是羅馬人用家常必備食材（醃肉、蛋、羊乳酪）做出的另一道簡易麵食，它的美味雖然令人難以抗拒，但起源並不清楚。Carbonaro 的意思是「燒製木炭的爐子」，所以這可能是煤炭工人的伙食，但也有人認為這是同盟國於二戰將盡時解放羅馬期間，羅馬人用美國人提供的培根與雞蛋發想的菜色。其他說法則認為它就像胡椒乳酪麵（見 232 頁），是牧羊人在放牧途中的發明。不論起源如何，培根蛋麵或許看似簡單，卻很難做得好：它的醬汁要靠麵條的熱氣來變得濃郁且光滑，但這很難掌握，常見的結果是各自分家的炒蛋與乳酪塊。為了找到讓醬汁滑順的不敗手法，我們像煮胡椒乳酪麵一樣減少煮麵的水量，這麼一來除了防止醬汁結塊，濃縮煮麵水的澱粉也能與雞蛋的蛋白質一起帶來稠度。有些食譜是用蛋黃做出卡士達醬般的濃郁感，不過蛋黃強大的乳化與增稠效果會讓這道菜在上桌幾分鐘後變得黏答答的。最後我們發現三個蛋白配四個蛋黃可以調出我們想要的味道，在上桌 15 分鐘內也能維持理想的稠度。進行步驟 2 與步驟 3 的動作一定要快，因為煮麵水與麵條要趁熱立刻與食材混合才能「煮」出醬汁。把拌麵用的碗與餐碗事先加熱，可以幫助醬汁維持濃郁的質地。鹽漬豬頰肉可以用等量的培根取代。

227克鹽漬豬頰肉，切成1.3公分見方小塊
½杯水
3瓣大蒜，切末
71克羅馬羊乳酪，刨粉（1又¼杯）
3顆大蛋與1個大蛋黃
1小匙胡椒
454克乾燥義大利直麵
1大匙鹽

❶ 取直徑 25 公分的不沾平底鍋，加入水和鹽漬豬頰肉，以中火加熱至微滾後續煮大約八分鐘，直到水分蒸發且豬肉開始滋滋作響。降至中小火續煎五到八分鐘，逼出豬頰肉的油脂並且煎上色。加入大蒜拌炒大約 30 秒使冒出香氣。把細濾網架在碗上，過濾豬頰肉並保留濾出的豬油，大蒜豬頰肉暫置一旁備用。舀出一大匙豬油置於另一碗中，其餘倒掉不用。把羊乳酪、蛋與蛋黃、胡椒加入盛豬油的碗裡攪打均勻。

❷ 同一時間，把濾水籃放在寬口餐碗裡備用。在大湯鍋裡煮沸 1.9 公升的水，加入麵條與鹽，經常攪拌，直到麵煮成彈牙口感。用備好的濾水籃瀝乾麵條，保留煮麵水備用。量取一杯煮麵水倒進液體量杯，其餘倒掉不用，再把麵條倒回空出來的寬口餐碗。

❸ 把 1/2 杯煮麵水緩緩加入乳酪雞蛋混合物，一邊攪打至滑順。把打好的醬汁分幾次倒在麵條上，翻拌均勻，再加入大蒜豬頰肉翻拌均勻。拌好的麵暫置二到四分鐘，不時翻拌，直到醬汁略為變稠且能裹在麵條上；視需要用剩餘的煮麵水調整稠度。盛入溫過的餐碗，立即上桌享用。

Porchetta

義式香草烤豬肉捲 · 10-12人分

美味原理：香草烤豬肉是義大利最佳街頭美食之一，低溫慢烤的豬肉肥美又入口即化，飽含大蒜、茴香、迷迭香與百里香的香氣，吃的時候夾在脆皮麵包裡，肉上還帶著酥脆的豬皮。在拉吉歐大區，烤豬肉捲也是節慶假日會享用的菜色。傳統的烤豬肉是先把全豬去骨再抹上混合香草與香辛料的醬料，接下來把豬捆在烤肉叉上醃漬過夜，第二天進柴窯慢烤到軟爛無比、豬皮油亮酥脆。我們把傳統手法稍加變化，讓這種街頭小吃成為一道能自己在家料理的鎮桌主菜。豬肩頭肉是很容易買到的部位，肥瘦比例也恰到好處。為了使肉熟得更快，我們把肉切成兩塊再分別捆成扎實的柱狀。我們在肉塊外層畫幾道切口以利入味，先抹鹽，再抹上大蒜、迷迭香、百里香與茴香混合成的濃烈醃料。我們也把表層的油脂畫出網狀切口，抹上混

合小蘇打的鹽，再把肉放進冰箱裡冷藏過夜。以上步驟能使肉的表層變得比較乾，烤出來的口感會比較脆。分成兩階段烤肉可以得到肉質柔嫩多汁、外層酥脆的完美組合。豬肩頭肉在市場上通常叫做梅花肉，記得選用表面有厚厚一層油脂的肉塊。如果買不到醃料所需的茴香籽，可以用1/4杯茴香粉代替。

3大匙茴香籽
½杯新鮮迷迭香葉子（2束）
¼杯新鮮百里香葉（2束）
12瓣大蒜，去皮
猶太鹽與胡椒
½杯特級初榨橄欖油
1塊（2.3-2.7公斤）豬肩頭肉（梅花肉），修去零碎筋膜
¼小匙小蘇打

❶ 用香料研磨器或研缽把茴香籽磨成細粉後倒進食物處理器，加入迷迭香、百里香、大蒜、一大匙胡椒與兩小匙鹽，瞬轉10-15 次打成細末。加入橄欖油，讓食物處理器持續攪打 20-30 秒使形成滑順的糊狀。

❷ 用利刀在梅花肉表層的油脂交叉畫出相距 2.5 公分的網狀開口，小心不要切到下層的瘦肉。把梅花肉分切成兩等分。

❸ 把肉塊放平，剛才分切的切口朝上，肥肉朝外，瘦肉朝你自己。用去骨刀或削皮刀，從短邊往內算起 2.5 公分的位置，距肉塊頂部邊緣 2.5 公分處下刀，整個切到底，再往下切到距底部邊緣 2.5 公分的位置。重複切出與肉塊的長邊垂直且互相平行的開口，每道相距 2.5-4 公分，最後一道切在距肉塊另一端 2.5 公分處（依肉塊大小而定，應該會有六到八道切口）。

❹ 把梅花肉翻轉成帶油脂的那一面朝下，在每塊肉的側面和底部抹上兩小匙鹽，記得也要抹進每一面的切口裡。在每塊肉的側面和底部抹上香草糊，也要抹進各個切口裡。把帶油脂那一面翻轉朝上，把每塊肉分別用三段廚用棉線僅僅捆成柱狀（帶油脂那一面朝外）。

❺ 在小碗裡混合 1 大匙鹽、1 小匙胡椒與 1/4 匙小蘇打。分別給兩塊肉的外層油脂抹上蘇打鹽，記得也要抹進網狀切口裡。把肉移到放在烤盤裡的成品架上，不用加蓋，進冰箱冷藏至少六小時，最多不要超過 24 小時。

❻ 烤架置於中層，烤箱預熱到攝氏 165 度。把梅花肉帶油脂的那一側朝上擺在大烤盤裡，兩塊肉之間相隔至少 5 公分。用鋁箔紙緊緊包住。進烤箱烤 2-2.5 小時，直到豬肉溫度測得 82 度。

❼ 烤盤移出烤箱，烤溫調升至 260 度。小心移除鋁箔紙，烤豬肉暫時移到大盤子上，把烤盤裡的油水倒掉、鋪上鋁箔紙。移除捆線，把肉重新放回鋪了鋁箔紙的烤盤上，進烤箱續烤 20-30 分鐘使豬肉捲外層徹底上色，且內部溫度測得 88 度。

❽ 把烤豬肉捲移到砧板上靜置 20 分鐘後，分切成 1.3 公分厚的肉片，即可盛盤享用。

準備梅花肉

1. 表層油脂切出網紋後，把梅花肉平均分切成兩塊。

2. 在每塊肉的側面畫出很深的切口，然後在表面與切口裡抹上鹽與香料糊。

3. 各以三段廚用捆線綁成扎實的柱狀。

Abruzzo & Molise
阿布魯佐與莫利塞

廚師的故鄉

阿布魯佐與莫利塞是相鄰又相似的兩個大區，遺世獨立、地形崎嶇，長久以來都是反抗軍與土匪的根據地。不過這裡培育出來的廚師也比義大利其他地區都多。這可能是因為在義大利的歷史上，廚師這一行就源於阿布魯佐，也可能是因為本地擁有簡單卻美味的食材。阿布魯佐人在隱居的山區與世隔絕，千年間都使用相同的食材烹飪，結果就是創造出一種既創新又有強烈風味的菜系：用很少的材料做出豐富的變化。

偏遠崎嶇的土地

中義位於歐亞板塊與非洲版塊交處，一直以來震災不斷，2009 年的一次大地震就重創了阿布魯佐首府拉奎拉（L'Aquila）。不過這裡的土地之所以破碎粗礪、險峻而蠻荒，展現出令人敬畏的壯美，也是因為他們的地理區位。這兩大區有四分之三的土地位於山區，最高點是海拔 2912 公尺的大科諾峰（Corno Grande）。

阿布魯佐與莫利塞也以義大利自然植被最多的大區聞名，共有大約有三分之一的面積是國家公園與自然保護區。大沙索山國家公園（Gran Sasso e Monti della Laga National Park）就是義大利許多稀有動物的棲地，例如熊、山貓與金鵰。在夏季，牧人在涼爽的大沙索山區地勢較低的坡地上放牧，冬季則沿著古老的移牧路線把羊群趕往普利亞大區溫暖的平原。

對迷信的阿布魯佐人來說，大沙索南部的馬耶拉（Majella）山區是一片祕境。

俯瞰安維薩（Anversa）一景：這是阿布魯佐典型的山村。

拉奎拉省斯坎諾鎮（Scanno）莎拉蔻噴泉（Sarracco Fountain）旁的午餐時光。

翠綠的草原間藏著山洞、石窟、瀑布與隱蔽的修士居所，草地上滿是藥用與廚用植物，例如桃金娘、柳樹、續隨子、迷迭香與甘草。同樣充滿魔力的是莫利塞的馬泰塞（Matese）山區，這裡不僅是蘭花與狼群的故鄉，也挺立著一片片山毛櫸林，樹高可達 30 公尺。多條河川從山區發源向東流，其中最主要的是阿布魯佐的阿特諾河（Aterno-Pescara）與杉格羅河（Sangro），以及莫利塞的比弗諾河（Biferno）。溫暖肥沃的河谷裡種植小麥、豆類與蔬菜，芬芳的松樹林沿著腹地狹窄的海岸生長，沿岸點綴著白色的沙灘、氣氛歡快的夏季度假村與質樸的漁村。

簡單而出色的食材

　　阿布魯佐西接拉吉歐、北鄰馬凱，南迄莫利塞，東臨亞得里亞海。莫利塞在 1963 年成為獨立的大區，除此之外在地理與文化上都跟阿布魯佐很相似，西界是拉吉歐（只有一小部分接鄰），東南與西南方分別與普利亞和坎佩尼亞相接。這兩個大區都受到鄰近地區影響，但又自成一格——會有這種獨立的特質，一方面也是因為崎嶇的地形阻礙了他們的發展。的確，直到 20 世紀，阿布魯佐與莫利塞泰半仍是偏遠的牧羊區。到了 1960 年代，一條貫穿大沙索山的隧道打開了他們通往歐洲與義大利其他地區的門戶，不過本地農業主要仍以小規模農耕、牧羊與漁撈為主。

　　現在的阿布魯佐有四個省，都跟省會同名：泰拉莫（Teramo）、佩斯卡拉（Pescara）、基替（Chieti）與拉奎拉（L'Aquila）。莫利塞的兩個省——東側

根據教廷認定，全世界廚師的主保聖人是聖方濟各加勒巧洛（St. Francis Caracciolo），一名在阿布魯佐小維拉聖馬里亞（Villa Santa Maria）出生的僧侶。

的坎波巴索（Campobasso）與西側的伊瑟尼亞（Isernia）都盛產肉品，主要供應當地市場，其中絕大多數是小羊肉與綿羊肉（烤小羊肉串〔spiedini〕就是本地常見的美食），此外也有牛肉與山羊肉。阿布魯佐與莫利塞就如同中義其他地區，也有自己芳香四溢的烤豬肉捲（用磨碎的茴香籽醃漬的去骨烤豬）和醃漬肉品，例如綽號「騾子蛋蛋」的坎波托斯托（Campotosto）摩塔戴拉香腸，還有獵人臘腸（salame alla cacciatora），因為小到能讓獵人塞進口袋隨行而得名。只要有牲口的地方必定有凝乳製品，所以本地盛產綿羊乳酪和牛奶製成的馬背乳酪（caciocavallo）也不令人意外了，山羊乳酪（caprino）和會牽絲的斯卡莫札（scamorza）也是這裡的名產；本地人會拿乳酪來煙燻、燒烤或直接生吃。

這兩個大區合計有 160 公里長的海岸線，所以漁業也是當地經濟重要的一環。漁民會撈捕秋姑魚、鰻魚、烏賊、章魚、螃蟹，也會採集蛤蜊與海螺，送到佩斯卡拉、奧托納（Ortona）與泰爾莫利（Termoli）等港市販賣。這些海鮮是本地的瓦斯托魚湯（brodetto vastese）不可或缺的食材——這是亞得里亞海地區最基本的魚湯，只用橄欖油、海鮮、大蒜、歐芹、鹽與胡椒熬煮。地獄章魚（polipi in purgatorio）是香辣清爽的燉菜，還有絕妙的番紅花漬魚（scapece）是用番紅花調味醋浸漬的煎魚片。

森林與草原藏有豐富的野味、蕈菇與野菜，溪流與湖泊裡棲息著鰻魚、鱒魚和螯蝦。農地裡種植著杏仁與果樹、葡萄與橄欖（帶來絕佳的橄欖油），還有從朝鮮薊到櫛瓜的各種蔬菜。這個地區只出口少數幾項特產：番紅花、甘草，以及廚師。

河谷把本地分隔成許多小區，也使得每個城鎮發展出各自的特產。這些平凡的食材有優異的品質，阿布魯佐人也在與世隔絕的幾百年間發展出料理這些食材的絕技。例如坎波托斯托出色的豬肉加工品，納韋利（Navelli）的鷹嘴豆與番紅花，聖斯泰法諾迪塞桑約（Santo Stefano di Sessanio）的扁豆，卡佩斯垂諾（Capestrano）的白豆，伊瑟尼亞的洋蔥，以及坎波巴索碩大的白芹菜。

自立自強的烹飪

雖然人類已經在這塊土地上生活了 70 萬年，不過阿布魯佐與莫利塞已知最早的民族是薩莫奈人，一個在鐵器時代生活在鄉野間的部族，以驍勇善戰聞名。薩莫奈人的部落雖然與世隔絕，但會彼此爭鬥，最後是靠著貿易，以及對羅馬人的同仇敵愾達成統一。羅馬人征服薩莫奈人的過程並不容易。他們的領土有險峻的高山相隔，這些山地民族的性格又十分凶狠。到了公元前 3 世紀，羅馬人放棄了應付這些部族無止境的造反，透過頒布皇令（Lex Julia）授與他們完整的公民資格。

阿布魯佐與莫利塞的過去確實就是一段反抗與自立的歷史。羅馬帝國於公元 5 世紀衰亡後，入侵這裡的哥德人跟從前的羅馬人一樣，吃足了本地部族的苦頭。到了 12 世紀，諾曼人（Normans）把這個地區納入領土涵蓋南義與西西里島的那不

在地風味

美德湯之美

美德湯（Le Virtù）是阿布魯佐人幫食品儲藏室「春季大掃除」的方式。每年到了 5 月，一般人家的食品櫥裡很可能只剩下扁豆，一點鷹嘴豆，零碎的乾燥麵條，以及最後一點差強人意的豬肉庫存。同一時間，第一批蔬菜可以採收了，例如甜豆、鮮蠶豆與野菜。洋蔥與胡蘿蔔這類根莖類蔬菜可能已經放得有些皺縮，但味道還是很好。把這些通通煮成一鍋扎實的湯品，就是所謂的美德湯（另一個更像燉菜的版本叫做什錦燉春蔬〔vignole〕）。美德湯傳統上有 28 種食材，新鮮或加工品都有，每種食材有各自所需的烹煮時間。烹煮美德湯可以花上好幾個小時，不過成果既扎實又鮮美，豐富而清爽，強烈而細緻，就像春天一樣。

粗與細

阿布魯佐烹飪最經典的麵條有兩種：以手工揉製、形狀粗長的阿布魯佐粗麵（maccheroni alla molinara，在拉吉歐稱為 jàccoli 或 a fezze），以及細而扁長的吉他麵（maccheroni alla chitarra），原料都是麵粉、雞蛋和水。阿布魯佐粗麵源於麵粉磨坊開始出現的 14 世紀中期，alla molinara 的意思是「磨坊主人的太太」。至於 alla chitarra 就是「吉他」，因為製麵工具是繃了金屬細線的木框，形似那種樂器。這兩種麵條通常會拌上與雞爪等肉品同煮的番茄醬料食用。

拉奎拉的工人正小心翼翼地取下番紅花柱頭。

勒斯王國，並且持續到義大利統一，不過那不勒斯王國的王權曾經在德國、法國與西班牙王朝間數度易手（值得一提的是，番紅花是西班牙統治者在 1300 年代引進本區的）。本地民兵不斷給這些統治者找麻煩；他們藏身馬耶拉山區，靠羊群、野味與野生植物過活。有一說是，培根蛋麵出自曾在本地活躍的燒炭黨（carbonari）之手——這群爭取義大利自由統一的鬥士藏身山林間，用鹹豬肉、山羊乳酪和野鵪鶉蛋發明了這道菜。

高超的烹飪智商

阿布魯佐與莫里塞歷來與許多民族比鄰而居、征服者來來去去，也與許多對象有貿易往來，不過塑造本地烹飪最主要的因素，還是數百年的與世隔絕，與他們對有限食材的倚重。這個地區的基本風味是橄欖油、番茄、辣椒，有時會用上鹹豬肉末，而且會以快煮的方式來保存食材的新鮮本色，並且以各式各樣的香草調味。本地烹飪的滋味豐美絕倫；例如他們也有與馬凱的鍋燒類似的做法，且額外添加了土產的續隨子、橄欖與更多辣椒，使得味道更鮮明。這裡很少見複雜的食譜，但成果總是很出色，每道菜裡的每樣東西都很有味道。

說阿布魯佐跟莫利塞的人做菜是「事半功倍」並不為過。以高湯蛋餅（scrippelle）為例，是把柔嫩且薄如可麗餅的歐芹蛋餅捲起來置於碗底，再淋上熱騰騰的閹雞清湯。或是令人吃了咂嘴讚好的醋溜龍蝦。還有佐以橄欖油、黑橄欖、

拉奎拉聖母聖殿（Basilica di Santa Maria di Collemaggio）精雕細琢的大門。

檸檬、牛至與辣椒的土鍋羊肉。扁豆栗子湯（uppa di lenticche e castagne）把小扁豆、新鮮栗子、番茄、鹹豬肉與山區香草融於一鍋，扁麵包（schiacciata）是一種參了釀酒葡萄與糖的麵餅，看到它出爐也表示葡萄採收季到了。也別忘了這裡的甜點，它們的食材搭配常常出人意表，例如淋上蜂蜜、撒上番紅花的瑞可塔乳酪，或是包著葡萄果渣與堅果泥的炸甜餃子。雖然只有少數食材派上用場，搭配卻很獨到。作家柯斯提歐科維奇曾說這個地區有「敏銳的鑑別力與高超的烹飪智商」──他們創造出的繁複風味正是最好的表現。

就跟每個不甚富裕的地區一樣，蔬菜在阿布魯佐與莫利塞的烹飪裡也占有重要地位。本地人拿豌豆與鹽漬豬頰肉同煮，用碩大的刺菜薊與番茄和鹹豬肉一起燉湯；他們把馬鈴薯切片後鋪在爐臺上，用堆滿炭火的鐵蓋壓住，等馬鈴薯煮得綿軟再淋上油與醋食用。大膽的搭配加上獨特的技巧，使得阿布魯佐廚師遠近馳名。

除此之外，他們也有家學淵源。16 世紀時，生於阿布魯佐小鎮維拉聖馬里亞的貴族與美食家費蘭特・加勒巧洛（Ferrante Caracciolo）就開始指點僕人如何烹飪。他的教導在本地代代相傳，讓阿布魯佐成為擁有悠久傳承的廚房，出師的學徒又獲聘為外地的貴族與領袖工作，使阿布魯佐廚師的聲名遠播。現今的維拉聖馬里亞是餐飲專業學院（Istituto Alberghiero）所在地，一間在業界舉足輕重的烹飪與餐旅管理學校。只不過，他們培育的廚師所承襲的傳統，其實早在 16 世紀以前就開始了。因為阿布魯佐與莫利塞的烹飪可以追溯到古薩莫奈牧羊人、綠林大盜與反抗鬥士身上──這些人長年窩居營地與藏身處，就著營火鍛鍊出他們完美的烤小羊肉串。

一棟阿布魯佐海岸上的傳統漁人小屋（trabocco）。

移牧 牧羊人會沿著歷史悠久的路線，每年帶羊群在阿布魯佐南部山區草原放牧，再遷往普利亞（阿普里亞）過冬。

Maccheroni alla chitarra con ragù di agnello

燉小羊肉醬佐吉他麵・6-8人分

美味原理：在阿布魯佐崎嶇的山地，很多牧羊人都會移牧，也就是隨著季節變化，帶綿羊在夏季的高山草原與冬季的低地草原之間遷移。這種習慣能讓羊群吃到很多不同的花草，所以牠們的奶與肉特別香，

也難怪一道簡單的燉小羊肉醬會是這裡的招牌菜，這種肉醬還會散發出山地香草與番紅花的香氣（番紅花在阿布魯佐只有平原上的少數幾戶人家種植）。各種傳統食譜使用的小羊肉部位都不太一樣，我們

一一試做後發現，先把去骨小羊肩肉切成 8 公分見方的肉塊爛煮，取出撕碎後再泡回湯汁裡，可以得到最佳成果：小塊羊肉浸在濃郁的醬汁裡，入口即化且徹底入味。傳統的阿布魯佐肉醬最常與當地人稱

為吉他麵的特產麵條搭配——把香濃的雞蛋麵團撖成厚片，再用一種叫做「吉他」（chitarra，造型確實很像吉他）的切麵器壓成誘人的方形長麵條。吉他麵直到近年都還很難在阿布魯佐以外的地方看到，但現在已經能在食材專賣店或網路上購買了。如果你找不到吉他切麵器來自製新鮮麵條，可以用 454 克的乾燥吉他麵代替（品名又叫 spaghetti alla chitarra 或 pasta alla chitarra），新鮮或乾燥的細扁麵、長麵也行。你可以用 910 克的小羊肉排（肩胛肉或後腿肉）取代整塊小羊肩。這道菜傳統上還會用鹽漬豬頰肉提味，但也能用等量的鹹豬肉代替，只要切掉豬皮、用水沖洗過即可。如果鹽漬豬頰肉很難切塊，可以先冷凍 15 分鐘，讓肉變硬些。如果你的吉他切麵器有超過一組弦，請選用鐵絲間距大約 3 公釐的那一組。

燉小羊肉醬

680克去骨小羊肩肉，修去筋膜油脂，切成8公分見方大塊

鹽與胡椒

1大匙特級初榨橄欖油

57克鹽漬豬頰肉，切小丁

1個洋蔥，切小丁

1根胡蘿蔔，削皮切小丁

1支西洋芹，切末

3瓣大蒜，切末

1大匙番茄糊

2小匙新鮮迷迭香末

½小匙番紅花柱頭，壓碎

¼小匙紅辣椒碎

½杯不甜的白酒

1罐（790克）整顆去皮番茄

吉他麵

454克新鮮雞蛋麵團（做法見364頁）

鹽與胡椒

羅馬羊乳酪絲

❶ 製作羊肉醬：烤架置於中下層、烤箱預熱到攝氏 150 度。用紙巾拍乾羊肉，以鹽與胡椒調味。在鑄鐵鍋裡加入橄欖油，以中大火熱鍋到起油煙後立即把羊肉下鍋煎大約八分鐘，每面都煎上色即取出暫置於盤中。在鍋底保留大約一大匙的油，其餘倒掉不用；讓鑄鐵鍋略微冷卻。

❷ 用鍋裡剩餘的油以中小火煎鹽漬豬頰肉大約兩分鐘，逼出豬油。拌入洋蔥、胡蘿蔔與芹菜，增至中火翻炒六到八分鐘，使蔬菜軟化且略微上色。加入大蒜、番茄糊、迷迭香、番紅花與辣椒碎翻炒大約 30 秒到冒出香氣。

❸ 加入葡萄酒刮起鍋底焦香物質，繼續加熱大約三分鐘，使一半水分蒸發。拌入番茄與罐頭汁液，用木勺把番茄壓碎成大約 2.5 公分見方小塊，加熱至微滾後把小羊肉放回鍋裡，如果有流出的肉汁也一併倒回，續煮至微滾後蓋上鍋蓋，進烤箱燜煮 2-2.5 小時，直到羊肉非常軟爛；中途翻面一次。

❹ 鑄鐵鍋移出烤箱，取出羊肉置於砧板上略微冷卻，用兩根叉子把羊肉撕成適口大小；把過多的脂肪塊丟棄。把羊肉碎塊與砧板上累積的肉汁倒回鍋裡拌勻，靜置大約五分鐘，直到羊肉徹底浸熱。依喜好用鹽與胡椒調味，加蓋保溫（羊肉醬可以冷藏最多三天，食用前以小火加熱即可）。

❺ 製作吉他麵：把雞蛋麵團移到乾淨流理臺上，分成五分，用保鮮膜蓋住。取其中一分撖成 1.3 公分厚的圓麵皮。把有滾筒的製麵器開口設定成最寬，滾壓麵皮兩次。把麵皮兩頭尖細的部分折向中間交疊壓合，再從麵皮折邊開口處送進製麵器再壓一次。接下來不對折，重複把麵皮從壓尖的那一端送進製麵器滾壓（寬度仍設定成最大），直到麵皮光滑且幾乎不沾手（如果麵皮會沾手或黏在滾筒上，可以撒些麵粉再滾壓一次）。

❻ 把製麵器寬度調窄一級，再滾壓麵皮兩次，接著逐級調窄，每一級滾壓麵皮兩次，直到麵皮厚度達 3 公釐。（如果麵皮長到難以掌握，可以攔腰對折再壓一次）。把麵皮放到略撒過粉的流理臺上，以同樣方式滾壓剩餘四分麵團；不要把麵皮疊放起來。讓麵皮靜置大約 15 分鐘，直到觸手感覺乾燥即可。

❼ 在兩個烤盤上鋪烘焙紙並撒上大量麵粉。在麵皮上撒大量麵粉，用刀子把麵皮的長邊修成比吉他切麵器短大約 6 公分的長度。把一片麵皮鋪在切麵器的弦上，拿撖麵棍用力滾過麵皮，使麵皮確實壓進弦裡切成麵條。在切好的麵條上撒大量麵粉，放到備好的烤盤上攏成小團。重複壓切剩餘的四張麵皮（吉他麵可在室溫下存放最多 30 分鐘、冷藏最多四小時，或是先凍硬再裝進夾鏈袋冷凍，最多可保存一個月，烹煮前不要解凍。）

❽ 在大湯鍋裡煮沸 3.8 公升的水，加入麵條與一大匙鹽，不時攪拌，直到麵煮成彈牙口感。保留 1/2 杯煮麵水備用，瀝去其餘煮麵水後把麵條倒回湯鍋，加入羊肉醬翻拌均勻，視需要用預留的煮麵水調整稠度。依喜好用鹽與胡椒調味，上桌佐羊乳酪絲享用。

Linguine allo scoglio

海鮮細扁麵・6-8人分

美味原理：海鮮麵不是某些地區的限定產物，不過在阿布魯佐和莫利塞沿岸吃這道菜卻特別享受，因為這裡是品嘗亞得里亞海蝦蟹貝類海產的絕佳去處。想要煮出每一口都飽滿鮮鹹的海鮮麵（不是只有咬到海鮮肉才有味道），我們用蛤蜊汁和四片切碎的鯷魚來加強蝦蟹貝類釋出的原汁風味。我們依照小心考量過的順序烹煮食材，確保每塊肉都肥嫩多汁：先下比較耐煮的蛤蜊與淡菜，離火前幾分鐘再放蝦子和烏賊。我們把細扁麵煮到半熟，然後直接拌進海鮮醬汁裡煮熟，這麼一來麵條能在吸收海鮮味的同時釋出澱粉，使醬汁變稠、更容易裹住麵條。我們也加了小番茄、大量大蒜、新鮮香草與檸檬作為配料，為醬汁增添清爽又豐富的風味。嗆辣的辣椒碎也不可或缺，否則就稱不上是阿布魯佐菜了。想簡化這道食譜，可以省略蛤蜊與烏賊，把淡菜跟蝦的分量各增加680克即可，不過步驟2裡鹽的用量要增加到3/4小匙。

6大匙特級初榨橄欖油
12瓣大蒜，切末
¼小匙紅辣椒碎
454克小圓蛤蜊，刷洗乾淨外殼
454克淡菜，刷洗外殼並清除足絲
570克小番茄（285克保留完整果粒、285克切半）
1瓶（227克）蛤蜊汁
1杯不甜的白酒
1杯新鮮歐芹末
1大匙番茄糊
4片鯷魚，沖洗後拍乾切末
1小匙新鮮百里香末
鹽與胡椒
454克乾燥細扁麵
454克草蝦（21-25隻），剝殼去泥腸，切除蝦尾
227克烏賊囊袋，橫切成1.3公分寬的環
2小匙檸檬皮屑，另備檸檬角佐餐

❶ 在鑄鐵鍋裡以中大火加熱 1/4 杯橄欖油到起油紋，加入大蒜與辣椒碎炒香大約一分鐘。放入蛤蜊後加蓋煮四分鐘，不時搖動鍋子，接著放入淡菜加蓋續煮三到四分鐘，不時搖動鍋子；蛤蜊與淡菜開口即可舀出暫置於碗中，揀出沒開口的蛤蜊與淡菜丟棄後加蓋保溫、釋出的汁液留在鍋裡不要倒掉。

❷ 把整顆番茄、蛤蜊汁、白酒、1/2 杯歐芹、番茄糊、鯷魚、百里香與 1/2 小匙鹽加入鑄鐵鍋，加熱至微滾後續煮大約十分鐘，不時攪拌，直到番茄開始散開、醬汁的水量減少大約 1/3。

❸ 同一時間，在大湯鍋裡煮沸 3.8 公升水後加入麵條與一大匙鹽煮七分鐘，經常攪拌，直到麵煮成彈牙口感。保留 1/2 杯煮麵水備用，瀝乾麵條。

❹ 把麵條加入醬汁鍋裡輕柔地翻拌，中火煮兩分鐘後降為中小火，拌入蝦子，加蓋續煮四分鐘。拌入烏賊、檸檬皮屑、切半的小番茄與剩餘的 1/2 杯歐芹，加蓋續煮大約兩分鐘，等蝦子與烏賊剛熟透，立刻加入蛤蜊與淡菜輕柔地拌勻，鍋子隨即離火加蓋靜置大約兩分鐘，讓蛤蜊與淡菜徹底熱透。視需要以預留的煮麵水調整稠度，依喜好用鹽與胡椒調味。把海鮮麵盛到大餐盤上，淋上剩餘的兩大匙橄欖油即可上桌，傳下檸檬角隨各人添加。

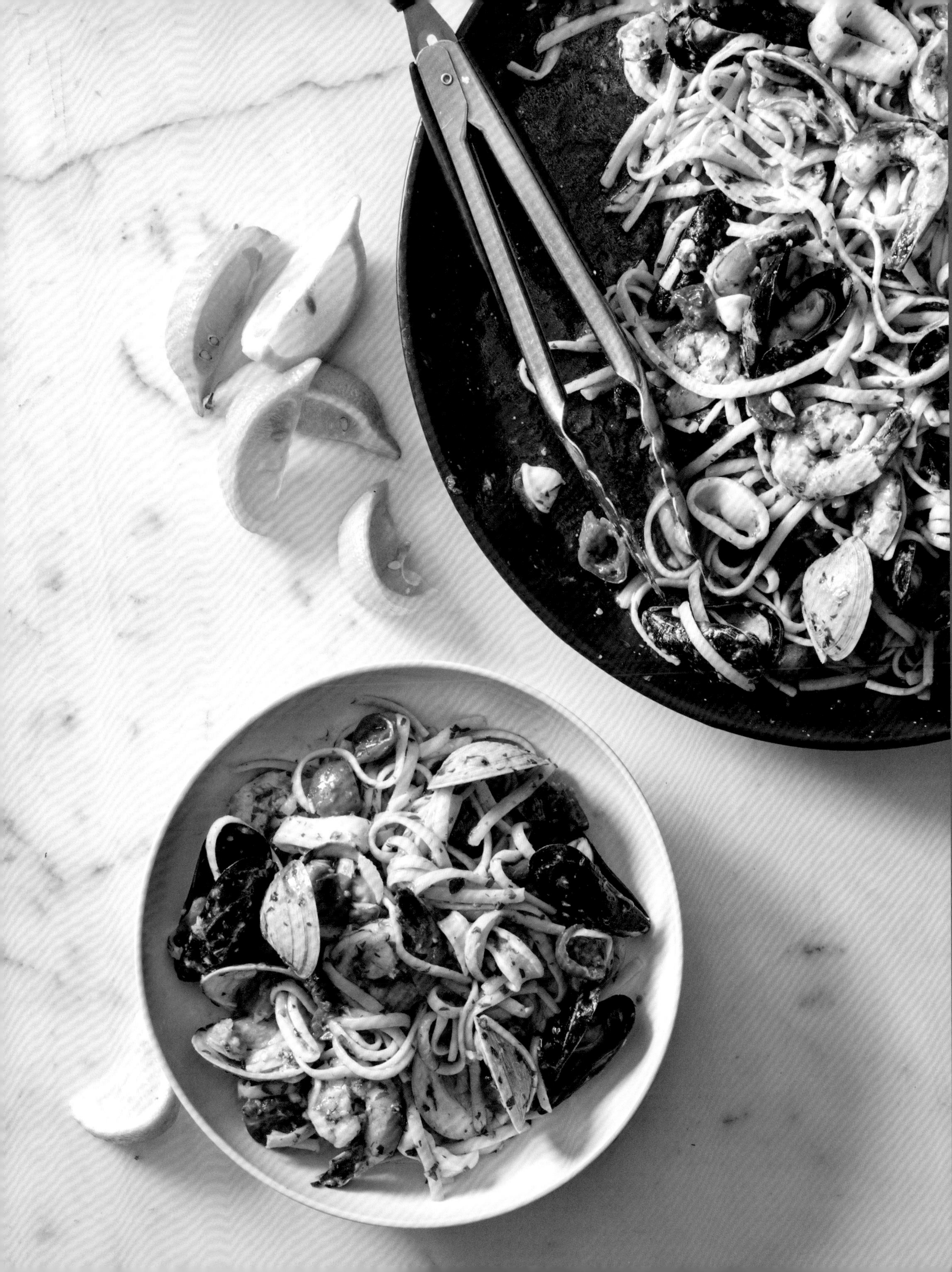

Vignole

什錦燉春蔬 · 6人分

美味原理：阿布魯佐的內陸地區在春季盛產蔬菜，什錦燉春蔬就是一道禮讚這些蔬菜的燜燉料理，充滿朝氣又能很快上桌。新鮮的蠶豆一般習慣連皮吃，不過富含纖維的豆皮容易偏硬不可口，所以我們先用小蘇打水川燙軟化豆皮，缺點是小蘇打水的高鹼度會使得蠶豆在加熱時緩緩轉為紫色。不過想要避免蠶豆變色很簡單，川燙完以清水徹底沖淨即可。甜豆、鮮美的嫩朝鮮薊與富含草香的蘆筍能創造出層次豐富的春季風味。我們先把朝鮮薊下鍋，讓它有時間煮到幾乎全熟，再加入比較不耐煮的蘆筍和甜豆，最後加入川燙過的蠶豆徹底加熱回溫，熄火後撒一把香草與少許檸檬皮屑就完成了。這分食譜用鮮蔬來做最適合，不過你要是找不到新鮮的蠶豆和

甜豆，也能用1杯解凍的冷凍蠶豆和1又1/4杯冷凍甜豆代替，不過在步驟4的時候要把甜豆改為與蠶豆同時下鍋。

1個檸檬
4個嫩朝鮮薊（每個85克重）
1小匙蘇打粉
454克蠶豆，去皮（1杯）
1大匙特級初榨橄欖油，另備部分佐餐
1支韭蔥，只取蔥白與淺綠部分，縱剖兩半再切細絲，洗淨泥沙
鹽與胡椒
3瓣大蒜，切末
1杯雞高湯或蔬菜高湯

454克蘆筍，修去尾端與厚皮，斜切成5公分小段
454克新鮮豌豆，剝去豆莢（1又¼杯）
2大匙撕碎的新鮮羅勒葉
1大匙新鮮薄荷碎片

❶ 刨兩小匙檸檬皮屑，暫置一旁備用。檸檬剖半，把檸檬汁擠到裝了四杯水的容器裡，擠完後把檸檬一併放進水裡。一次取一個朝鮮薊，把莖修到剩2公分長，切掉葉苞頂端1/4的部分。把靠葉柄處三或四排的硬葉往下拉剝除。用削皮刀把莖與葉柄上所有深綠色的外層部分全部削除。把朝鮮薊縱切成四等分，浸入檸檬水裡。

❷ 在小口深底平底鍋裡加入兩杯水與小蘇打粉，加熱至沸騰。放入蠶豆煮一到兩分鐘，豆子邊緣的顏色開始變深立刻離火，瀝乾豆子並且用冷水徹底沖洗。

❸ 取直徑30公分平底鍋，以中火熱油鍋到起油紋，加入　蔥、一大匙水與一小匙鹽翻炒大約三分鐘，把　蔥炒軟後拌入大蒜炒香大約30秒。

❹ 從檸檬水裡取出朝鮮薊，甩掉多餘水分後放進平底鍋。倒入高湯，加熱至微滾後降為中小火，加蓋續煮六到八分鐘，直到朝鮮薊幾乎完全變軟。拌入蘆筍與甜豆，加蓋續煮五到七分鐘，直到這兩種蔬菜都外軟內脆。拌入蠶豆續煮大約兩分鐘，使蠶豆徹底加熱、朝鮮薊煮到軟透。離火，拌入羅勒、薄荷與檸檬皮屑，依喜好用鹽與胡椒調味、淋上橄欖油，立即盛盤享用。

Arrosticini

烤小羊肉串 · 6-8人分

美味原理：烤小羊肉串浪漫的起源與阿布魯佐悠久的放牧歷史密不可分。傳說本區的山地牧羊人會在移牧途中，就著火堆燒烤綿羊肉，權充簡便的一餐。現代的烤小羊肉串是備受歡迎的街頭小吃：把小羊肉用機器切成很小的方塊，以特製烤具燒烤，客人再直接拿著肉串食用——不過我們在家也能做。小羊肉或一般綿羊肉都能做這道菜，然而不論哪種肉，都應該烤到表面徹底焦黃上色，肉飽含鮮美的油脂又軟嫩。想烤出這種完美的成果，通常要把肉切得很小（有些食譜說要切成 9 公釐見方）並且以大火迅速烤熟。我們使用半爐炭烤的方式，把整桶燒炭器的炭鋪在半爐爐子上，就能集中火力生出猛烈的火焰。因為這種火力真的很強，我們發現把肉切成 1.3 公分見方就好，烤起來還是很快，切肉塊跟串肉也沒那麼費工了。把羊肉緊緊串在一起能避免烤過頭，而且大火快烤後已經非常鮮美，只要撒一點點鹽與胡椒調味即可。你可以用 1130 克的小羊排（肩胛肉或後腿肉）取代整塊小羊肩，此外你會需要 12 根 30 公分長的金屬肉串叉來做這道菜。

910克去骨小羊肩肉，修去筋膜油脂後切成1.3公分見方小塊
猶太鹽與胡椒
3大匙特級初榨橄欖油

❶ **A. 使用炭烤爐**：把烤爐下層通風口完全敞開。在引火爐裡裝滿煤炭（大約 7 公升）並點火燃燒，等上層煤炭部分燒成煤灰，把炭倒出來平均鋪滿一半的烤架。架好烹飪烤架，蓋上爐蓋並且把蓋子的通風口完全打開。把烤爐完全燒熱，大約需要五分鐘。

B. 使用瓦斯烤爐：所有爐口開大火，蓋上爐蓋等爐子完全燒熱，大約需要 15 分鐘。讓所有爐口都保持最大火。

❷ 墊著擦碗布把馬鈴薯握在手裡，用削皮刀剝去表皮。用壓泥器或磨泥器把馬鈴薯磨成泥，盛在烤盤裡。輕柔地把馬鈴薯泥均勻推平，放涼五分鐘。

❸ 清潔烹飪烤網並抹油，把肉串放到烤爐上比較燙的那一邊炙烤五到七分鐘（如果是瓦斯烤爐就蓋上爐蓋），肉塊的每一面都烤到徹底上色即可盛盤享用。

在繽紛活潑的亞馬菲海岸，阿特拉尼（Atrani）的遊客在亮眼的藍色陽傘下享受陽光。

第三部

義大利南部與離島

堅守傳統的南義，涵蓋義大利靴型國土的足踝與小腿，
擁有腳根、足弓到足尖的海岸線與離島。

地中海的大熔爐

在義大利南部，所有的東西都比較有溫度。這裡的空氣比較暖和，人講起話來比較激動，食物也比較嗆辣。我們仍能在這裡看到義大利的舊時風貌：孩童牽著驢子跨過石牆；男人穿著西裝與沾灰的鞋子，聚集在褪色的巴洛克式教堂前；女人包著頭巾，用圍裙兜著蔬果。這裡的陽光明亮又強烈，光禿的丘陵上可見零星的仙人掌，谷地被小麥染上一層金黃，山頂白雪皚皚。蔚藍的海岸線上，白牆藍門窗的小屋聚集成一座座城鎮。而在大城市裡，乏善可陳的貧民區與宏偉的建築交雜，藉著垂掛的電線和在風中顫動的曬衣繩相繫。在這些錯綜複雜的線條下，迷你小汽車穿梭蜿蜒巷弄間。南義的城市滿是五花八門的商家，一桶又一桶貨物從店裡滿溢到街道，商販的喊叫聲處處可聞，興致高昂的顧客音量也毫不遜色。

南義比中部與北部地區貧窮，是從農家生活發展出來的文化。一直以來，這裡的飲食都是從產地直送餐桌式的簡單直接，反映出南義擔當地中海「麵包籃」的悠久歷史。南義與環地中海地區的交通暢達，所以歷來地中海不論由哪個強權當道，南義都既獲益又受累。在風光明媚的南義，自豪與貧窮定義了本地的料理。這裡就有句俗話說：「南義會害你流兩次淚；一次是你抵達的時候，一次是你離開的時候。」

貧窮烹飪

古希臘人為南義的飲食引進三大支柱——橄欖油、葡萄酒與穀物，並且建立了不輸任何西方世界的貿易網絡。羅馬人追隨希臘人的腳步，在南義發展出大莊園（latifundium）制度，也就是地主不在駐、主要由奴隸負責做工的大型農莊產業。巨量的穀物與各種糧食透過這種方式生產，餵飽了羅馬軍團，卻害得當地百姓挨餓。

在西西里內陸地區常會有的遭遇：被羊群擋道。

羅馬人後來被汪達爾人與其他入侵者取代，其中包括統治西西里島與卡拉布里亞的阿拉伯人，以及在中世紀統一南義、建立單一王權的諾曼人。雖然南義的統治權在歐洲皇族間數度易手，大莊園制度持續不墜，不在駐的地主透過代理人操控流動勞工與在地農民，維持巨型莊園的運作。大莊園制度與奴隸制相差無幾，更加深了南部貧困的惡性循環。這些不同的文化也影響了本區的飲食，例如糖醋的烹調手法以及南義人對糕點、杏仁膏與其他甜食的熱愛，而這些傳統都是阿拉伯人帶來的贈禮。義大利各地的烹飪都以在地食材為基礎，但因為長期處於窮困匱乏之中，所以對現代的南義來說，所謂的傳統料理主要是使用低下階層的基本食材，例如穀物、蔬菜與沿岸的海產。

小柑橘

自古典時代以來，小麥與各種穀物就被製作成麵條與麵包，是南義人的基本糧食。麵條是南部飲食的根本，分成兩大類：以硬質小麥與水為原料的市售乾燥麵條（pasta secca，也叫 maccheroni），以及在家自製的新鮮麵條。義大利愈往南愈貧窮，麵團裡的雞蛋也隨之減少；到了西西里，這裡的麵團已經完全不含蛋了。義

從薩丁尼亞首府卡利亞里（Cagliari）的卡斯特洛區（Castello）能俯瞰整個市區與海港的遼闊全景。

南義與離島的慶典
義大利南部的重要美食節

IGP 格拉涅諾麵食節（Festa Della Pasta Di Gragnano IGP Gragnano，坎佩尼亞）每年 9 月上旬，這個麵條工業的發源城鎮為他們特產的乾燥麵條舉辦的慶典。

巴涅拉卡拉布拉旗魚節（Gran Galà Del Pesce Spada Bagnara Calabra，卡拉布里亞）每年 7 月初，捕撈旗魚的漁民會慶祝他們在旗魚交配季的漁獲，現場供應特色菜烤旗魚捲（swordfish involtini）。

阿瑟土拉五月祭（Maggio Di Accettura，巴西里卡塔）農作物的雄樹與雌樹會在這個時節配對授粉，以確保豐收。這個慶典在每年五旬節前後舉行，有美食與民俗舞蹈表演。

卡羅納貓耳麵節（Sagra Delle Orecchiette，普利亞）卡羅納（Caranna）這個風光如畫的小鎮有許多古老的錐頂石屋「特盧洛」（trullo）。每年 8 月中旬的節慶期間，手藝精湛的師傅會在市中心廣場現場製作貓耳麵。

維濟尼瑞可達乳酪節（Sagra Della Ricotta E Del Formaggio，西西里）4 月下旬舉辦，宣揚各種瑞可達乳酪製品，例如新鮮的瑞可達乳酪與知名甜點卡諾里捲（cannoli）。

奧里斯塔諾賽馬節（La Sartiglia Di Oristano，薩丁尼亞）在聖灰星期三（復活節前的四十天）之前舉辦，是歐洲少數僅存的騎士武藝競技之一。騎士在賽前會戴上面具、穿傳統服飾遊行。為狂歡節特製的甜食是賣點之一。

奧里斯塔諾賽馬節的假面騎士。

大利全國都會製作披薩（或說麵餅），不過這種食物的嚼勁與美味是在那不勒斯達到顛峰。在薩丁尼亞與西西里這兩個離島，精工裝飾的麵包是民俗藝術的絕佳範例。

南義主要的蔬果是番茄和茄子，番茄是西班牙人從新大陸帶來的物產，茄子則是由東方傳入。南義烹飪也很常見採集來的野菜與苦味葉菜，包括菊苣、芝麻菜與芥蘭苗（cime di rapa）。第勒尼安海與愛奧尼亞海的深度足供鮪魚和旗魚棲息（雖然數量已經減少），此外也有鯤魚和沙丁魚、烏賊、章魚與各種貝類。南方人吃的肉量很少，但動物全身都不會放過——其實全義大利都是這樣。這裡的鄉下丘陵地區還是會飼養羔羊與山羊、家禽與兔子，豬則被製作成各式各樣的加工品，是一次能供應多年肉品需求的牲口。南義人烘焙通常使用豬油，不過烹飪的主要用油是橄欖油。乳酪也在當地飲食裡占有重要地位，尤其是綿羊乳酪與山羊乳酪。瑞可達乳酪是一種乳清製成的產品，通常來自綿羊奶；它的質地濃稠且氣味強烈，甜鹹都能入菜。至於牛奶能製作頂級的「fior di latte」，就是美國人慣稱莫札瑞拉的乳酪。真正的莫札瑞拉是用水牛乳製作的，也就是品質絕佳的「mozzarella di bufala」。

北義人常戲稱南義是「十二點鐘」（Mezzogiorno），指的是南部正午的豔陽。

檸檬甜酒是南義很普遍的餐後酒，美國很多義裔人家會在家自釀。

經久不變的傳統

義大利南部雖然盛產各種食材，人民卻經常過著貧困的生活。即使在義大利統一建國後，政府還是疏於治理南義，導致了幾波大型移民潮，一次在 1861 年到 1920 年代之間，另一次從第二次世界大戰到 1970 年代，而這兩波移民潮出走的義大利人有大約 1300 萬之多。全美各地的「小義大利」街區就由這些移民建立。也因為這個緣故，美國的義式料理主要源自南義，但隨著時空變遷，也早就轉變成另一種大不相同的菜系。

北義人有時會嫌南義人懶散，不只因為南義人窮，也因為炎熱的氣候導致南部生活步調緩慢（南義人則反譏北義人是德國佬）。但也正因為貧窮、保守和以家族為重的心態，幫助南義保存了傳統。對南義人來說，定義美好人生的標準不是你擁有多少財富，而是你怎麼選擇使用你擁有的東西。更何況在義大利，說到喧囂炎熱的地中海生活，沒有別的地方比南義更鮮明了。就像南義人會說的，這才算得上道地的義大利。

上：坎佩尼亞人家後院的蔬果收成。右頁：西西里島絕美的葡萄園坐落在令人屏息的壯麗山嶺之下。

南義的葡萄酒
歷時4000年的釀酒傳統

1. 坎佩尼亞：是白酒偏酸而細緻，例如圖福格雷克（Greco di Tufo）是以古老的希臘種格雷克葡萄釀造。紅酒的風味可能帶草香、果香與單寧酸，例如塔布諾艾格尼科（Aglianico del Taburno）。

2. 普利亞：絕大多數的釀酒白葡萄都用於調製苦艾酒。洛科羅通多（Locorotondo）產的維戴卡（Verdeca）葡萄釀的白酒酸澀但細緻，特別出色。本地的粉紅酒與本地菜很搭，低酸而酒味濃的普里蜜提弗（Primitivo）很受歡迎。

3. 巴西里卡塔：這個不甚富裕的大區出產武圖雷艾格尼科（Aglianico del Vulture），是南義最傑出的紅酒之一。

本區廣植白葡萄蜜思嘉與馬爾維薩，用來釀造氣泡酒與甜酒。

4. 卡拉布里亞：本區以紅酒攬勝場，主要以佳琉璞（Gaglioppo）葡萄釀造，例如經典西羅（Ciro Classico）在古代曾用於獎賞奧運獲勝的選手。

5. 西西里：本地人喜歡能搭配海鮮的白酒，釀白酒的葡萄有帶火石味的格里洛（Grillo）與帶礦物味的卡利坎特（Carricante），最頂級的酒款來自DOC埃特納火山產區（Mount Etna DOC）。釀紅酒的葡萄有奈萊洛（Nerello），清爽辛香的弗萊帕托（Frappato）用於釀造維托里亞瑟拉索羅（Cerasuolo di Vittoria），此外也有用途廣泛的黑珍珠（Nero d'Avola）

葡萄。本地甜酒有知名的加烈酒瑪沙拉，是製作沙巴雍與提拉米蘇的必備食材。

6. 薩丁尼亞：最出色的是西班牙品種的葡萄，例如帶草香的白葡萄維蒙蒂諾、風味十足的紅葡萄卡諾娜（Cannonau），果皮顏色深到發黑的佳利釀（Carignano）用來釀造芳美的蘇爾其斯佳麗釀（Carignano del Sulcis）。薩丁尼亞蜜思嘉（Moscato di Sardegna）是類似阿斯提氣泡酒的氣泡甜酒。

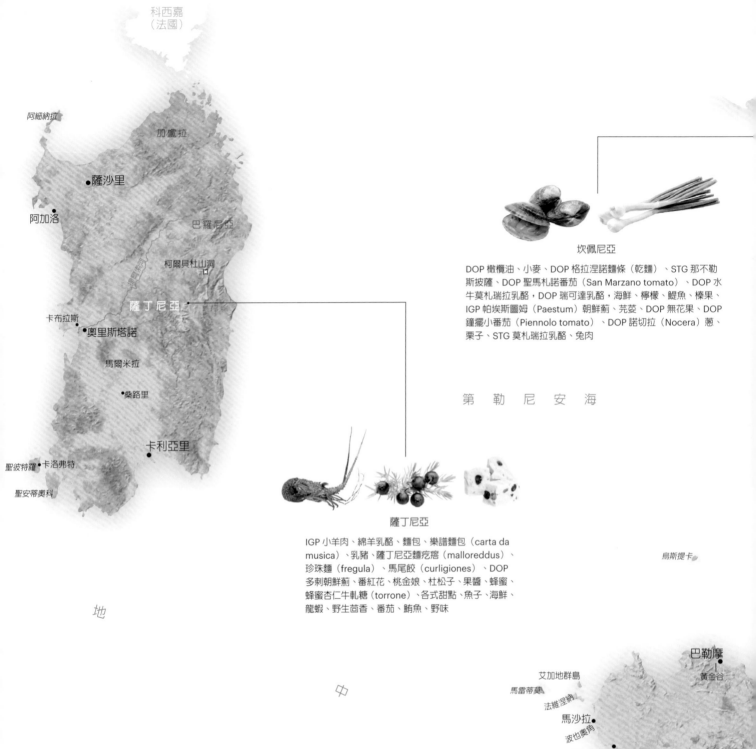

科西嘉
（法國）

阿細納拉

加盧拉

薩沙里

阿加洛

巴羅尼亞

柯爾貝杜山洞

薩丁尼亞

卡布拉斯

奧里斯塔諾

馬爾米拉

桑路里

卡利亞里

聖彼特羅
卡洛弗特

聖安蒂奧科

坎佩尼亞

DOP 橄欖油、小麥、DOP 格拉涅諾麵條（乾麵）、STG 那不勒斯披薩、DOP 聖馬札諾番茄（San Marzano tomato）、DOP 水牛莫札瑞拉乳酪，DOP 瑞可達乳酪，海鮮、檸檬、鰻魚、榛果、IGP 帕埃斯圖姆（Paestum）朝鮮薊、蕪菁、DOP 無花果、DOP 鐘擺小番茄（Piennolo tomato）、DOP 諾切拉（Nocera）蔥、栗子、STG 莫札瑞拉乳酪、兔肉

第 勒 尼 安 海

烏斯提卡

薩丁尼亞

IGP 小羊肉、綿羊乳酪、麵包、樂譜麵包（carta da musica）、乳豬、薩丁尼亞麵疙瘩（malloreddus）、珍珠麵（fregula）、馬尾餃（curligiones）、DOP 多刺朝鮮薊、番紅花、桃金娘、杜松子、果醬、蜂蜜、蜂蜜杏仁牛軋糖（torrone）、各式甜點、魚子、海鮮、龍蝦、野生茴香、番茄、鮪魚、野味

地

中

巴勒摩

黃金谷

艾加地群島

馬雷蒂莫

法維涅納

馬沙拉

波也奧角

馬札拉瓦羅

海

亞格里琴托

義大利南部與離島的地理與物產

　　炎熱的天氣造就了南部半島興旺的柑橘產業，綿長的海岸線則是義大利幾個最重要的漁場基地。南義曾是羅馬帝國的糧倉，至今也還是義大利小麥產量最大的地區。本地最盛產的蔬果是橄欖（與橄欖油），葡萄、茄子和番茄。

西 西 里 海 峽

潘特勒里亞

30 mi
30 km

拉吉歐

莫利塞

加爾干諾海角

福賈

亞 得 里 亞 海

維蘇威火山
1281公尺

坎佩尼亞

那不勒斯

索倫托

伊斯嘉

卡普里

波西塔諾

亞馬菲

薩爾諾

格拉涅諾

那不勒斯灣

安德里亞

比榭列
莫非塔

阿爾塔穆爾賈

比東托

國家公園

巴利

奧凡托河

卡羅納

洛科羅通多

阿普里亞
（普利亞）

塔蘭托

薩蘭托

雷契

普利亞

DOP 橄欖油、DOP 橄欖、小麥、杏仁、小羊肉、
IGP 布拉塔乳酪、蠶豆、鷹嘴豆、IGP 瑪格麗特
白洋蔥、IGP 紫葡萄與白葡萄、DOP 阿塔木拉
（Altamura）麵包、淡菜與牡蠣、DOP 普利亞卡
內斯托拉多乳酪（Canestrato Pugliese）

波騰札

阿瑟土拉

巴西里卡塔

梅塔蓬托

塔 蘭 托 灣

阿格里河谷

皮奧皮

葡萄托海岸

巴森托河

多爾切多梅山
2267公尺

錫巴里斯

巴西里卡塔

橄欖油、盧卡尼亞香腸（Lucanica）、豬肉、
醃豬肩肉、DOP 費拉諾羊乳酪（Pecorino
Filano）、山羊乳酪、IGP 塞尼塞（Senise）甜椒、
IGP 馬特拉（Matera）麵包、蜂蜜、曼帖加乳酪
（manteca）、IGP 薩爾柯尼（Sarconi）花豆、
波騰札紅茄、花椰菜、無花果

卡拉布里亞
西拉山脈

克羅托內

阿斯普羅蒙特山脈

拉梅齊亞泰爾梅

皮左

維波瓦倫提亞

卡拉布里亞

DOP 橄欖油、DOP 香檸檬、枸櫞、辣椒、茄子、DOP 希拉馬背羊
酪（Caciocavallo Silano）、辣香腸（'ndujia）、DOP 無花果、
DOP 卡拉布里亞醃豬肩肉、鮪魚與旗魚、鯷魚與沙丁魚、IGP 特羅
佩亞（Tropea）紅洋蔥、紅皮蒜、奶油乳酪（butirro）、卡拉布
里亞豬頭腸（soppressata）、IGP 甘草

斯通波利

斯通波利山
924公尺

利帕里群島
（埃奧利群島）

非里庫地

沙利納斯

阿利庫迪

利帕里

武爾卡諾

佩洛羅角

巴涅拉卡拉布拉

希拉

美西納

雷久卡拉布里亞

美西納海峽

愛 奧 尼 亞 海

內布羅迪山脈

埃特納峰
3330公尺

西西里

卡塔尼亞

維濟尼

敘拉古

莫迪卡

帕塞羅岬

西西里

DOP 里貝拉（Ribera）柳橙、DOP 血橙、DOP 伊斯皮卡（Ispica）胡
蘿蔔、DOP 埃特納櫻桃、潘特勒里亞（Pantelleria）續隨子、仙人掌果、
敘拉古檸檬、美西納檸檬、貝利次（Belice）橄欖、迪臺諾（Dittaino）
麵包、貝瓦濃桃（Biavone peach）、DOP 布隆特（Bronte）開心果、
IGP 帕基諾（Pachino）番茄、特拉帕尼（Trapani）海鹽、食用葡萄、
鮪魚與旗魚、鯷魚與沙丁魚、茄子、茴香、卡諾里捲

大區巡禮

Campania
坎佩尼亞

古典根源，火山土壤，南方靈魂

....

跟義大利的其他任何地方相比，坎佩尼亞的人都比較友善，海水比較藍，音樂比較輕快，番茄與檸檬也更豔紅與澄黃。不過這裡也更吵鬧與壅塞，也可以說比其他地區都來得貧困。每個遊客踏進這個陽光普照、繽紛燦爛的大區，都會被熱情不羈的那不勒斯精神（Napoletanità）折服，也就是那不勒斯人獨特的生活之道。朝氣蓬勃的那不勒斯被同樣受它熱力感染的小島環繞，城外的鄉村地帶處處可見古希臘神殿遺跡，以及繁茂的無花果與檸檬樹。

那不勒斯王國曾統治半個義大利達六個世紀之久，同名首都至今仍不失巴洛克式的繁複壯麗，又與日常生活的塵俗緊密交織。雄踞在這片景觀後方的是隱隱燃燒、蓄勢待發的維蘇威火山（Vesuvius，當地人稱為 Vesuvio）－－這是全世界最危險的火山帶，在那不勒斯灣的另一端陰晴不定地閃著火光。

那不勒斯是義大利人口僅次於羅馬和米蘭的第三大城，而維蘇威火山距離僅僅8 公里遠，數千年來讓那不勒斯飽受折磨又備享恩澤。維蘇威火山最為人知的是它曾在公元 79 年爆發，湧出的大量熔岩與火山灰掩埋了龐貝城（Pompeii）與赫庫蘭尼姆城（Herculaneum）。它到現在還是活火山，最近一次爆發是 1944 年的事。然而本地人對自己的城鎮與村莊不離不棄，在山坡上遍植葡萄與番茄。維蘇威的火山灰與腐爛分解的海草混合在一起，使坎佩尼亞成為義大利最肥沃的黑土農業區之一，一年可以四種。坎佩尼亞有如一枚彎月，沿著第勒尼安海在拉吉歐與卡拉布里

從拉維洛（Ravello）盧佛羅別墅（Villa Rufolo）遠眺經典的亞馬菲海岸風景。

那不勒斯灣夜景：內部仍持續悶燒的維蘇威火山就聳立在不遠處。

亞之間展開，內陸邊界與莫利塞、普利亞和巴西里卡塔相接；後面這幾個大區的歷史跟坎佩尼亞一樣古老，但性格比坎佩尼亞沉靜多了。

各省特產

　　那不勒斯的同名省分住了整個大區的超過半數人口，這裡的每一塊畸零地、每一個小園圃、每一座陽臺上都種了植物。富含火山土的谷地是坎佩尼亞的招牌作物：小麥與番茄的生產中心，那不勒斯方言稱之為 maccheroni 的乾燥麵條之所以成為本地飲食的基石，拌麵醬料又最常以番茄口味為主，自然是因為盛產這兩種作物的結果。卡塞塔是水牛的故鄉，也是一座足以媲美凡爾賽宮的那不勒斯波旁王朝宮殿的所在地，整個省就像一座大果園。不靠海的阿末利諾省和貝內芬托省地勢崎嶇，宛如由一塊塊葡萄園、橄欖林、以及最有名的榛樹園拼接成的百衲被。沙勒諾（Salerno）省是全球最知名的番茄品種——聖馬札諾的故鄉，自有寬闊的海灣與聳峙的半島。色調柔美的小村莊嵌在懸崖峭壁上，是為人稱頌的奇景——亞馬菲、波西塔諾（Positano）、索倫托（Sorrento），都是蜿蜒的亞馬菲海岸上的必遊景點。本地居民在陡峭的丘陵地開闢了與果園相間的梯田，景致之美與果園裡產出的厚皮檸檬和橄欖油齊名。

那不勒斯人認為在餐後喝卡布其諾很不恰當，因為他們覺得奶泡會妨礙消化。

古希臘文化的傳承

古羅馬人第一次注意到這個地區時，暱稱它是「Campania Felix」，意思是「幸運之地」。不過古羅馬人其實算是這裡的新人。希臘人不安於狹小多山的家鄉，一直都在向外尋找宜耕的土地，也最先在坎佩尼亞扎根。當羅馬還只是臺伯河畔一個泥濘的小營區，坎佩尼亞海岸已經是希臘名士漫步的地方，例如阿基米德、埃斯庫羅斯，以及荷馬筆下的長征英雄。

只不過，除了享樂過活的精神，這支在那不勒斯落腳並延續 300 年的文明並沒有留下太多痕跡。羅馬人還發明了「pergraecari」一詞，意思是行事有希臘人的作風，指的是沉溺於飲食與色欲的享受。除此之外，希臘人認為多吃素食有益健康的觀念也流傳下來。

羅馬帝國衰亡後的幾世紀間，本地人要面對的問題不是菜該怎麼煮，而是根本就沒菜可煮。封建制度使本地幾乎陷入飢荒，等統治階級對平民百姓的基本食材芥蘭苗（vruccoli）開徵稅負，更是雪上加霜。文藝復興席捲義大利期間，希臘文化再度綻放光芒，不過這只是貴族階級的事。在那不勒斯，貴族的餘興節目之一，就是在公用廣場上堆起成山的蔬果與牲畜再點火焚燒，只為了觀看挨餓的民眾在爭奪免費食物的同時被大火吞噬。

法國與西班牙波旁宮廷殖民南義 600 年，在這段期間不斷擴張領土，並縱情享用時下最風行的異國食材。來自美洲新世界的番茄、辣椒、馬鈴薯、玉米、南瓜類、豆類與巧克力，以及來土耳其的咖啡與稻米，都進入他們的廚房，這一切最終

阿波羅神殿是龐貝城最古老也最重大的古典神廟建築。

在地風味

義大利麵的代表：普欽內拉

乾燥麵條開始大量生產後，就連最貧窮的那不勒斯人也吃得起了，他們也對這種救他們免於餓死的食物產生崇敬之情。民眾透過虛構人物普欽內拉（Pulcinella）為乾燥麵條編織新的民俗傳說，賦予它神奇的力量。在義大利街頭即興喜劇裡，普欽內拉是個駝背的丑角，喜歡惹是生非，會穿著代表南義農民的特定服裝亮相。傳說普欽內拉會有那樣的身型，是因為他是被雞生出來的。他老是覺得肚子餓，也一直熱衷於偷別人的乾麵。就如同那不勒斯作家亞伯多‧康西里歐（Alberto Consiglio）寫的：「乾麵隨著普欽內拉聲名遠播，既是笑料，也是那不勒斯人餓到發瘋的象徵。」這個丑角的臉龐被印在麵條包裝上，數百年來走遍義大利，一直活到今天。

濃縮咖啡（espresso）是工業革命的產物；義大利人發現了利用蒸氣把水「快壓」（express）過咖啡粉的方式，藉此粹取出濃如糖漿的精純咖啡。

也改變了義大利與王公貴族殖民地的飲食。宮廷廚師（monzù，法文尊稱「先生」〔monsieur〕的誤寫）的手藝透過帕馬森焗茄子和馬鈴薯鹹糕（potato gattò，源於法文的蛋糕〔gâteau〕）這類菜餚流傳至今。

如果說美食新潮流是上流階級的特權，那麼本地傳統烹飪的基礎終究來自鄉下平民的習慣，也就是那些下田做工、為貴族幹活的人。今日的那不勒斯菜揉合了希臘與伊特魯里亞的特色與巴洛克的品味，同時也融入農民的常識與活力。美國人只認識少數源於那不勒斯的菜色，例如紅醬與辣紅醬（fra diavolo），而這些都是坎佩尼亞移民在異地發揮想像力的成果。不過這些混合美式文化的烹調跟他們故鄉的口味已經大相徑庭。

麵條與麵包：生活之必要

坎佩尼亞是小麥的國度。不論麵包或乾麵都要使用高蛋白、味道好的杜蘭小麥製作，而坎佩尼亞的小麥田位於格拉涅諾一帶，這裡也是乾麵工業的重鎮。這個大區最常見的是用老麵種製作的那不勒斯鄉村麵包（pane cafone），與古希臘詩人赫西俄德（Hesiod）在公元前1世紀描述的鄉村麵包幾乎一模一樣。另一種名產是

吉諾‧索比洛（Gino Sorbillo）在那不勒斯開設的名店，專門製作正宗的那不勒斯比薩。

濃縮咖啡是那不勒斯的榮耀之一，濃如深色糖漿，裝在迷你的咖啡杯裡一兩口就能喝完，而且一天不論何時都能享用。沖泡祕訣如下：把豆子磨成細粉，放入濾杯壓緊實，在不會害咖啡機爆炸的前提下，盡可能用最高壓把滾燙的當地礦泉水沖過咖啡粉。頂尖的酒吧會當店小批烘焙咖啡豆，飲用選擇有以下幾種：濃縮咖啡（espresso）：濃純的黑咖啡（敢加檸檬皮的簡直是異端！）。特濃咖啡（ristretto）：比濃縮咖啡更濃。低濃咖啡（lungo）：稍微稀釋的濃縮咖啡。瑪奇朵（macchiato）：「染」上些微熱奶泡的濃縮咖啡。改良咖啡：加了利口酒、渣釀白蘭地、或干邑白蘭地的濃縮咖啡。卡布其諾（cappuccino）：加上熱奶泡的濃縮咖啡。拿鐵（caffè latte）：濃縮咖啡與熱牛奶各半。

在午後來一杯濃縮咖啡佐脆餅。

美味絕倫的那不勒斯披薩。如今在歐盟法令規範下，那不勒斯披薩的傳統製作法受到 STG 傳統特產認證，以確保正宗名聲，不過這還是無法阻擋它流傳世界各地。其他麵點還包括佛卡夏與披薩餃（calzone）——顧名思義，就是像餃子般包住餡料的披薩。

在工業革命期間，那不勒斯灣的氣候與寬闊空間足以讓來自俄羅斯的大型貨船停泊，而這些貨船運來的穀物加上本土小麥，使這個大區成為乾麵製造業的聖地。到了 1800 年代晚期，坎佩尼亞有 1500 家乾麵製造商競逐市場，不斷發明新型麵條為品牌招徠顧客。現在的義式乾麵大約有 350 多款，其中還有一種叫做「維蘇威火山麵」（Vesuvio），不時也總有乾麵製造商又推出新式麵條。

1773 年，義大利名廚文謙佐 · 科拉多（Vincenzo Corrado）開始試驗以異國蔬果入菜，那不勒斯的麵條與番茄也大約從那時搭配在一起。等時間進入下一個世紀，番茄麵已經在街頭出現。那不勒斯市的每條大街小巷都有攤販兜售煮好的細麵，以僅僅兩分錢的價格賣給「lazzaroni」，也就是當時人數高達 50 萬的遊民；他們會直接用手把麵條捏起來吃。當時的麵條沒有醬料，不過小販會另備一鍋小火慢燉的成熟番茄，手邊也有成堆的羊乳酪絲，能多付一分錢的人就可以加菜。平民百姓曾經被蔑稱為「mangiafoglie」——吃葉子的人，現在又多了「mangiamaccheroni」的綽號，意思就是吃麵的人。番茄這種基本的配菜後來也轉變為一種快煮、鮮美又簡單的拌麵佐料。

乳製品的天堂，無與倫比的風味

坎佩尼亞人為乳酪痴狂，各形各色來者不拒。他們主要的佐餐乳酪有牛奶製的

罐裝的「愛情蘋果」

坎佩尼亞獨特的土壤培育出甜美的番茄，恰到好處的酸度更凸顯鮮明風味。這裡出產各種適合製作醬料的品種，並且在成熟後才採收並加工裝罐，其中包括只在薩爾諾谷（Sarno Valley）種植的聖馬札諾番茄。真正的聖馬札諾番茄肉厚、緊實又多汁，籽卻很少，會貼上 DOP Pomodoro S. Marzano dell'Agro Sarnese-Nocerino 的標籤出售。另一種有 DOP 認證的鐘擺小番茄是成簇密集地生長，採收後會照原狀整串掛在通風的儲藏室裡保存，而且因為它們皮厚、甜度高並富含礦物質，能存放整個冬季都保持新鮮，味道也會隨水分蒸發更為濃郁。還有一種更稀有的卡巴利諾（Corbarino）番茄，因為酸度低而成為許多廚師愛用的選擇。

那不勒斯灣裡的普洛奇達島（Procida）早從公元前1600年起就有人居。

司卡莫札、馬背乳酪與波芙隆，此外也有綿羊乳酪；本地產的山羊乳酪有時會以茴香調味。其中最有代表性的是新鮮乳酪（latticini），質地水潤，未經發酵或多年熟成，而最令人難以抗拒的或許又屬水牛莫札瑞拉乳酪，製作用的奶水來自半水生的黑水牛，在卡塞塔與沙勒諾之間的沼澤地放養。水牛莫札瑞拉彷彿是牛奶變出的奇蹟，氣味濃烈又迷人，義大利的食品法規也規定，只有這種乳酪能稱為莫札瑞拉（乳酪師傅表示，這種乳酪在製作當天食用風味最佳，而且最好趁完工的兩小時之內）。用普通牛奶以相同手法製作的乳酪其實叫做「fior di latte」，也就是美國人誤稱為莫札瑞拉的那種。其他的新鮮乳酪還有綿羊或水牛瑞可達乳酪，以及這類乳酪的硬化版：鹹味瑞可達（ricotta salata）。

坎佩尼亞大約有一半的土地臨海，這些水域裡的油魚（pesce azzurro，以沙丁魚、香魚、鯷魚為大宗）也是本地的主要食材。跟義大利其他地區一樣，比較貴重的海魚如今在本區已相當稀有，大部分是靠人工養殖。至於烏賊、花枝、章魚與蝦蟹貝類的產量都很豐富，淡菜可見於許多菜餚，例如黑胡椒淡菜（impepata di cozze）是把淡菜蒸到開口後立即拌入上等橄欖油與歐芹碎，再淋上現榨檸檬汁享用。食鹽在古代是貴重商品，而鯷魚因為天生富含鹹味，自古就是絕佳的調味品。切塔拉（Cetara）這個小鎮的特產就是醃漬鯷魚與鯷魚魚露（colatura di alici）——把鯷魚清理並鹽漬後榨取所得的汁液，有濃烈的鮮味。不論是炒葉菜、燉煮蔬菜，或是一盤剛起鍋的麵條，只要拌上一點混合橄欖油和蒜泥的鯷魚魚露，輕易就能大幅提升風味。

解愁良伴檸檬酒

　　坎佩尼亞的耕地有限，也促使當地人養成對食材愛惜有加的心態，而維蘇威火山又無疑是這一切的幕後推手。坎佩尼亞人的早餐會吃千層貝殼酥（sfogliatelle）——這種造型惹眼的甜點確實是用千層酥皮做成的，內餡包的是加糖的瑞可達乳酪與蜜餞丁。不論午晚餐，備受南義人喜愛的乾燥麵條都是餐桌上的常客，連宵夜都可以吃麵，例如菜如其名的午夜麵（spaghettata di mezzanotte）。即使是隨處可見的街頭小吃，都有如象徵絕美那不勒斯的詩篇，例如美味的炸什錦（frittura），從飯團到填了綿軟乳酪再裹上麵糊的櫛瓜花，無所不包。本地人在星期天會享用長達半公尺的「新郎麵」（ziti，無疑是生殖器官的象徵），拌麵的是奢華的蕃茄小牛肉醬，不只飽含軟嫩的小牛肉捲（bracciole）與肉汁，肉捲裡也鑲滿大蒜、歐芹和乳酪。坎佩尼亞的甜點從蘭姆巴巴（babà）到甜美的聖若瑟泡芙（zeppole）都風靡全球。享用完以上美食，別忘了來一杯本地特產的檸檬甜酒（limoncello）。美國俗語把檸檬比喻為人生的不如意，不過當坎佩尼亞人接到人生拋來的檸檬，檸檬甜酒就是他們的回應。

檸檬甜酒

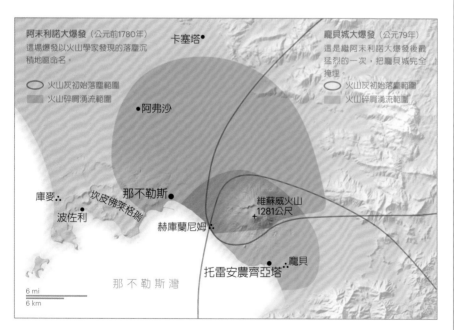

阿末利諾大爆發（公元前1780年）
這場爆發以火山學家發現的落塵沉積地區命名。

　〇　火山灰初始落塵範圍
　▨　火山碎屑湧流範圍

卡塞塔

龐貝城大爆發（公元79年）
這是繼阿末利諾大爆發後最猛烈的一次，把龐貝城完全掩埋。

　〇　火山灰初始落塵範圍
　▨　火山碎屑湧流範圍

阿弗沙

庫麥
波佐利
坎皮佛萊格瑞
那不勒斯

維蘇威火山
1281公尺

赫庫蘭尼姆

龐貝
托雷安農齊亞塔

那 不 勒 斯 灣

6 mi
6 km

維蘇威火山爆發　公元79年，維蘇威火山的一次大爆發埋沒了龐貝城，在此前後也多次爆發，為鄰近地區帶來全球首屈一指的肥沃土壤。

Fritto misto di mare

什錦炸海鮮・6人分

美味原理：義大利各地都吃得到什錦炸海鮮，不過最經典又最誘人版本來自坎佩尼亞。的確，身在那不勒斯的小餐館，一邊品嚐滾燙酥脆的炸海鮮小點，一邊遠眺那不勒斯灣——這幅畫面不難浮現腦海。秋姑魚、烏賊或花枝，還有蝦子，是傳統坎佩尼亞炸海鮮常見的選擇。這些海鮮會裹上薄薄一層麵粉下鍋油炸，而且一定要趁起鍋後立刻享用，才會脆口。不過在一般人家的廚房裡，海鮮必須分批下鍋才不會使油溫下降太多，所以我們在麵粉裡混入玉米澱粉，可以讓先起鍋的海鮮保持酥脆（因為玉米澱粉跟麵粉不同，成分單純只有澱粉，而澱粉分子會在油炸時固定住，形成又乾又脆的酥皮）。至於魚類食材，我們選用容易買到、味道溫和的鰈魚/龍利魚或比目魚，而且它們的肉厚薄適中，在麵皮炸到適當焦黃程度時也就炸熟了。我們把蝦炸到徹底酥脆，可以整隻連殼吃。我們發現把先蝦殼縱切開來會更好，因為這能讓水氣很快散發，此外想確保蝦殼炸得很脆，也請避免使用太大的蝦子（也不要用明蝦）。我們偏好大小在每公斤70-80隻的蝦子，不過每公斤60-70隻的也可以。請使用容量6.8公升以上的鑄鐵鍋當油鍋。如果烏賊的觸手很長，要修到8公分以內。

340克帶殼中大蝦（每公斤大約
　　70-80隻）
3.4公升植物油
½杯通用麵粉
¼杯玉米澱粉
鹽
340克烏賊，囊帶橫切成2.5公分寬
　　的環，觸手保持完整不分切

340克去皮鰈魚/龍利魚片或比目魚
　　片，厚0.6-1.3公分，先橫切成半
　　再斜切成2.5公分寬的條狀
檸檬角

❶ 烤架置於中層，烤箱預熱到攝氏105度。拿廚用剪刀或鋒利的削皮刀縱切開蝦殼，挑去泥腸，但不要把殼剝掉，然後用紙巾拍乾蝦子。把成品架放在烤盤裡，鋪上三層紙巾。在大口鑄鐵鍋裡倒進大約5公分深的植物油，以中大火加熱到200度。在大碗裡把麵粉與玉米澱粉拌勻，暫置一旁備用。

❷ 小心地把蝦子下鍋油炸大約三分鐘，不時翻動，炸到蝦子略微上色；視需要調整火力，把油溫維持在180-190度之間。用撇渣網或篩勺撈出蝦子，放到鋪好紙巾的成品架上，用鹽調味，放到預熱的烤箱裡保溫。

❸ 油鍋回溫到200度。用紙巾把烏賊拍乾，把烏賊放到混合麵粉裡裹粉，甩掉多餘的粉後小心地下鍋油炸，大約兩分鐘；視需要翻動烏賊以避免沾鍋。炸到烏賊表皮酥脆且呈淺焦黃色，就撈出跟蝦子一起暫置於成品架上，用鹽調味後放回烤箱。

❹ 油鍋回溫到200度。用紙巾把鰈魚/龍利拍乾，裹上混合麵粉、甩去多餘的粉後小心地下鍋油炸，大約三分鐘；視需要翻動魚片以避免沾鍋，等表皮炸到酥脆並呈淺焦黃色即可取出，移到成品架上。用鹽調味並短暫靜置瀝油，立即上桌佐檸檬角享用。

Spaghetti alle vongole

蛤蜊麵・*6-8人分*

美味原理：隨便問一個那不勒斯人，他都可能向你宣稱麵條是坎佩尼亞的發明。雖然這並非事實（麵條直到 17 世紀才在坎佩尼亞風行），不過麵條在那不勒斯確實備受喜愛，其中又以長麵（spaghetti）為最。麵條的量產工業始於那不勒斯，乾麵店（maccaronari）曾經在本市街頭林立。那不勒斯人最愛的麵點之一是蛤蜊麵：把長麵拌上少許大蒜和橄欖油再堆上小蛤蜊，讓蛤蜊原汁為大蒜橄欖醬更添鮮美鹹香。那不勒斯幾乎所有的餐廳與小吃店都會供應蛤蜊麵，也是本地特有的耶誕夜全餐（cena della vigilia di Natale）不可少的一道菜。蛤蜊麵有紅白兩種吃法，也就是配料裡有番茄（e pomodorini）或不加番茄（in bianco）。我們的食譜只加了兩個切丁的羅馬番茄，除了甜味與爽口的酸味也增添口感，但看不出什麼紅色。至於蛤蜊，雖然沒有個頭小而鮮甜的義大利「真蛤蜊」，我們也找到了替代品。美國常見櫻桃寶石簾蛤（cherrystone）或簾蛤（quahog）這類大型蛤蜊，不過它們缺乏鮮明風味，肉質也偏硬。小圓蛤蜊（littleneck，愈小愈好）有清新的鹹香，煮熟後也很柔嫩，就很適合。如果買得到烏蛤也是很好的選擇——幼小的烏蛤幾乎跟你在義大利能買到的蛤蜊一樣小。為了確保這些小蛤蜊不會煮過頭，我們先清蒸到蛤蜊汁釋出就熄火，並且用這些汁液熬出鮮美的醬汁。等這道菜快完工時再把蛤蜊重新加入醬汁裡同煮，讓蛤蜊有恰好的時間繼續煮熟又不會熟過頭。我們用半杯白酒為醬汁帶來清爽又不過酸的風味，另外把兩瓣大蒜剁成蒜末煎到金黃，增添一點微妙的香辛。

1.8公斤小圓蛤蜊或烏蛤，外殼刷洗乾淨
½杯不甜的白酒
1撮辣椒粉
¼杯特級初榨橄欖油
2瓣大蒜，切末
2個羅馬番茄（plum tomato），去皮去籽，切小丁
454克義式直麵（spaghetti）
鹽與胡椒
¾杯新鮮歐芹碎片

❶ 取直徑 30 公分西式炒鍋（鍋邊與鍋底垂直），放入蛤蜊、白酒與辣椒粉，加熱至沸騰後蓋上鍋蓋續煮五分鐘，不時搖動鍋子。徹底翻動蛤蜊，蓋上鍋蓋續煮二到五分鐘，看到蛤蜊略微開口立刻用篩勺舀到大碗裡。揀出沒開口的蛤蜊丟棄。

❷ 在細濾網上鋪一層咖啡濾紙，過濾煮蛤蜊所得的湯汁，盡量把沉在鍋底的沙粒濾掉。保留一杯湯汁備用（不足的話就加水補到一杯的量），用紙巾把炒鍋擦乾淨。

❸ 在空出來的炒鍋裡放入橄欖油與蒜末，以中火加熱，拌炒大約三分鐘，大蒜轉為金黃但尚未焦黃即拌入番茄丁，火力增為中大火，續煮大約兩分鐘把番茄煮軟。拌入蛤蜊續煮大約兩分鐘，直到所有的蛤蜊都完全開口。

❹ 同一時間，在大湯鍋裡煮沸 3.8 公升水後加入麵條與一大匙鹽，不時攪拌，直到麵煮成彈牙口感。把麵條瀝乾後倒回湯鍋，加入蛤蜊番茄醬與預留的蒸煮湯汁，中火續煮大約 30 秒，並且翻拌所有食材使味道均勻融合。拌入歐芹，依喜好以鹽與胡椒調味，立即盛盤享用。

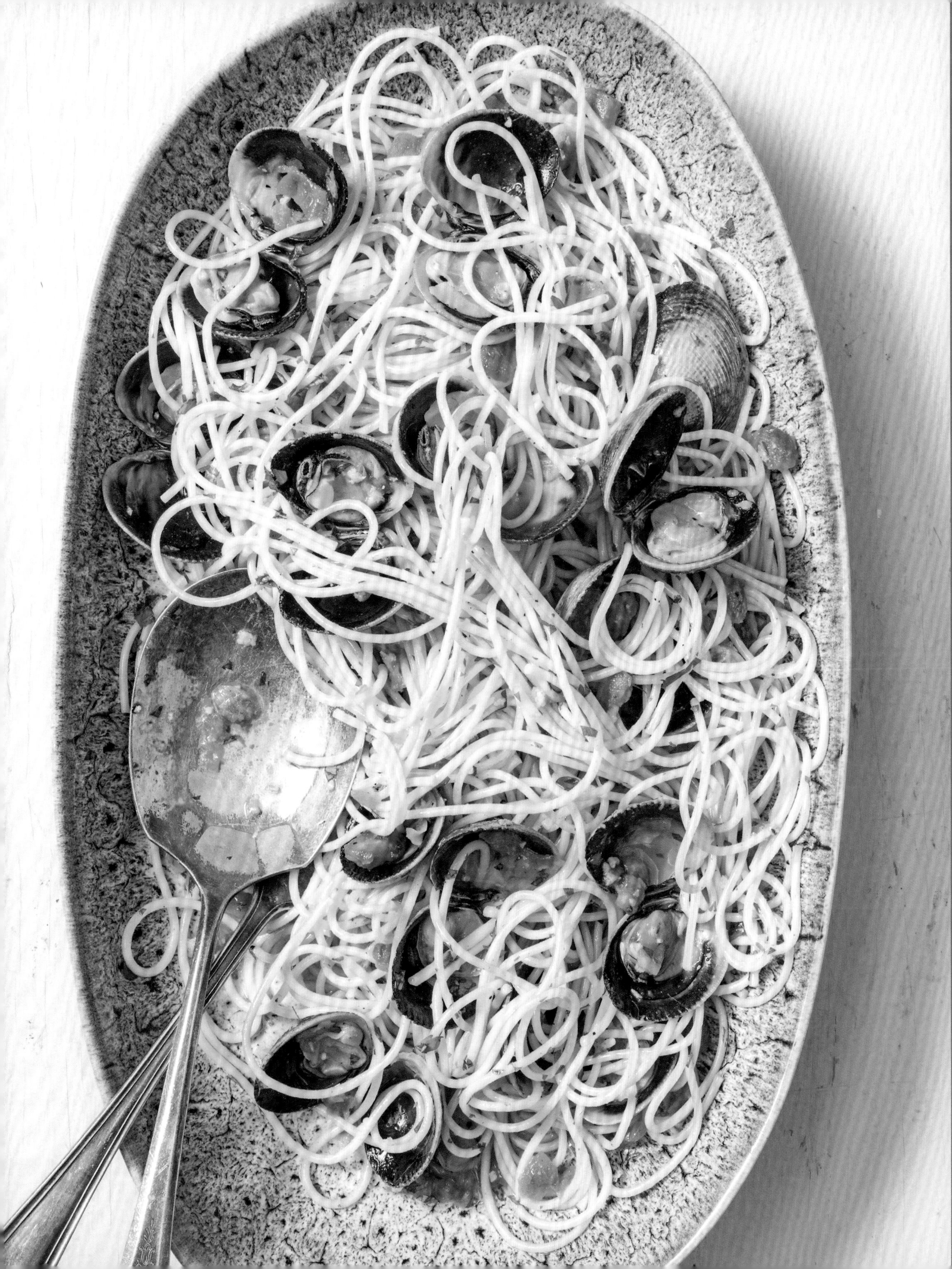

Pesce all'acqua pazza

義式水煮魚・4人分

美味原理：義式水煮魚的義大利文菜名直譯是「在瘋狂水裡的魚」，絕對是最引人遐思的義大利菜名之一。雖然這名字聽來離奇，命名的故事也眾說紛紜，卻讓人看不出這道菜是什麼名堂。我們所知道的是：「瘋狂的水」指的是南義漁民用海水烹煮鮮魚的傳統手法，調味料視手頭所及而定，一般一定會有番茄和橄欖油。現代的水煮魚食譜總會列出一長串食材名單——基本上都會有香草、酒與大蒜，通常也會用一種以上的魚肉。我們決定只用一種魚，並且選擇大塊的紅鯛魚魚排，因為它的肉能在慢煮時保持緊實不散開。罐裝番茄丁能增添口感，也讓這道菜的風味更清爽。我們也加了白酒，讓湯底的味道更有深度。把新鮮香草連枝放進魚湯裡燉煮，能做出芬芳的底韻。紅鯛魚只要燉煮10分鐘就會吸收高湯的迷人風味，並且回過頭來讓湯的滋味更豐富。最後把蒜香脆麵包浸入高湯，就能享用美味的一餐了。

❶ 烤架置於中層，烤箱預熱至攝氏200度。把麵包片平鋪在烤盤上烘烤八到十分鐘，中途翻面一次，直到乾燥脆化。趁熱用蒜瓣摩擦脆麵包片，淋上1/4杯橄欖油，依喜好用鹽與胡椒調味。暫置一旁，等湯煮好一起上桌。

❷ 取直徑30公分平底鍋，以小火用剩餘的兩大匙橄欖油煎蒜片9-12分鐘，不時翻動，等蒜片呈淺焦黃色後增為中火，加入洋蔥、辣椒碎、1/2小匙鹽續煎五到七分鐘，使洋蔥軟化並略微上色。

❸ 舀加入水、白酒、番茄、牛至枝、歐芹梗攪勻，加熱至微滾後續煮大約十分鐘，使食材出味融合。用鹽與胡椒調味紅鯛魚排，把魚排帶皮的一面朝下放進高湯裡，再舀少許洋蔥跟番茄放到魚肉上。降為小火，蓋上鍋蓋慢煮大約十分鐘，直到用削皮刀輕戳時能輕鬆分離魚肉、魚片溫度測得60度，即可熄火。

❹ 取出牛至枝與歐芹梗丟棄。取淺底餐碗，在各人碗底放一片蒜香脆麵包，再疊上一塊紅鯛魚排。把歐芹葉拌入魚湯裡，依喜好用鹽與胡椒調味。用大湯杓把高湯澆在魚肉上，再淋上橄欖油。立即上桌，佐檸檬角與剩餘的脆麵包享用。

1塊（15公分長）義式鄉村麵包，切成八片
3瓣大蒜，去皮（1瓣保持完整，2瓣切薄片）
6大匙特級初榨橄欖油，另備部分於上桌前淋湯
鹽與胡椒
1個小紫洋蔥，剖半切細絲
¼小匙紅辣椒碎
2杯水
1杯不甜的白酒
1罐（410克）番茄丁，瀝乾水分
2支新鮮牛至
1大匙新鮮歐芹碎片，保留葉梗備用
4片（113-170克）帶皮紅鯛魚魚片，厚2-2.5公分
檸檬角

279

Parmigiana di melanzane

帕馬森焗茄子 · 8人分

美味原理：坎佩尼亞的帕馬森焗茄子精緻又細膩，跟美國的衍生版是兩回事。柔膩（而且沒有裹麵包粉）的茄子薄片與水牛莫札瑞拉乳酪和蕃茄醬料層層交疊，最後再撒上一層帕馬森乳酪絲焗烤。那不勒斯全年盛產茄子，他們也有句俗話說：「A parmigiana e' mulignane ca se fa a' Napule è semp'a meglio!」意思是「那不勒斯的帕馬森焗茄子永遠最好吃！」很多食譜都說要先用鹽醃過茄子再以大量橄欖油油炸，使得這道菜做起來很費時。我們拿茄子來測試過各種鹽漬、油炸與烘烤的手法，結果發現只要用烤的就能做出柔膩的口感。烤箱乾燥的熱風能蒸發多餘的溼氣，所以不用再撒鹽，而且只要先為茄子刷上薄薄一層橄欖油，就能烤得內層軟滑、外表金黃。在步驟3打開烤箱的時候請小心，別被茄子的蒸氣燙到。新鮮的莫札瑞拉乳酪是這分食譜成功的關鍵，請不要用偏乾的莫札瑞拉乳酪取代。如果你用的是泡水包裝的莫札瑞拉乳酪，記得在乳酪切片後放在兩層紙巾之間壓一下再用，以吸去多餘的水分。如果找不到義大利那種長橢圓茄，可以用1.8公斤的小圓茄子取代。

番茄醬料

- **1罐（790克）碎番茄（crushed tomato）罐頭**
- **1大匙特級初榨橄欖油**
- **2瓣大蒜，切末**
- **⅛ 小匙紅辣椒碎**
- **鹽與胡椒**
- **2大匙新鮮羅勒碎片**

茄子

- **½杯特級初榨橄欖油**
- **8個義大利茄子（長橢圓形茄子，每個170-255克），縱切成6公釐厚的長片狀**
- **鹽與胡椒**
- **227克新鮮莫札瑞拉乳酪，切薄片**
- **7大匙帕馬森乳酪絲**
- **10片新鮮羅勒葉，撕成2.5公分見方碎片**

❶ 製作番茄醬料：把番茄放進食物處理器，瞬轉大約十次打成滑順的糊狀，視情況把沾在側面的番茄往下刮。在大口深底平底鍋裡以中火用橄欖油炒香蒜末，大約兩分鐘，再加入辣椒碎炒香大約 30 秒。拌入番茄糊與 1/4 小匙鹽，加熱至微滾後續煮大約十分鐘使略為收汁。熄火，拌入羅勒碎片。

❷ 烤茄子：烤架置於中上層與中下層，烤箱預熱至攝氏 230 度。取兩個烤盤，分別鋪上一層鋁箔紙、刷上一大匙橄欖油。把一半的茄子片單層平鋪在備好的烤盤上，刷上兩大匙橄欖油、撒 1/2 小匙鹽。

❸ 進烤箱烤 15-20 分鐘，中途轉換烤盤方向並上下交換使受熱均勻。茄子烤軟且略微上色後，出爐連烤盤一起略為放涼，然後把茄子連鋁箔紙一起取出，放到成品架上完全冷卻。在空出來的烤盤上重新鋪一層鋁箔紙、刷上一大匙橄欖油，以同樣方式鋪上剩下的茄子片、刷油與烘烤，再移到成品架上放涼。

❹ 烤溫降至 190 度。取 33x22 公分烤盆，在盆底鋪上 1/2 杯番茄醬料，再鋪上 1/4 分量的茄子片，可配合烤盆尺寸略為重疊。再鋪上 1/4 杯番茄醬，然後鋪上 1/3 分量的莫札瑞拉乳酪、撒上一大匙帕馬森乳酪絲。再重覆兩次鋪上茄子、番茄醬、莫札瑞拉乳酪、帕馬森乳酪的步驟。

❺ 一手把叉子背朝上握著，另一手同拇指把小塊麵團的切面壓向叉齒，並沿著叉齒向下滾動，把麵團側面都壓出凹痕。如果會沾黏，在拇指或叉子上撒點麵粉。把壓好的麵疙瘩放到備好的烤盤上。

❻ 把剩餘的茄子鋪進烤盆、抹上剩餘的番茄醬，撒上最後的 1/4 杯帕馬森乳酪絲。進烤箱烤大約 25 分鐘，烤盆邊緣開始冒泡即可出爐。靜置放涼十分鐘，撒上羅勒即可享用。

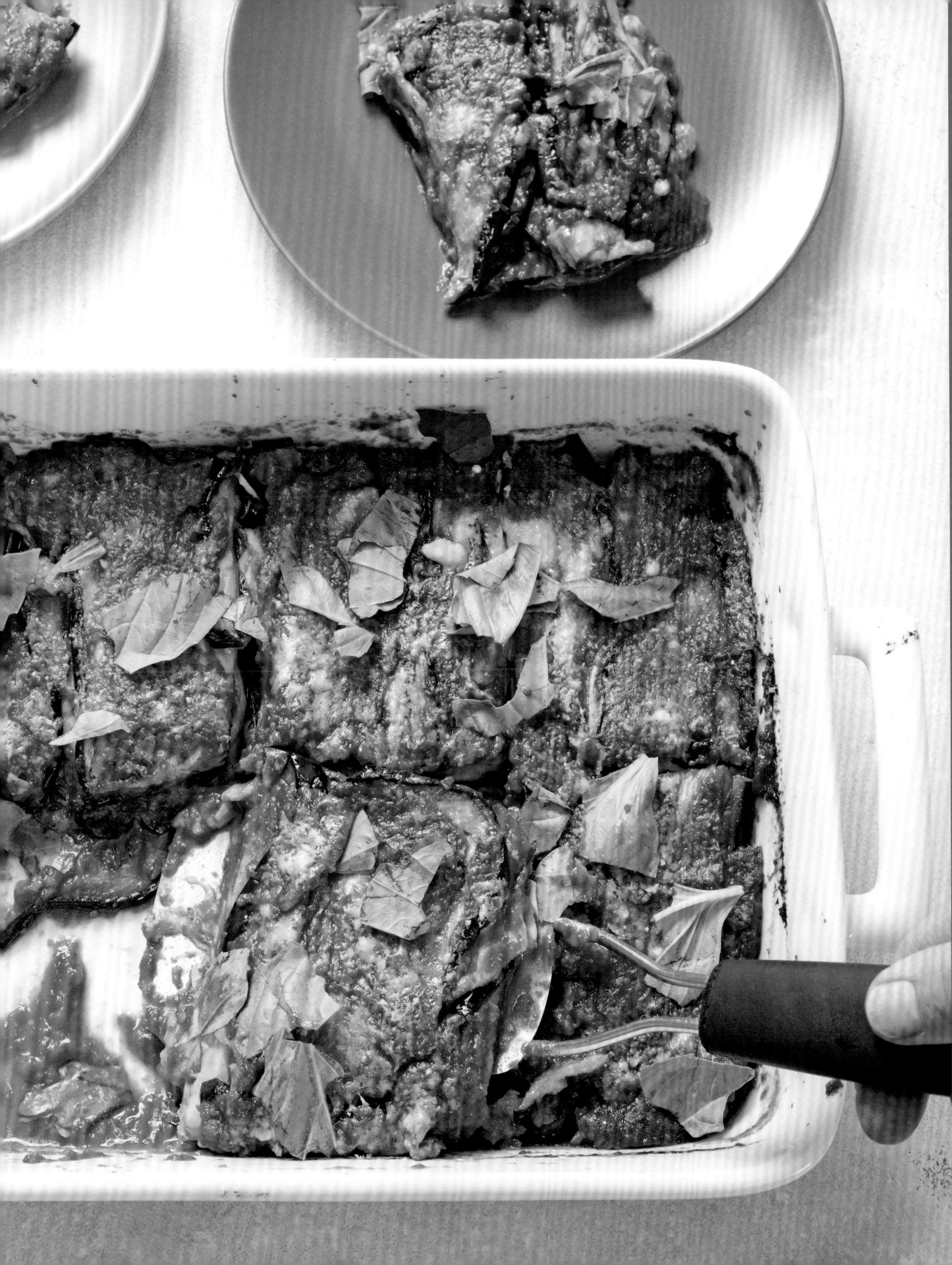

Spaghetti al pomodoro

番茄麵 · 6-8人分

美味原理：番茄是義大利烹飪最廣為使用的農產品，在坎佩尼亞的影響力更是無與倫比。整個罐裝番茄工業就是在19世紀末與20世紀初從這個大區發展出來的，不只在那不勒斯而已——知名的聖馬札諾番茄就在維蘇威山腳下吸取火成土壤的精華，欣欣向榮。所以說，用「吃麵的人」來暱稱那不勒斯人確實貼切，因為他們真的很愛大吃拌了蕃茄醬汁的麵條。蕃茄醬汁應該盡可能使用品質最好、甜度最高的番茄來做，而且不需太多調理功夫，只要很快煮過以確保番茄不失甜度與新鮮就行了。有鑑於美國的氣候與四季變化讓我們無法全年享有新鮮番茄，所以我們的食譜是基於罐裝的整顆剝皮番茄發想（這些番茄是在最佳成熟狀態時採收加工的）。我們用食物處理器把番茄攪打成適中的糊狀，既能裹住麵條又不失口感，再加一瓣大蒜就足以豐富醬汁的滋味，又不會蓋過番茄的表現。那不勒斯人可能不贊同蕃茄醬汁加糖的作法，不過我們發現加一小撮糖能平衡罐裝番茄的酸味。等到快完成時，我們再拌入必不可少的新鮮羅勒葉，以免它的香氣因加熱而喪失。我們先把麵煮到半熟再加到蕃茄醬汁裡續煮完成，麵條就會飽含番茄風味了。

1罐（790克）整顆去皮番茄
3大匙特級初榨橄欖油，另備部分佐餐
1瓣大蒜，切末
鹽與胡椒
2大匙新鮮羅勒碎片，另備部分佐餐
糖
454克義式直麵
帕馬森乳酪粉

❶ 把罐裝番茄連汁液放進食物處理器裡，瞬轉 10-12 次，使番茄變成幾乎完全滑順的糊狀。

❷ 在大口深底平底鍋裡以中火用橄欖油炒香大蒜，大約兩分鐘。拌入番茄糊與 1/2 小匙鹽，加熱至微滾後續煮大約十分鐘，使略微收汁。熄火，拌入羅勒碎片。依喜好用鹽、胡椒與糖調味。

❸ 同一時間，在大湯鍋裡煮沸 3.8 公升水後加入麵條與一大匙鹽，經常攪拌，直到麵條吃起來比彈牙稍硬一點。保留 1/2 杯煮麵水備用，瀝去其餘煮麵水後把麵條倒回湯鍋，加入番茄醬汁翻拌均勻。以中火續煮一到兩分鐘，經常翻拌，直到麵條煮成彈牙口感。視需要以預留的煮麵水調整稠度，在各人碗中再撒上羅勒、淋上橄欖油，即可上桌享用；傳下帕馬森乳酪粉隨各人添加。

Sorbetto al limone

檸檬雪酪・可製作大約1公升

美味原理：你要是在義大利走進一家冰店，會發現裡面賣的除了義式冰淇淋還有雪酪（sorbetto）。雪酪的原料雖然只有水果、糖和水，口感卻總是絲滑濃郁、入口即化，跟義式冰淇淋很像。雪酪在那不勒斯又特別盛行。1600年代晚期，身兼紅衣主教管家與飲食作家的安東尼歐・拉丁尼（Antonio Latini）曾經寫到：「在那不勒斯，人人似乎生來就有製作雪酪的直覺天分。」一般也認為，現在我們稱為雪酪的這種食品，在歷史上的第一分食譜就出自拉丁尼之手。雪酪雖然被視為甜點，有時也會穿插在各道菜餚之間，幫助食客清潔味蕾以好好品嘗下一道菜。在坎佩尼亞，清爽提神的檸檬雪酪特別受歡迎，因為亞馬菲海岸盛產這種水果。如果你有冰淇淋機，要做雪酪很容易，不過很多在家自製的雪酪都有如硬邦邦的一大塊冰。為了加以補救，有些食譜會在果汁裡加明膠（讓雪酪帶嚼勁）、打發蛋白（讓雪酪結出比較小的冰晶，但口感不會因此更濃滑）、果醬（不過是增糖的另一種方式）或是玉米糖漿（會蓋過水果的風味）。幸好，做出綿滑雪酪的要訣其實相當簡單：糖加得愈多，雪酪的冰點就會降得愈低。高濃度的糖漿在家用冰箱的冷凍庫裡不會結冰，能讓雪酪保持柔軟好舀的質地，此外糖漿也能潤滑冰晶，使口感不那麼粗糙。加1大匙原味伏特加也能降低冰點，讓雪酪更好舀。檸檬皮屑的苦澀與大量檸檬汁能平衡我們添加的大量糖分，做出口味完美的冰品。

1又¼杯（248克）糖
2小匙檸檬皮屑與1/2杯檸檬汁（需要3個檸檬）
1撮鹽
1又½杯水
1大匙伏特加（視喜好添加）

❶ 把糖、檸檬皮屑與鹽放進食物處理器，瞬轉大約 15 次使混合均勻。讓食物處理器持續運轉大約一分鐘，一邊加入水、伏特加（想加的話）與檸檬汁，使糖完全溶解；

視情況把沾在側邊的食材向下刮。把細濾網架在大碗上過濾檸檬糖水，丟棄渣滓，進冰箱冷藏大約一小時使完全冰涼。

❷ 把冷藏過的檸檬糖汁倒進冰淇淋機裡，攪打大約 15-30 分鐘，直到混合物質地有如濃稠的奶昔。

❸ 把攪打過的雪酪移到密封盒裡，用力壓出雪酪裡的氣泡，放進冷凍庫至少兩小時，完全結凍即可享用（最多可冷凍五天）。

大區巡禮

Puglia
普利亞

深受希臘文化影響，洋溢穆斯林風味

....

普利亞是義大利靴型國土的那段鞋跟，現代化程度遜於其他大區，某些地點也成為皇室貴族、影視明星與旅遊行家避世隱居之處。話說回來，這個半島明媚的海岸線長達800多公里，又逢左右兩片澄澈的海洋拍岸，會被名流相中也不令人意外。雖然湧入普利亞的遊客與日俱增，它的心臟無動於衷，繼續依照古老的節奏跳動。這裡是自古深受希臘文化影響的義大利，從普利亞人的餐桌可見一斑。

異國的風情，艱辛的過去

古希臘人曾在義大利南部建立一連串殖民城邦，合稱「大希臘」（Magna Graecia），其中的塔蘭托城（Taranto）既強大又繁榮，可謂這頂殖民地冠冕上的一顆璀璨珠寶。塔蘭托有寬闊的港口，要前往希臘母國、亞洲或埃及都很容易，最終也成為大希臘帝國的中心。有 600 年的時間，希臘都是普利亞的文明基礎，羅馬人到了公元前 272 年才掌控了南義地區。

「Ubi panis, ibi patris」——有麵包的地方就是家鄉——是羅馬人的座右銘。小麥、橄欖油與葡萄酒在這裡的大莊園（latifundia）藉奴隸之手大量生產，用來餵養日漸壯大的羅馬帝國。羅馬政權在公元 476 年瓦解後，東哥德人與倫巴迪人曾短暫統治過這個地區，不過拜占庭帝國後來取而代之，並持續稱霸大約 500 年，使得本地與希臘文化的連結又活絡起來（不過在這段期間，來自東方的薩拉森人與土耳其人曾發動過野蠻而短暫的入侵）。繼拜占庭之後，諾曼人與蹂躪過南部其他地區的部族也曾征服普利亞的各個城市。到了 19 世紀下半葉，義大利的統一激發了對

阿伯羅貝洛（Alberobello）知名的錐頂建築特盧洛，設計初衷是為了避稅。

很多搭上「剩食」風潮的廚師，或許能學學普利亞人的舊時習慣，例如拿焦穀入菜的做法。在普利亞，把小麥烘烤過再研磨成焦香麵粉的風氣始於大莊園制度時期。當時的人習慣在收成後放火焚燒農地，而有錢的地主或監工會恩准捱餓的農工去田裡撿拾剩餘的焦穀。這些農民會把焦穀磨粉，如果手頭有其他麵粉就混合起來，用來製作每日的麵食。如今焦穀重復流行，用於製作焦穀麵包（pane arso）、塔拉麗脆餅（taralli）、貓耳麵與貝殼麵（cavatelli），為這些麵點注入一種迷人而微妙的苦味，每一口都蘊含著本地人 4000 年的歷史（要注意的是，現在市售的焦穀麵粉是用焙香的小麥磨成，而非真正「燒焦」的小麥，因為會有致癌物質）。

經濟的樂觀預期，大莊園制度死灰復燃。在新政府領導下，先前被波旁王朝封鎖的廣袤北部高地向外來的投機客開放，激起爭奪土地的熱潮，福賈（Foggia）與巴利（Bari）也被畫分為許多腹地廣大的單一作物農場，由駐地管理人代為經營。19 世紀的大莊園制度實在過於剝削，各地的叛亂也相應地非常激烈。等時序進入 20 世紀，普利亞「長期殺戮場」的惡名已經遠播。直到今天，本地人還會吟唱如泣如訴的民謠，描述農民在監工揮鞭下做苦工的情景，就如同應運奴隸制度而生的美國南方靈歌。在 19 世紀最後的幾十年間，貧苦的普利亞人受迫於大莊園制度，開始搭機飛往美國與阿根廷尋求新生。

普利亞的內陸地區仍有如荒野前哨站，許多城鎮與聚落遺世獨立，被一望無垠的野地包圍。現今的普利亞有一種肅穆而幾近絕俗的美感，零星四散其間的是一種造型奇特、幾乎沒有窗戶的錐頂小屋；這種叫做「特盧洛」的古老石屋挺立在紅土裡，已經有數百年歷史。普利亞有許多形似低矮堡壘的農莊，像是有圍牆的村落般自給自足，具體表現出這個大區的封閉性格。小鎮挺立在豔陽下，街頭除了偶有幾隻快餓死的瞌睡貓，幾乎毫無動靜。然而，等你走過一連串石牆與木造百葉窗拼湊成的屋子，一扇沉重大門會突然打開，向你揭露一座有茉莉花與柳橙樹欣欣向榮的庭院。

風土與傳統

普利亞現在分為六省，不過烹飪上的差異跟中世紀的分區更相符，也就是神聖羅馬帝國皇帝腓特烈二世（Frederick II）在 1222 年把普利亞畫分成的三個治理單位，分別是北部的福賈、中部的巴利與南部的薩蘭托半島。法國名廚馬塞爾‧布勒斯當（Marcel Boulestin）曾寫到：「就地理位置而言，說和平與喜樂始於大蒜開始入菜的地區，並不為過。」的確，在義大利的鞋跟上，愛吃大蒜的福賈人與巴利人不只公認是最傑出的廚師，一旦你開始對他們產生好感，也會發現這些人慷慨過了頭。薩蘭托人就比較偏好洋蔥，由此也可見南義人並非個個天生愛吃蒜。

普利亞是義大利的糧倉，種植大約 360 種小麥，其中大部分是杜蘭小麥（Triticum durum），磨成的杜蘭小麥粉（semolina）用於供應乾麵工業。乾麵的造型五花八門，是普利亞飲食的支柱之一，從當地的一句俗話也看得出來：「耶穌在上，請從天降下麵條雨、把（咱們）陽臺的柱子灌滿肉醬。」本地人也很愛吃新鮮的手工麵條，原料跟乾麵一樣是杜蘭小麥粉。這種小麥粉的顏色澄黃、質地粗硬，在巧手調理下能化為柔軟有嚼勁的麵團。許多老人家（義大利人稱為 anziani）不忘舊日手藝，能做出一手美味的小麵疙瘩（mignuicchie）與各色令人驚嘆的麵食，其中最出色的非貓耳麵（orecchiette）莫屬，直譯的意思是「小耳朵」。

麵包也是重要的主食，使用本地產小麥做成的麵包花樣繁多，高達令人咂舌的 90 多種。阿爾塔穆爾賈（Alta Murgia）臺地的老麵麵包以在地的橡樹柴烘焙而成，它的傳統地位也獲得 DOP 與慢食運動的雙重認證保障。普利亞乾麵包（Friselle）

在義大利半島靴跟處的蒙特沙諾薩倫提諾（Montesano Salentino），一名農夫親自把他的甜瓜送到客戶府上。

曾是農民的主食，故意做得又乾又硬就是為了存放到天荒地老。把這種麵包用水和醋浸漬，壓碎後與番茄、橄欖油和牛至拌在一起，就是絕妙的普利亞麵包沙拉（cialedda）。環形的塔拉麗脆餅會搭配茴香或辣椒享用，或是單純淋上橄欖油增香，是這裡隨處可見的點心——說它是普利亞版的蝴蝶餅（pretzel）並不為過，而且更加美味。這裡的麵條跟麵包會用多種的穀物調製，例如焦穀（grano arso）、深色的古種小麥「saragolla」以及大麥等等。

　　普利亞人對苦味（amaro）情有獨鍾。美國作家安東尼・迪・倫佐（Anthony Di Renzo）在他《苦澀的綠葉》（Bitter Greens）一書裡寫到：「（苦味）就像猶太人在逾越節晚餐吃的苦菜（maror），提醒生而自由富裕的我們，別忘了過去的奴役與壓迫。」迪 倫佐指的是南義人熱愛的芥蘭苗（cime di rapa）。蒲公英（cicoria）也是本地人的心頭好，曾是南義各地的窮人用來果腹的食材。「lampascioni」是一種野生風信子的鱗莖，形似洋蔥而味苦，被普利亞人拿來醃漬或燜煮。不過最能逗得普利亞人食指大動的，或許還是蠶豆泥佐煮熟的苦味青菜（'ncapriata，有如鷹嘴豆泥之於地中海東半部的黎凡特地區）；這個絕配組合淋上本地特產的濃烈橄欖油，讓人吃了精神一振。

　　橄欖油是普利亞的命脈，本地種植橄欖的歷史超過 5000 年。不過普利亞大

真正的特級初榨橄欖油是富含多酚化合物與營養素的果汁。有些仿冒品會標示「純」（pure）或「清淡」（lite），卻缺乏正宗橄欖油強大的抗氧化物質，也沒有烹飪上的優點。

傳說曾有兩姊妹從薩蘭托半島上投海，位置就是姊妹岩（Due Sorelle）這兩塊石頭所在的地方。

部分的橄欖油直到近代都不能食用，而是出口到歐洲各地做為街燈和家庭與教堂燈具的燃油，所以在電力發明後，本地的橄欖產業也一落千丈。絕大多數的橄欖樹被連根砍除（有些樹齡高達幾百歲甚至幾千歲），好讓位給能賣錢的作物。然而到了1900年代，又有人開始復植橄欖林，今天的普利亞已經成為義大利最大的橄欖油產區。美國人愈來愈能接受正宗橄欖油的純粹風味，比東托（Bitonto）、莫非塔（Molfetta）、安德里亞（Andria）與薩蘭托這些地方出產的橄欖油既濃烈又有草本氣息，如今在市場上也比較受歡迎了；這些油品也很適合調理風味強烈的普利亞菜。

依山傍海的生活

　　加爾干諾海角（Gargano promontory）的高地是理想的綿羊放牧區，也使得普利亞的小羊肉與綿羊乳酪產量排名全國第三，僅次於薩丁尼亞與拉吉歐。福賈的名產普利亞卡內斯托拉多乳酪就個好例子。沒吃過普利亞乳酪的人，可以從嗆鼻的巴利熟成波芙隆乳酪（provolone piccante）或福賈的辣味瑞可達乳酪（ricotta forte）嚐起。後面這種乳酪經發酵處理，能當抹醬用，很類似希臘的卡普尼斯特乳酪（kopanisti），跟一般口味溫和的瑞可達大不相同。如果你能應付這些乳酪，或許就能自稱在精神上是個普利亞人了。普利亞還有很多獨特的新鮮乳酪與熟成乳酪，近來也總算獲得國際聲譽，特別是布拉塔乳酪，是把美味的莫札瑞拉乳酪再加碼，包入凝乳與濃稠鮮奶油混合成的流質內餡。

　　狹長的薩蘭托半島在兩片海域間左右逢源，享有豐富的海洋生物資源。亞得里

從普利亞到布林底希的羅馬古道沿途，仍然有高齡3000歲的橄欖樹生長；古代的橄欖油就是經由布林底希海運到外國港口。

亞海沿岸的漁民仍以手工捕魚，在海面上搭建木造平臺與漁人小屋（在阿布魯佐稱為 trabocchi，在普利亞叫做 trabucchi），從平臺上布網。愛奧尼亞海沿岸有養殖牡蠣與淡菜的傳統，而且從古希臘人時代就開始了－－他們殖民南義時會沿薩蘭托半島沿岸採集貝類，或在海面上設置養殖用木筏。塔蘭托人把塔蘭托港外的海灣與潟湖暱稱為「大海」與「小海」，在地下泉滋養下，成為義大利最大的淡菜產區。

代代相傳的飲食

跟其他地區相較，普利亞的觀光沒那麼發達，傳統也在這裡存續下來。我們在這裡的餐桌上能看到炸小麵團（pittule），要趁熱佐鯷魚、續隨子、鹽漬鱈魚或蔬菜享用。麵條與豆子是普利亞飲食的精神代表，無數食譜是結合兩者變出的花樣。鷹嘴豆炸麵條（Ciceri e tria）就是一例，顧名思義，是把鷹嘴豆跟柔軟的煮寬麵條與酥脆的炸寬麵條拌在一起享用。烤小牛肉捲或豬肉捲（bombette）是週日晚餐的經典菜色，至於在別的地區稱為 ragù 的肉醬，在本地叫做 sughi，普利亞人熬煮的是紅褐色的小羊肉醬，以葡萄酒與迷迭香更添馥郁芬芳。

的確，喝過苦酒的人或許會很想來點甜的。而在普利亞，對嗜吃甜的人來說，覆上一層清涼糖霜的塔拉麗脆餅可謂最佳犒賞。雷契（Lecce）的奶油酥餅（pasticciotto）包著濃郁的奶餡，跟這座巴洛克風格的城市一樣引人入勝。至於比榭列（Bisceglie）的嘆息餅（sospiri）是形狀有如胸部、口感鬆軟的餅乾，上面覆著一層淺色糖霜，看了真令人不禁要愛憐地嘆息。

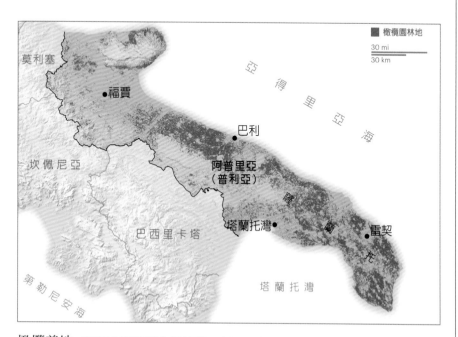

橄欖美地 普利亞的橄欖園從北部的福賈一路迤邐向南到薩蘭托，供應全義大利超過一半的橄欖油。

在地風味

橄欖油醜聞

橄欖油向來與犯罪脫不了關係，因為這種產品在地中海備受重視，相關的買賣也總有黑暗面。遠古時代的商人已經會用廉價油品稀釋特級初榨橄欖油以提高利潤，也有騙徒會把不值錢的仿冒品賣給不知提防的客人。過去的農民在把珍貴的橄欖油運送到市場途中，會擔心遭土匪偷襲，而現在的橄欖油在整個產業鍊裡要面臨另一種犯罪威脅，最主要的就是滲透了大半橄欖油工業的仿冒者，普利亞腹地廣大的橄欖農園更深受其害。雖然 DOP 認證標籤可以保障真品，很多出色的橄欖油並沒有進入這個體系。所以想購買貨真價實的橄欖油，要找聲譽好、有專業採購員的零售商，因為他們會親自品嚐與挑選自己販賣的油品。

Cime di rapa con aglio e peperoncino

蒜香辣炒芥蘭苗 · 4人分

美味原理：芥蘭苗（英文是 broccoli rabe）在義大利有很多俗稱：cime di rapa（意思是蕪菁葉，因為這種蔬菜跟蕪菁的親緣關係比較近，而不是常見的青花菜）、broccoli di rapa、broccoletti di rapa、rape 與 rapini。芥蘭苗是義式烹飪的基本食材，在普利亞又特別盛產。它有一股嗆鼻的芥末味，也是它獨到的美味來源－－只要我們有辦法稍微緩和這種苦澀，又能把葉跟莖煮得熟度一致就成了。我們的目標是找到一種不敗的方法，每次都能把芥蘭苗煮得很完美。芥蘭苗被切開的時候會釋出發苦的酵素，而這是一種防禦攻擊（在廚房裡就是刀子）的機制。芥蘭苗的葉片與小花更容易釋出這類酵素，所以我們不分切這些部位，讓它們的苦味維持在比較緩和的範圍內。義大利人烹煮芥蘭苗的典型方式是先汆燙後冰鎮，瀝乾後再與氣味強烈的香辛料拌炒。雖然這麼做可以緩和刺激的苦味，卻要花很多時間、用好幾個鍋子。我們發現了一個非傳統但比較快速的方式，就是用烤的。只要對著火源炙烤五分鐘，就能把芥蘭苗的葉子跟小花烤到略帶焦黑而酥脆，莖也會變得軟中帶脆且仍保持鮮綠。此外，炙烤的高熱能使芥蘭苗的防禦酵素喪失活性，也就不會太苦。只要拌上橄欖油、大量的鹽與嗆辣的辣椒碎，就是很棒的調味，上桌前再淋一點檸檬汁增添清爽即可。每個烤箱的炙烤火力不同，所以烤芥蘭苗的時候在旁邊顧著比較好。如果葉子烤的太焦黑，或是在食譜所示時間內沒有烤上色，可以調整烤架距離火源的位置。

3大匙特級初榨橄欖油
454克芥蘭苗
1瓣大蒜，切末
¾小匙猶太鹽
¼小匙紅辣椒碎
檸檬角

❶ 烤架置於距炙烤火源大約 10 公分處，開啓炙烤功能。給烤盤刷上一大匙橄欖油。

❷ 把芥蘭苗葉梗末端切除大約 2.5 公分不用。切下葉梗頂端的葉片與小花，再把梗分切成 2.5 公分的小段（葉片跟小花保留原狀不分切），切好後把芥蘭苗移到刷過油的烤盤上。

❸ 在小碗裡混合剩餘的兩大匙橄欖油、蒜末、鹽與辣椒碎，倒到芥蘭苗上翻拌均勻。

❹ 芥蘭苗進烤箱炙烤 2-2.5 分鐘，烤到葉片徹底焦黃上色。用夾子把葉片沒烤到的另一面翻向火源，續烤 2-2.5 分鐘，直到絕大部分油菜葉都略微焦黑、葉梗軟中帶脆，即可盛盤享用。

pomodoro e burrata con pangrattato e basilico

番茄布拉塔沙拉佐麵包粉與羅勒 · 4-6人分

美味原理：普利亞有很多特產，其中最頂級的應該要屬布拉塔乳酪－－這是把新鮮莫札瑞拉乳酪豪華升級，包入鮮奶油與會牽絲的濃稠凝乳內餡。布拉塔乳酪真是舌尖上的享受，濃郁又富含奶香，製作所用的奶水來自普利亞當地飼育的波多利卡種（Podolica）家牛，而牠們的奶水之所以香甜美味，也是因為牠們的飼料是芬芳的香草與牧草。享用布拉塔乳酪的方式很簡單，可以單吃或搭配麵包與臘腸火腿，只淋上橄欖油也很可口。布拉塔乳酪也常與番茄一起吃，所以我們決定開發一道美味的番茄沙拉，主打這款普利亞人的驕傲。首先我們想加強番茄的風味，以免它被奶味濃郁的布拉塔乳酪蓋過；方法是混用一般番茄與高甜度的櫻桃小番茄，並且先鹽漬30分鐘以逼出番茄的汁液，讓味道濃縮。我們接著用橄欖油、少許紅蔥頭、酸甜的白巴薩米克醋調出簡單但可口的油醋醬。最後我們發現，在沙拉上撒一點麵包粉可以調和所有食材，因為這些蒜香麵包粉能同時吸收番茄汁和布拉塔的奶餡。這道沙拉要成功上桌，祕訣就是使用當季的成熟番茄與新鮮優質的布拉塔乳酪。

680克成熟番茄，挖除蒂心，切成2.5公分見方小塊
227克成熟的櫻桃小番茄，切半
鹽與胡椒
85克義式鄉村麵包，切成2.5公分見方小塊（1杯）
6大匙特級初榨橄欖油
1瓣大蒜，切末
1個紅蔥頭，剖半切細絲
1又½大匙白巴薩米克醋
½杯新鮮羅勒葉碎片
227克布拉塔乳酪，室溫

❶ 把番茄和 1/4 小匙鹽翻拌均勻，放進濾水籃滴水 30 分鐘。用食物處理器把麵包打成 3-6 公釐的粗粉，需瞬轉大約十次。取直徑 30 公分的平底鍋，放入麵包粉、兩大匙橄欖油、一小撮鹽、一小撮胡椒混合均勻，以中火加熱大約 10 分鐘，不斷翻炒，使麵粉變得酥脆金黃。把麵包粉推到鍋邊，在鍋子中央放入蒜末炒香大約 30 秒，同時用鍋鏟把蒜末壓得更細碎，再把蒜末跟麵包粉拌勻，移到盤子裡略微放涼。

❷ 在大碗裡把紅蔥頭、白巴薩米克醋與 1/4 小匙鹽打勻，接下來一邊持續攪打、一邊緩緩滴入 1/4 杯橄欖油使混合均勻。加入番茄與羅勒輕柔地翻拌，依喜好用鹽與胡椒調味即可盛盤。把布拉塔乳酪切成 2.5 公分見方小塊，把流出的奶餡收集起來。乳酪塊平均散放在番茄上、淋上奶餡，最後撒上蒜香麵包粉，立即上桌享用。

Cozze alla tarantina

辣茄汁蒸淡菜 · 4-6人分

美味原理：塔蘭托市位於義大利靴型國土的凹槽上，也就是鞋底跟鞋跟交會處，最初是斯巴達人建立的殖民城邦。它介於淡水潟湖和塔蘭托灣之間，而這種獨特的地理位置造就了悠久的淡菜與牡蠣養殖歷史，成果也十分出色。地中海強勁的潮水為塔蘭托帶來豐富的蝦蟹貝類海鮮，有「小海」之稱的淡水潟湖會調節海床的水溫與鹽度，使本地產的淡菜特別美味。一般認為塔蘭托的淡菜品質絕佳，只需極少的調理，少許大蒜、番茄、辣椒與白酒就差不多了。傳統的作法是把淡菜用大鍋蒸熟，不過一次料理大量淡菜可能很不容易，因為淡菜會擠成堆卡住，讓人很難攪動以促使均勻加熱，結果最靠近鍋底熱源的淡菜會比上層熟得更快。我們發現，把淡菜放在寬口烤肉盤裡用烤箱蒸熟，就不會有擠成堆的問題；烤箱溫和的熱氣能從各方向加熱烤盤，也可避免受熱不均。淡菜在烹煮過程中會釋出鮮美的原汁，用烤土司或麵包沾來吃再美味不過。著手烹調前請先檢查生淡菜，如果有奇怪的腥臭、殼破碎或有裂隙，或開口沒有緊閉，都要先揀出丟棄。這道菜可以佐脆皮麵包享用。

❶ 烤架置於最下層，烤箱預熱到攝氏 260 度。取大型烤肉盤以中火加熱，加入橄欖油、番茄糊、蒜末與辣椒碎煎兩分鐘，不斷翻炒；香辛料炒香且番茄糊的顏色略微變深後，拌入白酒，加熱至沸騰後續煮大約一分鐘，使醬汁略微收汁。拌入番茄與鹽，升為大火續煮大約五分鐘，經常攪拌，使醬汁再略微收汁。

❷ 拌入淡菜，用鋁箔紙密封烤盤後送進烤箱烤 15-18 分鐘，直到大部分淡菜都開口為止（可能有少數幾個會保持緊閉）。

❸ 烤盤取出烤箱，揀出沒開口的淡菜丟棄。撒上歐芹拌勻，即可享用。

1大匙特級初榨橄欖油

1大匙番茄糊

3瓣大蒜，切末

¾小匙紅辣椒碎

1杯不甜的白酒

1罐（790克）碎番茄（crushed tomato）罐頭

¼小匙鹽

1.8公斤淡菜，刷洗外殼並清除足絲

2大匙新鮮歐芹末

Orecchiette con cime di rapa e salsiccia

芥蘭苗香腸貓耳麵 · 6-8人分

美味原理：這是一道用料豐富、口味微辣的麵食，或許也是最有代表性且辨識度最高的南義菜。這並不令人意外。普利亞土壤肥沃、氣候溫暖宜人，有人暱稱這裡是「義大利的花園」。這些環境因素促使本地的蔬菜和小麥長得很好，小麥又能製作普利亞人最喜愛的貓耳麵，義大利原文的意思是「小耳朵」。貓耳麵跟普利亞的

許多其他麵條都有可愛的名字，由此也可見這裡的人多麼熱愛麵食。貓耳麵形似小碗，很容易裹住各種醬汁與醬汁裡的小塊食材，例如這道菜所用的芥蘭苗。南義的麵團基本上只有小麥跟水，以手工製作時特別容易做成貓耳麵的形狀，因為只要用拇指捏出小塊即可，無須含蛋麵團那種柔韌度。香腸是南義人煮麵常用的美味食材，

肥腴的豬肉也和綠色葉菜的苦味很搭。我們偏好新鮮貓耳麵的風味與口感，不過用乾燥麵條也可以。想自製新鮮貓耳麵，請見 366 頁。

大匙特級初榨橄欖油
227克辣味或甜味義大利香腸，剝去香腸皮
6瓣大蒜，切末
¼小匙紅辣椒碎
454克芥蘭苗，切成4公分小段
鹽與胡椒
454克新鮮或乾燥貓耳麵
57克羅馬羊乳酪，刨粉（1杯）

❶ 取直徑 30 公分平底鍋，以中大火熱橄欖油，一起油煙立刻放入香腸肉煎大約五分鐘，同時用木勺把香腸肉切成大約 1.3 公分的小塊。香腸肉略微上色後，拌入大蒜與辣椒碎炒香，大約 30 秒。熄火暫置一旁備用。

❷ 同一時間，在大湯鍋裡煮沸3.8公升水，加入芥蘭苗與一大匙鹽煮大約兩分鐘，經常攪拌。等芥蘭苗煮成軟中帶脆的口感就用篩勺撈起，放到煎香腸的平底鍋裡。

❸ 煮菜水回滾，加入貓耳麵煮到彈牙程度，經常攪拌。保留一杯煮麵水備用，貓耳麵瀝去其餘煮麵水後倒回湯鍋，加入香腸與芥蘭苗、羊乳酪、1/3 杯預留的煮麵水，翻拌均勻。視需要以剩餘的 2/3 杯煮麵水調整稠度，依喜好用鹽與胡椒調味，即可享用。

Fave e scarola

蠶豆泥佐炒菊苣・4人分

美味原理：在冬季與初春的普利亞，當地人會用他們儲備的乾燥蠶豆與辛辣的野菊苣做成這道菜，吃來令人舒心又飽足。他們通常會把乾燥蠶豆煮得透軟，壓成滑順的豆泥後擺上炒菊苣，簡單地用橄欖油與鹽調味。野生菊苣在美國的市場並不常見，為了忠於這道菜的平民根源，我們改用更容易買到的寬葉菊苣（escarole）取代：這種葉菜在美國不只比較常見又很快熟，也有類似野生菊苣的宜人苦味。為了加強風味並且讓這道菜更爽口，我們額外以辣椒碎與檸檬皮屑給菊苣調味，一方面也能平衡苦澀。等葉菜的部分調理完畢，我們來專心製作絲滑的蠶豆泥。這道菜傳統上會混合蠶豆與馬鈴薯以增加濃滑的口感。我們也發現，只要加一個馬鈴薯跟蠶豆同煮，豆泥就能達到理想的稠度。我們捨棄馬鈴薯專用的手持壓泥器，改採食物壓泥器或馬鈴薯磨泥器來磨泥，以確保成品的滑順質感。最後在上桌前撒一點羊乳酪片，已經滋味豐富又有土香的豆泥會更添鹹香。

2又½ 杯雞高湯或蔬菜高湯

2又½ 杯水，另備部分視需要添加

227克（1又1/2杯）乾燥蠶豆仁

1個育空黃金馬鈴薯（Yukon Gold），削皮後切成2.5公分見方小塊

3大匙特級初榨橄欖油，另備部分於上桌前淋在菜上增香

鹽與胡椒

3瓣大蒜，切末

¼ 小匙紅辣椒碎

1個菊苣（454克），修剪乾淨後切成2.5公分小段

1大匙檸檬皮屑

28克羅馬羊乳酪，刨片

❶ 在大口深平底鍋裡把高湯、水與蠶豆加熱至沸騰，轉小火慢煮大約 15 分鐘，等豆子變軟並開始轉為褐色時，加入馬鈴薯塊，重新加熱至微滾後續煮 25-30 分鐘，直到馬鈴薯煮軟、所有湯汁都被食材吸收。用食物壓泥器或磨泥器把蠶豆馬鈴薯磨成泥，以碗盛裝。拌兩大匙橄欖油，依喜好用鹽與胡椒調味；可以視需要添加熱水調

整稠度（薯豆泥的質地應該有如細緻的馬鈴薯泥）。加蓋保溫。

❷ 同一時間，取直徑 30 公分平底鍋，以中火加熱一大匙橄欖油到起油紋，加入大蒜、辣椒碎與1/4 小匙鹽炒香，大約 30 秒。拌入寬葉菊苣，蓋上鍋蓋煮 3-5 分鐘，把菜葉煮軟。拌入檸檬皮屑，依喜好以鹽與胡椒調味。

❸ 在餐盤上把薯豆泥平均攤開，擺上炒寬葉菊苣，撒上羊乳酪片、淋上橄欖油，即可享用。

Basilicata
巴西里卡塔

捱餓的歷史養成享受飲食的喜悅

巴西里卡塔位於義大利靴型國土的足弓處，至今仍有人使用「盧卡尼亞」（Lucania）這個拉丁文舊名來稱呼它，因為這裡在鐵器時代是盧卡尼亞人（Lucani）生活的地方。巴西里卡塔的三面幾乎完全被普利亞、坎佩尼亞與卡拉布里亞包圍。這些大區跟巴西里卡塔都有長久遭到漠視的歷史，不過巴西里卡塔與世隔絕的主因是地理環境。巴西里卡塔是義大利最多山的大區。義大利最陡峭的山地與最高的峰嶺有許多都環繞著巴西里卡塔，也曾是本區內陸地帶抵禦侵略的屏障。

　　巴西里卡塔與兩片海域相接，不過臨愛奧尼亞海的海岸線只有大約 39 公里，臨第勒尼安海的更只有一半，沒有開闊的空間讓有意殖民的人落腳。首先開墾本區蠻荒內地的是奧斯坎－薩莫奈人（Oscan-Samnite），一支來自阿布魯佐亞平寧山區的部族。他們很懂得利用貧瘠的環境，不止在谷地裡開闢耕地，也攀上山嶺，在崎嶇險峻的土地上勞動，並且帶來嗜吃豬肉與辣椒的口味，成為現代盧卡尼亞烹飪的兩大主軸。

古今交錯

　　公元前大約 700 年，希臘人在愛奧尼亞海沿岸平原上建立了一個殖民地，位於現今的梅塔蓬托（Metaponto）附近。帕拉廷神廟（Tavole Palatine）是一連串排列角度各異的多利克式石柱，也是盧卡尼亞大希臘（Magna Graecia Lucana）唯一的遺跡。陰森的柱身矗立在一片荒原中，仍能令人遙想當年盛況。有些當地人告

夕陽下的馬特拉洞窟民居（Sassi di Matera）；這些洞窟直到20世紀還是貧民的棲身所。

柿子

「caciocavallo」的意思是「騎馬的乳酪」，因為這種球狀的乳酪會成對綁著、掛在支架上風乾熟成。

訴孩子，這些石柱曾經頂著一張巨大的餐桌，是神祇、皇帝與巫師宴飲的地方——可以想見這是飢餓的人民創造出來的幻想。

巴西里卡塔有兩個省。臨愛奧尼亞海的馬特拉（Matera）因為 1945 年出版的《基督在艾波里止步》（Christ Stopped at Eboli）而聲名大噪，這本書是德籍猶太裔作家卡洛 · 李維（Carlo Levi）在身為政治犯的流亡期間寫的回憶錄。知名的馬特拉石窟就在這裡，這是位於石灰岩峽谷裡的洞穴民居，屋況相當原始，從舊石器時代到 1950 年代都有人住。馬特拉石窟最後之所以清空，是因為李維的書揭露了裡面居民的慘況，義大利政府迫於輿論壓力，總算重新安置了那兩萬人。巴西里卡塔的另一省是臨第勒尼安海的波騰札（Potenza），同名首府位於陡峭的山頂，是義大利地勢最高也最寒冷的城市之一。

珍貴而辛辣的特產

2000 年來的蠻族襲擊，外加地震山崩與嚴重飢荒，都無損巴西里卡塔山巒的永恆之美。烈日曝曬的赭土有野生夾竹桃、仙人掌、柿子樹與無花果樹點綴，山地更高處有綠意盎然的原始松林，不過很多地方仍是陡峭的不毛之地。

這裡的三種農業區與三個不同海拔相應：低地種植葡萄、橄欖、果樹與蔬菜；阿格里谷地（Val d'Agri）是牧草區，位於貫穿巴西里卡塔、天然翠綠的亞平寧山脈。村莊隨山坡層疊而上，陡峭的梯田也採用垂直分層的農法。山區農民飼養綿羊、山羊與波多利卡牛（Podolica），自製香腸與醃漬肉品、烘焙麵包，也製作手工乳酪，例如綿羊乳酪、波多利卡馬背乳酪（Caciocavallo Podolico）、瑞可達與莫札瑞拉。迪帕羅精品食材舖（Di Palo Fine Foods）是紐約曼哈頓小義大利區最知名的乳酪店，創辦人是移民紐約的巴西里卡塔農民。他的孫子，也就是現任店主盧 · 迪卡羅說：「就算在義大利，這門手藝現在也很罕見了。」

在今天，絕大多數的鄉下人家都還會自行飼養一、兩頭豬。古羅馬作家老普林尼（Pliny the Elder）曾寫到：「沒有別的動物能提供更

製作傳統的IGP馬特拉麵包（Pane di Matera）

豐富的味覺享受；豬肉有將近 50 種風味，別的動物只有一種。」這裡的豬肉特產有嗆辣的豬頭腸（soppressata，意思是「壓縮」香腸）、新鮮或風乾的火腿、醃豬肩肉（類似艾米利亞─羅馬涅大區的科帕火腿，味道辛香），以及豬頭雜凍（pezzente）。

　　如果義大利俗語「一好加兩好，成果絕對好」放諸四海皆準，用來形容巴西里卡塔也不為過，因為這裡富含鐵質的泥土並沒有因為現代農耕而耗竭，代表本地土壤培育出的蔬果雖然得來不易，還是充滿在地風味。巴西里卡塔的地形不適合大規模生產穀物，不過備受讚譽的傳統種杜蘭小麥卡培利（Senatore Cappelli）近年又在本地興起，在環境較適宜的少數南部區域種植。卡培利小麥能用來製作各種新鮮手工麵條與傳統麵包，是當地人賴以為生的兩種主食。農民貧苦的歷史背景，造就了本地麵包五花八門的造型。馬特拉麵包是一種碩大的老麵麵包，有一層紅褐色的厚皮且散發濃烈的柴窯香，內部有如蜂巢般蓬鬆多孔，出爐多天還能保持柔軟。巴西里卡塔與隔鄰的普利亞都有製作馬鈴薯麵包（panella）的傳統，這種發酵麵包是混合粗磨杜蘭小麥粉與馬鈴薯泥製成，形似大如車輪的圓餅。這裡的新鮮麵條原料也是杜蘭小麥粉，而且早在古希臘時代就出現了，包括貓耳麵、拖捲麵（strascinati，有點像是貝殼麵）、寬切麵（lagane）與長捲麵（ferretti，用類似編織棒針的細杆子捲成長管狀的麵條）。在小麥引進以前，本地人的澱粉類主食有二粒小麥、大麥、鷹嘴豆與各種豆類，現在也繼續用於製作手工麵條。

貧窮烹飪的傳統

　　偏遠的巴西里卡塔是你最有可能發現義大利舊日風朵的地方。這裡的人做菜時依然滿懷喜悅，滋味純真，不受時下流行與國際風潮的影響。盧卡尼亞烹飪會拿最低廉的食材物盡其用，而且成績斐然，又因為各種甜椒與辣椒更加出色。彎鉤狀的羊角椒是一種大型甜椒，吃法是先日曬乾燥再以橄欖油油炸、撒鹽調味，也就是酥脆的炸甜椒乾（cruschi），可以跟炸薯塊一起享用，或做為新鮮乳酪與各色菜餚的佐料。本地的口味偏辣，例如波騰札風味雞（pollo alla potentina）是用白酒、香草與番茄熬煮雞肉，傳統上會加入嗆辣的陳年羊乳酪提味；燉豬肉（spezzatino di maiale）則是散發強烈蒜香、濃稠滾燙的燉菜。野生食材也可見於本地餐桌，例如各種松露與蕈菇。農夫的宿敵野豬則經常被灌成香腸，或熬成酒香四溢的肉醬。

　　巴西里卡塔的甜點純粹而簡單，有些食材頗為出人意料，例如半月形的鷹嘴豆酥（panzerotti alla crema di ceci）可說是油炸的甜餃子，內餡是鷹嘴豆泥、糖、巧克力與肉桂，冷卻後撒上糖粉再享用。巴西里卡塔的山地口味與地中海影響也很明顯，飲食以大量蜂蜜增甜，從早餐濃郁的綿羊瑞可達乳酪到噴香的瑞可達派，都會搭配蜂蜜。冷杉蜜、栗樹蜜、桉樹蜜、洋槐蜜、薰衣草蜜……這些還只是其中幾例。

　　隨著馬特拉獲選為 2019 年歐洲文化首都，這塊遺世獨立的南方邊境與最後的南義傳統保存地，風貌也可能不復以往。想體驗的朋友得加快腳步了。

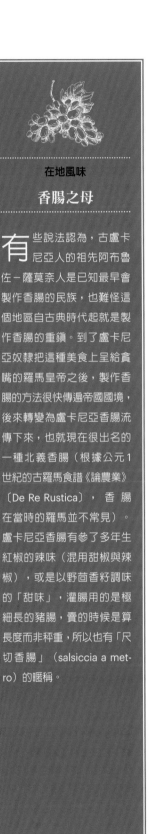

在地風味

香腸之母

有些說法認為，古盧卡尼亞人的祖先阿布魯佐─薩莫奈人是已知最早會製作香腸的民族，也難怪這個地區自古典時代起就是製作香腸的重鎮。到了盧卡尼亞奴隸把這種美食上呈給貪嘴的羅馬皇帝之後，製作香腸的方法很快傳遍帝國國境，後來轉變為盧卡尼亞香腸流傳下來，也就現在很出名的一種北義香腸（根據公元 1 世紀的古羅馬食譜《論農業》〔De Re Rustica〕，香腸在當時的羅馬並不常見）。盧卡尼亞香腸有參了多年生紅椒的辣味（混用甜椒與辣椒），或是以野茴香籽調味的「甜味」，灌腸用的是極細長的豬腸，賣的時候是算長度而非秤重，所以也有「尺切香腸」（salsiccia a metro）的暱稱。

Maccheroni di fuoco

嗆辣吸管麵 · 6-8人分

美味原理：這是一道簡易的麵食，重點在於要讓空心的吸管麵裡外都吸飽嗆辣可口的大蒜辣椒油。辣椒乾在南義各地都深受喜愛，其中或許又以巴西里卡塔為最，也就是魔鬼小紅椒（diavolicchio）的精神故鄉。魔鬼小紅椒是這個大區最辣的辣椒，用史高維爾辣度指標測得的分數高達五位數，滋味豐富又有煙燻香，為本區烹飪增添美味與強烈性格。嗆辣通心麵使用魔鬼小紅椒的手法很獨特，把寥寥幾樣看似平凡的食材化為風味十足的一餐。紅椒所含的植物精油是油溶性的，所以用滾燙的橄欖油煎香辣椒碎，就能引出它繁複的風味。此外我們也先把整顆大蒜小火慢煎再切片。比起先切片再下鍋，這麼做可以讓大蒜的味道更甘甜圓潤，因為把生蒜切開會促使它釋出大蒜素，也就是我們一般所熟悉的嗆辣蒜味的來源。我們趁辣椒橄欖油靜置出味的同時把麵包粉稍微煎脆，並且烹煮要佐辣油享用的麵條。雖然加不加乳酪頗有爭議，不過我們很欣賞帕馬森乳酪的鹹香，所以用了少許提味。巴西里卡塔產的辣椒不太容易買到，不過我們發現卡拉布里亞辣椒碎是很棒的替代品，大部分義大利超市都有售 **½ 杯特級初榨橄欖油，另備 1 大匙煎麵包粉用**

① 取直徑 20 公分平底鍋，放入 1/4 杯橄欖油，以中小火煎蒜瓣五到七分鐘；不時翻面，大蒜開始轉為焦黃色時拌入辣椒碎煎大約 45 秒；辣椒碎顏色略微變深，立刻把整鍋大蒜辣椒油離火倒進碗裡，靜置放涼五分鐘。取出大蒜置於砧板上，剁成蒜泥後加回油裡。靜置大約 20 分鐘，讓香辛料出味。

② 用紙巾把平底鍋擦乾淨，加入麵包粉、一大匙橄欖油與 1/8 小匙鹽，以中火煎三到五分鐘，經常翻拌，麵包粉略煎上色後即離火倒進乾淨的碗裡，暫置一旁備用。

③ 同一時間，在大湯鍋裡煮沸 3.8 公升水，放入吸管麵與一大匙鹽，不時攪拌，直到麵條煮成彈牙口感。保留 1/2 杯煮麵水備用，瀝去其餘煮麵水後把麵條倒回湯鍋，加入大蒜辣椒油、1/4 杯預留的煮麵水、歐芹、1/2 小匙鹽與剩餘的 1/4 杯橄欖油，翻拌均勻。視需要以剩餘的煮麵水調整稠度，依喜好以鹽與胡椒調味。上桌前把麵盛至各人碗裡，分別撒上麵包粉與帕馬森乳酪絲，即可享用。

4瓣大蒜，去皮
2-4小匙卡拉布里亞辣椒碎
½杯麵包粉
鹽與胡椒
454克吸管麵（bucatini）
2大匙新鮮歐芹末
帕馬森乳酪絲

Pollo alla potentina

波騰札風味雞 · 4-6人分

美味原理：義大利每個大區都有一道當地人引以為豪的燜燉菜，簡單、基本又療癒人心，富含在地傳統烹飪的風味，而巴西里卡塔也不例外。這道素樸的波騰札風味雞以大區首府命名，善用了當地的基本食材：辣椒乾（那當然了）、番茄、洋蔥、葡萄酒、歐芹與大量羅勒。雞肉塊煎上色後浸泡這些食材調成的美味湯底裡燜煮，最後所得的醬汁澆在馬鈴薯（這道菜常見的配菜）上一起享用，再好不過。我們在爐頭上料理雞肉的同時，也把馬鈴薯送進烤箱烤熟。很多傳統食譜都要混用豬油和橄欖油來煎雞肉，不過我們發現煎雞肉時能從雞皮逼出很多油脂，也就不需要豬油了。我們也覺得義大利特產辣椒乾的微妙風味其實會被別的食材蓋過大半，而一般的紅辣椒碎就能做出類似的辣味底韻，所以拿來代替義式辣椒乾也很理想。

910克育空黃金馬鈴薯，不削皮，直接切成2公分見方小塊
¼杯特級初榨橄欖油
鹽與胡椒
1.8公斤帶骨雞肉塊（2塊帶骨半邊雞胸肉〔橫切成半〕、2根棒棒腿、2塊雞大腿）
1個洋蔥，剖半切細絲
¼小匙紅辣椒碎
1杯不甜的白酒
1罐（790克）整顆去皮番茄，瀝水後切丁
½杯新鮮羅勒碎片，另備2大匙
¼杯新鮮歐芹碎片

❶ 烤架置於中層，烤箱預熱到攝氏220度。在碗裡把馬鈴薯塊與三大匙橄欖油拌勻，用鹽與胡椒調味。把馬鈴薯單層平鋪在烤盤上，用鋁箔紙蓋住密封。

❷ 馬鈴薯進烤箱烤20分鐘後，移除鋁箔紙續烤大約15分鐘，等薯塊貼著烤盤的地方變得酥脆金黃，用金屬鍋鏟翻面，續烤大約八分鐘，另一面也酥脆金黃即可出爐。依喜好用鹽與胡椒調味。

❸ 烤馬鈴薯的同時，用紙巾拍乾雞肉、以鹽與胡椒調味。取直徑30公分平底鍋，加入一大匙橄欖油，以中大火熱鍋到剛起油煙立刻放入一半分量的雞肉煎八到十分鐘，各面都煎上色後取出置於盤中。繼續把剩餘的雞肉煎上色，取出同置於盤中備用。

❹ 保留平底鍋裡剩餘的油脂，中火熱鍋，加入洋蔥與1/2小匙鹽拌炒六到八分鐘，到洋蔥軟化並略微上色，拌入辣椒碎炒香大約30秒。加入白酒刮起鍋底焦香物質並續煮大約五分鐘，收汁到大約一半分量後拌入番茄、歐芹與1/2杯羅勒。把雞肉放回平底鍋裡，有流出的肉汁也一併倒回。加熱至微滾後降為中小火，蓋上鍋蓋續煮10-12分鐘，直到雞胸肉溫度測得71度、雞大小腿測得79度；中途翻面雞肉一次。

❺ 取出雞肉置於餐盤上，用鋁箔紙折成罩子蓋住，在繼續完成醬汁的同時暫時靜置。把醬汁重新加熱至微滾後續煮大約三分鐘，略微收汁即可，依喜好用鹽與胡椒調味。舀出醬汁淋在雞肉上，撒上剩餘的兩大匙羅勒，佐馬鈴薯享用。

Patate alla lucana

焗烤番茄馬鈴薯・6-8人分

美味原理：在義大利，盧卡尼亞指的是古代盧卡尼亞人居住的區域，涵蓋現今大部分的巴西里卡塔，而且當地人至今還會自稱盧卡尼亞人。這道鄉村風的菜餚跟很多巴西里卡塔烹飪一樣素樸，目的是善用本地沃土孕育出的低廉蔬果，同時也提供農工豐盛、實惠又營養的午餐。常見的作法是把番茄、洋蔥和馬鈴薯切成圓片層疊起來烤到綿軟，以少許牛至調味，再撒上羊乳酪增添濃郁風味、用隔夜麵包粉豐富口感。我們用非溫室栽培的新鮮番茄、洋蔥與澱粉含量低的馬鈴薯（這個大區典型的馬鈴薯種類）來做這道菜，卻發現這些蔬菜會釋出過多的汁液，並不理想。我們改採羅馬番茄以減少水分，並且把洋蔥小火慢炒到焦黃，不只能逼除更多水分，滋味也會更豐富。採用澱粉含量高的褐皮馬鈴薯，又讓成果更為理想，因為煮熟的澱粉微粒能幫忙吸收殘存的蔬菜汁液。重點是在步驟 3 前不要把馬鈴薯削皮切片，以免馬鈴薯發黑（也不要把馬鈴薯泡水，因為這會沖淡焗烤的味道，也會讓整道菜含太多水分）。把馬鈴薯切成 3 公釐厚的薄片能確保均勻受熱且比較快熟，番茄也不會因為加熱太久而過度軟爛。給食材切片時使用蔬果擦絲切片器、V 型切片器，或是有 3 公釐切片口的食物處理器都可以。

¼杯特級初榨橄欖油

2個洋蔥，剖半切細絲

1大匙新鮮牛至末

鹽與胡椒

910克褐皮馬鈴薯

1360克羅馬番茄，挖除蒂心，切成 6公釐薄片

85克羅馬羊乳酪，刨粉（1又½杯）

¼杯麵包粉

❶ 取直徑 30 公分平底鍋，以中火加熱兩大匙橄欖油，起油紋後放入洋蔥、一小匙牛至、1/2 小匙鹽、1/4 小匙胡椒翻炒 15-20 分鐘，到洋蔥軟化焦黃即可。

❷ 烤架置於中上層，烤箱預熱至攝氏 200 度。取一個 33x22 公分的烤盆抹油備用。取一碗混合剩餘的兩小匙牛至、1/2 小匙鹽與 1/2 小匙胡椒。

❸ 馬鈴薯削皮並切成 3 公釐的薄片。把番茄片像排屋瓦一樣，略微重疊地平均鋪在備好的烤盆裡，再撒上 1/2 杯羊乳酪。以同樣方式鋪上一層馬鈴薯片，再撒上一半的牛至香料鹽。鋪上炒洋蔥，再用排屋瓦的方式鋪上剩餘的馬鈴薯，接著鋪上剩餘的番茄。撒上剩餘的牛至香料鹽、均勻地淋上剩餘的兩大匙橄欖油。

❹ 烤盆不加蓋，進烤箱烤一小時。取出烤盆撒上剩餘的一杯羊乳酪，接著再撒上一層麵包粉，回烤箱續烤大約 20 分鐘等表面徹底焦黃上色、馬鈴薯也烤軟（削皮刀可以幾乎無阻力地刺進與拉出馬鈴薯）即可出爐；靜置 30 分鐘再上桌享用。

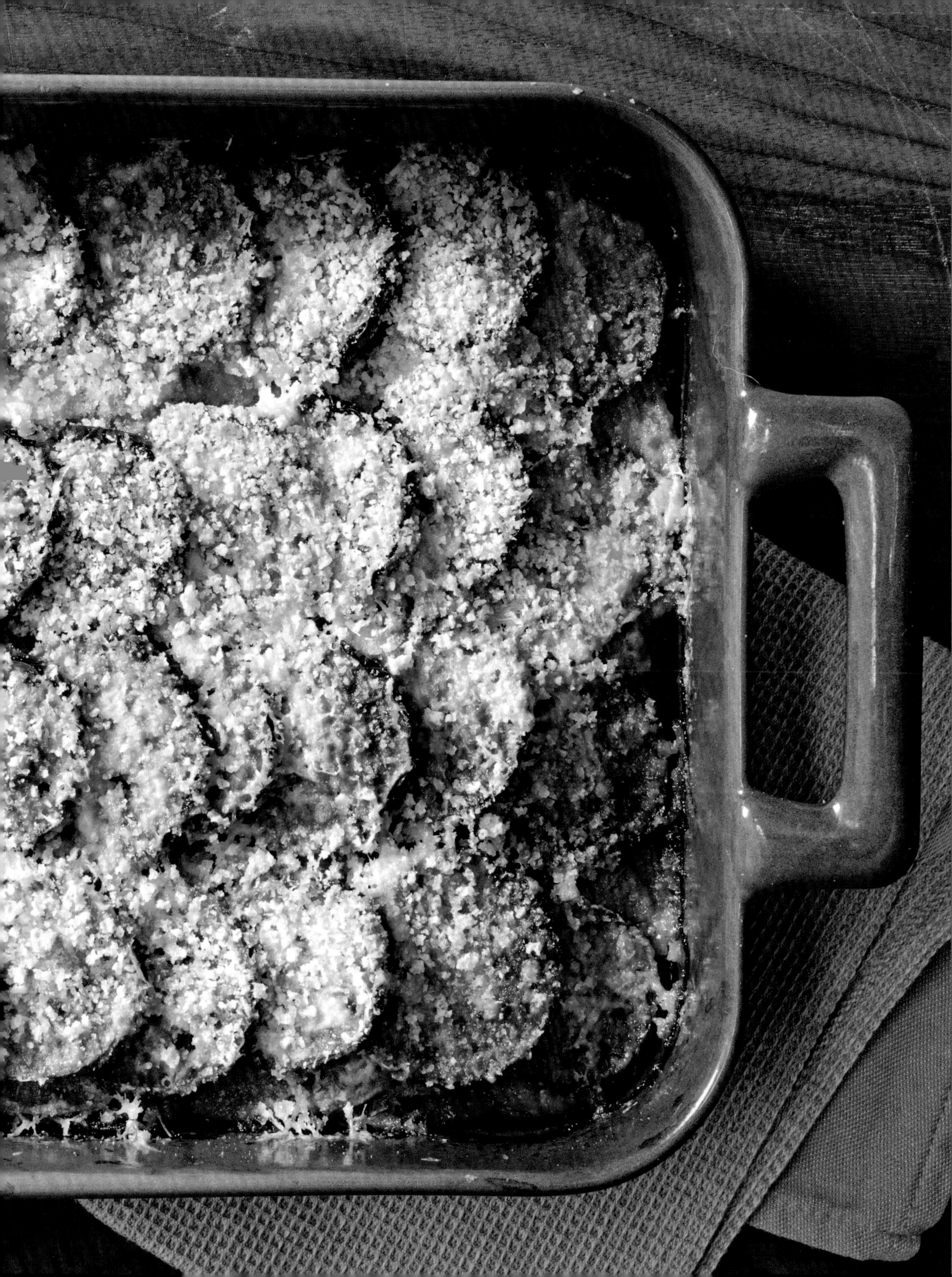

大區巡禮

Calabria
卡拉布里亞

充滿希臘精神與香辣風味的義大利破舊鞋尖

··

卡拉布里亞的沿岸地區曾有一個極其強盛的希臘殖民地，叫做錫巴里斯（Sybaris）。錫巴里斯人有奴隸為他們開採銀礦，又坐擁肥沃的平原與茂密的森林，因而非常富裕。他們縱情逸樂的惡名不脛而走，「sybaritism」這個代表享樂主義的字眼應運而生。今天的卡拉布里亞是義大利最貧窮的大區。二次大戰後歷時數十年的「經濟奇蹟」雖誓言讓南義脫貧，卡拉布里亞的生產毛額仍不及北義任何一個大區的四分之一。到了 20 世紀末，

這裡已經有一些村子全體移民到美國或其他地方，尋求更好的生活，或至少是能填飽肚子的生活。

　　卡拉布里亞人跟巴西里卡塔人一樣，也會透過食物求取片刻慰藉。面對喜怒無常的大自然，本地人得做盡苦工才能收成農作，也因此備加珍惜。本區的歷史豐富而艱辛，卡拉布里亞人也追隨由此衍生的傳統，把這些寶貴的食材化成簡單，卻深具風味、變化多端的菜色。

山裡來的人

　　義大利這支靴子的破爛鞋尖向著美西納海峽（Strait of Messina），對岸是西西里島尖凸的岬角，在地圖上看來有如隔海踢中一塊石頭。亞平寧山脈始於鞋尖上的阿斯普羅山（Aspromonte，意思是「粗礦的山」），一路向北逶迤，有時下降為村落聚集的山谷，有時重新升起為險峻的峰嶺，山頂可見褪色的小鎮盤據。這些

臨海的丘陵小鎮希拉（Scilla）以希臘神話的海怪命名，最高點有魯福城堡（Ruffo Castle）坐鎮。

卡拉布里亞是全世界為數不多的香檸檬產地之一，這種柑橘類水果的風味有如結合了萊姆與血橙。

蠻荒的山峰在多爾切多梅山（Serra Dolcedorme，意思是「睡夢中的甜美之山」）攀升到 2267 公尺，群山間只剩狹小的可耕地。這兩座山的名字恰成有趣的對比，用來比喻這個在蠻荒與恬寧間交錯的大區也十分貼切。地震曾把本地許多村莊整個夷平，貧瘠的土地也很缺水。不過這裡有 780 公里長、美得令人屏息的海岸線；海水閃耀著湛藍波光，白色沙灘與靜謐的海灣交錯圍繞著臨岸的山坡。

西拉山脈（Sila）是卡拉布里亞一塊寬闊的高原，遍布松樹林與密集生長的栗樹。野生蕈菇從林地的表土層冒出頭來，直到 12 月都可以採集。這裡是第勒尼安海的蔚藍海岸，各類果樹與柑橘果園沿著海岸線欣欣向榮，包含了枸櫞、檸檬與香檸檬。本地也出產幾種全世界最美味的無花果。這些無花果如果不是趁鮮生吃，也可以曬成果乾串成環，或是用香甜的無果樹葉包起來進柴窯小火慢烤，出爐後鑲入杏仁或糖漬橙皮，再裹上一層黑巧克力。小柑橘、桃樹與橄欖樹在寬闊的塔蘭托灣隨處可見，遠遠環繞著錫巴里斯那引人神傷的遺址。

紫色與紅色是最能代表卡拉布里亞的顏色，分別來自本地產的茄子與紅椒（甜椒與辣椒都有，又以辣椒為主）。南義人全都愛吃茄子，卡拉布里亞人更是為茄子痴狂。辣椒不止為本地出色的醃漬肉品染上誘人色澤，更添熱辣風味，例如醃豬肩肉、豬頭腸，還有辣香腸（'nduja）－－這是能當抹醬用的卡拉布里亞特產。

阿斯普羅山裡孤絕的小鎮羅格烏迪（Roghudi），是許多因人口外流與天然災害而幾近清空的城鎮之一。

芥蘭苗在義大利又叫做 cime di rapa、broccoletti di rapa、rapini、rappini、rapi、vrucculi、vruccoli、friarielli……還有更多別名，隨不同地區而異。它的祖先是野生芥菜，從遠古時代就在義大利到處生長。芥蘭苗在美國食品業界叫做「broccoli rabe」，不過這個俗名聽在土生土長的義大利人耳裡很是彆扭。雖然它看起來有點像花椰菜（broccoli），其實跟蕪菁是同一類的植物。芥蘭苗富含纖維與能抑制致癌物的維生素與化合物。它迷人的苦味吃在嘴裡有如意外的刺激，逗得人胃口大開、好想來點香腸解饞——芥蘭苗配香腸也的確是卡拉布里亞人的心頭好。

南義人愛吃的芥蘭苗有許多別名。

　　數千年來，麵包都是卡拉布里亞人對抗飢餓的解方。本地祈求豐收與烘焙順利的儀式可以溯及遠古的異教徒時代。此外，從各式各樣的麵餅與比塔餅（pitta，一種披薩）也能看到地中海東部的影響。這些麵餅會佐番茄與辣椒食用（也就是當地人稱為 chicculiata 的餡餅），或是包其他餡料烘烤，例如肝臟或其他內臟、牛至、番茄，以及不可或缺的辣椒（這是另一道叫做 murseddu 的菜）。

　　卡拉布里亞有一個形容情侶的比喻：「Cascano come il formaggio sui maccheroni」，意思是「像乳酪掉到麵條上」那樣墜入情網，可見這兩種食物在他們心目中的崇高地位。克羅托內羊乳酪（Pecorino Crotonese）是本地名產：這種造型小而圓的綿羊乳酪氣味衝鼻，有柑橘似的酸香，乳酪皮帶有美觀的網紋（放在籃子裡熟成時壓出的紋路）。這裡也出產水嫩晶瑩的綿羊與山羊瑞可達乳酪，如果為了耐久存放而經鹽漬與熟成處理，就是鹹味瑞可達與它的煙熏版。其他知名乳製品還有波芙拉乳酪（provola），這種嗆鼻卻甜美的牛乳酪有柔軟的新鮮波芙拉（provola dolce）與硬實而辛辣的波芙隆兩種。很多熟成乳酪的氣味令人卻步，刨成粉後很適合用來調理風味最強烈的幾款卡拉布里亞麵點。卡拉布里亞也有其他南義大區很常見的馬背乳酪，不過味道比較溫和。奶油乳酪的外觀跟馬背乳酪很類似，頂端都有獨特的束口造型，不過它在白滑如瓷器的外表下藏著令人驚喜的大量奶油夾心。至於本地特產的長棍麵（fileja）會做成那種捲曲形狀，就是為了搭配濃重或香辣的醬料食用。

　　這個大區的手工麵條原料只有杜蘭小麥粉和水，其中的新鮮寬切麵在古典時代已經存在，不只造型相同，名字也都叫做 lagane（沒錯，這是我們現在吃的千層麵〔lasagna〕的祖先）。根據古希臘詩人賀拉斯（Horace）在一篇諷刺文章裡的描述，古今的寬切麵連煮法都一模一樣：「在廣場上，我常停步請教一個算命攤子，然後回家吃一碗珍蔥、麵餅與千層麵。」即使外地的時代快速變遷，卡拉布里亞的主婦

茄子：南義人的真愛

讓我們來瞧瞧南義人對茄子的愛有多深：

- Melanzane ripiene：焗烤鑲茄子，餡料是豬肉、辣椒與薄荷，或是麵包粉、羊乳酪、雞蛋、大蒜、辣椒與羅勒。

- Polpette di melanzane：香辣的炸茄球。

- Parmigiana di melanzane：帕馬森焗茄子，浸泡在辣味醬汁裡的夾層還會塞進小肉丸子。

- Portafogli di melanzane：外層金黃酥脆的辣味炸茄餅。

- Melanzane all'agrodolce：酸甜燴茄子，與葡萄乾、巧克力、辣椒、肉桂、核桃、松子一起用糖醋慢燉——愛意最濃烈的非它莫屬。

仍繼續親手製作長捲麵：把麵皮纏繞在編織棒針上，捲成細長中空又耐嚼的管狀麵條，特別適合拌山羊肉醬或豬肉醬享用。

卡拉布里亞每一片宜居的土地都很珍貴，但仍有高達四分之一的可耕地種了橄欖樹，使這個大區成為全國第二大橄欖油產地，僅次於普利亞。本地有眾多品牌獲得 DOP 認證殊榮，拉梅齊亞泰爾梅（Lamezia Terme）產的橄欖油更被許多見多識廣的廚師推崇為其中的佼佼者。

向海的人

卡拉布里亞的漁獲主要是油魚，其中的鮪魚和鰤魚都是備受休閒釣客青睞的對象，也是美味的食材。在雷久卡拉布里亞省（Reggio Calabria）的希拉與巴涅拉卡拉布拉（Bagnara Calabra），漁船隊仍會遵循自古以來的傳統，用魚叉獵捕旗魚。臨第勒尼安海海岸的維波瓦倫提亞省（Vibo Valentia）有可觀的鮪魚漁獲，以皮左（Pizzo）的港口為集中地，也促成了本地的罐裝鮪魚和魚子加工業。皮左老港區的餐廳會供應本地招牌菜，例如以特產魚子調味的麵條，或是老饕鮪魚（tonno alla ghiotta）——把新鮮鮪魚用麵包粉、番茄、續隨子、橄欖與辣椒爛烤。記得留點肚子吃皮左的松露冰淇淋（tartufo），這種圓頂造型的冰淇淋有熔岩巧克力夾心，正中央埋著一枚糖漬櫻桃（最好吃的還是要手工製作，而不是現成的冷凍食品）。

廚房濃香處處聞

卡拉布里亞烹飪的整體風格，與其他曾被希臘殖民的義大利地區一樣，基本上會盡量維持食材的自然本色，再點綴以最早可追溯到拜占庭、亞拉岡、穆斯林與各種地中海文化的風格。正如同歷代在本地來來去去的民族，這裡的飲食也呈現繁複的風貌。只要品嘗過雷久卡拉布里亞的糖醋旗魚和醋漬沙丁魚（sarde a scapece）就能有所體會；後面這道菜是把裹粉酥炸的沙丁魚浸泡在熱醋、大蒜和薄荷裡。

不論是人工種植或野生採集所得，南義苦味強烈的葉菜也深具卡拉布里亞精神，尤其是芥蘭苗。這些葉菜通常以「淹沒法」（affogato）料理，也就是拌上大量的橄欖油與辣椒，有時也會佐辣味香腸一起吃，上桌前還會撒上更辣的辣椒。濃重的湯品是典型的山區菜色，也是常見的一鍋煮餐點。例如這裡也有五花八門的麵豆湯，材料從蠶豆、鷹嘴豆到白豆都有，所用的麵條更是形形色色。

這裡的麵包店不乏各種烘焙食品與甜點，但一般人還是會在家自製某些麵點。卡拉布里亞的甜點如同義大利其他地方，也充滿宗教意涵，例如包了水煮蛋的甜麵包花圈（cuddhuraci）就是復活節專屬甜點。枸櫞是特產的水果，鮮綠色的糖漬枸櫞（cedro candito）是無數糕點都會使用的一味佐料。炸甜餃（chinulille）也很受歡迎，內餡會包巧克力、栗子、糖漬水果和牛軋糖。所有這些甜食都證明了一件事——即使是在義大利最窮困的大區裡、最嚴峻的山嶺之間，希臘牧神潘恩的樂活精神依然不死。

在卡拉布里亞的小鎮羅切拉（Roccella），一名鮪魚師傅正拿著利刃片魚。

Ciambotta

卡拉布里亞燉蔬菜 · 6-8人分

美味原理：說茄子是卡拉布里亞的「區菜」並不為過。曾有很長一段時間，北義與中義人都對這種蔬菜強烈存疑（他們迷信茄子會害人精神失常），不過卡拉布里亞人向來非常喜愛這種阿拉伯人引進的食材。卡拉布里亞有獨特的土壤，養出的茄子比較不苦，且風味比其他品種更香濃。我們特別喜愛茄子在本地傳統燉蔬菜裡發揮的功效。Ciambotta 的意思是「一團混亂」或「混合」，實際上這也的確是蔬菜大雜燴――櫛瓜、番茄、甜椒、馬鈴薯，當然還有茄子，同鍋燉煮到茄子軟爛化開，使湯汁的質地稠如奶醬。為了避免櫛瓜跟甜椒稀釋湯汁，我們先用平底鍋煎過、逼除水分，再把它們加進湯鍋與其他食材同煮。我們利用茄子煮熟後會自然散開的特性，把它熬煮到完全軟爛（先微波加熱能蒸散多餘的水氣），就能給散發濃濃番茄香的醬汁增稠。為了加強風味，我們在燉鍋裡先把茄子、洋蔥和馬鈴薯煎上色，再把番茄糊炒香以做出豐富的底韻，然後才加水。最後我們發現，在燉蔬菜裡拌入速成的羅勒牛至香草醬（pestata，基本上可說是不含乳酪或核果的青醬），能增添大膽、清爽的香草風味。微波茄子時如果沒有咖啡濾紙，可以拿未染色的廚用紙巾取代。記得在加熱完後立刻從微波爐裡取出茄子，好讓蒸氣逸散。

香草醬

⅓杯新鮮羅勒葉碎片
⅓杯新鮮牛至葉
6瓣大蒜，切末
2大匙特級初榨橄欖油
¼ 小匙紅辣椒碎

燉蔬菜

340克茄子，削皮後切成1.3公分見方小塊
鹽
¼ 杯特級初榨橄欖油
1個大洋蔥，切丁
454克褐皮馬鈴薯，削皮後切成1.3公分見方小塊
2大匙番茄糊
2又¼ 杯水
1罐（790克）整顆去皮番茄，瀝出汁液保留備用，番茄切大塊
2根櫛瓜，縱切成半、挖去籽囊，切成1.3公分見方小塊
2個紅色或黃色甜椒，去蒂頭、去籽，切成1.3公分見方小塊
1杯新鮮羅勒葉碎片（用手撕碎）

❶ 製作香草醬：用食物處理器把所有食材攪打成細緻糊狀即可，大約需要一分鐘；視情況把沾在側面的食材往下刮。

❷ 烹煮燉蔬菜：在碗裡把茄子與1又1/2小匙鹽翻拌均勻。取一個盤子鋪上兩層咖啡濾紙，再噴上薄薄一層植物油。把茄子平鋪在咖啡濾紙上，用微波爐加熱 8-15 分鐘，茄子變乾並縮水成大約 1/3 大小（但不要加熱到上色）後立即取出微波爐、放到鋪了紙巾的盤子上。

❸ 在鑄鐵鍋裡放入兩大匙橄欖油，大火熱鍋到起油紋後放入茄子、洋蔥、馬鈴薯煎大約兩分鐘，使茄子上色、馬鈴薯表面轉為透明。把蔬菜推到鍋邊，在鍋子中央放入一大匙橄欖油與番茄糊，翻炒大約兩分鐘；鍋底開始出現褐色焦香物後拌入兩杯水、番茄與番茄汁液，刮起鍋底焦香物質並加熱至沸騰，隨即降為中火，蓋上鍋蓋慢燉 20-25 分鐘，直到茄子完全軟爛化開，馬鈴薯也煮軟即可。

❹ 在燉茄子與馬鈴薯的同時，取直徑 30 公分平底鍋放入一大匙橄欖油，大火熱鍋到一起油煙立刻加入櫛瓜、甜椒、1/2 小匙鹽煎 10-12 分鐘，不時翻動。蔬菜上色並軟化後推到鍋邊，在鍋子中央放入香草醬炒香，大約一分鐘，然後把香草醬與蔬菜拌勻，移到碗裡備用。空出來的平底鍋離火，加入 1/4 杯水，刮起鍋底焦香物質。

❺ 把櫛瓜、甜椒與洗鍋湯汁加入鑄鐵鍋拌勻，蓋上鍋蓋靜置 20 分鐘。拌入羅勒，依喜好以鹽與胡椒調味，即可上桌享用。

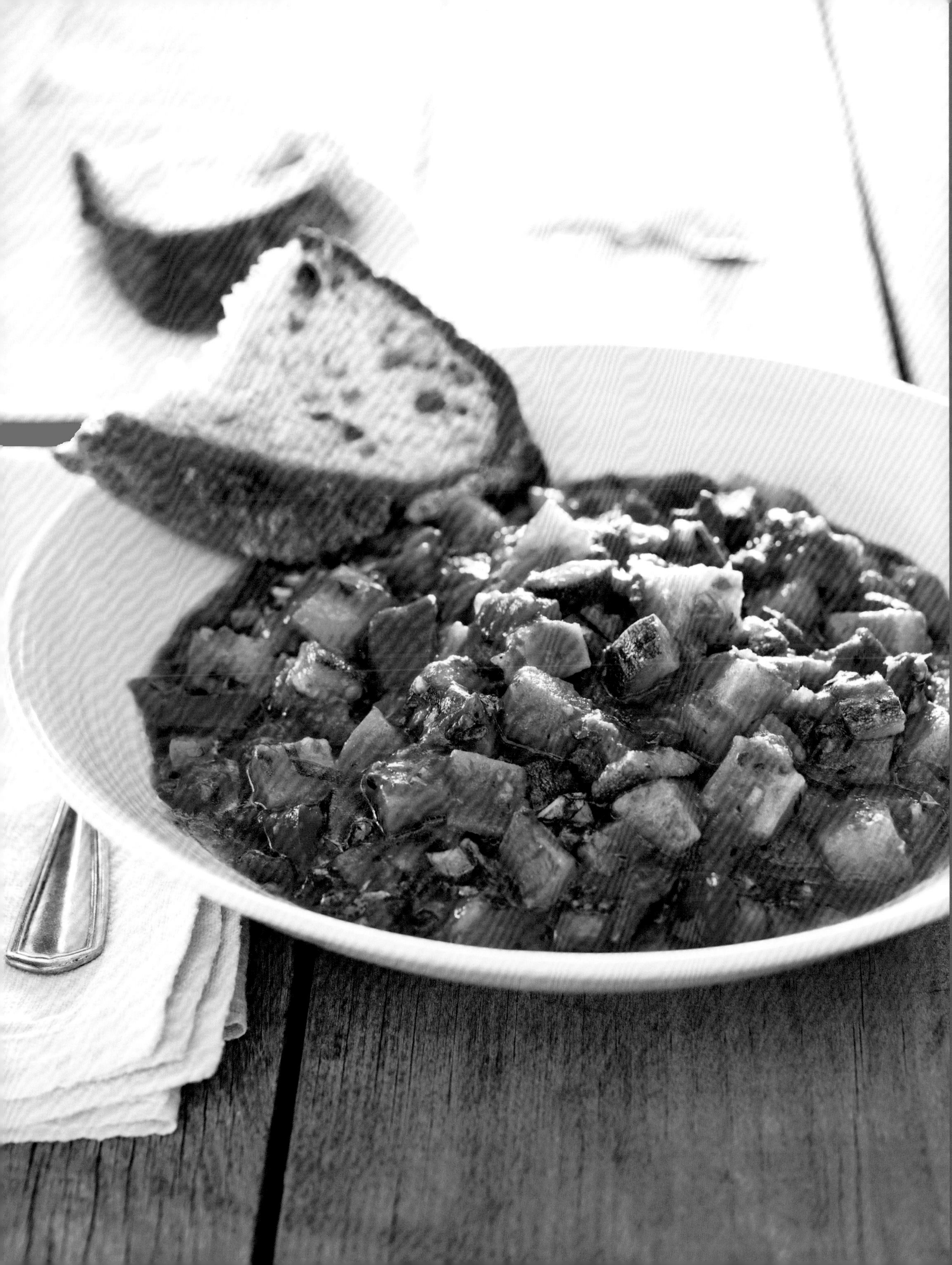

Pasta all'arrabbiata

辣味茄汁麵 · 6-8人分

美味原理：卡拉布里亞辣椒的品種繁多，而且都以強烈、豐富又均衡的辣味獲得推崇。辣味茄汁麵是聲名遠播的卡拉布里亞料理，原名裡的 arrabbiata 是義大利文「憤怒」的意思。雖然常有人覺得這是羅馬菜，卡拉布里亞版使用的是在地產的新鮮辣椒，而非一般的乾燥辣椒碎，所以有更獨到的辣味。辣味茄汁麵最簡單的作法是用番茄、大蒜、橄欖油煮成醬汁即可，此外當然還要加辣椒。不過我們發現這類基本款醬汁不只味道單調，也害人辣得舌頭都麻了。我們想做一款辣味茄汁麵，可以更凸顯新鮮卡拉布里亞辣椒那種圓潤細緻的風味。首先我們把焦點放在可以提鮮的食材上：在醬汁裡加 1/4 杯羊乳酪能同時提升濃度與風味。另一個小兵立大功的食材是番茄糊，因為它跟乳酪一樣富含麩胺酸，只要兩大匙就能讓醬料更鮮美。鯷

魚是另一個讓人比較意想不到的選擇，因為這雖然是義大利烹飪常見的食材，用在辣味茄汁麵裡卻很罕見，不過我們還是決定加一點剁碎的鯷魚片來提鮮。至於辣椒，我們知道要買到來自卡拉布里亞的新鮮辣椒很不容易，所以改採次佳選擇：乾燥的卡拉布里亞辣椒碎。為了讓這道菜的辛香更豐富又不至於辣過頭，我們用少許紅椒粉為辣椒碎助陣，這能增添甜椒風味卻不會提升辣度。少許罐裝的醃漬義大利辣椒（peperoncini）能營造爽口感，並且補足這道菜原本欠缺的酸香。雖然我們可以忠於這道菜的「憤怒」本色，用容易買到的食材來做就好，但我們還是決定把它調理得更豐富有層次，讓人不只是嗆辣過癮，更能愛惜品味。絕大多數的義大利超市都有卡拉布里亞辣椒碎，但要是買不到的話，可以用一般的紅辣椒碎代替。

1罐（790克）整顆去皮番茄

¼杯特級初榨橄欖油

¼杯罐裝醃漬義大利辣椒（peperoncini）末：去蒂頭、用紙巾拍乾再切末

2大匙番茄糊

1瓣大蒜，切末

1小匙卡拉布里亞辣椒碎

4片鯷魚，沖水後用紙巾拍乾，剁成糊狀

½小匙紅椒粉（paprika）

鹽與胡椒

¼杯羅馬羊乳酪絲，另備部分佐餐

454克新鮮或乾燥筆管麵（penne）

❶ 把罐裝番茄連汁液放進食物處理器裡，瞬轉 10-12 次，打成幾乎完全滑順的糊狀。

❷ 取大口深底平底鍋以中低火熱鍋，放入橄欖油、醃漬義大利辣椒末、番茄糊、大蒜、辣椒碎、鯷魚、紅椒粉、1/2 小匙鹽、1/2 小匙胡椒，煎七到八分鐘，不時翻拌。食材色澤轉為深紅色後拌入番茄與羊乳酪絲，加熱至微滾後續煮 20 分鐘，不時攪拌，使醬汁收汁。依喜好用鹽與胡椒調味。

❸ 在醬汁燉煮的同時，在大湯鍋裡煮沸 3.8 公升水，加入麵條與一大匙鹽，不時攪拌，直到麵煮成彈牙口感。保留 1/2 杯煮麵水備用，瀝去其餘煮麵水後把麵條倒回湯鍋，加入辣味茄汁醬翻拌均勻。視需要以預留的煮麵水調整稠度，即可盛盤上桌，傳下羊乳酪絲隨個人添加。

Pesce spada al salmori-glio

烤旗魚佐檸檬香草醬・4人分

美味原理：環繞卡拉布里亞半島的海域有如收藏著美味海鮮的寶盒，而在眾多珍寶裡，旗魚向來是本地漁民的心頭好。這些旗魚體型龐大，可達 3.6-4 公尺，當地人也會以精心籌備的旗魚節大肆慶賀漁獲，在節日當天舉辦船隊遊行，船上滿載著以刺捕旗魚為人生至樂的漁夫。卡拉布里亞人最喜愛的搭配就是把厚實的旗魚排烤得碳香四溢，再淋上一層酸香的檸檬香草醬（salmoriglio）。因為旗魚排很厚，我們發現炙烤的重點在於讓旗魚靜置受熱足夠的時間，等烤出美觀的烤架紋路再移動。爐火也一定要調整成一邊強、一邊弱，先用大火把旗魚烤上色並封住肉汁，再移到火力較弱的那一側烤到全熟。至於檸檬香草醬很簡單，只要把大蒜、檸檬汁、牛至末與橄欖油打勻即可。如果買不到旗魚，可以用比目魚代替。

檸檬香草醬

¼ 杯特級初榨橄欖油
1又½大匙新鮮牛至末
1大匙檸檬汁
1瓣大蒜，切末
⅛ 小匙鹽
⅛ 小匙胡椒

烤魚

4塊（113-170克）帶皮旗魚排，厚2.5-4公分
2大匙特級初榨橄欖油
鹽與胡椒

❶ 準備檸檬香草醬：在碗裡把所有食材混合均勻即可，暫置一旁待佐餐使用。

❷ 烤魚：用紙巾拍乾旗魚排，抹上橄欖油、用鹽與胡椒調味。

❸ A. 使用炭烤爐：把烤爐下層通風口完全敞開。在引火爐裡裝滿煤炭（大約 7 公升）並點火燃燒，等上層煤炭部分燒成煤灰，用三分之二的炭平均鋪滿一半的烤架，再用剩餘三分之一的炭平均鋪滿另一半烤架。架上烹飪烤網，蓋上爐蓋並把蓋子的通風口完全打開。把烤爐完全燒熱，大約需要五分鐘。

B. 使用瓦斯烤爐：把所有爐口開大火，蓋上爐蓋把爐子完全燒熱，大約需要 15 分鐘。讓主爐口保持大火，其他爐口降為中大火。

❹ 把烹飪烤網擦拭乾淨，再以浸透油的紙巾反覆擦五到十次，把烤網擦得黑亮光滑。把旗魚排放到烤爐火力較強那一側，烤六到九分鐘，不要蓋上爐蓋；中途用兩支鍋鏟夾住魚排，小心地翻面一次。

❺ 小心地把旗魚移到烤爐較低溫那一側，每一面續烤一到三分鐘，不要蓋上爐蓋。用削皮刀輕戳時能輕鬆分離魚肉，且魚排內部溫度測得攝氏 60 度，即可上桌佐檸檬香草醬享用。

Fileja alla 'nduja

長棍捲麵佐辣香腸蕃茄醬・6-8人分

美味原理：辣香腸這種醃漬肉品源於卡拉布里亞的小鎮司皮林加（Spilinga），質地柔軟到可以當抹醬，原料雖是不值錢的邊角肉，卻是舌尖上頂級的奢華享受。辣香腸叫做「'nduja」是因為它很像法國的內臟腸（andouille），通常混了豬肩肉、五花肉、豬背肥肉與各種較低廉的部位，而且加了大量辛香料，所以顏色是看起來很辣的磚紅色。再加上它經過長時間發酵，所以有一股明顯的腥味。辣香腸之所以會辣，自然是因為參了卡拉布里亞辣椒。辣香腸傳統上是室溫食用，用來抹麵包或配乳酪吃，也是煮蕃茄醬汁的一味材料。它很容易化開，能使醬汁變得香辣鮮美。我們拿這道醬料搭配長棍麵享用－－這種不含蛋的麵條以它捲長的形狀命名，是卡拉布里亞人的另一樣寶貝食材。我們希望這道麵點有鮮明的辣香腸風味，在試過多種不同分量以後，決定採用整整 170 克的辣香腸；先把它拌進簡單的蕃茄醬料，再跟煮到彈牙的長棍麵翻拌在一起。最後我們撒上羊乳酪絲和羅勒葉碎片、更添誘人的明亮清爽與鹹香，與鮮美無比的醬汁恰成平衡對比。大多數的義大利超市都有辣香腸，此外我們偏好新鮮長棍麵的風味與口感，不過用乾燥麵條也可以。自製新鮮長棍麵的作法請見 366 頁。

1罐（425克）整顆去皮番茄
2大匙特級初榨橄欖油
½個洋蔥，切小丁
鹽與胡椒
1瓣大蒜，切末
170克辣香腸（'njuda），剝去香腸皮
454克新鮮或乾燥長棍捲麵（fileja）
2大匙新鮮羅勒碎片
羅馬羊乳酪絲

❶ 把罐裝番茄連汁液放進食物處理器裡，瞬轉 10-12 次，使番茄變成幾乎完全滑順的糊狀。

❷ 在大口深平底鍋裡以中火加熱橄欖油到起油紋，放入洋蔥與 1/2 小匙鹽，翻炒大約四分鐘，使洋蔥軟化並略微上色後，加入大蒜炒香大約 30 秒。拌入番茄，加熱至微滾後續煮大約十分鐘使略微收汁，不時攪拌。加入辣香腸，用木勺把香腸肉戳散，使完全與醬汁融合。依喜好用鹽與胡椒調味。

❸ 同一時間，在大湯鍋裡煮沸 3.8 公升水後加入麵條與一大匙鹽，不時攪拌，直到麵煮成彈牙口感。保留 1/2 杯煮麵水備用，瀝去其餘煮麵水後把麵條倒回湯鍋，加入辣香腸番茄醬翻拌均勻。視需要以預留的煮麵水調整稠度，撒上羅勒碎片即可上桌享用，傳下羊乳酪絲隨各人添加。

Sicily
西西里

體現地中海飲食風貌的島嶼烹飪

⋯⋯⋯⋯⋯⋯⋯⋯⋯⋯⋯⋯⋯⋯⋯⋯⋯⋯⋯⋯⋯⋯

在西西里的亞格里琴托（Agrigento），一座又一座潔白的希臘神廟雄峙在地中海濱的石壁上，背後襯著湛藍的天空。古老的科林畢特拉花園（Garden of Kolymbetra）坐落在雙子神廟（Temple of Castor and Pollux）與伍爾坎神廟（Temple of Vulcan）之間，園裡遍植棕櫚和樹瘤很多的橄欖樹，桃金娘、月桂與迷迭香散發著芬芳氣息，柑橘樹結實纍纍的枝頭垂向草地。不難想見，這座花園為什麼被人拿來與伊甸園相較。

西西里看似與天堂相去不遠。這是一片極古老的土地，在人類歷史之初就有人屯墾，也曾有過先進的城市，吸引了諸如阿基米德、柏拉圖與埃斯庫羅斯等名士來訪。然而，現代的西西里也是個充滿矛盾的地方：在規模驚人的塞車車龍裡，能看到驢子穿插其間；迪斯可餐廳會供應農家菜；女性身穿款式保守的連身裙，上面卻綴著光燦惹眼的長珠。在西西里，古典與摩登碰撞出火花，東西方文化在此相遇，富豪也得與窮人共處。

火山帶來的財富

西西里是義大利最大的大區，位居環地中海區域的中心。這座島嶼被第勒尼安海、愛奧尼亞海與地中海包圍，隔著狹窄的美西納海峽與義大利本土相望，周圍點綴著比較小的島嶼，其中包括名列聯合國世界遺產的埃奧利火山群島（Aeolians）。西西里本身主要是光禿的山地，地震幾乎從不間斷。卡塔尼亞（Catania）省的埃

位於雷佳麗亞里農場莊園（Tenuta Regaleali）的安娜・塔斯卡・藍札廚藝學校（Anna Tasca Lanza Cooking School）。

特納火山仍頻頻噴出火山灰與煙霧，使得當地戶外咖啡館的侍者必須紙罩不離手，以便隨時幫客人蓋住飲料杯口。不過富含礦物質的火山灰也是農作物的養分來源。在卡塔尼亞寬闊的平原上，這些養分為當地產的葡萄酒與食材注入獨特又極為豐美的滋味。西西里兼具亞熱帶與地中海氣候，冬季溫和多雨，夏季則因為撒哈拉沙漠吹來的西洛可風而特別乾熱。也因為年均溫很高，本地的冬季蔬果剛收成完畢，早春的蔬果緊接著來報到。對住在歐洲北部的人來說，看到西西里的豌豆上市是好兆頭，表示溫暖的日子不遠了。

西西里的旗幟上有一個特里納克里亞（Trinacria）圖像，三隻彎曲的腿令人聯想到這座島嶼的三角形狀，也代表它的三個岬角：佩洛羅角（Peloro）、帕塞羅岬（Passero）與波也奧角（Lilibeo）。位於三條腿中央的是目光炯炯的蛇髮女妖頭像，象徵這座島嶼旺盛的生育力，因為西西里島的耕地真的很肥沃－－非常、非常肥沃。每一種食用柑橘水果都在這裡種植，其中以血橙最為出名（西西里是歐洲首屈一指的血橙產地），義大利超過86%的檸檬也由這座島嶼供應。主要的農產品還有橄欖、橄欖油與葡萄。西西里至少從公元前1000年起就開始種植杏仁，現在的產量也高達全義大利的90%。這裡的特產還包括特殊品系的櫻桃、番茄、續隨子、仙人掌果、桃子、無花果、白洋蔥、胡蘿蔔和小粒扁豆，更有廣受歡迎的紫花椰、多刺朝鮮薊、茄子、豌豆、茴香，以及大小堪比球棒的長型西葫蘆（cucuzza）。

崎嶇的山地是山羊與綿羊的天下。黑豬從古希臘時代就在西西里島現蹤，在穆斯林統治時代成為被禁吃，現在則是醃漬肉品的原料，製成火腿、醃肥肉、鹽漬豬

在地風味

謝恩麵包

謝恩麵包是西西里的重要傳統，也是民俗技藝的極致展現。這些金黃美麗的麵包精心塑成唯妙唯肖的魚類與動物，以及刀劍、棕櫚葉、十字架等等物品，有時又是精緻的花環與花束。在耶誕節與感恩節期間，或是各個紀念日，家家戶戶與商店櫥窗都會擺出謝恩麵包，尤其是在聖若瑟瞻禮日：這個節日恰好落在敬拜穀物女神狄美特的古老節期前後。謝恩麵包在西西里流行了好幾世紀，不過其他地中海國家也能看到這種習俗，例如希臘就可能是這種傳統的發源地。這些表皮酥脆的藝術品藉由烘焙儀式表達虔敬，就像民俗學者路易莎．德．裘迪斯（Luisa Del Giudice）所寫的：「（這種習俗）能追溯到狄美特女神。」也能佐證西西里長久以來「融合異教神話與基督教的文化」。

巴勒摩的仙人掌果是獲DOP認證的食材。

西西里寂靜的山城，有遺世獨立之美。

頰肉與沙拉米香腸。綿羊奶用來製作柔軟如雲朵的瑞可達乳酪與鹹味瑞可達，而西西里的義式綿羊乳酪更是古羅馬博物學家老普林尼口中的義大利最上品。西西里沿海遍布漁港（義大利有 25% 的漁船隊註冊地是西西里）。將近 3000 年來，穀物都是西西里農業的支柱，總是盛產有餘，現在這裡也還是義大利杜蘭小麥的主要出口地。

地中海文化大熔爐

西西里位居地中海世界中央的戰略要津，數千年來不斷吸引各個民族前來占地屯墾。一個現代西西里人身上很可能匯集了過去所有人種的基因。史上第一波在西西里落腳的有三支部族，分別是占據西部的伊利米人（Elymian），中部的西坎尼人（Sicanian），以及東部的西塞爾人（Sicel），後來成為西西里這個名稱的由來。來自迦太基的腓尼基人善於航海，與本島西岸建立起食鹽貿易，至今運行不輟。希臘移民從公元前 8 世紀起抵達西西里東岸，他們的首都敘拉古成為古代世界數一數二的大型城邦。西西里舉足輕重，在古典神話裡也成為要地，是希臘春神之母暨穀神狄美特（Demeter）的崇拜中心。

西西里前五大露天市集是巴勒摩的巴拉洛（Ballaro）、卡波（Capo）、維其里亞（Vucciria）市集，以及卡塔尼亞的卡洛・阿爾貝托廣場（Piazza Carlo Alberto）市集和海鮮市場（Pescheria）。

1686 年，西西里人法蘭西斯科‧普羅皮歐‧德‧科爾特利（Francesco Procopio dei Coltelli，暱稱普羅可布）開了巴黎第一家冰淇淋店，至今仍以普羅可布咖啡館（Procope）之名繼續在老喜劇院街（Rue de l'Ancienne Comédie）上營業。

在西西里，煮到彈牙的乾燥麵條是標準的國民美食。

希臘人的飲食也成為西西里（與地中海）烹飪的基礎：葡萄與釀酒技術（馬梅蒂諾〔Mamertino〕是凱撒大帝的愛酒，瑪莎拉則是聞名全球的加烈酒），橄欖與榨油產業，穀物與精製麵粉。這三類產品都透過貿易傳遍古代世界。羅馬人在公元 3 世紀打下西西里之後，這座島嶼轉型成帝國的糧倉，從此成為穀物產地，至今不變，反倒是當權的統治者換過一輪又一輪。

羅馬帝國衰亡後，汪達爾人與來自君士坦丁堡的拜占庭省長控制了這座島嶼，不過與 9 世紀時來自北非的阿拉伯人相較，前兩者造成的文化影響不是很大。阿拉伯移民帶來先進的農業技術，例如開闢梯田與虹吸式灌溉，也多虧有他們引進了杏子、茄子、菠菜、稻米、與番紅花（用來調理美味絕倫的炸飯團〔arancine〕，內餡包著燉牛肉醬與豌豆），還有肉豆蔻、丁香、胡椒、甜瓜、肉桂、開心果、柑橘與庫司庫司。他們也引進甘蔗，為西西里人嗜吃甜食的傳統打下根基，例如用埃特納峰的積雪做成的雪酪與冰沙（granite）。這些移民也帶來糖醋口味，最知名的例子就是西西里燉菜（caponata），是用番茄醬汁燉煮的茄子，醬汁裡綴滿續隨子、橄欖、葡萄乾與松子。就連西西里首府巴勒摩（Palermo）附近的麵條工業也由他們建立。

只不過，穆斯林統領間的鬥爭讓這座島嶼陷入脆弱的處境。到了 11 世紀，諾曼人（信仰基督教的法國維京人）帶著教宗的祝福入侵西西里，他們對鹽漬鱈魚的熱愛也感染了這個島嶼。諾曼人一統西西里、阿普里亞與卡拉布里亞，成立兩西西里

在埃特納火山的山坡上的Passopisciaro酒莊，品嘗佛蘭切提（Franchetti）家族的紅葡萄酒。

柑橘香氛處處飄

在西西里，空氣裡處處飄盪著柑橘的芬芳。檸檬、萊姆、葡萄柚、枸櫞，以及各式各樣的柳橙，調合成西西里特有的香氣。

在阿拉伯人到來前，西西里人每年只在秋季到春季間耕作，因為雨水到春季就停了。不過阿拉伯農民有在乾燥天氣裡耕種的豐富經驗。他們把傾頹的羅馬水道修復並延長，再結合收集、儲存與配送水源的機制，打造出全年都能供水的系統。位於北海岸的巴勒摩是歷史悠久的西西里首府，有山巒為屏障，又因為全年幾乎都有日照而十分溫暖，很適合種植柑橘。在精密的灌溉系統助陣下，這個地區成為盛產柳橙與檸檬的完美環境，也贏得「黃金谷」（Conca d'Oro）的美名。

西西里柑橘果樹的祖先是枸櫞（形似粗大多瘤的檸檬）、中國的橘子，以及馬來西亞的文旦。這些植物雜交育種後成為我們現在所知的各種柑橘水果。早在公元 70 年，猶太人移居卡拉布里亞時就把枸櫞帶到義大利，不過義大利真正開始盛產的第一批柑橘類是酸橙與檸檬，是阿拉伯人引進的酸橙與枸櫞雜交所得的品種。

酸橙在義大利文裡叫做 arangias，不能直接生食，但用於烹飪能帶來作家海倫娜·艾特麗（Helena Attlee）所說的「幾近薰香、獨特超凡的苦味」。中世紀時期，酸橙是菁英階級彰顯地位的象徵，與東方的珍稀香料一起用來給肉品調味。酸橙的高人氣後來被西西里其他的柑橘水果取代，其中最有名的是血橙，會有這個名字就是因為它的果肉色澤有如紅寶石。西西里東部至今仍廣植血橙，用於調理魚肉與水果冰品，也可搭配醃漬黑橄欖與生茴香做成沙拉。

不過，真正讓西西里富裕起來的是檸檬。在 1700 年代，這座小島供應英國海軍檸檬以對抗海員壞血病（一種維生素 C 缺乏症），並且把檸檬酸出口到美國。然而市場最終出現變化，等第一次世界大戰告終，西西里稱霸柑橘產業的局面已經落幕，不過芬芳四溢的果園至今仍在島上林立。

左頁：西西里沿岸各地遍植檸檬；照片裡的這些採收自敘拉古。右：血橙是西西里的特產。

柑橘、歹徒、西西里

在 1860年代，柑橘類水果是西西里最賺錢的農產品。因為利潤豐厚，再加上黃金谷數百年間沒有領主駐地管轄，巴勒摩又在全國統一後陷入政治亂局，這一切都促成了黑手黨崛起。

等政府立法分割大型莊園，小農家趁勢補上市場空缺。不過檸檬園不只是昂貴的資產，灌溉與防竊也都要付出大量心力。黑手黨就提議幫忙了，然而服務是有價的——不願付錢的人可能會發現自家果樹慘遭砍伐。到了1960年代末期，外地進口的廉價柑橘開始瓜分市場淨利，黑手黨也把目標轉向其他勾當，例如房地產，導致黃金谷被開發得面目全非。

公元 4 世紀的希臘詩人阿切斯特亞圖（Archestratus）寫過一首題名〈美食之道〉（Gastronomia）的詩，描述西西里餐桌上的饗宴。

王國（Kingdom of Two Sicilies）。在中世紀時代，兩西西里的王權在歐洲貴族世家間多次易手，而這些統治者如同之前的羅馬人，大多是不駐地的領主。外籍國王統治的時代的確帶來愛好奢華美食的品味，從某些精緻的西西里菜仍可見一斑，例如焗麵派（timballo di maccheroni）與卡薩塔蛋糕（cassata）－－後面這種甜點是飾以糖漬水果、口感扎實的海綿蛋糕。

到了 15 世紀，西西里落入西班牙人手裡。他們引進新大陸的作物，例如玉米、辣椒、番茄與巧克力（至今仍在莫迪卡〔Modica〕依照阿茲特克人的配方製作），同時也對本島課徵無止盡的稅賦，貴族又拒絕給付島民應得的報酬，外加強震、疾病與長期食物短缺，都使得島民痛苦不堪。西西里人只得仰賴麵條與麵包維生。他們會把麵包粉撒在醬料與烤肉上增加熱量（現在已是本地烹飪的招牌手法），而通心麵、貝殼麵與新郎麵這類不含蛋的麵食經常搭配蔬菜食用。

西西里有許多附屬的大小島嶼，美不勝收，鄰近陶爾米納（Taormina）的貝拉島是其中之一。

卡諾里捲是西西里人發明的甜食，餡料是加糖打發的瑞可達乳酪。

西西里人對西班牙人深惡痛絕。他們也恨透了法國人跟奧地利人；這些外族都在歷史上的某些時刻統治過這座島嶼。然而，直到加里波底（Garibaldi）開始鼓吹統一義大利的夢想，西西里人才終於起義抵抗外侮。不過這座島在全國統一後再度遭到政府忽視，因此陷入一段腐敗與缺乏法治的時期。這樣的背景導致專門勒索農民的組織犯罪興起，演變成今日惡名昭彰的西西里黑手黨。

立足多元文化

西西里人是熱情卻多疑的民族。一波接一波的入侵者都在這裡的文化與食物留下印記，不過農夫最常吃的穀類、蔬果與魚肉還是這座島嶼的生活基礎。

小麥仍是這裡最主要的穀物，用於製作麵條與麵包。小巧的西西里圓麵包（muffuletta）隨處可見，能做成三明治，而五花八門的三明治也是西西里的特色街頭小吃，尤其是在巴勒摩。不論是滾燙油膩的內臟，番茄、寬葉菊苣和茴香這類蔬菜，或是炸馬鈴薯餅，就連冰淇淋都能當作三明治餡料，用布莉歐或捲餅夾著吃，或攤在佛卡夏上。

蔬菜是西西里常見的主菜，通常會鑲入麵包粉以增加飽足感。其中最常見的是茄子，外號「土裡長出來的肉」，以及番茄。用這兩樣食材做出的最知名菜色是經

在地風味

海裡來的豬肉：鮪魚

自古以來，北大西洋的藍鰭鮪魚都會在每年5、6月間遷徙到地中海產卵。傳統上，西西里的漁民會撒下網陣圍堵這些巨型魚類，再把牠們趕進網陣內部的封閉空間、以魚叉刺殺。這種「屠魚陣」（mattanza）如今已不復存，就跟那些鮪魚一樣。

義大利人管鮪魚叫「海豬」，既因為牠比很多魚都來得大，也因為牠全身能食用。鮪魚的魚頭和魚尾可以用番茄醬汁慢燉，邊角料能灌成鮪魚香腸（ficazza di tonno），腰背肉能像牛肉一樣醃製成生魚乾，至於魚卵經過鹽漬、乾燥、壓縮，就成了魚子（bottarga），能削成片佐烤麵包、茴香沙拉與麵條享用。鮪魚也能油封保存，其中最上等的是取魚腹肉做成，入口鮮甜油潤。

典的雙茄麵。不過西西里菜的強烈風味要歸功於鯷魚。不論是生鮮或醃漬鯷魚，西西里人從披薩到麵條都會用它調味。本島海域盛產新鮮無污染的海鮮，所以西西里人也發展出生食的廚藝：旗魚、鮪魚、馬扎拉（Mazara）出色的紅蝦經常生鮮上桌，淋上橄欖油、擠一點柑橘汁就能享用。西西里人也把低廉的海產巧手化為絕妙佳餚。例如佐以野茴香的沙丁魚麵（pasta con le sarde）就是經典美食，軟嫩的海螺、蛤蜊、鰻魚、烏賊都成為噴香的庫司庫司或麵食的材料，或是在平底鍋裡用糖醋醬汁燴煮。

在義大利，沒有哪個大區重視甜點的程度能超越西西里。這裡的杏仁膏糖果是一門藝術，經過壓模與上色，從玉米穗到橄欖的任何造型都做得出來。風行全球的卡諾里捲也是西西里的產物，而且本地卡諾里的口感之絲滑香脆，無人能敵。沙巴雍是一種打發卡士達醬，冷熱皆宜，是不可錯過的美味。這裡的義式冰淇淋好吃得令人揪心，西西里人每天真的會特地休息一段時間去吃冰，就像他們會抽空喝杯濃縮咖啡一樣。各式各樣的糕點蛋糕、餅乾，還有泡芙與炸餡餅，都是艱苦人生的慰藉。

環地中海地區的各種飲食文化在西西里冶於一爐。這個大區的烹飪是調和了它的飲食歷史、貿易商機與文化傾向的成果。的確，西西里人與他們在餐桌上的享受，就是地中海的精髓。

巴勒摩歷史悠久的卡波市場（Mercato del Capo）既販賣食材，也像一座街頭劇場。

西西里的柑橘園 柑橘類水果在西西里當地經濟裡是舉足輕重的產物，種類繁多，種植品項包括檸檬、葡萄柚、血橙等等。

Insalata di fnocchi, arance e olive

茴香柳橙橄欖沙拉 · 4-6人分

美味原理：這道清爽不油膩的沙拉是對西西里盛產食材的禮讚。柑橘類水果在西西里長得特別茂盛，品種也很繁多，血橙（tarocco）又是其中最受歡迎也最珍貴的品種，所以不拿它來做這道沙拉就說不過去了。這裡的茴香要切得愈細愈好，以確保清脆細緻的口感，而非粗韌難嚼，好與甜美多汁的血橙相匹配。為了讓這兩樣食材在沙拉裡均勻分散，我們把血橙切成適口大小，拌沙拉的動作也要輕柔，以免果肉散開。最後我們加入少許油漬黑橄欖做出對比的鹹香，再以新鮮薄荷、檸檬汁、橄欖油、鹽與胡椒調味，美味的沙拉就完成了。

2個血橙
1個茴香球莖，切去葉梗不用。把球莖剖半，挖去中心硬梗後切絲
¼杯去核鹽水黑橄欖，切絲
3大匙特級初榨橄欖油
2大匙新鮮薄荷葉，大致切碎
2小匙檸檬汁
鹽與胡椒

切除血橙的外皮與內層白色果皮，把果肉縱切成四等分，再橫切成厚 1.3 公分的小片。在碗裡混合血橙（有流出的橙汁也一併拌入）、茴香、橄欖、橄欖油、薄荷與檸檬汁，依喜好用鹽與胡椒調味，即可上桌享用。

Arancini

炸飯團・可做14個

美味原理：稻米曾是西西里的基本穀物，雖然這裡現在已經沒有稻田了，西西里人還是很喜歡享用米食，尤其是炸飯團這道經典菜色。Arancini 的意思是「小柳橙」，是用濃稠的番紅花燉飯包住混合豌豆的乳酪餡或肉餡，揉成大球後下油鍋炸出酥脆的表皮，跟柔膩的米飯形成誘人對比。一般認為這種飯團的起源能追溯到穆斯林統治時代，因為柑橘類水果與番紅花都是阿拉伯人引進西西里的。西西里人到了 13 世紀才開始油炸飯團以便攜帶，也使得它成為本地最早的外帶食品之一，現在則是很常見的酒吧與攤販小點。這種要油炸的東西似乎留給攤商做比較好，但它其實也是普遍的家常菜，一般人會在家製作炸飯團以免浪費剩餘的燉飯。而且炸飯團做起來可以相當簡單，從我們提供的簡易番紅花燉飯食譜（見 85 頁）著手就行了。用 1/2 杯燉飯包住莫札瑞拉乳酪（這個簡單的食材會變成很討喜的流沙餡），就能在把飯團表層炸上色的同時讓內餡受熱融化成牽絲乳酪。下鍋前給飯團裹上一層細磨麵包粉，能讓表層炸得酥脆無比又不會吸收太多油脂，也就不會膩口了。

1又½杯麵包粉

1大匙新鮮歐芹末

鹽與胡椒

⅛小匙辣椒粉

2顆大蛋

1個食譜分量的番紅花燉飯（作法見 85頁），冷卻備用

113克莫札瑞拉、芳提娜或波芙隆乳酪，切成1.3公分見方小塊

3.4公升植物油

檸檬角

❶ 把麵包粉放入食物處理器攪打 20-30 秒，打成細粉後移到淺盤裡，加入歐芹末、1/2 小匙鹽、1/4 小匙胡椒與辣椒粉，混合均勻。取另一個淺盤，在裡面打散雞蛋。用水潤溼雙手，取 1/2 杯燉飯在掌心壓成直徑大約 8 公分、厚大約 2.5 公分的扁圓形，在中央戳出一個淺洞，放進三小塊莫札瑞拉乳酪。小心地攏起飯團餅的邊緣，把莫札瑞拉整個包住，在雙手間輕柔地把飯團滾動成密封的球狀，放到鋪了烘焙紙的烤盤上備用。重複同樣動作揉製包莫札瑞拉乳酪餡的燉飯團（應該可得 14 個；飯團可以冷藏最多 24 小時。）

❷ 一次取一個飯團裹上蛋液，滴去多餘蛋液後再裹上麵包粉，略為施壓使粉確實沾黏，再放回烤盤上。

❸ 取另一個烤盤，鋪上三層紙巾。在大口鑄鐵鍋裡倒入大約 5 公分深的橄欖油，以中大火加熱到攝氏 190 度。取五個飯團，小心地下進油鍋炸大約五分鐘，中途翻面一次，使飯團徹底焦黃上色；視需要調整火力，把油溫維持在 180-190 度之間。用撇渣網把飯團撈到鋪了紙巾的烤盤上靜置，吸去多餘油分後立即上桌，佐檸檬角享用。

Caponata

西西里燉菜 · 可做大約3杯

....

美味原理：這是卡拉布里亞與西西里人都會做的菜色，一種以茄子為主、酸酸甜甜的開胃小菜，各地做法都略有不同。西西里燉菜在幾世紀以來廣受讚譽，原因也顯而易見：續隨子、橄欖、葡萄乾與松子洋溢著奔放的地中海風味，芹菜帶來清脆的口感；這道蔬菜雜燴傳統上是覆在前菜麵包（bruschetta）上的醬料，或是烤肉與烤魚的配菜，但也美味到可以直接單吃（有趣的是，西西里燉菜的名字源於 caupone 這個字，指的是在西西里港邊林立的小酒館。在這些酒館裡，這原本是一道綜合烏賊、芹菜與茄子的海鮮料理。）茄子像海綿一樣很會吸油，所以我們先給茄子墊一層咖啡濾紙再微波加熱——我們在很多有茄子的菜色裡都用過這個訣竅，能使茄子的細胞破裂、轉為吸收其他食材的味道，而不是吸收炒菜油。我們利用 V8 果菜汁來營造濃郁的番茄味，雖然這看起來很不尋常，卻能避免罐裝番茄可能會產生的糊爛口感。紅糖、葡萄乾與紅酒醋能熬出傳統的酸甜底韻，鯷魚末可以提鮮，鹽水黑橄欖則會帶來平衡對比的鹹味。雖然我們比較偏好 V8 果菜汁的味道，你也可以用一般番茄汁代替。微波茄子時如果沒有咖啡濾紙，可以拿未染色的廚用紙巾取代。記得茄子加熱完畢要立刻從微波爐取出，好讓蒸氣逸散。

680克茄子，切成1.3公分見方小塊
½小匙鹽
3/4杯V8果菜汁（可用番茄汁取代）
¼ 杯紅酒醋，另備部分佐餐
2大匙紅糖（量取時在量匙裡壓緊實）
¼ 杯新鮮歐芹碎片
3片鯷魚，沖洗後切末
1個大番茄，挖除蒂心、去籽，切成大塊
¼ 杯葡萄乾
2大匙黑橄欖，切末
2大匙特級初榨橄欖油，另備部分佐餐
1支西洋芹，切小丁
1個紅甜椒，去蒂頭、去籽，切小丁
1個小洋蔥，切小丁
¼ 杯松子，焙香

❶ 烤取一個盤子鋪上兩層咖啡濾紙，再噴上薄薄一層植物油。把茄子平鋪在咖啡濾紙上，微波加熱 8-15 分鐘。茄子變乾並縮水成大約 1/3 大小（但不要加熱到上色），立即取出微波爐，把茄子移到鋪了紙巾的盤子上。

❷ 在碗裡把 V8 果菜汁、紅酒醋、糖、歐芹與鯷魚碎末攪打均勻，再拌入番茄、葡萄乾與黑橄欖。

❸ 取直徑 30 公分平底不沾鍋，以中火加熱一大匙橄欖油，起油紋後加入茄子煎 4-8 分鐘，不時翻動；如果鍋底看起來很乾，可以再加一小匙油。茄子邊緣煎上色後即取出置於碗中備用。

❹ 在空出來的平底鍋裡放入剩餘的一大匙橄欖油，以中大火熱鍋到起油紋後放入西洋芹、甜椒與洋蔥煎六到八分鐘，不時翻動，直到蔬菜軟化、邊緣出現焦黃班點。

❺ 降至中小火，拌入茄子與 V8 果菜汁醬料，加熱至微滾後續煮四到七分鐘，等果菜汁收汁到濃稠得足以裹住蔬菜，即可取出置於碗中，完全放涼（西西里燉菜可以冷藏最多一星期，食用前先取出冰箱回溫到室溫即可）。依喜好以紅酒醋調味，撒上松子，即可上桌享用。

Pasta con pesto alla trapanese

特拉帕尼青醬麵・6-8人分

美味原理：熱那亞的羅勒青醬（見 73 頁）雖然最受矚目，不過義大利其他大區也會把在地食材「搗」在一起，做成各式各樣的青醬。例如源自西西里港市特拉帕尼（Trapani）的青醬就不完全只有香草，羅勒反倒只是新鮮番茄的配角。醬料的色澤與圓潤鮮明的甜味來自番茄，杏仁粉在這裡取代松子，增添濃稠馥郁。打魚人家常會煮這道醬料來拌麵，再堆上賣剩的零碎小雜魚，為微不足道的魚肉量補充飽足感。為了讓這道青醬一年四季都可做，我們改採小番茄，而不是在農夫市集才能買到的當季番茄種類。半杯量的羅勒有恰好足夠的風味陪襯番茄。特拉帕尼青醬有時會做成微帶辣味，我們也很欣賞，所以在這分食譜裡把罐裝義式辣椒切成碎末後取 1/2 小匙的微量，外加一小撮辣椒碎，為青醬增添宜人的鮮明風味。

❶ 把番茄、羅勒、杏仁、醃漬義大利辣椒、大蒜、一小匙鹽、辣椒碎（想加的話）放進食物處理器攪打成滑順糊狀，大約需要一分鐘；視情況把沾在側面的食材往下刮。讓食物處理器繼續運轉，一邊緩緩加入橄欖油，使混合均勻即可（特拉帕尼青醬最多能冷藏三天。想避免青醬氧化變黃，可以用保鮮膜緊貼住醬料表面封口，或是澆上薄薄一層橄欖油隔絕空氣。食用前先回溫到室溫。）

❷ 同一時間，在大湯鍋裡煮沸 3.8 公升水，加入麵條與一大匙鹽，經常攪拌，直到麵煮成彈牙口感。保留 1/2 杯煮麵水備用，瀝去其餘煮麵水後把麵條倒回湯鍋，加入青醬與羊乳酪絲翻拌均勻。視需要以預留的煮麵水調整稠度，依喜好用鹽與胡椒調味，即可上桌。傳下羊乳酪絲隨個人添加。

340克櫻桃小番茄或聖女小番茄
½杯新鮮羅勒葉
¼杯杏仁片（或杏仁條），焙香
1大匙罐裝醃漬義大利辣椒（peper-
　oncini）末：辣椒去蒂頭、用紙
　巾拍乾再切末
1瓣大蒜，切末
鹽與胡椒
1撮紅辣椒碎（依喜好添加）
⅓杯特級初榨橄欖油
454克細扁麵或義式直麵
28克羅馬羊乳酪，刨粉（½杯），
　另備部分佐餐

Pasta alla Norma

雙茄麵・6-8人分

美味原理：雙茄麵是最能代表西西里的一道菜。柔軟的茄子和以香草調味的濃郁番茄醬汁碰撞出精采的火花，再與彈牙的麵條拌在一起，最後撒上奶香四溢的鹹味瑞可達乳酪片。這道菜的名字來自歌劇名作《諾瑪》，作曲家文琴佐・貝里尼（Vincenzo Bellini）就出身西西里的卡塔尼亞。正如同這齣歌劇代表著完美的演唱技藝，這道豐美的雙茄麵也不遑多讓。我們跟準備西西里燉菜一樣（作法見333頁），把茄子拌鹽後微波加熱以快速逼除水氣，下鍋後才不會吸太多油。我們也發現，茄子跟醬汁最好等到快上桌再拌在一起，如此能避免茄子吸收太多番茄汁液而變得溼軟。微波茄子時如果沒有咖啡濾紙，可以拿未染色的廚用紙巾取代。記得茄子加熱完要立刻從微波爐取出，好讓蒸氣逸散。想吃辣一點可以增加辣椒碎的用量。

680克茄子，切成1.3公分見方小塊
鹽
¼杯特級初榨橄欖油
4瓣大蒜，切末
2片鯷魚，切成碎末
¼-½ 小匙紅辣椒碎
1罐（790克）碎番茄（crushed tomato）罐頭
6大匙新鮮羅勒碎片
454克新郎麵、水管麵（riga-toni）或筆管麵
85克鹹味瑞可達乳酪（ricotta salata），刨成薄片（1杯）

❶ 在碗裡把茄子與1/2 小匙鹽翻拌均勻。取一個盤子鋪上兩層咖啡濾紙，再噴上薄薄一層植物油。把茄子平鋪在咖啡濾紙上，微波加熱 8-15 分鐘，使茄子變乾並縮水成大約 1/3 大小（但不要加熱到上色）。立即取出微波爐，把茄子移到鋪了紙巾的盤子上，完全冷卻備用。

❷ 把茄子放回空出來的碗裡，淋上一大匙橄欖油，輕柔地翻拌使油均勻裹覆；丟棄咖啡濾紙，盤子暫置一旁備用。取直徑 30 公分平底不沾鍋，以中大火熱一大匙橄欖油，起油紋後加入茄子煎大約十分鐘，不時翻動，使茄子徹底上色、完全軟爛。平底鍋離火，把茄子移到剛才微波用的盤子上。

❸ 在空出來的平底鍋裡加入一大匙橄欖油、大蒜、鯷魚、辣椒碎，利用餘熱不斷翻炒大約一分鐘，直到冒出香氣且大蒜轉為淺金黃色（如果鍋子太溫就開中火加熱）。加入番茄，以中大火加熱至微滾，續煮八到十分鐘，不時翻拌，直到略微收汁。

❹ 把茄子輕柔地拌進番茄醬汁裡，續煮三到五分鐘讓茄子徹底加熱、食材味道融合。拌入羅勒與剩餘的一大匙橄欖油，依喜好用鹽與胡椒調味。

❺ 同一時間，在大湯鍋裡煮沸3.8公升水，加入麵條與一大匙鹽，經常攪拌，直到麵煮成彈牙口感。保留 1/2 杯煮麵水備用，瀝去其餘煮麵水後把麵條倒回湯鍋，加入雙茄醬翻拌均勻。視需要以預留的煮麵水調整稠度，即可上桌享用，傳下鹹味瑞可達乳酪片隨各人添加。

Tonno all'agrodolce

糖醋洋蔥鮪魚排 · 4人分

. . . .

美味原理：西西里的天然資源與阿拉伯文
化的深遠影響結合起來，成就了這道糖醋
洋蔥鮪魚排。西西里海域以鮪魚和旗魚漁
業聞名，古代的阿拉伯統治者則是把北非
的食材與風味引進這座島嶼，也包括他們
的糖醋口味。糖醋鮪魚要做得出神入化，
關鍵全在於糖跟醋的用量要完美平衡，並
且要以大量的炒洋蔥助陣。我們從炒洋蔥
著手，先用加蓋水煮引出洋蔥本身所含的
水氣，讓我們在開蓋後能很快炒出漂亮上
色的洋蔥；等快炒好的最後幾分鐘再加糖，
能讓焦糖化的效果更好。我們試做試吃了
很多次，總算找到合適的紅酒醋用量（1/2
杯），而醋在拌入焦糖化的洋蔥之後還要
續煮收汁以加強風味，酸味也才不會太刺
激。我們在糖醋洋蔥離火後才拌入薄荷這
項傳統佐料，以保持薄荷的新鮮清爽。各
種傳統作法對鮪魚熟度的要求不盡相同，
從一分熟到全熟都有。我們通常比較喜歡
一分熟的鮪魚，在這分食譜則偏好三分熟，
以略為強調煮熟魚肉的質地和洋蔥柔軟口
感的對比。如果你還是想吃一分熟的鮪魚，
煎魚的時候每面只要煎一到兩分鐘、魚排
中心呈透明紅色且溫度測得攝氏 43 度即
可。鮪魚排切記要選購呈深紫紅色且觸感
堅韌的品項，有腥味的都要避免。

680克紫洋蔥、剖半切細絲
1杯水
⅓杯特級初榨橄欖油，另備部分於
　　盛盤時淋在魚排上
¼小匙紅辣椒碎
鹽與胡椒
7小匙糖
½杯紅酒醋
½杯新鮮薄荷末
4塊（113-170克）鮪魚排，大約2.5
　公分厚

❶ 取直徑 30 公分平底不沾鍋，放入洋蔥、
水、一大匙橄欖油、辣椒碎、1/2 小匙鹽，
大火加熱至沸騰。蓋上鍋蓋續煮五到七分
鐘，直到水分蒸發、洋蔥開始滋滋作響。
打開鍋蓋，降至中大火續煮七到十分鐘，
直到洋蔥開始上色。

❷ 把糖撒上洋蔥，續煮大約三分鐘，不時
翻拌，直到洋蔥徹底上色。拌入紅酒醋續
煮大約一分鐘，直到大部分水分蒸發即可
離火。拌入兩大匙橄欖油與 1/3 杯薄荷，
盛到碗裡加蓋保溫。用紙巾把平底鍋擦乾
淨。

❸ 用紙巾拍乾鮪魚排，以鹽與胡椒調味。
在空出來的平底鍋裡放入一大匙橄欖油，
以中大火熱鍋到剛起油煙立刻放入鮪魚
排，每面煎二到三分鐘，直到表層徹底焦
黃上色，用削皮刀刀尖撥開時能看到中心
呈粉嫩紅色且溫度測得攝氏 52 度（三分
熟）。

❹ 把糖醋洋蔥醬盛到餐盤裡，擺上鮪魚
排，淋上橄欖油並撒上剩餘的薄荷，即可
上桌享用。

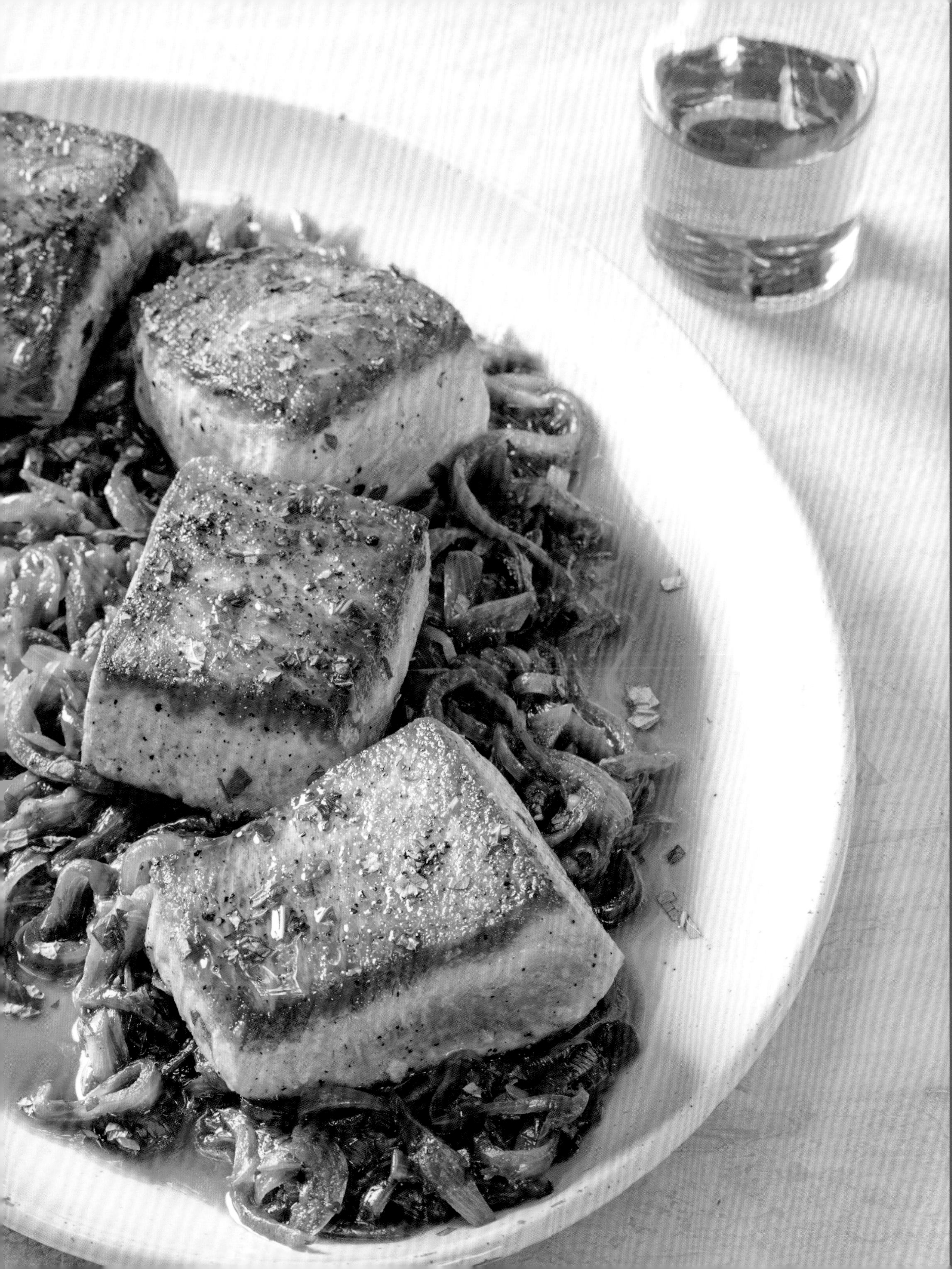

Sfincione

西西里披薩 · 6-8人分

....

美味原理：如果你在巴勒摩街頭逛攤販，會發現他們賣的披薩似乎比較像佛卡夏，而不是你所知道的那種。不過西西里披薩又厚又軟的麵皮、用量節制又恰到好處的嗆辣醬料，還是會讓你胃口大開。西西里披薩會在當地的麵包店或街頭販賣，一般人家也會自己做，最常為了慶祝新年而準備，也以此聞名。這實在非常理想，因為它可能是最容易在家自製的一種披薩，不必使出拋甩麵皮的絕技，也不需要高達攝氏480度的爐溫才能烤出絕佳成果。這種長方形披薩的底很厚，麵皮的質地緊致到接近蛋糕（原文 sfincione 大致的意思是「厚海綿」）、底部酥脆。它淡黃色麵皮的口感幾近濃滑，而這要歸功於麵團裡的杜蘭小麥粉。磨製杜蘭小麥粉所用的硬質杜蘭小麥也用於許多義式麵條、庫司庫司和五花八門的西西里麵包。這片麵皮會先塗一層含有大量洋蔥、味道濃縮而豐富的番茄醬料，再鋪上西西里馬背乳酪薄片與鯷魚，最後撒上麵包粉。為了做出口感理想的麵皮，我們從三方面著手：麵團揉麵時用大量橄欖油軟化，再進冰箱隔夜慢速發酵——這麼做可以醞釀出麵香卻不會生成大氣泡。最後我們把麵團擀開做二次發酵時，在上面壓一個烤盤，讓麵皮保持厚薄均勻與緊致。為了調出類似馬背乳酪那種既甜美又辛辣嗆鼻的口味，我們同時使用濃郁溫和的波芙隆乳酪與氣味強烈且帶堅果香的帕馬森乳酪，並且把帕馬森乳酪絲跟最後要撒在餡料表面的麵包粉混合。這分食譜所用的麵團要先冷藏24-48小時才可以開始擀開塑形。亞瑟王（King Arthur）通用麵粉與巴布紅磨坊（Bob's Red Mill）杜蘭小麥粉是最適用這分食譜的麵粉。揉製麵團一定要用冰水，以免溫度在攪打時變得過高。

麵團

2又¼杯（320克）通用麵粉
2杯（340克）杜蘭小麥粉
1小匙速發酵母或即溶酵母
1又⅔杯冰水
3大匙特級初榨橄欖油
1小匙糖
2又¼小匙鹽

醬料

2個洋蔥，磨成泥
½杯水
1罐（410克）整顆去皮番茄，瀝乾水分
2大匙特級初榨橄欖油
3片鯷魚，沖水後用紙巾拍乾切末
½小匙乾燥牛至
¼小匙紅辣椒碎
¼小匙鹽

披薩餡

7大匙特級初榨橄欖油
1杯麵包粉
28克帕馬森乳酪，刨粉（½杯）
1撮鹽
227克波芙隆乳酪，切薄片
8片鯷魚，沖水後用紙巾拍乾，縱切成半（視喜好添加）
¼小匙乾燥牛至

❶ 製作麵團：用桌上型攪拌器把通用麵粉、杜蘭小麥粉與酵母混合均勻。在容量可容納4杯分的液體量杯裡攪打冰水、橄欖油與糖，直到糖完全溶解。把攪拌器改裝上拌麵勾附件，開低速攪拌，一邊把油水混合液緩緩倒入麵粉；持續攪拌一兩分鐘，直到麵團開始成形且沒有任何乾麵粉殘留的痕跡。用保鮮膜密封攪拌盆，靜置十分鐘。

❷ 把鹽加入麵團，攪拌器開中低速攪打大約八分鐘，直到麵團光滑有彈性，攪拌盆也變得乾淨無沾黏痕跡。把麵團移到略撒麵粉的流理臺上，揉壓大約30秒，使成為光滑的圓球。把麵團有壓縫的那一面朝下，放到略抹油的大碗或容器裡以保鮮膜密封，進冰箱冷藏至少24小時，或最多不超過兩天。

❸ 製作醬料：取中口深底平底鍋，放入洋蔥泥與水，中火加熱至沸騰後轉小火，蓋上鍋蓋慢煮一小時。同一時間，把番茄、橄欖油、鯷魚、牛至、辣椒碎與鹽用食物處理器攪打成滑順泥狀，大約需要30秒。把番茄泥加入煮洋蔥，續煮15-20分鐘，不時攪拌，直到收汁成兩杯分量即可熄火。把番茄醬料移到碗裡，完全冷卻再使用。

❹ 烤披薩：在烘焙前一小時，把烤架移到中層並放上烘焙用石板，烤箱預熱到攝氏260度。給烤盤噴上植物油（邊緣也要噴），然後在烤盤底部抹上1/4杯橄欖油。施力壓扁發酵麵團、逼出內部的氣體，然後把麵團移到略撒麵粉的流理臺上，撒上麵粉，擀成46x33公分的長方形麵皮。把麵皮鬆鬆地捲在擀麵棍上，移到備好的烤盤上展開攤平，調整麵皮使與烤盤邊角密合。用抹過油的保鮮膜鬆鬆地蓋住麵皮，再壓上另一個烤盤，靜置發酵一小時。

❺ 移除麵皮上的烤盤與保鮮膜，用指尖輕壓麵皮使與烤盤邊角密合。在碗裡把麵包粉、帕馬森乳酪絲、鹽與剩餘的三大匙橄欖油拌勻。把波芙隆乳酪薄片平均鋪在麵皮上，再用湯匙或大湯勺的背面給麵皮抹一層薄薄的番茄醬料，四邊各留 1.3 公分不抹。把乳酪麵包粉橄欖油平均地撒到番茄醬料與麵皮上。想加鯷魚的話，在撒完乳酪麵包粉後排上去，最後撒上牛至。

❻ 把披薩放進烤箱，烤溫降到攝氏 230 度烤 20-25 分鐘，中途轉換烤盤方向一次；等麵皮底部均勻焦黃，乳酪開始冒泡且部分上色即可出爐。取出披薩，連烤盤置於成品架上靜置冷卻五分鐘，再用金屬鍋鏟把披薩移到砧板上，切成小方塊即可享用。

Gelato al pistacchio

開心果義式冰淇淋・可製作大約1公升

美味原理：布隆特開心果是珍貴的西西里特產，種植在本島東部的坡地上，用於調理各式各樣的西西里菜。開心果製成的甜點格外出名，其中最美味的或許要屬開心果冰淇淋了。義式冰淇淋的起源在義大利眾說紛紜，很多人認為它是從阿拉伯人引進的雪酪演變來的，而它的發源地絕對是西西里。雖然義式冰淇淋跟美式冰淇淋很類似，還是有幾個關鍵差異：義式冰淇淋的鮮奶油含量通常比較少，牛奶比較多，食用溫度也比較高。較低的脂肪含量與較高的食用溫度讓它濃縮純粹的口味比一般冰淇淋更明顯，口感也更柔滑。想在家自製開心果冰淇淋，我們首先要試做出基底冰淇淋的牛奶與重脂鮮奶油比例。我們發現，以全脂牛奶為主，只加入少許鮮奶油，可以得到緻密而濃郁的理想質地。至於開心果口味，我們研究的有些食譜使用了開心果醬，不過這是一種很難買到的西西里特產，成分是含糖的開心果粉與植物油。開心果醬普遍都很香濃美味，不過每種品牌的糖分與脂肪含量各異，會影響冰淇淋的質地，所以我們改採用生的開心果。把開心果果仁磨成粉再以溫熱的牛奶和鮮奶油浸泡，能促使開心果釋出易揮發的油脂，讓冰淇淋變得非常入味。我們再用紗布過濾開心果奶漿，以確保冰淇淋的絲滑口感。過濾完畢，我們再加入玉米澱粉增稠（傳統上是使用蛋黃）。不是所有的西西里食譜都用了蛋黃，不過我們很喜歡它帶來的濃滑質感，而且在家自製義式冰淇淋畢竟少了專門商業器材助陣，還是加蛋黃比較好。我們也另外加入一種出人意料的食材：玉米糖漿。它跟玉米澱粉一樣，能幫助吸收多餘的水分以減緩冰晶生成，使奶蛋糊保持滑順。義式冰淇淋在冷凍六小時內能維持在最佳食用溫度範圍。冷凍時間要是拉得更長，食用前要先放到冰箱冷藏櫃裡回溫到理想溫度，也就是攝氏零下12.2—

零下 9.4 度之間，冰淇淋才會既滑順又吃得到濃郁的開心果風味，讓我們在自家完美重現西西里陽光燦爛的午後。如果你用的是舊型的筒式冰淇淋機，記得先把空冰筒冷凍至少 24 小時（最好是 48 小時）再使用。如果是有自動冷卻功能的冰淇淋機，先讓機器運轉五到十分鐘預冷冰筒，再把奶蛋糊倒進去攪打。

2又½杯（320克）去殼開心果
3又¾杯全脂牛奶
¾杯（150克）糖
⅓杯重脂鮮奶油
⅓杯淺色玉米糖漿
⅓杯鹽（冰浴）與¼小匙鹽（奶蛋糊）
5小匙玉米澱粉
5顆大蛋黃

❶ 用食物處理器把開心果打成細粉，大約需要 20 秒。在大口深底平底鍋裡混合 3 又 1/2 杯牛奶、糖、鮮奶油、玉米糖漿與 1/4 小匙鹽，以中大火加熱五到七分鐘，經常攪拌，等鍋緣的牛奶開始冒出細小的泡泡隨即離火，拌入開心果粉，蓋上鍋蓋浸泡一小時。

❷ 在細濾網上鋪三層過濾紗布，紗布面積要大到足以垂到濾網外；把濾網架在大碗上。把開心果奶漿倒進準備好的濾網，按壓開心果果泥以盡可能逼出奶汁。把過濾紗布收口包住果泥，輕柔地把殘存的汁液擠到碗裡；果泥丟棄不用。

❸ 在小碗裡把玉米澱粉與剩餘 1/4 杯牛奶攪打均勻，暫置一旁備用。把開心果牛奶

倒回洗淨的深底平底鍋裡，加入蛋黃打勻。開中火，奶蛋糊加熱到微滾後續煮四到六分鐘，同時用橡膠刮勺不時攪拌與刮鍋底，直到奶蛋糊溫度測得 88 度。

❹ 把玉米澱粉牛奶再度混合均勻，然後加進奶蛋糊裡打勻，續煮大約 30 秒，同時不斷攪拌；奶蛋糊一變濃立刻離火，倒進碗裡冷卻到不再冒出蒸氣，大約需要 20 分鐘。

❺ 在大碗裡裝六杯冰塊、1/2 杯水與剩餘的 1/3 杯鹽。把盛奶蛋糊的碗放進冰浴碗裡冷卻大約 1.5 小時，經常攪拌，直到奶蛋糊溫度測得攝氏 4.4 度（也可以直接把奶蛋糊加蓋冷藏至少六小時，最多不要超過 24 小時）。

❻ 把奶蛋糊再次打勻，倒進冰淇淋機攪打15-30 分鐘，直到奶蛋糊的質地有如很濃的霜淇淋，且溫度測得攝氏零下 6.1 度。把冰淇淋移到密封盒裡，用力壓出冰淇淋裡的氣泡，放進冷凍庫大約六小時，凍硬後即可享用（自製的開心果義式冰淇淋最多能存放五天。如果冷凍超過六小時，食用前先放到冷藏櫃回溫一到兩小時，等溫度測得零下 12.2 到零下 9.4 度之間再吃。）

Sardinia
薩丁尼亞

遙遠的田園之島，絕俗的傳統飲食

現代人有時不禁要想，在地球比較純淨的年代，食物嘗起來是什麼滋味？走一趟薩丁尼亞，你或許就會知道了。這座由花岡岩與片岩組成的島嶼地處偏遠，在盤古大陸於 650 萬年前分裂成各大洲板塊時露出海面。薩丁尼亞在歐洲與非洲一分為二時誕生，早在阿爾卑斯與亞平寧山脈被擠出海面前就已成形。希臘人叫它「伊其努撒」（Ichnusa），意思是腳印，一枚前往非洲的墊腳石。羅馬人把它重新命名為薩丁尼亞，靈感應該是來自薩爾達

拉人（Sárdara），因為根據在柯爾貝杜山洞（Grotta Corbeddu）發現的人類遺跡推測，這支史前民族的祖先似乎早在公元前 1 萬 3500 年就在這座島嶼現蹤（這裡也有尼安德塔人居住的痕跡，最遠可以追溯到公元前 15 萬年。）

薩丁尼亞位於科西嘉正南方，與義大利本土和突尼西亞外緣的距離相當，都是 190 公里左右。時空彷彿在這座島嶼上停滯，平靜無波的海洋環繞著它 1930 公里長的海岸線，鈷藍與綠松石色的海水一圈圈向外擴散。這裡棲息著數千種罕見動植物：體型嬌小的野馬在草原上奔騰跳躍；迷你的白驢帶著幼驢在本島西北岸外的小島上漫步，彷彿那是牠們的私有領域。在卡利亞里純淨原始的海灘上，你能看到紅鶴在草堆裡築巢棲息，有時又如移動的粉雲般成群掠過你的頭頂。薩丁尼亞的沙漠地景令人恍如置身月球，不過眼前雜然而立的仙人掌、石榴樹、桃金娘、杜松，以

薩沙里省馬達萊納（La Maddelena）的老港在史前時代就建立了。

全義大利最老的橄欖樹位於薩丁尼亞的加盧拉地區（Gallura），樹齡有 4000 歲。

及它們紛紛撲鼻而來的氣味，又讓你返回地球，更不用說從薩丁尼亞人廚房飄出來的蒸騰香氣了。

「禍害都是從海上來的」

即使在這個海洋資源耗竭的年代，薩丁尼亞海域仍極其壯美富饒。只不過，當地人自古就十分嫌惡大海。在這座島嶼的歷史初期，持續不斷的海盜活動與侵略就逼得島民不得不遷往內陸，也促成了努拉吉（Nuragic）文明的發展，名稱源於從青銅時代起就聳立在本島崎嶇高地上的努拉吉石塔（nuraghi）。這塊地勢陡然拔高、環境蠻荒而不宜人居的土地，被古羅馬政治家西塞羅稱為「巴巴佳」（Barbagia）——番邦蠻夷之地。現在的巴巴佳是薩丁尼亞大區的中央省分，桀傲不馴的當地人自豪地接受了這個封號。古羅馬人開進卡利亞里港口後，在肥沃的低地種植小麥餵養自家軍隊，也把瘧疾帶給了當地人，持續肆虐了 1000 年之久。汪達爾人、哥德人、拜占庭帝國與薩拉森人都曾對薩丁尼亞沿岸城鎮強取豪奪。到了中世紀，熱那亞的大帆船又來這裡卸下他們的傭兵。接下來，輪到西班牙人占據沿

卡利亞里的古風咖啡館（Antico Caffè）於1855年開張，是藝術家與當地居民的交誼中心，也是義大利國家文化資產部認定的古蹟。

五顏六色的卡利亞里，沐浴在夕陽的金光之下。這是歐洲最古老的城市之一，於公元8世紀建立。

岸地區長達 400 年。薩瓦王朝的皮埃蒙特國王是薩丁尼亞在 18 世紀的主人，剝奪了牧人與農民的土地共有權（這是從努拉吉時代就開始的慣例）。最後是一波悄無聲息的侵略：1950 年代，伊斯蘭宗教領袖阿迦汗四世（Prince Karim Aga Khan IV）從薩丁尼亞牧人手中買下面積將近 4900 公頃的土地，地段位於風光迷人的翡翠海岸（Emerald Coast）。這是地中海最純淨絕美的海岸線之一，結果被打著「經濟奇蹟」的口號銷售，變成國際財閥的特權禁地，少有當地居民住得起。

陸地與海洋的豐碩果實

　　薩丁尼亞瘧疾橫行的沿岸地帶從上世紀起重新有人開墾，卡利亞里的市集也成為品嚐地中魚類與各色海產的天堂。聖安蒂奧科（Sant'Antioco）與阿加洛（Alghero）以龍蝦聞名。義大利最好的烏魚子和鮪魚子在卡布拉斯（Cabras）浩瀚的鹹水湖畔壓模鹽漬。聖彼特羅島（San Pietro Island）的卡洛弗特（Carloforte）仍繼續舉辦備受爭議的鮪魚節（Girotonno），在節慶期間獵捕瀕危的藍鰭鮪。漁民使用傳承 600 年的手法，把鮪魚引到漁網圍成的「死室」裡屠殺，場面殘忍血腥（但當地人對這項傳統很自豪），跟西班牙的鬥牛不相上下。

　　最重要的是，這座地廣人稀的島嶼仍保有 5000 年不絕的田園風俗。本地牧人

從風土到餐桌

卡利亞里的魚市場

聖貝內德托市場（San Benedetto Market）是歐洲最大的市場，真實的卡利亞里人會在這裡以形形色色的樣貌出現：農夫、朝鮮薊切割師傅，以及牧羊人的妻子。所有攤商裡又以魚販最引人矚目，因為地中海的各色海產能在他們的攤子上一覽無遺。就算你不知道怎麼料理這些食材，旁邊的顧客也會教你。「鰻魚做潘納達餡餅很好吃，能用八目鰻更好！」「看到觸手上有兩排吸盤的章魚嗎？這種的味道最棒！」這些 魚看起來好恐怖，怎麼煮？「煮魚湯呀！」最後你會帶著新發現的食譜，與新認識的朋友一起離開。

聖貝內德托市場裡陳列的枇杷與桃子，任君挑選。

千年來都使用綿羊與山羊奶製作乳酪。薩丁尼亞屬於聞名全球的長壽「藍區」（blue zone），百歲人瑞在山區並不罕見，當地人把長壽歸功於他們飲食裡的本土紅酒和富含益生菌的薩丁尼亞優格（gioddu），製作優格的酵母菌種源於古典時代。

薩丁尼亞是義式羊乳酪最大的產地，製作方式基本上與數千年前的巴巴佳牧民相去不遠。薩丁羊乳酪（Fiore Sardo）的名氣僅略遜於羅馬羊乳酪，含鹽量較低且風味更細膩，是撒丁尼亞最知名的乳酪。

薩丁尼亞的小綿羊與小山羊在丘陵地自由放牧，吃芬芳的香草與灌木長大。豬是絕佳的活動肉品儲藏庫與烹飪油脂來源，在本地隨處可見，就跟義大利其他地區一樣。鄉下人家傳統上會把肉豬養肥，每年製作一次足供全年享用的臘腸、火腿與新鮮香腸。

傳統的穀粒，原生的植物

現代的薩丁尼亞島如同古羅馬時代，很多耕地仍用於種植杜蘭小麥，也是薩丁尼亞飲食的骨幹。用杜蘭小麥製作的特產麵食有薩丁尼亞麵疙瘩，比一般麵疙瘩纖小且兩端尖細。又或者是美觀的馬尾餃（curligionis），內餡是濃烈的綿羊瑞可達和義式羊乳酪，以番紅花增香，麵皮以美麗的麻花折捏合，讓人聯想到薩丁尼亞精緻的傳統刺繡。不論是包餃子的手藝、掛毯編織、編籃或各種麵點，薩丁尼亞人偏好靈巧手工的傾向在花環麵（loringhita）達到極致－－這種用雙手精心編成的麵條環顯然需要一輩子的練習才能掌握自如。如今懂得製作花環麵且仍在世的女性寥

傍晚時分的卡利亞里老城區，幾名修女在修道院附近散步。

羅馬皮、薩丁骨的羊乳酪

多山的薩丁尼亞擁有放牧綿羊的理想風土。這種牲口隨身攜帶豐富的毛料與奶水，芳美的地中海植被正合牠們的胃口，我們也能從每一塊羊乳酪圓磚品嚐到牠們的魅力。薩丁尼亞是羅馬羊乳酪最大的產地。這是已知最古老的義式乳酪，直接傳承自古羅馬老百姓撒在粥上、帝國士兵揣在行囊裡的那些乳酪。只不過，既然它名字的意思是來自羅馬的綿羊乳酪（pecora 是義大利文綿羊的意思），為什麼大多數在薩丁尼亞生產呢？例如義大利本土托斯卡尼大區的格洛瑟托（Grosseto）省也產這種乳酪。薩丁尼亞的面積是拉吉歐的兩倍，人口卻只是拉吉歐的零頭，綿羊的數目又可能高達人口的三倍。所以拉吉歐的乳酪生產商會想來這裡擴大產線，非常合理。他們在 20 世紀初始時採取行動，因為那時義大利移民使得乳酪在美國熱門起來，市場需求量提高了 60%。每塊羊乳酪外皮上的標記都寫明了產地、奶水種類與製造日期，你可以藉此辨別它們來自何方。要是留心的話，也能嚐出風味的細微差別。雖然只有熟成八個月的羅馬羊乳酪會出口到國外，用途是磨粉入菜，不過還有一種只熟成五個月的羅馬羊乳酪，質地比較軟，可以直接食用。

熟成的羅馬羊乳酪有強烈直接的鹹味，而這種乳酪的原始製作手法源於古羅馬的牧羊人。他們偏好這種口味，是因為這種乳酪要用來取代鹽給食物調味。只可惜，因為處理不當，有太多羅馬羊乳酪一離開故鄉就喪失了原本的魅力。我們通常會把羊乳酪圓磚剖開，以便在分切販賣前展示與包裝，或是刨粉裝桶，害得乳酪變得乾澀又過鹹。雖然鹹味是這種乳酪的特色，但它的口感應該是濃郁而溼潤才對。所以買的時候記得找經驗豐富的乳酪商，而且要成塊購買，只把要馬上食用的分量帶回家。羅馬羊乳酪一旦開封就要盡快享用，如果吃剩的話要重新包好、立即冷藏。刨粉時也要即用即刨，因為提早備好的乳酪粉會流失風味，而且很快就會變乾。

左頁：蘇普拉蒙提（Supramonte）山區的牧羊人在收集綿羊奶；這是薩丁尼亞永不過時的風景。右：羅馬羊乳酪成品。

請把乳酪傳過來！

味大膽的南義風麵條一撒上羅馬羊乳酪絲，性格更是鮮明，最顯著的例子就是鯷魚洋蔥麵（spaghetti con acciughe e cipolle）。想要促使鮮鹹的鯷魚和甘甜的洋蔥打開話匣子，鹹香帶勁的羅馬羊乳酪是最好的媒人。只要撒上少許，電光火石間，拘謹的相親就能升格為舌尖上的熱戀。有些菜色的用料比較溫和，不適合與太強勢的食材湊做堆，這時也請放下羅馬羊乳酪，改把帕馬森乳酪傳下去（或其他風味也比較細緻的選擇）。所以，在你說「請把乳酪傳過來」之前，別忘了凝神辨味。

寥無幾，當地人也認為這種麵食會隨著這些老人家去世而消失。

　　麵包尤其是薩丁尼亞最重要的糧食，地位幾乎等同聖物：從本地麵包的許多造型富有宗教意涵，而且花樣之繁多，當地人食用麵包的量之大，都可見一斑。馬爾米拉（Marmilla）是薩丁尼亞古代的穀物主要產地，當地人至今仍會自製麵包。我們得知，當地典型的鄉村人家如果要為一家六口烘焙一週所需的麵包，要使用至少20公斤的麵粉。薩丁尼亞有超過200種傳統麵包，其中的薩丁尼亞薄餅（pane carasau）曾是牧羊人隨身攜帶的主食；他們一次可能會離家好幾個月。薩丁尼亞薄餅也叫樂譜麵包，因為它既酥脆又薄得驚人。這種未發酵的乾燥薄餅現在會以收縮膜包裝保鮮，一次20片地成疊販賣。在時間能追溯到公元前1000年的努拉吉遺址曾出土過一些食物痕跡，顯示當時的人也吃同樣的薄餅。另一種當地人也很愛吃的西拉修麵包（Civraxiu）則大異其趣：這種老麵麵包碩大又有濃郁麵香，造型如同穆斯林包頭巾，硬實的表皮包著溼潤有嚼勁的麵包心，能存放數天不壞。

　　如果說薩丁尼亞獨一無二，不同於任何地方與民族，那麼本地的蔬果也不遑多讓。有些薩丁尼亞的農產品看起來可能很奇特，因為它們很少輸出到島外。薩丁枸櫞（Pompia）就是其中一例。它看似外皮凹凸不平的葡萄柚，只在奴歐羅（Nuoro

薩沙里的蘇洛酒莊（Vigne Surrau）。葡萄架盡頭的玫瑰作用有如煤礦坑裡的金絲雀，要是花開得不好，表示環境出了問題。

薩丁尼亞全島散布著超過 7000 座「努拉吉」，這些神祕的遺跡是巨石器時代的產物。公元前大約 1800 年，本島原生的努拉吉文化就以這些遺跡為重心，直到羅馬人在公元前 238 年征服這座島嶼為止。努拉吉的起源能追溯到早於羅馬人一萬年左右的人類聚落。努拉吉人有高超的鍛造技術，用本島的銅器與鐵器與其他地中海文明交易，使得薩丁尼亞在邁錫尼人（Mycenaeans）、西臺人（Hittites）、蘇美人（Sumerians）與埃及人當道的時代，成為西地中海的重要據點。羅馬帝國在薩丁尼亞的遺跡加總起來，數量都不如努拉吉那麼多。

位於蘇普拉蒙提的梅魯努拉吉（Nuraghe Mereu）遺跡。

）海岸上的巴羅尼亞（Baronia）常綠密生灌木林生長，垂掛在一種形似柳橙樹的植物枝頭。薩丁枸櫞的外皮能為當地的烈酒調味，內層的白色果皮則能用蜂蜜醃漬，用來製作傳統甜點。在野外能採集仙人掌果與亮橘色的柿子，都是當地人的美食。這裡有許多蔬果品種是原生特有種，例如薩丁多刺朝鮮薊（spinoso sardo）的葉片其實不帶刺，滋味豐美，是公認的珍品。拿這些外型看似棘手的蔬果來比喻薩丁尼亞人也十分貼切：他們的性格不像義大利本島的南方人那麼外向，可是內涵深厚。

古老的內陸料理，現代的海洋品味

有些旅遊手冊說，薩丁尼亞料理融合了西班牙、熱那亞與西西里的風格。你可以從薩丁尼亞魚湯（cassola）吃出西班牙風味，這道番茄燉海鮮既嗆辣又有濃濃蒜香。潘納達（panada）是薩丁尼亞版的恩潘納達（empanada）餡餅，以大量番紅花調味。從塞巴達（sebada）這名字也能聽出西班牙的淵源：這種炸餡餅飽含新鮮濃烈的綿羊乳酪，要沾大量蜂蜜食用。卡利亞里的法內鬆餅（fainè）跟利古里亞的鷹嘴豆鬆餅很相似。布里達（Burrida）是加了大量特級初榨橄欖油、榛果、大蒜與醋的水煮全魚，無疑源於熱那亞。薩丁尼亞人愛吃的珍珠麵（frugula）可說是在地版的庫司庫司，從這裡又能看到西西里人的影響。

只不過，很多島民會告訴你另一番說法。朱塞佩・德・馬丁尼（Giuseppe De Martini）是卡利亞里一家葡萄酒與食材專賣店的店主兼侍酒師，他就表示：「想要認識真正的薩丁尼亞，不能待在大城市；你要深入內陸才能了解這裡的文化。」內陸地區保留了薩丁尼亞的烹飪傳統，沒有被外國入侵者或義大利本島影響。這種烹飪的手法極簡、風味強烈，基本食材是麵包、肉類、野味與乳酪，調味用的香草

在薩丁尼亞的五個省，當地人除了義大利語也會說多種不同的母語。

有桃金娘、杜松子、迷迭香、野生茴香與薄荷。小羊肉與野味會串在肉叉上燒烤。家家戶戶都會種植橄欖樹，果實拿來榨油或食用，也會養一、兩隻豬，好準備大家引頸企盼的烤乳豬（porceddu）饗宴——把乳豬串在芳香的柴枝上，用杜松、桃金娘與葡萄藤枝燒烤。另一種比較複雜的手法是在坑洞裡排滿燒熱的石塊、鋪上桃金娘，再把整隻豬或整塊肉放進去悶熟。據說這是本島內陸傳奇的盜匪（現已絕跡）為掩飾行蹤而發明的烹飪技術。他們會把滾燙的炭火餘燼鋪到肉上，把肉慢烤到滑嫩多汁、表皮酥脆，等燒烤完畢會再裹上桃金娘葉增添風味。

薩丁尼亞的語言

外人不論再怎麼努力，想在薩丁尼亞點餐可能都很不容易，原因就是當地五花八門的語言。薩丁尼亞語言聽在我們耳裡的古怪程度，可能與本地食物的異國情調不相上下，因為當地人說的主要是各種古老的薩丁尼亞語，又混雜了少許布匿語（Punic，一種古迦太基語言）。腓尼基語、伊特魯里亞語、各種東方語言、中古希臘語、加泰隆尼亞語、西班牙語，都陸續成為薩丁尼亞語言的一部分，就跟他們的烹飪一樣。薩丁烤春雞（puddighinos）是把小隻的雞填入以日曬番茄乾調味的麵包餡再燒烤。又或者是阿拉札達（arazada），這種用糖漬橙皮與杏仁做成的甜點充滿這座島嶼的神祕風情，基奇（zikki）這種麵餅洋溢著如史前人類一般的素樸感。最後送到你面前來的食物，可能跟你點菜時所想的完全不一樣。這些全是薩丁尼亞冒險之旅的一部分。

奇波拉海灣（Cala Cipolla）的環境自然原始，紅鶴、鷺鷥、鸕鷀會在做日光浴的民眾之間穿梭。

薩丁尼亞的語言 義大利語雖然是薩丁尼亞的官方語言，島上各地居民仍繼續使用的母語有至少五種。

在薩丁尼亞，重要的節慶、聖禮與人生大事，都有特定的麵包與甜食做見證。典儀麵包（Coccois pintaus）是裝飾性的麵包環，造型依各場合的主題而定，需要高明的製作技藝。繁複的花樣與紋章把這些能吃的傑作裝飾得美輪美奐，例如花卉、魚類、水果、動物、人物，或是鑰匙——也就是靈性高潔的象徵。有些花飾甜點也具備同樣功能，其中最美麗的要屬糖霜花餅（pastissus）。這些包著杏仁餡的花餅有各形各色，上面畫滿民俗花紋。為聖人紀念日製作的糖餅屋（Gattò）由酥脆的小蛋糕組成，在金色與彩色的糖飾之上還覆蓋著一層半透明的雪白糖霜，其實跟薑餅屋一樣，只不過造型模仿的是教堂或其他重大建築。

Malloreddus con fave e menta

薩丁尼亞麵疙瘩佐薄荷蠶豆・6-8人分

美味原理：薩丁尼亞麵疙瘩（義大利文是 malloreddus 或 gnocchetti sardi）與其他麵疙瘩相較很細小，是以不含蛋的杜蘭小麥麵團手工揉製而成，常混入薩丁尼亞的「紅金」番紅花增添色香（malloreddus 在當地方言裡的意思是「小肥公牛」），是最受當地人喜愛的麵條形狀。薩丁尼亞麵疙瘩通常是為節慶假日或婚禮準備；傳統上，本島新娘要在新婚之夜製作麵疙瘩與新郎共享。這種麵疙瘩要用一種小藍子來做：用藍子的圓蘆桿壓出麵疙瘩的稜線紋，壓好就直接盛在裡面。我們自製薩丁尼亞麵疙瘩時，也用番紅花給純杜蘭小麥麵團調味，並且用叉子的叉齒一個個壓出特有的稜紋與造型。薩丁尼亞麵疙瘩能佐以五花八門的醬料與配菜，不論是肥腴的肉醬與香腸，鹹香的蛤蜊與各色海鮮，或是簡單的番茄醬跟蔬菜皆相宜。為了凸顯麵疙瘩的口感、風味與色澤，我們選擇了經典的春季食材組合，以軟嫩的蠶豆（因為肥厚又營養而備受撒丁尼亞人喜愛）、濃烈的綿羊乳酪（他們引以為豪的特產），以及新鮮薄荷（當地人最愛的香草之一）入菜。如果找不到新鮮蠶豆，可以用兩杯解凍過的冷凍蠶豆取代。我們偏好新鮮麵疙瘩的風味與口感，不過用乾燥的也可以。自製新鮮麵團的方法請見 366 頁。

910克蠶豆，去皮（2杯）
454克新鮮或乾燥薩丁尼亞麵疙瘩
鹽與胡椒
3大匙特級初榨橄欖油
½個洋蔥，切小丁
2瓣大蒜，切末
1撮紅辣椒碎
28克羅馬羊乳酪，刨粉（½杯），
　　另備部分佐餐
½杯新鮮薄荷碎片

❶ 在大湯鍋裡煮沸 3.8 公升的水。等待水沸時，取一個大碗裝半滿的冰塊與水。把蠶豆放入滾水裡煮一分鐘，用篩勺撈到冰水碗裡靜置冷卻大約兩分鐘，瀝乾水分。用削皮刀沿豆皮邊緣切個小口，輕柔地把豆仁擠出來，皮棄而不用。

❷ 煮豆水回滾，加入麵疙瘩與一大匙鹽，經常攪拌，直到麵疙瘩煮成彈牙口感。保留 1 又 1/2 杯煮麵水備用，把麵疙瘩倒進瀝水藍瀝乾，加入一大匙橄欖油甩拌均勻，暫置一旁備用

❸ 取直徑 30 公分平底鍋，以中火加熱兩大匙橄欖油，起油紋後加入洋蔥翻炒五到七分鐘到軟化並略微上色。拌入大蒜與辣椒碎炒香，大約 30 秒。拌入蠶豆與 1/2 杯預留的煮麵水，續煮三到四分鐘，直到蠶豆變軟、水幾乎完全蒸發。

❹ 拌入麵疙瘩、1/2 杯煮麵水、羊乳酪，續煮一到兩分鐘，直到乳酪融化且醬汁略為收汁。視需要以剩餘的 1/2 杯煮麵水調整稠度，撒上薄荷即可上桌享用，傳下羊乳酪粉隨各人添加。

Zucchini fritti alla sarda

炸櫛瓜 · 4-6人分

美味原理：杜蘭小麥粉是薩丁尼亞菜的招牌食材，從麵餅、麵條到甜點，無所不在。這也難怪，薩丁尼亞廚師也把杜蘭小麥粉化為油炸食品的脆皮，尤其是炸茴香、茄子和櫛瓜這類蔬菜的時候。我們深受炸櫛瓜吸引——要享用這種夏季盛產蔬菜，油炸是絕佳方式——但也知道這很不容易。因為櫛瓜是出了名的多汁，所以我們得想出辦法讓它在油炸後保持酥脆。把櫛瓜中間水嫩的籽囊挖除是關鍵，此外還要把它切成半月形薄片而非比較厚實的角椎，才能讓它維持形狀又不會變得溼軟。櫛瓜的原味相當清淡，所以很多食譜要在裹麵皮與油炸前鹽漬櫛瓜或泡鹽水。我們發現泡鹽水最能均勻入味，浸泡 30 分鐘就能讓櫛瓜的滋味恰到好處。我們接著把櫛瓜瀝乾、裹上一層杜蘭小麥粉，下高溫油鍋炸一、兩分鐘就好，這樣就能做出外表金黃酥脆、內層綿滑有滋味的炸櫛瓜，也是完美的薩丁尼亞小點。大部分的義式雜貨店或大型超市的國際食材區都找得到細磨杜蘭小麥粉（有時候包裝上會寫 semola rimacinata）。請避免使用一般的杜蘭小麥粉，因為它的顆粒對這分食譜來說太大，並不適用。

猶太鹽
2個櫛瓜（每個重227克），縱切成半，挖去籽囊後橫切成極薄片
1杯細磨杜蘭小麥粉
2.3公升植物油
片狀海鹽
檸檬角

❶ 在大容器裡把 1/4 杯猶太鹽溶於四杯水。把櫛瓜片浸入鹽水，在室溫下靜置 30 分鐘。

❷ 在淺盤裡放入裹粉用的杜蘭小麥粉。把成品架放在烤盤裡，鋪上三層紙巾。在大口鑄鐵鍋裡倒進大約 4 公分深的植物油，以中大火加熱到攝氏 200 度。

❸ 櫛瓜片瀝去鹽水、用紙巾拍乾。取一半分量的櫛瓜片裹上杜蘭小麥粉，甩去多餘麵粉後小心地下進油鍋。炸一到兩分鐘到麵皮呈金黃色即可，可視情況攪拌以避免沾黏；視需要調整火力，把油溫維持在 190-200 度之間。用撇渣網或篩勺撈起櫛瓜，放到預備好的成品架上，依喜好用海鹽調味。讓油鍋溫度回到 200 度，以同樣方式炸完剩餘的櫛瓜片。上桌佐檸檬角享用。

Zuppa di ceci e finocchi

茴香鷹嘴豆湯・4-6人分

美味原理：薩丁尼亞遍地可見野生茴香欣欣向榮。除了它細膩的風味，當地人也很推崇它的有益健康與助消化。茴香的複葉、花朵與種子能為菜餚增添一種八角香，從沙拉、魚類與肉類，到香腸、湯品與燉菜，都能派上用場，其中一例就是豐美的茴香鷹嘴豆湯。在這道湯品裡，茴香獨特而細膩的風味調和了鷹嘴豆和培根捲的厚重鹹香。有鑑於我們得使用味道較清淡的人工栽培茴香，所以除了葉子也採用球莖的部分，並且添加少許乾燥茴香籽，做出濃郁的茴香風味。飽足感十足的鷹嘴豆是這道湯的主角。為了確保鷹嘴豆能煮得豆仁綿軟、豆皮滑嫩，我們先把它泡鹽水過夜。傳統作法會加入肥豬肉以略添肉味與肥膩感，我們的食譜是採用培根捲。最後再來個漂亮收尾：我們把湯盛入各人碗裡以後，再淋上橄欖油、撒上濃烈鹹香的綿羊乳酪，也就是薩丁尼亞的另一個招牌食材。如果你趕時間的話，可以用這個方法快速浸泡鹽豆：在步驟 1 裡，把鹽、水與豆子放進鑄鐵鍋，大火煮沸後熄火蓋上鍋蓋靜置一小時，然後把鹽豆瀝去鹽水再以清水沖洗，就可以依食譜繼續其他步驟。請選購球莖色澤淺白、葉柄結實、葉片鮮翠的茴香。

鹽與胡椒
454克（2又¾杯）乾燥鷹嘴豆，剔選並沖洗乾淨
1大匙特級初榨橄欖油，另備部分佐餐
57克培根捲，切小丁
2個茴香球莖，取茴香葉切成2大匙碎末備用；葉梗切除不用，把球莖縱切成四等分再橫切成絲
1個洋蔥，切小丁
4瓣大蒜，切末
1大匙番茄糊
1大匙茴香籽
¼小匙紅辣椒碎
5杯雞高湯或蔬菜高湯
2片月桂葉
羅馬羊乳酪絲

❶ 在寬口大容器裡把三大匙鹽溶於 3.8 公升水，於室溫下浸泡鷹嘴豆至少八小時，最多不超過 24 小時。把泡好的鷹嘴豆瀝乾並沖淨鹽水備用。

❷ 在鑄鐵鍋裡放入橄欖油與培根捲，中火煎兩分鐘，逼出培根捲油脂。拌入茴香、洋蔥與 1/2 小匙鹽續煮八到十分鐘，煮到茴香變軟並略微上色。加入大蒜、番茄糊、茴香籽、辣椒碎炒香，大約 30 秒。

❸ 加入七杯水、鷹嘴豆、高湯與月桂葉，加熱至沸騰，撇去湯汁表面的浮沫。轉小火，慢燉 75 分鐘到 105 分鐘，直到鷹嘴豆完全煮軟。

❹ 取出月桂葉丟棄。拌入茴香葉碎末，依喜好用鹽與胡椒調味，即可享用；在各人碗裡分別淋上橄欖油，傳下羊乳酪絲隨各人添加。

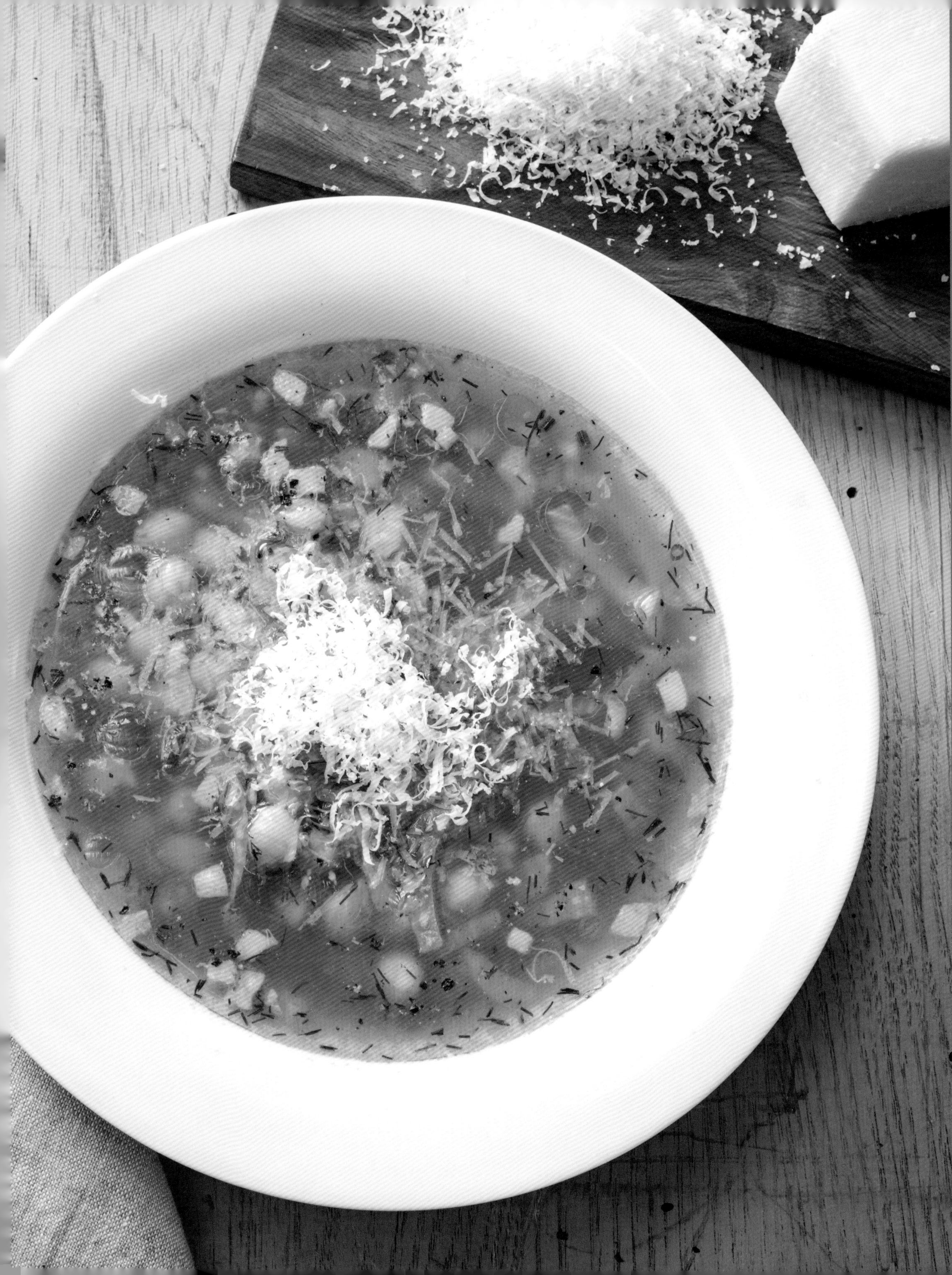

Sa fregula con vongole

番紅花蛤蜊湯佐珍珠麵 · 4-6人分

美味原理：這道蛤蜊湯麵是經典的薩丁尼亞菜，特色在於它非常簡單，仰賴的主要是兩樣主食材的先天風味：富有嚼勁與烘焙香的珍珠麵，以及個頭小而鮮鹹多汁的截形斧蛤（arselle），也是本島沿岸的海產。這道菜的湯底傳統上是加番茄（形式依各分食譜而定）熬煮的高湯、歐芹、大蒜、少許番紅花、辣椒碎與橄欖油。我們直接用高湯加水調成的湯底來煮珍珠麵，這麼一來麵體就能邊煮邊吸飽鮮美的湯汁。在美國不容易買到薩丁尼亞的斧蛤，所以我們改用個頭也不大的烏蛤，因為它的肉質鮮甜又很常見。要把烏蛤煮得恰到好處，我們採用美國實驗廚房的標準手法，先用淺平底鍋加蓋蒸煮，等烏蛤一開口就起鍋。番茄的部分，我們選擇某些傳統食譜也會採用的日曬番茄乾；有鑑於我們熬湯兼煮麵的時間不長，番茄乾豐富濃縮的滋味是附加的好處。最後撒上少許歐芹和檸檬皮屑，能讓這道豐美飽足的好菜更添清新。烏蛤是這道菜傳統上會用的食材，也是我們偏好的選擇，但如果買不到的話可以用小圓蛤蜊代替。

2大匙特級初榨橄欖油，另備部分佐餐
2瓣大蒜，切末
⅛小匙紅辣椒碎
⅛小匙番紅花柱頭，壓碎
2杯雞高湯
2杯水
⅓杯油漬日曬番茄乾，拍乾後切大塊
¼杯新鮮歐芹末
1又½杯珍珠麵（fregula）
910克烏蛤，刷洗乾淨外殼
1杯不甜的白酒
¼小匙檸檬皮屑
鹽與胡椒

❶ 在鑄鐵鍋裡以中火加熱橄欖油到起油紋，加入大蒜、辣椒碎與番紅花炒香，大約30秒。拌入高湯、水、番茄乾、兩大匙歐芹，加熱至沸騰後拌入珍珠麵續煮，經常攪拌，直到麵煮成彈牙口感。

❷ 在煮麵的同時，取直徑30公分平底鍋，放入烏蛤與白酒，蓋上鍋蓋以大火加熱至沸騰後續煮六到八分鐘，不時搖動鍋身。烏蛤一開口立即用篩勺撈到大碗裡，揀出沒開口的烏蛤丟棄，加蓋保溫。

❸ 在細濾網上鋪一層咖啡濾紙，架到煮麵的湯鍋上，把煮烏蛤所得的湯汁過濾進去；盡量不要讓沉在平底鍋底的沙粒流進湯鍋。

❹ 把檸檬皮屑與剩餘的兩大匙歐芹拌入湯麵，依喜好用鹽與胡椒調味。把湯分別盛入各人碗裡，再放上烏蛤、淋上橄欖油，即可享用。

新鮮雞蛋麵

可製作454克

美味原理：北義與中義人在揉麵時加了雞蛋，所以麵條吃起來濃郁軟韌（蛋的用量在各大區有別。例如艾米利亞—羅馬涅人加蛋黃不手軟，做出來的新鮮麵條色澤金黃，也是公認的香濃無比）。我們想揉製出香濃又萬用的雞蛋麵團，既能製作麵條，也能壓成包餡的麵皮，適用於所有北義和中義的麵點食譜。這種麵團必須很容易擀開，而且煮熟後的的口感細膩彈牙。我們除了兩顆全蛋、幾大匙橄欖油（橄欖油該不該用於揉製麵條的麵團，在義大利眾說紛紜，不過它能讓麵團容易塑形），還加了六個蛋黃，讓麵團的味道好、擀起來得心應手。靜置麵團 30 分鐘可以讓鬆弛麵筋（麵粉與水分交互作用生成的蛋白質結構，讓麵團有嚼勁），麵團就不會在用製麵機滾壓後收縮。如果你用的是高筋的通用麵粉，例如亞瑟王這個牌子，請把蛋黃增為七個。後面也會解說把新鮮雞蛋麵團切成各種麵條的方法。至於用新鮮雞蛋麵團製作包餡類麵食的方式，詳見各分食譜。我們最愛用的製麵機是義大利品牌 Marcato 推出的 Altas 150 Wellness 型號，寬度設定在第 7 級時能壓出極薄的半透明麵皮；設定可能隨製麵機的品牌與型號有所不同。

2杯（283克）通用小麥麵粉，另備
　部分視需要使用
2顆大蛋與6個大蛋黃
2大匙特級初榨橄欖油

❶ 把麵粉、雞蛋、蛋黃、橄欖油放進食物處理器，攪拌大約 45 秒，直到麵團成形，觸感柔軟且幾乎不黏手（如果麵團會黏手，以每次一大匙的量陸續加入 1/4 杯麵粉，直到幾乎不黏。如果麵團未成團，繼續攪拌 30 秒，並且以每次一小匙的量加水，最多不超過一大匙；麵團一成形就別再加了）。

❷ 把麵團放到乾淨流理臺上，揉壓成均質的圓球，用保鮮膜密封起來靜置 30 分鐘，或最多不超過四小時。

切長麵條

❶ 把麵團放到乾淨流理臺上，分成五分，用保鮮膜蓋住。取其中一分麵團，擀成大約 1.3 公分厚的圓麵皮。把有滾筒的製麵器開口設定成最寬，滾壓麵皮兩次。

❷ 把麵皮兩頭尖細的部分折向中間交疊、壓合，再從麵皮折邊開口處送進製麵器再壓一次。接下來不對折，重複把麵皮從壓尖的那一端送進製麵器壓平（仍設定成最寬），直到麵皮光滑且幾乎不沾手（如果麵皮會沾黏，可撒些麵粉再滾壓一次）。

❸ 把製麵器開口寬度調窄一級，滾壓麵皮兩次，接著逐級調窄，每一級滾壓麵皮兩次，直到麵皮薄到半透明的程度（如果麵皮長到難以掌握，可以攔腰對折再壓一次）。把麵皮放到乾淨的擦碗布上，靜置晾乾大約 15 分鐘，同時繼續滾壓其餘的麵團。取兩個烤盤鋪上烘焙紙並撒上大量麵粉。在麵皮上撒大量麵粉，切成大約 30 公分長。

❹ **A. 機器切麵**：把製麵機裝上切麵用附件，一次把一片麵皮送進機器，滾切成長條。

B. 手工切麵：取麵皮的短邊處，往另一端輕柔地捲疊成 5 公分寬的扁平長方形。取鋒利的主廚刀，把麵皮捲橫切成想要的寬度（緞帶麵 6 公釐、寬扁麵 1 公分、寬帶麵 2-2.5 公分）。

❺ 用手指把切好的麵條撥散，撒上大量麵粉，在備好的烤盤上分別整理成小堆。重複把剩餘的麵皮切完。（麵條可在室溫下存放最多 30 分鐘、冷藏最多四小時，或是先凍硬再裝進夾鏈袋冷凍，最多可保存一個月；烹煮前不要解凍。）

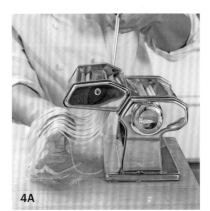

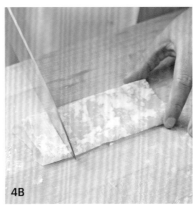

新鮮杜蘭小麥麵

可製作454克

美味原理：南義的麵條通常只用水與硬質杜蘭小麥製成，口感比含蛋麵團更硬實。這麼做的原因是，用顆粒較粗的杜蘭小麥粉製作的無蛋麵團，沾附與吸收醬料的能力較佳，吃起來更入味，不會與拌麵醬各自為政。相較之下，只用通用小麥麵粉與水調製的麵條會偏黏膩，煮熟後味如水煮麵團般平淡無味。為了做出完美嚼感，我們棄冷水而改用溫水揉麵，使麵筋更快生成，並且用桌上型攪拌器好好打出筋度。大部分的義式雜貨店或大型超市都找得到細磨杜蘭小麥粉（有時包裝上會寫 semola rimacinata）。一般的杜蘭小麥粉顆粒對這分食譜來說太粗，請避免使用。我們設計這分食譜時，使用的是容量 5.1 公升的桌上型攪拌器。如果你用的是容量 8 公升的攪拌器，請把食材分量增為兩倍，才能適度攪打麵團。後面我們會說明用無蛋杜蘭小麥麵團做出各種麵條的方法。

2杯（326克）細磨杜蘭小麥粉

1小匙鹽

⅔ 杯溫水，另備部分視需要添加

❶ 把麵粉與鹽放入桌上型攪拌器攪打均勻，再拌入溫水。在攪拌缸裡用手揉麵到麵團大致成形、雖然乾燥不均質，但沒有麵粉殘留的痕跡，大約需要三分鐘。如果有乾麵粉殘留，以一次一小匙的方式再加入不超過兩小匙的水，直到麵粉完全被麵團吸收（麵團還是會非常乾硬且幾乎不成形）。

❷ 把攪拌器裝上拌麵勾，以中速攪拌10-12 分鐘，到麵團光滑有彈性為止（麵團在攪拌過程中可能會裂成小塊）。把麵團移到乾淨流理臺上，用手揉成均質的圓球。用保鮮膜密封起來，靜置 30 分鐘，或最多不超過四小時。

新鮮番紅花杜蘭小麥麵

番紅花是傳統的添加物，能為麵條增添香氣與金黃色澤。

在碗裡混合溫水與 1/2 小匙番紅花，靜置浸泡 15 分鐘，在步驟 1 加入一起攪拌即可。

1

2

製作貓耳麵

❶ 取兩個烤盤，撒上大量細磨杜蘭小麥粉。把麵團移到乾淨的流理臺上，分成三等分，蓋上保鮮膜。取其中一分麵團，揉成直徑 1.3 公分的長桿狀，再分切成 1.3 公分長的小塊。

❷ 一次取一小塊麵團，切口朝下放在流理臺上，用奶油刀的刀尖壓成 3 公釐厚的圓麵皮。用拇指壓住小圓麵皮一端，把奶油刀帶鋸齒的刀鋒向下抵住麵皮，往你自己的方向拉成 2.5 公分長、表面粗糙的橢圓形。

❸ 在麵皮光滑的那面略撒麵粉，把撒粉的那一面朝下放在略沾麵粉的大拇指尖上。把麵皮邊緣輕輕向下拉成勻稱的圓拱型，再從拇指尖卸下，放到備好的烤盤上。依同樣方式把剩餘的麵團揉成柱狀、分切與塑形（貓耳麵可在室溫下存放最多 30 分鐘、冷藏最多四小時，或先盛在烤盤裡凍硬再裝進夾鏈袋冷凍，最多可保存一個月；烹煮前不要解凍。）

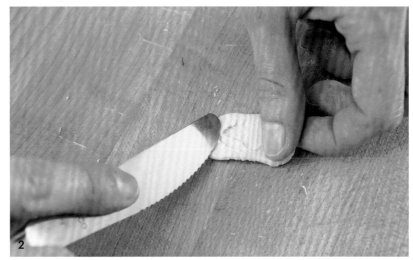

製作長棍麵

❶ 取兩個烤盤，撒上大量細磨杜蘭小麥粉。把麵團移到乾淨的流理臺上，分切成 16 等分，蓋上保鮮膜。取其中一分麵團，揉成直徑 6 公釐的細長桿狀，再分切成 8 公分長的小段。

❷ 一次取一小段麵條，在流理臺上擺成與臺緣呈 45 度斜角。把細竹籤放在麵條頂端、與臺緣平行。手掌放在竹籤兩端，平均地向麵條出力施壓，以流暢的動作把竹籤往自己的方向滾動。（麵條會隨之捲在竹籤上）。

❸ 把捲在竹籤上的長棍麵滑到備好的烤盤上。如果麵條會沾黏，可以在竹籤上撒麵粉。依同樣方式把剩餘的麵團揉成桿狀、分切與塑形。（長棍麵可在室溫下存放最多 30 分鐘、冷藏最多四小時，或先盛在烤盤裡凍硬再裝進夾鏈袋冷凍，最多可保存一個月；烹煮前不要解凍。）

製作薩丁尼亞麵疙瘩

❶ 取兩個烤盤，撒上大量細磨杜蘭小麥粉。把麵團（這裡使用新鮮番紅花杜蘭小麥麵團）移到乾淨流理臺上，分成八等分，用保鮮膜蓋住。取其中一分麵團，揉成直徑 1.3 公分的桿狀，再切成 1.3 公分長的小塊，撒上少許麵粉。

❷ 把餐叉反面朝上地放在流理臺上。一次取一塊麵團，切口朝下放在叉齒上。沿著叉齒把麵團下壓並拉成 3 公釐厚的長條麵皮。

❸ 用拇指輕柔地把麵皮自上往下推捲成麵疙瘩，有叉齒痕的那一面朝外。把麵疙瘩放到備好的烤盤上。依同樣方式把剩餘的麵團揉成桿狀、分切與塑形（薩丁尼亞麵疙瘩可在室溫下存放最多 30 分鐘、冷藏最多四小時，或先盛在烤盤裡凍硬再裝進夾鏈袋冷凍，最多可保存一個月；烹煮前不要解凍）。

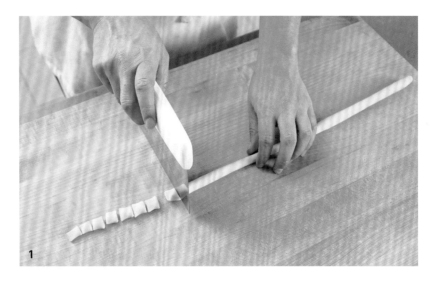

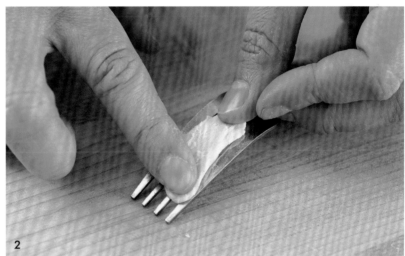

名詞解釋

al dente：柔軟而有嚼勁

antipasto/antipasti：「在正餐之前」，也就是各種前菜

aperitivo：在餐前飲用的清爽酒精飲料

baccalà：剝皮去骨的風乾鹹鱈魚

bar：非正式的小餐館，供應咖啡、糕點、酒精飲料、零食與義式冰淇淋

battuto：醬底，指的是給某些菜色打基礎底味的切碎蔬菜與香草。炒過的醬底叫做底料（soffritto）。

béchamel/balsamella/besciamella：用奶油、麵粉與牛奶煮成的經典基底醬料。

bottarga：魚子，壓縮並鹽漬的烏魚卵或鮪魚卵。

burrata：布拉塔乳酪，包了溼軟內餡的莫札瑞拉乳酪，餡料成分是凝乳與濃稠的鮮奶油。

caffè：供應咖啡與飲食的簡餐店。

carpaccio：義式生牛肉片，威尼斯哈利酒吧的發明，把牛肉切成薄片生吃。

contorni：配菜，通常是蔬菜

coperto：餐廳向每桌收取的服務費

cucina casalinga：家常烹飪

digestivo：餐前後喝來幫助消化的飲料

DOC (Denominazione di Origine Controllata)：原產地名稱管控法，是嚴格管制葡萄酒產地範圍、允用的葡萄品種、組成比例、品質、正宗性與風格特徵的法規。

DOCG (Denominazione di Origine Controllata e Garantita)：原產地名稱管控認證，是最有威望的認證，比DOC更高級，規範嚴格無比。

dolce/dolci：甜品

DOP (Denominazione di Origine Protetta)：原產地名稱保護法，保證產品來自規範的原產地區、使用特定材料、並依一定的方式與傳統手藝製作。有DOP認證的食品通常是整個地方社群的經濟支柱。

enoteca：精品葡萄酒吧或高級葡萄酒專賣店。

fare la scarpetta：用麵包抹去盤子裡殘留的湯水

farinata：用鷹嘴豆粉、水與橄欖油調製的薄鬆餅。

fatto in casa：家常自製

grana：硬質且有顆粒感的乳酪，包括帕馬森乳酪與帕達諾乳酪在內。

IGP (Indicazione Geografica Protetta)：地理區域保護標章，與DOP/PDO相較，這個認證的規範比較鬆散，適用於各種正宗食品，食品成分至少有部分必須產自特定地理區域，且遵循某些嚴格的生產準則。

IGT (Indicazione Geografica Tipica)：典型地理區域標章，這個認證涵蓋了某些特定區域產的葡萄酒，它們未達DOC或DOCG標準，但品質仍優於一般的飲用葡萄酒。

latticini：未發酵的乳製品，例如莫札瑞拉乳酪與瑞可達乳酪

maccheroni：見pasta secca

merenda/merende：零食點心

minestra：中等濃度的湯品。也用於指稱各種第一道菜（primo），不論湯品、米飯或麵都能叫做minestra

minestrone：用許多不同蔬菜煮成的濃湯

norcino：高明的豬肉屠宰師傅

odori：新鮮的香草植物

olio di oliva：特級初榨橄欖油。歐盟與義大利法律規定，特級初榨橄欖油的游離脂肪酸含量不能超過0.8%，而且僅限以機械方式榨取（不可使用化學處理）。

osteria/osterie：專門供應當地特產葡萄酒的餐廳

panino/panini：義式三明治，也就是夾了餡的麵包，有時會烤過再吃

pasta all'uovo：含蛋的新鮮或乾燥麵條

pasta fatta a mano：手工麵條

pasta fresca：新鮮麵條

pasta secca：原料是硬質小麥粉的工業製乾燥麵條，也叫maccheroni

pasticceria：烘焙坊

pesce azzurro：沙丁魚或鯖魚等魚肉富含油脂的魚類

pecorino：綿羊乳酪

piatto unico：涵蓋一餐分量與內容的單一一道菜

polenta：各種粥品

pranzo：午餐

primo：義式套餐裡的第一道菜

prosciutto cotto：熟火腿

prosciutto crudo：風乾熟成的生火腿

ragù：肉醬，有沒有加番茄皆可

risotto：燉飯；用特定種類的義大利短粒米與高湯熬煮的流質米食

ristorante：餐廳

salame/salami：臘腸

salsa：醬料

salsa di pomodoro：番茄醬料

salume/salumi：各種醃漬肉品，包含salami在內

secondo：義式套餐裡的第二道菜

sfoglia：只用精製白麵粉與雞蛋製成的新鮮麵條

Slow Food：慢食運動；為了與速食抗衡，由卡羅・佩屈尼發起的重要運動。這個組織致力於保存傳統飲食，提倡永續的在地農業，反對毀滅性的工業農耕。

STG (Specialità Tradizionale Garantita)：傳統特產認證，是最新的一種認證系統，目標是彙編與規範有文化傳承意義的食品製作法。

spuntino/spuntini：零食點心

sugo/sughi：烹煮水果或肉品時，食材流出的原汁；醬汁

taralli：塔拉麗，甜鹹皆宜的小塊「扭節」餅，可見於南義各地

terroir：風土；釀酒用葡萄或各種食材的天然生長環境，包括土壤、氣候與地形在內

tramezzino/tramezzini：酒吧供應的三角形小三明治，用切片麵包製作

trattoria/trattorias：非正式的餐廳

zuppa：濃湯

單位換算表

本書食譜使用美國政府規範的美制度量衡單位撰寫。
下表所列為美制與公制單位的等值對照。
所有換算都經過四捨五入，取最接近精確值的整數近似值。

重量換算

盎司	公克
½	14
¾	21
1	28
1½	43
2	57
2½	71
3	85
3½	99
4	113
4½	128
5	142
6	170
7	198
8	227
9	255
10	283
12	340
16 (1磅)	454

體積換算

美制	公制
1 小匙	5 毫升
2 小匙	10 毫升
1 大匙	15 毫升
2 大匙	30 毫升
¼ 杯	59 毫升
⅓ 杯	79 毫升
½ 杯	118 毫升
¾ 杯	177 毫升
1 杯	237 毫升
1¼ 杯	296 毫升
1½ 杯	355 毫升
2 杯 (1 品脫)	473 毫升
2½ 杯	591 毫升
3 v	710 毫升
4 杯 (1 夸脫)	0.946 公升
1.06 夸脫	1 liter
4 夸脫 (1 加侖)	3.8 liters

烤箱溫度

華氏	攝氏	瓦斯烤箱計度
225	105	¼
250	120	½
275	135	1
300	150	2
325	165	3
350	180	4
375	190	5
400	200	6
425	220	7
450	230	8
475	245	9

換算速顯溫度計測得的溫度

我們在本書的許多食譜裡都寫出了與食材熟度相應的溫度。我們也建議做這些菜的時候最好使用速顯溫度計。請依照上表換算華氏與攝氏溫度，如果食譜列出的溫度不在上表範圍內，請用這個簡單的公式換算：把溫度計讀取到的華氏溫度減去32再除以1.8，就是攝氏溫度。

參考書目

以下所列是本書作者的參考書目與引用出處，歡迎有興趣深入了解的讀者閱讀。
想瞭解現今義大利農業的相關統計數據，可參考下列網站：歐洲統計局（ec.europa.eu），義大利國家統計所（istat.it），以及聯合國糧食及農業組織（fao.org）。
關於義大利的旅遊資訊請參考義大利觀光局網站（italia.it/en）。想了解義大利與義大利飲食的一般資訊，我們推薦義大利政府觀光局網站（italiantourism.org）、義大利旅遊俱樂部（Italian Touring Club）出版品、紅蝦評鑑（Gambero Rosso，gamberorosso.it/en），以及下列網站：慢食運動協會（fondazioneslowfood.com）、identitagolose.com、academiabarilla.com、iitaly.org、made-in-italy.com、deliciousitaly.com、italyheritage.com、everfest.com。

綜合資訊類

- Alberini, Massimo, and Giorgio Mistretta. *Guida all'Italia gastronomica*. Milano: Touring Club Italiano, 1984.
- Anderson, Burton. *The Foods of Italy: An Endless Adventure in Taste*. 4th ed. Italian Trade Commission, 2007.
- ———. *Treasures of the Italian Table: Italy's Celebrated Foods and the Artisans Who Make Them*. New York: William Morrow and Co., 1994.
- Angeli, Franco. *DOC Cheeses of Italy: A Great Heritage*. Milano: Franco Angeli, 1992.
- Attlee, Helena. *The Land Where Lemons Grow: The Story of Italy and Its Citrus Fruit*. New York: Particular Books, 2014.
- Barzini, Luigi. *The Italians: A Full-Length Portrait Featuring Their Manners and Morals*. New York: Atheneum, 1964.
- Bastianich, Joseph, and David Lynch. *Vino Italiano: The Regional Wines of Italy*. New York: Clarkson Potter, 2002.
- Capatti, Alberto, and Massimo Montanari. *Italian Cuisine: A Cultural History*. New York: Columbia University Press, 2003.
- Cùnsolo, Felice. *Gli Italiani a tavola*. Milano: Mursia, 1965.
- Del Conte, Anna. *Gastronomy of Italy*. Rev. ed. London: Pavilion Books, 2013.
- Del Giudice, Luisa, ed. *Oral History, Oral Culture, and Italian Americans*. New York: Palgrave MacMillan, 2009.
- della Croce, Julia. *The Classic Italian Cookbook*. London: Dorling Kindersley Publishing, 1996.
- ———. *Pasta Classica: The Art of Italian Pasta Cooking*. San Francisco: Chronicle Books, 1987.
- ———. *The Vegetarian Table: Italy*. San Francisco: Chronicle Books, 1994.
- De Vita, Oretta Zanini. *Encyclopedia of Pasta*. Translated by Maureen Fant. Berkeley: University of California Press, 2009.
- DeWitt, Dave. *Da Vinci's Kitchen: The Birth of Italian Cuisine*. Albuquerque: Foodways Editions, 2015.
- Di Palo, Lou. *Di Palo's Guide to the Essential Foods of Italy: 100 Years of Wisdom and Stories From Behind the Counter*. New York: Ballantine Books, 2014.
- Di Renzo, Anthony. *Bitter Greens: Essays on Food, Politics, and Ethnicity From the Imperial Kitchen*. Albany: State University of New York Press, 2010.
- Fernandez, Dominique. *The Mother Sea: Travels in South Italy, Sardinia, and Sicily*. New York: Hill and Wang, 1967.
- Field, Carol. *Celebrating Italy*. New York: William Morrow and Co., 1990.
- Flandrin, Jean-Louis, and Massimo Montanari, eds. *Storia dell'alimentazione*. Roma-Bari: Laterza, 1997.
- Grandazzi, Alexandre. *The Foundation of Rome: Myth and History*. Translated by Jane Marie Todd. Ithaca: Cornell University Press, 1997.
- Hauser, Ernest O. *Italy: A Cultural Guide*. New Jersey: Stratford Press, 1982.
- Hazan, Marcella. *Essentials of Classic Italian Cooking*. New York: Knopf, 1992.
- Hazan, Marcella, and Victor Hazan. *Ingredienti: Marcella's Guide to the Market*. New York: Scribner, 2016.
- Kostioukovitch, Elena. *Why Italians Love to Talk About Food: A Journey Through Italy's Great Regional Cuisines, From the Alps to Sicily*. Translated by Anne Milano Appel. New York: Farrar, Straus and Giroux, 2006.
- Mueller, Tom. *Extra Virginity: The Sublime and Scandalous World of Olive Oil*. New York: W. W. Norton and Co., 2012.
- Parasecoli, Fabio. *Food Culture in Italy*. Westport: Greenwood Press, 2004.
- Pelli, Maurizio. *Fettuccine Alfredo, Spaghetti Bolognaise & Caesar Salad: The Triumph of the World's False Italian Cuisine*. Self-published, 2015. Kindle edition.
- Piras, Claudia, and Eugenio Medagliani, eds. *Specialità d'Italia: Le regioni in cucina*. Italian edition. Köln: Culinaria Könemann, 2000.
- Revel, Jean-François. *Culture and Cuisine: A Journey Through the History of Food*. New York: Doubleday and Co., 1982.
- Rizzoli, Irene. *Alice or Acciuga? History, Anecdotes, Fascinating Facts and Recipes of the World's Most Delicious Canned Fish*. Self-published, 2015.
- Root, Waverly. *The Cooking of Italy*. New York: Time-Life Books, 1968.
- ———. *Food: An Authoritative and Visual History and Dictionary of the Foods of the World*. New York: Simon and Schuster, 1980.
- ———. *The Food of Italy*. 1971. Reprint. New York: Vintage, 1977.
- Tannahill, Reay. *Food in History*. New York: Stein and Day, 1973.

皮埃蒙特

- Bone, Eugenia. *Mycophilia: Revelations From the Weird World of Mushrooms*. Emmaus: Rodale, 2011.
- Canavese, Antonio. *Cucina piemontese*. Florence: Demetra, 2007.
- italiannotes.com/rice-fields-in-italy
- langhe.net/sight/international-alba-white-truffle-fair
- piemonteforyou.it/

利古里亞

- "Artistic Handicrafts on the Italian Riviera di Levante." Accessed August 2, 2017. portofinocoast.it/en/artigianato-corzetti.aspx.
- "Consorzio del Pesto Genovese." Accessed August 3, 2017. mangiareinliguria.it/consorziopestogenovese.
- "Liguria, Presidi Slow Food." Accessed August 2, 2017. slowfood.it/liguria/presi-di-slow-food.

倫巴迪

- Bricchetti, Edo. "Lombardy's Key Role in World Canal History." *IWI Campaigns* (blog). May 29, 2012. blog.inlandwaterwaysinternational.org/?p=163.
- Regione Lombardia. *Journey Amongst the Flavours of Lombardy*. Milan: Regione Lombardia, 2015.
- Regione Lombardia Direzione Generale Agircolo della Lombardia. *Sights and Flavours of Lombardy*. Milan: Regione Lombardia, 2001.
- Smith, R. Baird. *Italian Irrigation: Being a Report on the Agricultural Canals of Piedmont and Lombardy*. Edinburgh: William Blackwood and Sons, 1855.
- Steiner, Carlo. *Il ghiottone lombardo*. Milan: Bramante Editrice, 1964.

特倫提諾－上阿迪杰

- Trafoier, Sonya and Jörg. *I segreti della val Venosta, Alto Adige*. Bolzano: Arkadia Editore, 2003.
- altoadige.it
- browsingitaly.com/trentino-altoadige-sudtirol/speck-south-tyrol/2089/
- hotelelephant.com
- speck.it
- suedtirolerspezialitaeten.com
- visitdolomites.com

維內托

- Coltro, Dino. *La cucina tradizionale veneta*. Roma: Newton and Compton, 2003.
- della Croce, Julia. *Veneto: Authentic Recipes From Venice and the Italian Northeast*. Photography by Paolo Destefanis. San Francisco: Chronicle Books, 2003.
- Divari, Luigi. *Belpesse: Pesci pesca e cucina ittica nelle lagune venete*. 2nd ed. Chioggia: Il Leggio, 2015.
- Lorenzetti, Giulio. *Venice and Its Lagoon: Historical Artistic Guide*. Trieste: Edizioni Lint, 1994.
- McCarthy, Mary. *Venice Observed*. New York: Harcourt Brace Jovanovich, 1963.
- Morris, Jan. *Venice*. London: Faber and Faber, 1993.
- Rorato, Giampiero. *La pedemontana trevigiana: Dai colli asolani alle pendici del Cansiglio*. Treviso: De Bastiani, 2004.
- Touring Club Italiano, eds. *Venezia*. Original ed. Milano: Touring Editore, 1997.

弗留利—威尼斯朱利亞
- Bone, Eugenia. "Italian Farmhouse Feasts." *Saveur* (July 2001).
- Cremona, Luigi. *Un amore chiamato Friuli*. Camera di Commercio Industria Artigianato e Agricoltura di Udine, 1999.
- Del Fabro, Ariano. *Le ricette della tradizione friulana*. Colognola ai Colli: Demetra, 1994.
- Plotkin, Fred. *La Terra Fortunata: The Splendid Food and Wine of Friuli–Venezia Giulia*. New York: Broadway Books, 2001.
- Mucignat, Rosa, ed. *The Friulian Language: Identity, Migration, Culture*. Newcastle-upon-Tyne: Cambridge Scholars Publishing, 2014.

奧斯塔谷地
- aledo.it/mediasoft/italy/valle_aosta/valle_aosta_en.htm#agriculture
- enchantingitaly.com/regions/valledaosta/
- jewelsofthealps.com/datapage.asp?id=70&l=3
- ultimate-ski.com/ski-resorts/italy/aosta-valley.aspx

艾米利亞—羅馬涅
- Contoli, Corrado. *Guida alla veritiera cucina romagnola*. Bologna: Edizioni Calderini, 1972.
- Ingrasciotta, Frank. "Blood Type: Ragù." One-man show. 2009. New York: fingrasciotta.com/home.
- Kasper, Lynne Rossetto. *The Splendid Table: Recipes From Emilia-Romagna, the Heartland of Northern Italian Food*. New York: William Morrow and Co., 1992.

托斯卡尼
- Harris, Valentina. *The Food and Cooking of Tuscany*. London: Aquamarine, 2009.
- Mayes, Frances. *Under the Tuscan Sun: At Home in Italy*. New York: Broadway Books, 1997.
- Moffat, Alistair. *Tuscany: A History*. Edinburgh: Birlinn, 2011.
- Vossen, Paul. "Olive Oil: History, Production, and Characteristics of the World's Classic Oils." *HortScience* (August 2007), 1093–1100.

翁布里亞
- Boini, Rita. *La cucina umbra: Sapori di un tempo*. Perugia: Calzetti Mariucci, 1995.
- Buitoni, Silvia, and Marcella Cecconi. *Quello che le cuoche non dicono*. Perugia: Alieno, 2015.
- della Croce, Julia. *Umbria: Regional Recipes From the Heartland of Italy*. Photography by John Rizzo. San Francisco: Chronicle Books, 2002.
- Della Croce, Maria Laura, and Giulio Veggi. *Umbria: Lungo i sentieri dell'arte e dello spirito*. Vercelli: White Star, 1995.

馬凱
- Pradelli, Alessandro Molinari. *La cucina delle Marche*. Rome: Newton and Compton, 2001.

- Sheraton, Mimi. "One Fish, Two Fish." *New Yorker* (November 24, 2008).
- le-marche.com/

拉吉歐
- Angell, Roger. "Sprezzatura." *New Yorker* (March 3, 2013).
- della Croce, Julia. *Roma: Authentic Recipes From In and Around the Eternal City*. Photography by Paolo Destefanis. San Francisco: Chronicle Books, 2004.
- De Vita, Oretta Zanini. *Popes, Peasants, and Shepherds: Recipes and Lore From Rome and Lazio*. Translated by Maureen Fant. Berkeley: University of California Press, 2013.
- Grescoe, Taras. "More Than Meets the Eye." *New York Times*, September 13, 2015.
- Jannattoni, Livio. *La cucina romana e del Lazio*. Roma: Newton and Compton, 1998.
- Malizia, Giuliano. *La cucina romana e ebraico romanesca*. Roma: Newton and Compton, 2001.
- Parla, Katie, and Kristina Gill. *Tasting Rome: Fresh Flavors and Forgotten Recipes From an Ancient City*. New York: Clarkson Potter, 2016.

阿布魯佐與莫利塞
- Di Gregorio, Luciano. *Italy: Abruzzo*. 3rd ed. Guilford: Globe Pequot Press, 2017.
- Giobbi, Edward. *Italian Family Cooking*. New York: Random House, 1971.
- Pesaresi, Cristiano. *The "Numbers" of Molise Mountain Municipalities (Italy): New Data, Old Problems, Development Opportunities*. Rome: Nuova Cultura, 2014.
- italia.it/en/discover-italy/molise/poi/the-tratturi-in-molise.html
- lettera43.it/it/articoli/viaggi/2015/04/28/weekend-in-abruzzo-per-la-festa-dei-serpari/195256/
- lifeinabruzzo.com

坎佩尼亞
- Consiglio, Alberto. *I maccheroni*. Roma: Newton Compton, 1973.
- Schwartz, Arthur. *Naples at Table: Cooking in Campania*. New York: HarperCollins, 1998.
- Spieler, Marlena. *A Taste of Naples: Neapolitan Culture, Cuisine, and Cooking*. New York: Rowman and Littlefield, 2018.

普利亞
- Jenkins, Nancy Harmon. *Flavors of Puglia: Traditional Recipes From the Heel of Italy's Boot*. New York: Broadway Books, 1997.
- Sada, Luigi. *La cucina pugliese*. Roma: Newton Compton, 1994.
- Snowden, Frank M. *Violence and Great Estates in the South of Italy: Apulia, 1900–1922*. Cambridge: Cambridge University Press, 1986.

巴西里卡塔
- Stapinski, Helene. "Discovering the Ruins of Italy's Ionian Coast" *New York Times*, March 6, 2015. nytimes.com/2015/03/08/travel/discovering-the-ruins-of-italys-ionian-coast.html

卡拉布里亞
- Costantino, Rosetta, and Janet Fletcher. *My Calabria: Rustic Family Cooking From Italy's Undiscovered South*. New York: W. W. Norton and Co., 2010.
- Furfari, Grazia. *La cucina calabrese*. Catanzaro: Rubbettino, 2011.

西西里
- Basile, Gaetano. "Sicilian Cuisine Through History and Legend." Translated by Gaetano Cipolla. Supplement VI, *Arba Sicula*, 1998.
- Brussat, Nancy. "Sicily I: 'A Salvador Dali Weekend.'" *My Italian Journeys* (blog), August 14, 2016. nancybrussat.wordpress.com/2016/08/14/sicily-i-a-salvador-dali-weekend/.
- Di Camillo, Kevin. "The Tradition of the Saint Joseph's Day Table." *National Catholic Register* (blog), March 20, 2016. ncregister.com/blog/dicamillo/the-tradition-of-the-saint-josephs-day-table.
- Di Lampedusa, Giuseppe. *The Leopard*. Translated by Guido Waldman. New York: Pantheon, 2007. Kindle edition.
- Giudice, Agata, and others. "Environmental Assessment of the Citrus Fruit Production in Sicily Using LCA." *Italian Journal of Food Science* 25 (2013): 202–12.
- Lanza, Anna Tasca. *The Heart of Sicily: Recipes and Reminiscences of Regaleali, a Country Estate*. New York: Clarkson Potter, 1993.
- Muller, Melissa. *Sicily: The Cookbook; Recipes Rooted in Traditions*. New York: Rizzoli, 2017.
- Norwich, John Julius. *Sicily: An Island at the Crossroads of History*. New York: Random House, 2015.
- Simeti, Mary Taylor. *On Persephone's Island: A Sicilian Journal*. New York: Vintage, 1986.

薩丁尼亞
- Da Re, M. Gabriella, and Iose Meloni. *Pani e Dolci in Marmilla*. Cagliari: Parco e Museo Archeologico Menna Maria Villanovaforru and Istituto di Discipline Socio-Antropologiche dell'università di Cagliari, 1987.
- Lakeman, Sandra Davis. *Sardegna, the Spirit of an Ancient Island: The Art and Architecture of Pre-Nuraghic and Nuraghic Culture*. Bologna: Grafiche dell'Artiere, 2014.
- Melis, Paolo. *The Nuraghic Civilization*. Sassari: Carlo Delfino, 2003.
- Pilia, Fernando, and Nino Solinas. *Sapori di Sardegna*. Cagliari: Editoriale L'Unione Sarda, 1988.
- Regione Sardegna Assessorato Agricoltura. "In Sardegna C'È."
- Ruiu, Franco Stefano. *Maschere e carnevale in Sardegna*. Nuoro: Imago Edizioni, 2013.
- Sassu, Antonio. *La vera cucina in Sardegna*. Roma: Casa Editrice Anthropos, 1986.

作者簡介

傑克‧畢夏普（Jack Bishop）是美國實驗廚房的創意長，也是1993年《圖解烹飪》雜誌（Cook's Illustrated）創始發行團隊的一員。他在2005年督導了《廚藝大觀》雜誌（Cook's Country）的發行，並創建美國實驗廚房的書籍出版部。畢夏普是美國實驗廚房電視節目的試吃實驗室專家，並領導創意團隊打造公司的電視節目、雜誌、書籍、網站與線上廚藝教室。他是義式烹飪專家，著有多本食譜，包括《麵食與蔬食》（Pasta e Verdura）與《義式素食全書》（The Complete Italian Vegetarian）等書。畢夏普現居波士頓。

尤金妮亞‧彭恩（Eugenia Bone）是全國知名的飲食與自然記者暨作家，她的父系家族來自馬凱。她的作品散見於許多報章雜誌，包括《風味誌》（Saveur）、《食物與酒》（Food & Wine）、《美食家》（Gourmet）、《高級餐飲》（Fine Dining）、《愛酒人士》（Wine Enthusiast）、《日落》（Sunset）、《瑪莎史都華生活誌》（Martha Stewart Living）、《紐約時報》、《華爾街日報》與《丹佛郵報》（Denver Post）。她著有六本書並曾獲提名各種獎項，包括科羅拉多圖書獎（Colorado Book Award）與詹姆士‧畢爾德獎（James Beard Award）。她的最新著作是《微生物之旅》（Microbia: A Journey Into the Unseen World Around You），此外她的文章與食譜也收錄於許多出版品，其中包括《最佳飲食文選》（Best Food Writing）。請透過她的個人官網eugeniabone.com與她聯繫。

茱莉亞‧德拉‧克羅斯（Julia della Croce）是普利亞人與薩丁尼亞人後裔，自孩提時代起就走遍義大利各地。她是義式飲食權威，著有十數本書，其中許多翻譯成多國語言、流傳世界各地。德拉‧克羅斯曾獲提名詹姆士‧畢爾德獎與國際烹飪專業聯盟獎（IACP award），並且因為她撰寫的《經典義大利食譜》（Classic Italian Cookbook）獲頒法國的榮譽證書。她的《維內托》（Veneto）一書曾獲世界食譜書大獎（World Cookbook Awards）義式烹飪類第一名。她曾參與錄製多個全國廣播與電視節目，撰寫過多篇知名文章。德拉‧克羅斯是知名的威尼斯潟湖飲食帆船之旅的顧問，團員能搭乘古老的帆船暢遊威尼斯並享受美食。她也透過個人部落格Forktales宣揚保存傳統飲食的理念。想了解更多，請見 juliadellacroce.com

美國實驗廚房位於波士頓海港區（Seaport District），占地1400平方公尺。本書食譜的測試、撰寫與編輯，都經由我們的試做廚師、編輯、與炊具專家之手。美國實驗廚房是《圖解烹飪》雜誌與《廚藝大觀》雜誌的基地，並製作公開播映的《美國實驗廚房》與《美國實驗廚房廚藝大觀》節目，經營線上的美國實驗廚房烹飪教室。想了解更多，請至americastestkitchen.com網站，或追蹤我們的臉書（AmericasTestKitchen）、推特（@TestKitchen）與IG（Instagram@TestKitchen）。

謝誌

尤金妮亞與茱莉亞想感謝下列人士慷慨協助我們的研究工作：Salvatore Biancardi，Kevin Bone，Bob Bruno，Silvia Buitoni（普利亞），Viola Buitoni，MAXCO International公司的Massimo Cannas，John Carafoli，Flavia Destefanis，Paolo Destefanis（西西里卡塔尼亞），Amy Beth Dorkin，Paul Greenberg，Edward Giobbi，Nathan Charles Hoyt，Nancy Harmon Jenkins，Gail Whitney Karn，Augusto Marchini，Maurizio Pelli（杜拜），義大利貿易代表處（Italian Trade Agency，紐約），奧威斯保護信託（Oldways Preservation Trust），Greg Patent，Cynthia Scaravilli，Rosario Scarpato與義式烹飪論壇（Italian Cuisine Forum），Marlena Spieler，Helene Stapinski，Guido Zuliani（弗留利—威尼斯朱利亞），以及gustiamo食材公司的Beatrice Ughi。

感謝下列義大利朋友協助我們更了解他們各自的大區：Eva Agnesi（利古里亞）；巡遊威尼斯（Cruising Venice）的Mauro StoppaLuigi Divari，Luca Fraccaro，以及Pasticceria Fraccaro 1932烘焙坊的Paolo Pietrobon（維內托）；Margherita Falqui，Giuseppe Nonne，Alessandra Viana，與卡利亞里Horeca品酒舖的Giuseppe De Martini（薩丁尼亞）；Donatella Platoni（翁布里亞）；Fabio Trabocchi（馬凱）；Fabbri 1905（波隆納）與Giovanni Tamburini（波隆納），Identità Golose雜誌，Gioia Gibelli（米蘭）；Dire, Fare Gustare烹飪學校的Marina Saponari與Mara Battista（康弗沙諾〔Conversano〕），Giuseppe Sportelli，Amastuola釀酒場的Giuseppe Montanaro（塔蘭托馬薩夫拉〔Massafra〕），Pascarossa Olive Oil橄欖油廠的Catherine Faris（馬丁納弗蘭卡〔Martina Franca〕），古代釀酒文明博物館（Museo della Civiltà del Vino Primitivo）的Anna Gennari（普利亞曼杜利亞〔Manduria〕）；Agriturismo Seliano公司的Cecilia Baratta（坎佩尼亞帕埃斯圖姆〔Paestum〕；Agriturismo Poggio Etrusco公司的Pamela Sheldon Johns（托斯卡尼蒙特普齊亞諾）；Cooking with the Duchess公司的Nicoletta Polo（西西里巴勒摩），Luisella Reali（翁布里亞貝托納〔Bettona〕），Margherita Sciattella（翁布里亞貝托納），Villa Roncali別墅餐廳的Maria Luisa Scolastra主廚（翁布里亞福林紐〔Foligno〕）。

感謝下列傳統工藝專家與供應商不吝分享他們精緻的產品與製作知識：Carpigiani Gelato University（波隆納），Consiglia Lisi of Olio Merico Salento（普利亞米賈諾〔Miggiano〕）；Benedetto Cavalieri Past（普利亞馬里耶〔Maglie〕）；Agriturismo La Fiorida & la Préséf的

Gianni Tarabini主廚與Franco Aliberti主廚（倫巴迪松德里歐）；Elisabetta Serraiotto與Consorzio Tutela Grana Padano（維內托）；Podere il Casale的Sandra與Ulisse Braendl（托斯卡尼皮恩札）；Consorzio Parmigiano Reggiano（帕馬）；Consorzio Chianti Classico（托斯卡尼佛羅倫斯）；La Mola Olive Oil（拉吉歐卡斯泰爾諾沃迪法爾法〔Castelnuovo di Farfa〕）；Morello Austera的Igor與Ivan Lupatelli（馬凱坎提亞諾〔Cantiano〕）；Rolando Beramendi與Rustichella Pasta（阿布魯佐朋內〔Penne〕）；以及daRosario Truffles的Rosario Safina。

沒有《國家地理》雜誌和美國實驗廚房員工的辛勞與投入，本書不可能問世。我們想感謝《國家地理》雜誌的發行人Lisa Thomas，副總編輯Hilary Black，編輯計畫經理Allyson Johnson，藝術總監Elisa Gibson，照片編輯Moira Haney，創意總監Melissa Farris，攝影總監Susan Blair，與責任編輯Judith Klein。我們也要感謝Flavia Destefanis為本書所用的義大利文從頭到尾仔細編校。此外也感謝下列人士所做的廣泛研究、繪製詳盡的地圖：資深製圖師Jerome N. Cookson，地圖研究員Shelley Sperry與Theodore A. Sickley，以及地圖編輯Irene Berman-Vaporis與Rosemary P. Wardley。

美國實驗廚房旗下有龐大的團隊與國家地理雜誌攜手合作，共同在廚房內外探索義大利，其中包括許多編輯、廚師、攝影師、與執行製作專家。在此特別感謝我們的創意長Jack Bishop；圖書部總編輯Elizabeth Carduff；執行主編Julia Collin Davison與Adam Kowit，執行飲食主編Suzannah McFerran與Dan Zuccarello；資深編輯Andrew Janjigian，Sara Mayer，Stephanie Pixley與Anne Wolf；副編輯Leah Colins，Lawman Johnson，Nicole Konstantinakos，Sacha Madadian與Russell Selander；食譜測試廚師Kathryn Callahan，Afton Cyrus，Joseph Gitter，與Katherine Perry；編輯助理Alyssa Langer；書籍設計總監Carole Goodman；藝術副總監Allison Boales與Jen Kanavos Hoffman；美術設計Katie Barranger；攝影總監Julie Bozzo Cote；本公司資深攝影師Daniel J. Van Ackere；本公司攝影師Steve Klise與Kevin White；外聘攝影師Keller + Keller與Carl Tremblay；食物造型師Catrine Kelty，Chantal Lambeth，Kendra McKnight，Marie Piraino，Elle Simone Scott與Sally Staub；廚房攝影經理Timothy McQuinn；食譜試做攝影Daniel Cellucci；食譜試做攝影助理Mady Nichas與Jessica Rudolph；影像經理Lauren Robbins；執行製作與影像專員Heather Dube，Dennis Noble與Jessica Voas；文字編輯Elizabeth Emery，以及校對Pat Jalbert-Levine。

圖片出處

所有食譜照片由美國實驗廚房提供，攝影：Joe Keller, Steve Klise, Carl Tremblay, Daniel J. van Ackere; food styling, Catrine Kelty, Chantal Lambeth, Kendra McKnight, Sally Staub.

Front cover, Andrea Di Lorenzo; 1, Gallery Stock; 2-3, Francesco Iacobelli/Getty Images; 4-5, Cedric Angeles/Intersection Photos; 11, Florian Jaenicke/laif/Redux; 14 (UP), Caroline Cortizo/Alamy Stock Photo; 14 (LO), Francesco Vignali/LUZphoto/Redux; 18-19, Andrea Comi/Getty Images; 20, Cedric Angeles/Intersection Photos; 22 (UP), Shutterstock/Anastasiia Malinich; 22 (LO), Markus Kirchgessner/Laif/Redux Pictures; 23, Rupert Sagar-Musgrave/Alamy Stock Photo; 24, Andrea Wyner; 25 (UP), SIME/eStock Photo; 25 (LE), Courtesy of Le Terre Di Stefano Massone; 25 (RT), Courtesy of Tommasi; 26, Shutterstock/Elena Abramova (asparagus), Shutterstock/Igor Normann (gorgonzola), Shutterstock/PixMarket (pears), Alexlukin/Alamy Stock Photo (bread), Shutterstock/Jiang Hongyan (chestnuts), Walter Pfisterer/StockFood (Bra cheese), Shutterstock/O.Bellini (meat), Shutterstock/Nattika (basil), Shutterstock/bonchan (farinita); 27, Shutterstock/topseller (apples), Dorling Kindersley Ltd/Alamy Stock Photo (Asiago), Shutterstock/Igor Klimov (prosecco), MARKA/Alamy Stock Photo (Montasio), Shutterstock/Wealthylady (radicchio), Shutterstock/Vadym Zaitsev (fish), Shutterstock/Nattika (cherries), Shutterstock/Voronin76 (mushrooms), Shutterstock/Only Fabrizio (ham); 28, Francesco Bergamaschi/Robert Harding; 30, Juan Carlos Jones/Contrasto/Redux; 31, Thomas Linkel/laif/Redux; 32, SIME/eStock Photo; 33 (UP), Thomas Linkel/laif/Redux; 33 (LO), Gualtiero Boffi/Alamy Stock Photo; 40, Dagmar Schwelle/laif/Redux; 42 (LE), Shutterstock/MaskaRad; 42 (RT), Clay McLachlan/National Geographic Creative; 43, SIME/eStock Photo; 44, Mark Weinberg/Offset; 45, Roberto Moiola/Robert Harding; 46, Giuseppe Cacace/AFP/Getty Images; 47, Andrea Astes/iStock/Getty Images; 48, fbxx/iStock/Getty Images; 49 (UP), Clay McLachlan/National Geographic Creative; 49 (LO), Julie Woodhouse f/Alamy Stock Photo; 50, Shutterstock/Nataly Studio; 51, Yadid Levy/Robert Harding; 62, Gallery Stock; 64 (UP), victoriya89/iStock/Getty Images; 64 (LO), Jean-Pierre Lescourret/Getty Images; 74, Andrea Wyner; 76, mauritius images GmbH/Alamy Stock Photo; 77, Joel Micah Miller/Gallery Stock; 78, Stefano G. Pavesi/Contrasto/Redux; 79, Alfredo Cosentino/Alamy Stock Photo; 80, Realy Easy Star/Toni Spagone/Alamy Stock Photo; 81, Loren Irving/age fotostock/Robert Harding; 90, Florian Jaenicke/laif/Redux Pictures; 92, Heiner Heine/Robert Harding; 93, SIME/eStock Photo; 102, Guy Vanderelst/Getty Images; 104, Lisa J. Goodman/Getty Images; 105, Sebastian Wasek/Robert Harding; 106 (LE), Shutterstock/islavicek; 106 (RT), Fulvio Zanettini/laif/Redux Pictures; 107, Cedric Angeles/Intersection Photos; 108, Shutterstock/Elena Masiutkina; 109, Nedim_B/iStock/Getty Images; 110, LOOK Die Bildagentur der Fotografen GmbH/Alamy Stock Photo; 111, SIME/eStock Photo; 112, Johner Images/Getty Images; 113, Ethel Davies/Robert Harding; 124, Berthold Steinhilber/laif/Redux; 126, Charles Bowman/Robert Harding; 127, Shutterstock/Angel Simon; 129, Frieder Blickle/laif/Redux; 136, Ellen Rooney/Robert Harding; 138, 139, Andrea Wyner; 140, The Picture Pantry/StockFood; 141, 142, Franco Cogoli/SIME/eStock Photo; 143, angorius/iStock/Getty Images; 144, Max Cavalarri/Robert Harding; 145, Christine Webb/Getty Images; 146, Franco Cogoli/SIME/eStock Photo; 147, Fracesco Riccardo Iacomino/Getty Images; 162-63, Aneesh Kothari/Robert Harding; 164, Cedric Angeles/Intersection Photos; 166 (UP), Shutterstock/Jiang Hongyan; 166 (LO), Angelo Cavalli/Robert Harding; 167, Peter Cook/Alamy Stock Photo; 168, Toni Anzenberger/Anzenberger/Redux; 169 (UP), Michele Borzoni/TerraProject/contrasto/Redux; 169 (LE), Courtesy of Costanti; 169 (RT), Courtesy of Santa Cristina Winery (Tusany); 170, Shutterstock/Only Fabrizio (Pecorino); Shutterstock/Volosina (chestnuts), Shutterstock/bonchan (farro); Shutterstock/Christos Theologou (gelato); Shutterstock/Alis Photo (fish); 171, Shutterstock/Christos Theologou (oil), Shutterstock/Scisetti Alfio (marjoram); Gizelka/iStock/Getty Images (chocolates), Shutterstock/baibaz (meats), erierika/iStock/Getty Images (potatoes), Shutterstock/Marco Speranza (saffron), kgfoto/Getty Images (carrots); 172, GOZOOMA/Gallery Stock; 174 (LE), Quanthem/iStock/Getty Images; 174 (RT), Luigi Morbidelli/iStock/Getty; 175, Pedro Diaz Cosme/Getty Images; 176, karayuschij/iStock/Getty Images; 177, Andrea Wyner; 178, Simona Romani; 179, Ricardo de Vicq de Cumptich/StockFood; 180, Susan Wright/The New York Times/Redux Pictures; 181, Nathan Hoyt/Forktales; 182, Cedric Angeles/Intersection Photos; 183, Dagmar Schwelle/laif/Redux; 196, Dorothea Schmid/laif/Redux; 198, Christiana Stawski/Getty Images; 199, funkyfood London–Paul Williams/Alamy Stock Photo; 200 (LE), Sabrina Rothe/Jalag/Seasons; 200 (RT), Nathan Hoyt/Forktales; 210, Giorgio Filippini/SIME/eStock Photo; 212 (UP), Shutterstock/Tim Ur; 212 (LO), Dagmar Schwelle/laif/Redux; 213, Toni Anzenberger/Anzenberger/Redux; 220, Andrea Wyner; 222, Nathan Hoyt/Forktales; 223, Nico Tondini/Robert Harding; 224, Reynold Mainse/Design Pics/National Geographic Creative; 225, Andrea Wyner; 226, SIME/eStock Photo; 227, Teamarbeit/iStock/Getty Images; 228, Shutterstock/ChiccoDodiFC; 229, Nathan Hoyt/Forktales; 231, Neale Clark/Robert Harding; 242, Ken Gillham/Robert Harding; 244, Salvatore Leanza/SIME/eStock Photo; 245, Shutterstock/Sergiy Kuzmin; 246 (UP), Paolo Spigariol; 246 (LO), Karisssa/iStock/Getty Images; 247, Guido Baviera/SIME/eStock Photo; 248, Antonio Violi/Alamy Stock Photo; 256-257, Chris M. Rogers/Gallery Stock; 258, Andrea Wyner; 260 (UP), Shutterstock/Oleksandr Muslimov; 260 (LO), Christina Anzenberger-Fink & Toni Anzenberger/Redux; 261, Andreas Solaro/AFP/Getty Images; 262, Massimo Bassano/National Geographic Creative; 263 (UP), Andrea Wyner; 263 (LE), Courtesy of Donnachiara; 263 (RT), Alko/Alamy Stock Photo; 264, Shutterstock/Nuttapong (green onion), Shutterstock/zcw (clams), unpict/iStock/Getty Images (torrone), valentinarr/iStock/Getty Images (juniper), Shutterstock/Valery Eviakhov (lobster); 265, chengyuzheng/iStock/Getty Images (grapes), Shutterstock/Yuri Samsonov (almonds), jirkaejc/iStock/Getty Images (honey), cynoclub/iStock/Getty Images (sausage), anna1311/iStock/Getty Images (cauliflower), Shutterstock/Kovaleva_Ka (peppers), kaewphoto/iStock/Getty Images (bergamot), Dmytro/iStock/Getty Images (bread), Shutterstock/Mr. Suttipon Yakham (salt), repinanatoly/iStock/Getty Images (capers); 266, Ben Pipe Photography; 268, Jason Joyce/Gallery Stock; 269, Jeremy Villasis/Getty Images; 270, Giovanni Cipriano/The New York Times/Redux; 271, Nathan Hoyt/Forktales; 272 (UP), Ben Pipe Photography; 272 (LO), maxsol7/iStock/Getty Images; 273, Patrizio Martorana/Alamy Stock Photo; 284, Markus Lange/Robert Harding; 287, Nathan Hoyt/Forktales; 288, Markus Lange/Robert Harding; 296, Roberto Moiola/Robert Harding; 298 (UP), Shutterstock/jiangdi; 298 (LO), Franco Cogoli/SIME/eStock Photo; 306, Toni Anzenberger/Anzenberger/Redux; 308, Dorothea Schmid/laif/Redux; 309, DonatellaTandelli/iStock/Getty Images; 310, Shutterstock/Sergey Fatin; 311, 318, Andrea Wyner; 320, Mel Longhurst/Camera Press/Redux; 321, Dorothea Schmid/laif/Redux; 322, Nicolò Minerbi/LUZ/Redux; 323, Andrea Wyner; 324, Nicolò Minerbi/LUZphoto/Redux; 325, Shutterstock/Yellow Cat; 326, 327, 329, Andrea Wyner; 344, Malte Jaeger/laif/Redux; 346, Nathan Hoyt/Forktales; 347, Blend Images LLC/Gallery Stock; 348 (UP&LO), 349, Nathan Hoyt/Forktales; 350, Dorothea Schmid/laif/Redux; 351, Davies & Starr/Getty Images; 352, Nathan Hoyt/Forktales; 353, Luca Picciau/REDA&CO/Getty Images; 355, Andrea Wyner; 368, from top: Susan Hornyak, Nathan Hoyt/Forktales, Eve Bishop, Steve Klise; back cover, Patrick Dieudonne/Robert Harding; back cover picture strip, from left, America's Test Kitchen, Francesco Bergamaschi/Robert Harding, America's Test Kitchen, fbxx/iStock/Getty Images.

APS

3, socialexplorer.com; 15, Julia della Crocce; 16, Guido Zuliani, The Cooper Union for Advancement of Science and Art; 50, Gian Bartolomeo Siletto, Piedmont Region Territorial and Environmental Information System; 80, Claudio Repossi, Navigli Lombardi Project; 112, Julia della Crocce; 128, Eugenia Bone; 146, Qualigeo.eu; 182, Anthony Tuck, University of Massachusetts Amherst; 201, Quattrocalici.it; Kathy Bechtel, Italia Outdoors Food and Wine; 230, European Association of the Vie Francigene; 249, motoitinerari.com; 273, Giuseppe Mastrolorenzo and Lucia Pappalardo, Osservatorio Vesuviano, Naples; Pier Paolo Petrone, University of Naples; Michael Sheridan, University of Buffalo, New York; 289, InnovaPuglia Spa – Servizio Territorio e Ambiente; 328, Regione Siciliana, Assessorato del Territorio e dell'Ambiente; 354, Anna Oppo et al., "The Languages of Sardinia," Sardinia Department of Education, Cultural Heritage, Information, and Sport.

ap Data: Mapdata © Openstreetmap Contributors, Available Under Open Database License:openstreetmap.org/Copyright; European Union, Copernicus Land Monitoring Service 2012, European Environment Agency; Global Land Cover Facility; NASA Goddard Space Flight Center

索引

義大利料理地圖
深度探訪義大利飲食文化
100 道經典義式家常菜

作　者：傑克‧畢夏普
　　　　尤金妮亞‧彭恩
　　　　茱莉亞‧德拉‧克羅斯
食　譜：美國實驗廚房
翻　譯：林凱雄
主　編：黃正綱
資深編輯：魏靖儀
美術編輯：謝昕慈
行政編輯：吳怡慧

發 行 人：熊曉鴿
總 編 輯：李永適
印務經理：蔡佩欣
發行經理：曾雪琪
圖書企畫：黃韻霖　陳俞初

出版者：大石國際文化有限公司
地　址：台北市內湖區堤頂大道二段 181 號 3 樓
電　話：(02) 8797-1758
傳　真：(02) 8797-1756
印　刷：博創印藝文化事業有限公司

2019 年（民 108）10 月初版
定價：新臺幣 990 元／港幣 330 元
本書正體中文版由 National Geographic Partners,
LLC
授權大石國際文化有限公司出版
版權所有，翻印必究
ISBN：978-957-8722-64-4（精裝）
＊ 本書如有破損、缺頁、裝訂錯誤，
請寄回本公司更換

總代理：大和書報圖書股份有限公司
地址：新北市新莊區五工五路 2 號
電話：(02) 8990-2588
傳真：(02) 2299-7900

國家地理合股有限公司是國家地理學會與二十一世紀福斯合資成立的企業，結合國家地理電視頻道與其他媒體資產，包括《國家地理》雜誌、國家地理影視中心、相關媒體平臺、圖書、地圖、兒童媒體，以及附屬活動如旅遊、全球體驗、圖庫銷售、授權和電商業務等。《國家地理》雜誌以 33 種語言版本，在全球 75 個國家發行，社群媒體粉絲數居全球刊物之冠，數位與社群媒體每個月有超過 3 億 5000 萬人瀏覽。國家地理合股公司會提撥收益的部分比例，透過國家地理學會用於獎助科學、探索、保育與教育計畫。

國家圖書館出版品預行編目（CIP）資料

義大利料理地圖：深度探訪義大利飲食文化 100 道經典義式家常菜 / 尤金妮亞 . 彭恩 (Eugenia Bone)，茱莉亞 . 德拉 . 克羅斯 (Julia della Croce) 撰文；美國實驗廚房食譜；林凱雄翻譯 . -- 初版 . -- 臺北市：大石國際文化，民 108.10
384 頁；21.5 × 26 公分
譯自：Tasting Italy : a culinary journey
ISBN 978-957-8722-64-4(精裝)

1. 食譜 2. 飲食風俗 3. 義大利

427.12　　　　　　　　　　108015867

國家地理
深度美食與旅遊地圖系列

全新增訂版
國家地理
世界威士忌地圖
深度介紹全球超過 200 家蒸餾廠與 750 款威士忌
戴夫・布魯姆 Dave Broom
世界威士忌權威・得獎作家
姚和成 審定
臺灣首屈一指威士忌愛酒研究社創辦暨講師

國家地理
世界啤酒地圖

國家地理終極旅遊
一生必遊的
500
美食之旅
FOOD JOURNEYS OF A LIFETIME

大石國際文化
http://www.boulderbooks.com.tw/

國家地理雜誌中文網
https://www.natgeomedia.com/

 大石文化